Reihenherausgeber:
Prof. Dr. Holger Dette · Prof. Dr. Wolfgang Härdle

Statistik und ihre Anwendungen

Weitere Bände dieser Reihe finden Sie unter http://www.springer.com/series/5100

Carsten F. Dormann

Parametrische Statistik

Verteilungen, maximum likelihood und GLM in R

Carsten F. Dormann
Albert-Ludwigs-Universität Freiburg
Freiburg, Deutschland

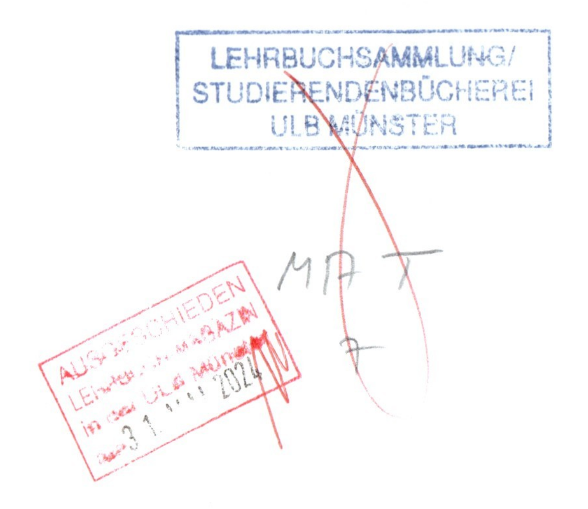

ISBN 978-3-642-34785-6
ISBN 978-3-642-34786-3 (eBook)
DOI 10.1007/978-3-642-34786-3

Mathematics Subject Classification (2010): 62-01, 62Fxx, 62P10, 62P12

Die Deutsche Nationalbibliothek verzeichnet diese Publikation in der Deutschen Nationalbibliografie; detaillierte bibliografische Daten sind im Internet über http://dnb.d-nb.de abrufbar.

Springer Spektrum

Gedruckt auf säurefreiem und chlorfrei gebleichtem Papier

Springer Spektrum ist eine Marke von Springer DE.
Springer DE ist Teil der Fachverlagsgruppe Springer Science+Business Media
www.springer-spektrum.de

Vorwort

Science is institutionalised scepticism.
Marc Rees, Astronomer Royal

Statistik, in meinem Verständnis, ist der formalisierte Versuch, sich nicht durch Artefakte, Zufall und Voreingenommenheit von echtem Erkenntnisgewinn abbringen zu lassen. Sie ist das systematische Zweifeln an den eigenen (und anderer) Daten. Wer als Wissenschaftler sich selbst gegenüber ehrlich ist, der will nicht einem Rauschen oder einer Tautologie[1] aufsitzen.

Jeder Datensatz hat irgendein Muster. Statistik stellt die Werkzeuge bereit zu testen, ob dieses Muster belastbar ist. Deshalb ist Churchills Ausspruch „Trau keiner Statistik, die Du nicht selbst gefälscht hast!" ärgerlich. Er diskreditiert den Statistik-Betreiber als jemand, der nur Unterschiede finden will. Grundvoraussetzung ist Ehrlichkeit. Wer sich selbst und andere betrügen will, sollte seine Daten erfinden; mit aufwändiger Statistik zu lügen ist selbstverständlich möglich, aber ineffizient. Nur ein selbstkritischer, zweifelnder Geist wird Statistik sinnvoll einsetzen – und einE guteR WissenschaftlerIn.[2] Nur für diese Menschen ist das vorliegende Machwerk gedacht.

Dieses Buch wendet sich an Laien ohne Vorkenntnisse, die, freiwillig oder gezwungenermaßen, die Grundlagen typischer statistischer Verfahren verstehen und anzuwenden lernen wollen. Der typische Leser ist ein Student im Grundstudium/BSc in einem umweltwissenschaftlichen Fachgebiet oder eine wissenschaftlich orientierte Person, die sich den statistischen Arbeitsbereich von der Pike auf lernen will. Die Struktur dieses Buches ist eine Wechselspiel aus Grundlagen und Umsetzungsbeispielen. Der eilige Leser kann schnell sehen, *wie* etwas umgesetzt werden kann (in den gradzahligen Kapiteln), während das Kapitel davor das Verständnis für das *wieso* schaffen soll (in den ungradzahligen Kapiteln). Dieses *wieso* ist nicht durch mathematische Beweise als mehr durch praktisch Nachvollziehbarkeit motiviert.[3]

---

[1] Tautologie (Logik), eine Aussage, die, unabhängig vom Wahrheitswert der zugrunde liegenden Bestandteile, immer wahr ist (z. B.: „Es regnet oder es regnet nicht.") http://de.wikipedia.org/wiki/Tautologie, 3.8.2011).

[2] Ich verzichte im weiteren auf die Gleichstellung von Mann und Frau in der Grammatik: das grammatikalische Geschlecht eines Wortes ist unabhängig vom Geschlecht der/des Bezeichneten.

[3] Ich mache auf den folgenden Seiten intensiv von Fußnoten Gebrauch. Sie konkretisieren zumeist einen Punkt oder erklären ein technisches oder mathematische Detail. Für mich stellen sie das schrift-

Eine Ausnahme bilden die Kapitel zur Wissenschaftsphilosophie und zum experimentellen Design (Kap. 13 und 14). Sie benutzen Ausdrücke, die erst im Laufe des Buchs eingeführt werden, sind aber eigentlich so grundlegend, dass sie ganz am Anfang stehen sollten. Vielleicht überfliegt der geneigte Leser diese Kapitel gleich zu Beginn und lässt die technischen Details für später.

Es gibt unzählige Quellen für statistische Verfahren. Viele Bücher (vor allem englische) sind im Literaturverzeichnis aufgeführt. Ergänzend will ich hier auf zwei „moderne" Quellen verweisen: http://www.khanacademy.org/#statistics. Diese Seite bietet kurze (5–10 Minuten lange) Videocasts zu einem Thema an. Für Manchen mag diese Form der Inhaltsvermittlung bzw. Wiederholung genau geeignet sein. Ebenso sind die Wikipedia-Seiten zur Statistik häufig ausgesprochen gut (und wenn einmal nicht auf Deutsch, so doch auf Englisch). Allerdings sind sie meist sehr mathematisch und erst im unteren Teil mit Beispielen auch für Anfänger brauchbar. Einfach 'mal reinklicken.

Danksagung: Dieses Buch erwuchs aus einigen Jahren der Lehrpraxis mit verschiedensten Bachelor- und MasterstudentInnen und DoktorandInnen. Während sie Statistik gelernt haben, habe ich viel gelernt über die Vermittlung von Statistik. Für die konstruktiven Rückmeldungen und für die Toleranz gegenüber experimentellen Darbietungsformen bin ich all diesen Menschen sehr dankbar. Das vorliegende Werk habe ich so an den Bachelor-StudentInnen der Studiengänge Geographie, Waldwirtschaft und Umwelt und Umweltnaturwissenschaften an der Universität Freiburg „getestet" – und sie haben es für gut befunden. Danke!

Danken möchte ich auch Prof. Dr. Peter Pfaffelhuber, Freiburg, und Katharina Gerstner, Leipzig, für eine Durchsicht auf mathematisch-statistische Korrektheit. Mögliche weiterhin existierenden Fehler sind natürlich allein mir anzulasten.

Schließlich danke ich meiner Familie, dass sie über Monate den Anblick ertragen hat, wie ich allabendlich über einen Klapprechner gekrümmt war. Auf diesem Rechner läuft (neben R) LaTeX.[4] Beiden *open source* Projekten bin ich extrem dankbar dafür, dass sie eine unermesslich kompetente Software entwickelt haben.

Freiburg, 2012 Carsten F. Dormann

P.S.: Rückmeldungen zu Fehlern, Ungenauigkeiten, Unvollständigkeiten oder auch zu Wünschen für Erweiterungen bitte an carsten.dormann@biom.uni-freiburg.de.

---

liche Pendant zu dem Senken der Stimme in der Vorlesung dar: einen Einschub, der für das Verständnis nicht notwendig ist, der aber eine interessante oder für manche Situationen wichtige Information enthält.

[4] LaTeX(http://ctan.org) ist für die Textverarbeitung das, was R für die Statistik ist: *Simply the best.*

Inhaltsverzeichnis

Kapitel 0

Die technische Seite und die Wahl der Statistiksoftware

Life is short – use the command line.
Mick Crawley
Statistical Computing with S-plus

Am Ende dieses Kapitels ...

... sollte R auf Deinem Rechner laufen.

... sollten die Vor- und Nachteile von *point-and-click* bzw. Code-basierter Software für die statistische Auswertung klar sein.

... sollte der Drang, endlich etwas selbst zu rechnen, brennend sein.

Einfache Tests und Berechnungen kann man mit Hilfe eines Taschenrechners oder eines Tabellenkalkulationsprogramms (vulgo: Excel) durchführen. Für etwas anspruchsvollere Analysen, etwa Regressionen, brauchen wir schon spezielle Statistiksoftware (Excel und Freunde können das zwar oft auch, aber den Ergebnissen würde ich nicht trauen, z. B. wegen trivialer Probleme wie Rechenfehler, Zeilenbegrenzungen, automatische Umformungen). An die Stelle der Tabellenprogramme tritt dann „*point-and-click*"-Statistiksoftware (z. B. SPSS, Statistica, Minitab). Alternativ kann man auch in die Gruppe der Code-basierten Programme einsteigen (Stata, S-plus, Matlab, Mathematica, Genstat, R). Diese haben zwei große Vorteile: Ihr Funktionsumfang ist grundsätzlich nicht beschränkt, da sie durch Programmierung erweitert werden können; und der Code macht eine Analyse nachvollziehbar und einfach zu wiederholen.

Ich kann vor allem den zweiten Punkt gar nicht genug betonen. Wenn wir z. B. nach einer längeren Analyse einen Datendreher oder Tippfehler in den Rohdaten finden, dann müssen wir uns bei *point-and-click*-Software durch alle Schritte erneut durchkämpfen. In Code-basierten Programmen führen wir den gespeicherten Code einfach noch einmal aus – ein *copy-paste* und die Analyse ist aktualisiert.

Code-basierte Software findet weite Anwendung bei allen automatisierten Vorgängen. Der monatliche Bericht der Blutspendendatenbank erfolgt ebenso wie sämtliche Google-Analysen mit Code-basierter Software. Welches Programm man dann konkret wählt, ist vor allem Geschmacks- und Kostensache.

Die Lernkurve ist bei Code-basierter Software zunächst steiler. Man erlernt quasi eine neue Sprache, mit vielen neuen Vokabeln, einer Grammatik und macht dabei, wie beim Erlernen von Suaheli, bis ans Ende seines Lebens Fehler. Dafür erschließt man sich eine ganze Welt an Möglichkeiten, die mittels *point-and-click* nicht zugänglich sind. Und aus meiner Sicht ist es schlimm, etwas Falsches tun zu müssen, nur weil wir zu faul ist, etwas Neues zu lernen.

Umsonst (im Sinne von „ohne Aufwand") gibt es keine Statistik. Umsonst (im Sinne von „ohne dafür Geld zu bezahlen") gibt es vor allem zwei Systeme: R und Python.[1] Im Augenblick bietet R die größte Fülle an Funktionen, die speziell für statistische Auswertungen geschaffen wurden. Vielleicht setzt sich in den nächsten 10 Jahren etwas anderes durch, aber derzeit gibt es nichts Nützlicheres.

Also R.

Hier eine ganz kurze Darstellung, wo man R erhält und installiert. Die relevanten Benutzungsschritte werden dann in den jeweiligen Kapiteln erklärt.

0.1 R herunterladen und installieren

R ist eine Statistik- und Visualisierungssoftware, die durch die R Foundation koordiniert wird (R Development Core Team 2012). Sie ist plattform-unabhängig (d. h. für verschiedene Linuxe, Windows und MacOS zu erhalten). Der Code ist frei verfügbar. Über die Geschichte und viele technische Details informiert der zentrale Anlaufpunkt: www.r-project.org (Abbildung 0.1).

Im Augenblick interessiert uns vor allem CRAN, das *Comprehensive R Archive Network*, auf dem es die Installationsdateien gibt. Ein Klick auf CRAN (am linken Bildrand) bringt uns auf eine Seite mit Spiegelservern, von denen wir uns einen nahegelegenen aussuchen (etwa http://ftp5.gwdg.de/pub/misc/cran/). Der Inhalt ist auf allen Spiegelservern der Gleiche wie auf dem Hauptserver in Wien (deshalb *mirror*).

Zur Installation von R brauchen wir Administratorenrechte!

Je nach Betriebssystem klicken wir jetzt in der doppelumrandeten Box auf `Download for Linux/MacOS X/Windows` und in der neuen Seite auf `base`. Wir kommen zu einer neuen Seite, die je nach Betriebssystem anders aussieht.

- Für Linux müssen wir jetzt zwischen Debian/Ubuntu und Red Hat/Suse auswählen (für Linuxe, die nicht .deb bzw. .rpm Pakete benutzen, kann man auf der vorherigen Seite den *source*-Code herunterladen und selbst kompilieren). **Einfacher** geht es mittels der Softwareverwaltung in Linux selbst, von

[1] www.python.org, mit Paketen NumPy und SciPy.

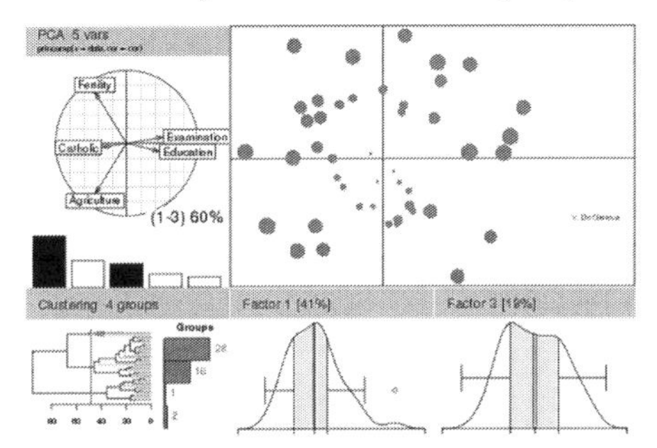

Abb. 0.1: Die R-homepage gibt zu Recht mit den grafischen Fähigkeiten von R an.

wo aus man einfach alle `r-base` und `r-cran` Pakete (nebst Abhängigkeiten) herunterlädt und installiert.

- Für Mac OS X laden wir `R-X.YY.Z.pkg` (X.YY.Z stehen hier für die jeweilige aktuelle Version) herunter und installieren es danach durch doppelklicken der Datei im *download*-Verzeichnis.
- Für Windows laden wir `R-X.YY.Z-win.exe` (X.YY.Z stehen hier für die jeweilige aktuelle Version) durch den Klick auf `Download R X.YY.Z for Windows` herunter und doppelklicken die Datei danach im *download*-Verzeichnis zum installieren.

Wenn alles glatt geht, gibt es jetzt auf dem Rechner R, z. B. in Form eines Icons auf dem Desktop oder in der Schnellstartleiste oder im Dock.

0.2 Ein kurzer R-Test

Wir starten R (durch doppel/anklicken) und sollten dann etwa folgendes Bild erhalten (Abbildung 0.2). Das genaue Aussehen hängt stark vom Betriebssystem ab. Für die Funktionalität ist aber vor allem wichtig, welche Version von R wir benutzen, welche Architektur (also 32- oder 64-bit) und ob R überhaupt funktioniert. Alle drei Dinge können wir einfach testen, indem wir hinter dem > Folgendes eintippen:

```
> sessionInfo()
```

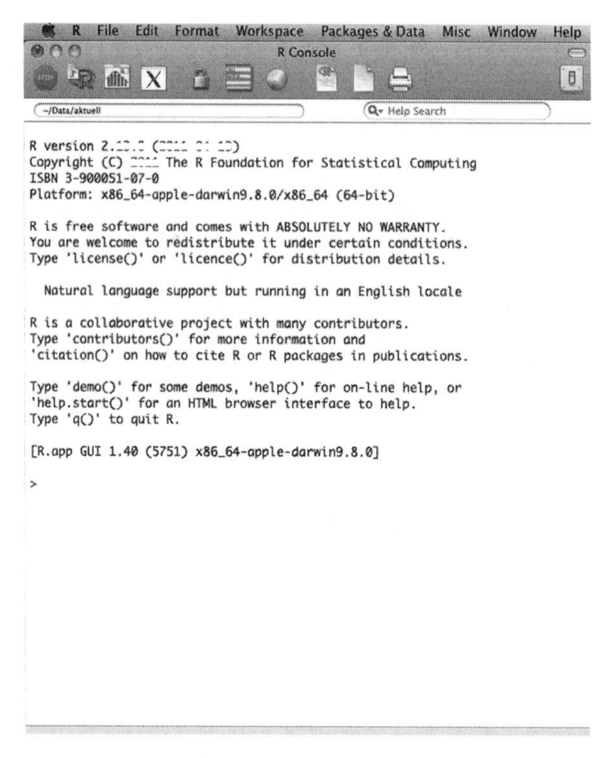

Abb. 0.2: R, genauer: die R-Konsole, nach dem Start (auf Mac OS X). Obwohl wir R auf dem aktuellen Stand halten sollten, ist der Aktualisierungsrhythmus mit zwei *major releases* (2.14.0, 2.15.0, 3.0.0, ...) pro Jahr plus jeweils 2 *patches* (2.15.1, 2.15.2, ...) recht hoch. Eine zwei Jahre alte Version ist nicht überholt, aber neue Pakete werden für sie nicht mehr kompiliert und brauchen u. U. eine aktuelle R-Version.

Wir erhalten dann etwa folgende Ausgabe:

```
R version 2.XX.0 (20---04-13)
Platform: x86_64-apple-darwin9.8.0/x86_64 (64-bit)

locale:
[1] en_US.UTF-8/en_US.UTF-8/C/C/en_US.UTF-8/en_US.UTF-8

attached base packages:
[1] stats     graphics  grDevices utils     datasets  methods
[7] base
```

Diese Zeilen teilen uns mit, dass es sich um ein R 2.XX.0 auf Mac OS X im 64-bit Modus handelt, in der US-Englisch Einstellung, und dass sieben Pakete (*packages*) geladen sind.

Ein paar letzte Tests, und wir können davon ausgehen, dass alles in Ordnung ist.[2] Wir tippen zeilenweise ein (dazwischen immer mit der Eingabetaste ↵ den Code abschicken):

```
> install.packages(c("e1071", "plotrix", "vegan"))
> library(plotrix)
> ?std.error
> help.start()
```

Mit der ersten Zeile (`install.packages`) installieren wir neue Pakete (**e1071** und so weiter; diese brauchen wir später für die Analysen); dafür müssen wir eine Internetverbindung besitzen. Mit der zweiten Zeile (`library`) laden wir das gerade installierte Paket **plotrix**. Mit dem `?` öffnen wir die Hilfeseite zu einer Funktion (hier zur Funktion `std.error`). Und mit der letzten Zeile (`help.start`) öffnen wir mit dem Browser die *lokalen* Hilfeseiten von R. Empfehlenswert wäre jetzt eine Tour durch R, wie sie etwa in dem *link* `An Introduction to R` oben links angeboten wird (siehe Übungen am Ende des Kapitels).

Wenn das funktioniert hat, dann installieren wir alle übrigen R-Pakete, die für dieses Buch benötigt werden. Später müssen wir uns dann darum nicht mehr kümmern:

```
> install.packages(c("ADGofTest", "AICcmodavg", "car", "e1071", "effects",
+ "faraway", "FAwR", "Hmisc", "nlstools", "nortest", "plotrix", "polycor",
+ "psych", "raster", "sfsmisc", "vegan", "verification", "VGAM"),
+ dependencies=TRUE)
```

0.3 Editoren und Umgebungen für R

Wie Eingangs erwähnt ist der große Vorteil von Code-basierter Software, dass man sie *in toto* wieder abrufen kann. Dafür muss man natürlich den Code speichern. Konkret heißt das, dass wir zusätzlich zur R-Konsole (dem Fenster mit dem >-Prompt) auch noch einen Editor benutzen müssen.

R hat einen Editor eingebaut. Mit `Strg-N` öffnen wir einen leeren Editor.[3] Mit einem Tastaturkürzel (etwa `Strg-R` oder `Cmd-Return`, je nach Betriebssystem) können wir auch direkt den Code vom Editor in die Konsole schicken.

R-Code wird als einfache Textdatei abgespeichert, sinnvollerweise mit der Endung `.r` oder `.R`.

Neben dem eingebauten Editor, der ziemlich karg ist, gibt es solche mit Syntaxunterstützung. Dabei werden dann Klammern kontrolliert, Text in Anführungszeichen in einer anderen Farbe gesetzt und Befehle durch Druck auf `<tab>` vervollständigt (siehe den exzellenten eingebauten Editor für R auf Mac OS, Abbildung 0.3).

[2] Wenn nicht, dann bitte die Installationshinweise zum jeweiligen Betriebssystem auf den *download*-Seiten studieren.

[3] Oder mit der Maus: Datei → Neues Skript (File → New Skript) oder ähnlichem (je nach Betriebssystem); ein neues Fenster erscheint, in das wir R-Code schreiben können.

```
 5 eschen <- read.csv("EschenDBH.csv")
 6 attach(eschen)
 7
 8 quartz(width=8, height=5) # size in inches
 9 par(mfrow=c(1,2), mar=c(4,4,1,1))
10 hist(Umfang, col="grey50", main="", las=1)
11 hist(Umfang, col="grey80", freq=F, main="", las=1)
12
13 par(mar=c(4,4,1,1), mfrow=c(1,2))
14 plot(density(Umfang), main="", ylim=c(0,0.022))
15 plot(density(Umfang), main="", ylim=c(0,0.022))
16 curve(dnorm(x, mean=52.2, sd=17.94), col="grey", lwd=2, add=T)
17 lines(density(Umfang))
18
hist(x, ...)
```

Abb. 0.3: R-Code im eingebauten R-Editor auf Mac OS. Auf Linux und Windows bietet er leider nicht diese farbige Syntaxunterstützung.

Neben dieser eingebauten Lösung gibt es m. E. vor allem zwei sehr gute Alternativen: RStudio und JGR. Beide sind Java-Programme, die R in eine neue Oberfläche integrieren (und deshalb auch oft als IDE, *integrated development environment*, bezeichnet werden). Beide laufen m. E. nicht ganz so stabil wir das R-GUI selbst, sind aber trotzdem wirklich zu empfehlen.

RStudio (http://rstudio.org/) ist eine recht neue IDE für R (Abbildung 0.4). Neben dem Editor (oben links) und der Konsole (unten links) gibt es ein Fenster, das die existierenden Objekte anzeigt (oben rechts) sowie Abbildungen, Hilfe und anderes (unten rechts). Dies alles ist frei wählbar und verschiebbar. Ein weiterer Vorteil ist, dass RStudio auf allen Betriebssystemen etwa gleich aussieht. RStudio ist offen und frei und kommt aus sehr kompetentem Haus (siehe Verzani 2011, für weitere Details). RStudio wird **nach der Installation von** R einfach installiert.

JGR (gesprochen: *jaguar*, http://www.rforge.net/JGR/) ist eine etwas ältere Java-IDE für R (Helbig et al. 2005). Sie folgt stärker dem ursprünglichen Design von R, mit unabhängigen Fenstern für Editor, Konsole, Grafiken und Hilfe. Zusammen mit der Erweiterung *Deducer* (www.deducer.org[4]) versucht JGR, *point-and-click*-verwöhnten Nutzern näher zu kommen. Daten einlesen und verschiedene statistische Methoden sind dann über *pull-down* Menüs verfügbar (siehe Abbildung 0.5).

Die Installation von JGR unter Windows und Mac OS X geschieht durch das Installieren einer Datei von der rforge-Webseite dieser Software: http://rforge.net/JGR/files/.[5, 6] Nach dem Auspacken installiert JGR auf Bestätigung mehrere R-Pakete, die für den Betrieb notwendig sind. Dann startet eine Oberfläche, die etwa

[4]Die Installationsanweisung auf http://www.deducer.org/pmwiki/index.php?n=Main.DeducerManual?from=Main.HomePage muss nicht immer funktionieren. Deshalb der etwas umständlichere Weg wie hier beschrieben.

[5]Oder von dieser Webseite der Universität Augsburg: http://stats.math.uni-augsburg.de/JGR/down.shtml.

[6]Für die Installation unter Linux siehe http://rforge.net/JGR/linux.html.

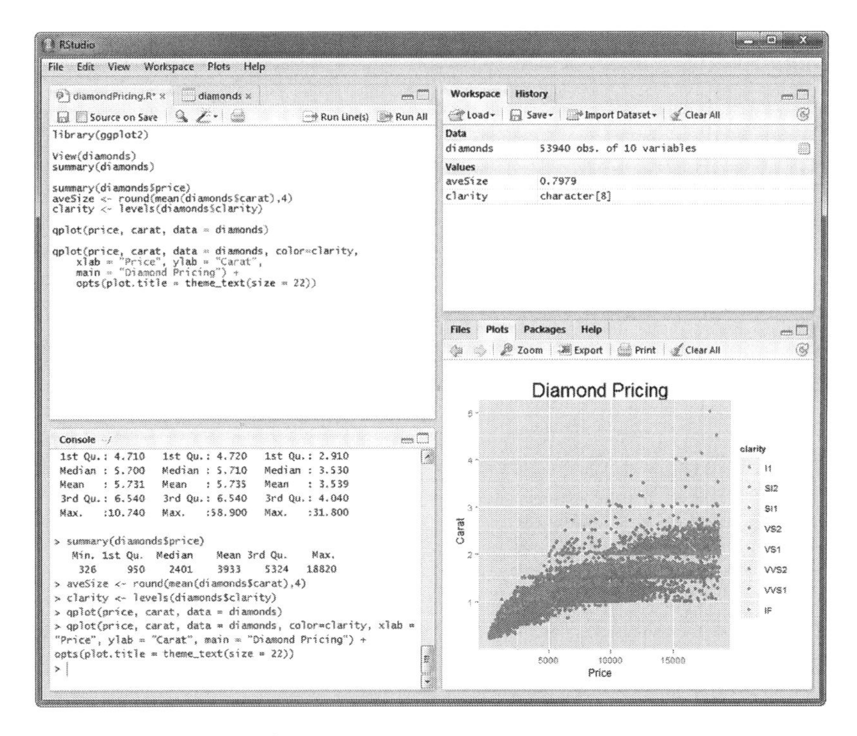

Abb. 0.4: RStudio unter Windows.

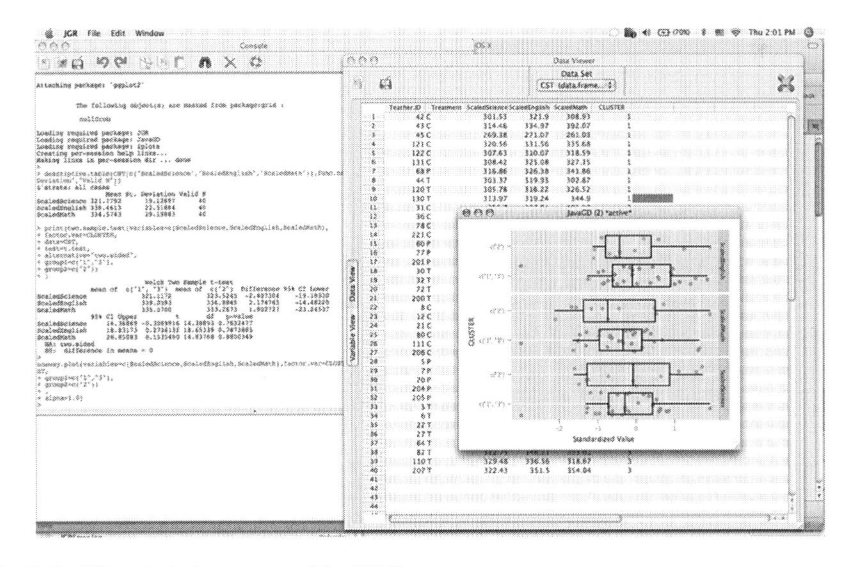

Abb. 0.5: JGR mit deducer unter MacOS X.

wie in Abbildung 0.5 aussieht.[7] Über das untere Fenster installieren wir nun noch das Paket **Deducer**:

```
> install.packages("Deducer")
```

Schließlich müssen wir noch über den Menüpunkt `Packages & Data` → `Package Manager` ein Häkchen bei `Deducer` in der Spalte `loaded` setzen und dann können wir uns mit der gegenwärtig besten nicht-kommerziellen *point-and-click*-Oberfläche für R auseinandersetzen.

Der Hauptnachteil von JGR ist, dass es viele Standardbefehle von R durch Befehle aus dem Paket **iplots** ersetzt hat (etwa `hist` durch `ihist`). Während man also durch das Klicken sogar den R-Code produziert und sieht (und damit hoffentlich auch lernt), sind diese Befehle doch nicht immer die, die man in R oder in RStudio benutzen würde.

Desweiteren gibt es verschiedene andere Lösungen. Komodo bietet eine R-Integration an, ebenso Eclipse und Emacs. R-intern gibt es noch eine nennenswerte Variante, den R-Commander (Paket **Rcmd**). Dieses recht hässliche Entlein ist relativ einfach durch *plugins* erweiterbar und ebenfalls mit *pull-down* Menüs ausgestattet. Ohne Anspruch auf Vollständigkeit hier eine kleine Aufzählung weiterer R-Editoren: rattle, SciViews, ade4TkGUI, R2STATS (nur für GL(M)Ms), StatET (für Eclipse), speedR, Orchestra (für jedit). Mehr hierzu auf der GUI-Seite zu R (http://www.sciviews.org/_rgui/projects/overview.html).

Ich hatte bei mehreren dieser Projekten Probleme (Komodo beim Code senden, rattle mit GTK-Funktionen, SciViews mit der Geschwindigkeit, Eclipse/StatET mit Geschwindigkeit und Stabilität, Emacs/ESS mit den vielen ungewohnten Tastenkürzeln). Den wunderbaren RKWard (ausgesprochen wie *awkward* = umständlich) gibt es leider nur für Linux-Systeme.[8] Mein Favourit ist deshalb RStudio, bzw. der unter Mac OS mitgelieferte Editor.

Jetzt können wir loslegen.

0.4 Übungen

Die meisten Fragen, die Du zu R hast, hatte wahrscheinlich auch schon jemand anders. Die *Frequently Asked Questions* für R findest Du unter http://cran.r-project.org/doc/FAQ/R-FAQ.html.[9] Doch was tun, wenn wir gerade keinen Internetzugang haben?

---

[7] Je nach Alter des Betriebssystems mag das Probleme geben. Dann müssen zunächst zu Fuß folgende Pakete installiert werden: **colorspace**, **e1071**, **ggplot2**, **JavaGD**, **lpSolve**, **plyr**, **rJava**: `install.packages(c("colorspace", "e1071", "ggplot2", "JavaGD", "lpSolve", "plyr", "rJava"))`. Danach R schließen und neu starten. Jetzt sollte JGR funktionieren.

[8] Für Tüftler: RKWard für Windows: http://sourceforge.net/apps/mediawiki/rkward/index.php?title=RKWard_on_Windows; für Mac OS X: http://sourceforge.net/apps/mediawiki/rkward/index.php?title=RKWard_on_Mac.

[9] Für weitere Fragen spezifisch zu Windows siehe http://cran.r-project.org/bin/windows/rw-FAQ.html, bzw. für Mac OS http://cran.r-project.org/bin/macosx/RMacOSX-FAQ.html.

R kommt mit verschiedenen Formen der *offline*-Hilfe. In diesen Übungen solltest Du Dir drei Verfahren vertraut machen:

1. *build-in help*: Diese steht für jede Funktion und jeden Datensatz in jedem über CRAN bezogenen Paket zur Verfügung (je nach Qualität des Pakets mehr oder weniger verständlich). Um für die Funktion `FUN` diese Hilfe angezeigt zu bekommen, tippe einfach `?FUN` ein. Die Hilfe für die oben benutzte Funktion `install.packages` bekommt man also durch `?install.packages`. Bei Sonderzeichen (+ oder $) und spezielleren Funktionen (wie etwa die Funktion `?` selbst) muss man diese in Anführungszeichen setzen: `?"?"`. Wem dies zu unübersichtlich ist, der kann auch `help("?")` schreiben. `?` ist nur die Kurzform von `help`.

   Schlage in der *build-in help* die Funktionen `mean`, `??` und `require` nach, sowie den Datensatz `varespec` im Paket **vegan** (das Du natürlich erst installieren und dann mit `library` laden musst). Beantworte dann die Fragen: Was ist der Unterschied zwischen `?` und `??` (leicht), und was der zwischen `require` und `library` (schwer)?

2. Paketdokumentation: Mittels `help.start` kannst Du im Browser eine Seite öffnen, von der aus alle mitgelieferte Hilfe zugänglich ist. Unter dem Punkt Packages findest Du eine Liste aller gegenwärtig bei Dir installierten Pakete. Klicke auf Packages, scroll dann herunter bis vegan und klicke darauf. Als zweiter Punkt steht dort Overview of user guides and package vignettes.

   Schau nach, was sich dahinter verbirgt.

3. Dokumente zu R: Auf der Hilfehauptseite (das ist die, die sich mit `help.start()` öffnet) stehen unter **Manuals** sechs wichtige PDFs, die R dokumentieren. Öffne An Introduction to R, scroll herunter bis Appendix A A sample session.

   Tippe den R-Code dieser Beispielsession Stück für Stück ab. Jetzt kennst hast Du einen ersten Eindruck von Rs Vielfältigkeit.

Kapitel 1
Stichprobe, Zufallsvariable – Histogramm, Dichteverteilung

My sources are unreliable, but their information is fascinating.
Ashleigh E. Brilliant

Am Ende dieses Kapitels ...

... sollte Dir klar sein, was eine Stichprobe ist.

... sollten Dir die Begriffe Mittelwert, Median, Standardabweichung, Varianz, Standardfehler so geläufig sein, dass Du die Formeln dafür auswendig kannst. Schiefe, Kurtosis, Interquartilabstand sollten bekannt klingen.

... sollte Dir ein Histogramm als einfache und nützliche Abbildung vertraut sein.

... solltest Du verstehen, was eine Häufigkeitsverteilung ist.

... solltest Du den Unterschied zwischen Häufigkeit und Dichte eines Messwerts kennen.

... solltest Du nun aber wirklich einmal etwas praktisch machen wollen.

Ausgangspunkt aller statistischen Analysen ist ein Datensatz, bestehend aus einzelnen Datenpunkten. Wenn wir z. B. den Umfang eines Parkbaumes messen, so kann dies ein Datenpunkt sein. *Muss* dieser Baum diesen Umfang haben? Natürlich nicht. Wenn er früher oder später gepflanzt worden wäre, weniger oder mehr Licht oder Dünger erhalten hätte, weniger Menschen ihre Initialen in die Borke geritzt hätten, dann wäre der Baum dicker oder dünner. Aber gleichzeitig hätte er nicht beliebig dick oder dünn sein können: eine Esche wird nun mal keine 4 m dick. Worauf ich hinaus will ist, dass ein Datenpunkt *eine* Realisierung von vielen möglichen ist. Was wir aus vielen Messungen herausbekommen können ist eine Erwartung, wie dick typischerweise eine 50 Jahre alte Parkesche ist. Aber jede einzelne Parkesche ist natürlich nicht genau *so* dick.

C.F. Dormann, *Parametrische Statistik*, Statistik und ihre Anwendungen,
DOI 10.1007/978-3-642-34786-3_1, © Springer-Verlag Berlin Heidelberg 2013

Tab. 1.1: Brusthöhendurchmesser von 100 Eschen in cm, gemessen von 10 verschiedenen Gruppen. (Gr. = Gruppe).

Gr. 1	Gr. 2	Gr. 3	Gr. 4	Gr. 5	Gr. 6	Gr. 7	Gr. 8	Gr. 9	Gr. 10
37	54	33	82	57	34	60	65	62	44
80	58	38	6	72	49	50	69	66	62
68	66	51	10	62	49	47	21	40	58
77	48	58	49	22	42	42	49	72	65
47	45	64	61	36	36	57	65	48	68
58	38	57	27	79	90	43	29	61	47
98	49	64	51	35	54	14	79	53	93
60	36	62	31	25	56	41	50	51	38
39	47	74	20	62	57	71	44	57	55
39	74	73	64	82	61	24	39	26	41

Mit vielen Worten habe ich hier die Idee der *Zufallsvariable* beschrieben: eine Zufallsvariable ist eine zufällige Größe, die verschiedene Werte haben kann. Jeder Datensatz ist eine mögliche Realisierung einer solchen Zufallsvariablen. Schicken wir also einmal 10 Gruppen imaginärer StudentInnen in einen Park. Dort soll jede Gruppe 10 Eschen in Brusthöhe vermessen. Diese 10 Eschen sind dann 10 zufällige Beobachtungen der Zufallsvariablen „Eschenumfänge". Wir bezeichnen solche Gruppe an Ausprägungen als *Stichprobe*.[1]

Die Ergebnisse der 10 mal 10 Messungen (= Beobachtungen) sind in Tabelle 1.1 angegeben.

Wir haben also 100 Realisierungen der Zufallsvariablen „Eschenumfang". Eine häufige und nützliche Form der Darstellung solcher Daten ist ein Histogramm (Abbildung 1.1).

In diesem Histogramm sind die Bäume in Umfangsklassen eingeteilt worden, hier in 10 cm weite Klassen.[2] Die Klassen sind alle gleich groß. Wären sie es nicht, könnte man die Höhe der Säulen nicht unmittelbar vergleichen. Wieviele Bäume sich in jeder Klasse befinden ist dann auf der y-Achse aufgetragen. Diese Form von Histogramm nennt man ein Häufigkeithistogramm, da gezählt wurde, wie viele Elemente jede Klasse enthält. Viele Statistikprogramme nehmen die Einteilung in *bins* automatisch vor, aber man kann das natürlich auch selbst steuern. Zu viele Klassen haben keinen Sinn, da dann in jeder nur 0 oder 1 Baum steckt. Zu wenige Klassen sind auch informationsarm, weil sich dann in den Klassen jeweils ein weiter Bereich unterschiedlicher Bäume befinden würde. Verlassen wir uns also auf den Algorithmus der Software.[3]

[1] Ausprägung, Beobachtung und Realisierung sind hier Synonyme. Realisierung ist am technischsten, Beobachtung vielleicht am intuitivsten. In jedem Fall ist die Zufallsvariable ein hypothetisches Konstrukt, von dem wir nur seine Realisierungen beobachten und stichprobenhaft messen können.

[2] Diese Histogrammklassen heißen im Englischen *bins* und das Einteilen heißt tatsächlich *to bin*.

[3] Der in R benutzte Algorithmus geht auf die Sturges-Formel zurück: es gibt k *bins*, mit $k = \lceil 1 + \log_2 n \rceil$, für n Datenpunkte ($\lceil\,\rceil$ bedeuten Aufrunden). R variiert dies allerdings, anscheinend werden statt n die Anzahl eindeutiger Werte benutzt. Für weniger als 30 Datenpunkte kann das Ergebnis schon

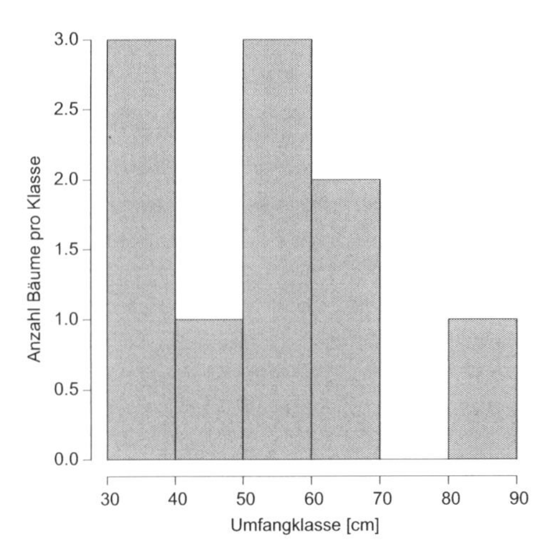

Abb. 1.1: Histogramm der Eschenumfänge von Gruppe 1.

Die Histogramme der anderen Gruppen sehen deutlich anders aus (Abbildung 1.2). Wir sehen auf den ersten Blick, dass die Säulen alle etwas anders angeordnet sind. Auf den zweiten Blick sehen wir, dass die Säulen unterschiedlich hoch sind (die y-Achsen sind jeweils anders skaliert) und die Umfangsklassen sind unterschiedlich breit. Was wir also merken ist, dass jeder dieser 10 Datensätze etwas anders ist und einen etwas anderen Eindruck über die Eschendicken vermittelt.

Was wir hoffentlich auch sehen ist, dass Histogramme eine sehr gute und schnelle Methode sind, um die Daten zusammenzufassen. Wir sehen auf einen Blick den Wertebereich, wo die Mitte liegt, usw. So können wir im links-oberen Histogramm von Abbildung 1.2 sehen, dass es anscheinend einen Baum mit weniger als 20 cm Umfang gab. In Tabelle 1.1 sehen wir, dass der Wert tatsächlich 6 cm ist. So entdecken wir außergewöhnliche Werte, die z. B. durch Fehler bei der Dateneingabe oder beim Messen im Feld oder beim Diktieren ins Messbuch entstanden sein können. In diesem Fall ist es einfach ein dünnes Bäumchen: es war wirklich so!

Nun war der Park groß, die Gruppen liefen sich nicht über den Weg und schrieben nicht voneinander ab.[4] D. h., wir haben eigentlich Messwerte von 100 Eschen, nicht nur von 10. Das Histogramm aller Daten sieht so aus (Abbildung 1.3).

Jetzt sieht das Ganze schon anders aus. Die mittleren Umfänge sind deutlich häufiger als die extremen. Die Säulen steigen hübsch monoton an und fallen dann monoton ab, kein Rauf und Runter wie in Abbildung 1.2. (Eine Alternative zum Histogramm, den Boxplot, werden wir weiter unten kennenlernen, da er auf Stichprobenstatistiken aufbaut.)

mal hässlich sein. Dann gibt es u. a. noch Scotts Vorschlag: $k = \frac{3.5\sigma}{n^{1/3}}$. Da wir die Standardabweichung σ aber noch nicht kennengelernt haben, führt das hier zu weit.

[4]Unrealistisch, ich weiß, aber es sind ja imaginäre StudentInnen.

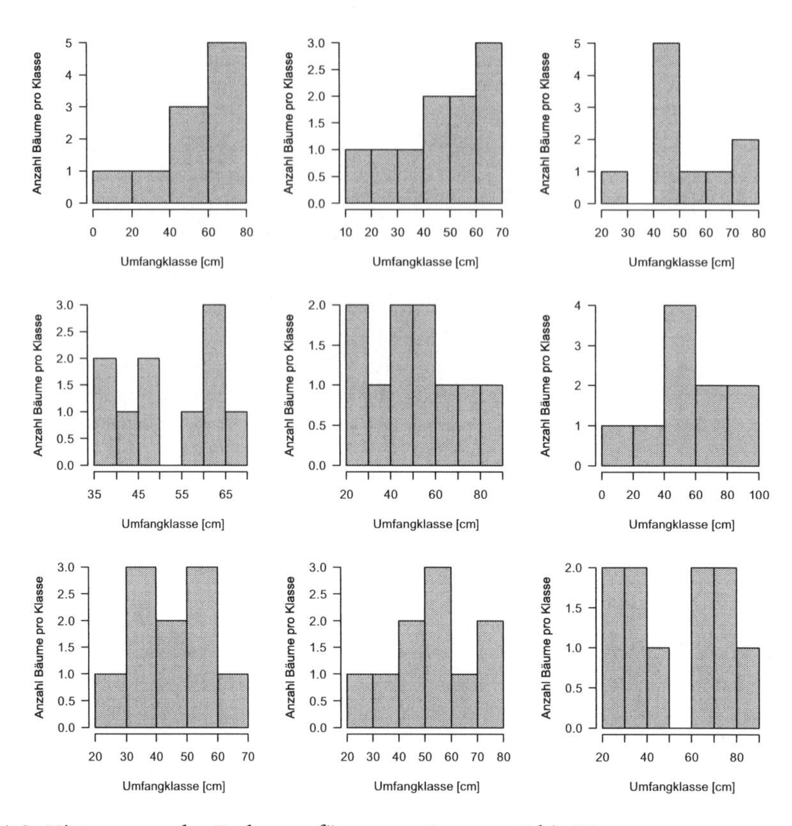

Abb. 1.2: Histogramm der Eschenumfänge von Gruppen 2 bis 10.

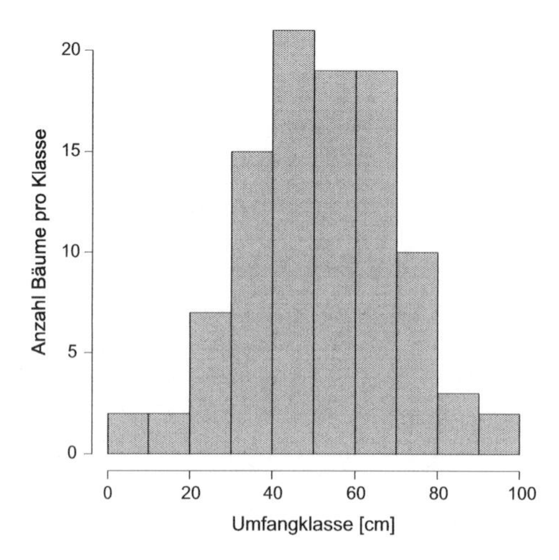

Abb. 1.3: Histogramm aller 100 Eschenumfänge.

Tab. 1.2: Eine Zusammenstellung möglicher Stichprobenstatistiken, ihrer deutschen und englischen Namen (nach Quinn & Keough 2002, S. 16 und 21, ergänzt).

Deutscher Name	Englischer Name	Abk.
Mittelwert	*mean*	$\bar{x}$
Median	*median*	
Modus	*mode*	
Hubers Mittelwert Schätzer	*Huber's mean estimate*	
Varianz	*variance*	s^2
Standardabweichung	*standard deviation*	s
Standardfehler des Mittelwertes	*standard error of the mean*	
Mittlere absolute Abweichung	*mean absolute deviation*	
Varianzkoeffizient	*coefficient of variation*	CV
95 % Konfidenzintervall	*confidence interval*	CI
95 % Quantilen	95 % *quantiles*	
Interquartilabstand	*interquartile range*	IQR
Spanne	*range*	
Schiefe	*skewness*	
Kurtosis	*kurtosis*	

Die Visualisierung von Daten ist das mächtigste Verfahren, uns diese vor Augen zu führen. Natürlich können wir ganz verschiedene beschreibende Werte berechnen (mehr dazu gleich), aber eine Abbildung sagt mehr als 100 Werte. Hier erkennen wir, ob Daten schief verteilt sind, welche Werte wie häufig sind, ob Wertebereiche fehlen oder unterrepräsentiert sind, wie weit die Werte im Extrem streuen und vieles mehr. Unser Hirn ist famos darin, solche Muster in Windeseile abzuchecken. Das Produzieren von Abbildungen ist (vor allem in der explorativen Phase) dem von Zahlen und Statistiken weit vorzuziehen!

1.1 Stichprobenstatistiken

Zur Beschreibung von Stichproben mit Hilfe von Statistiken haben sich einige verschiedene Standards eingebürgert (siehe Tabelle 1.2). Grundsätzlich unterscheiden wir Statistiken für den „zentralen" Wert (*location*) und für die Streuung der Stichprobe (*spread*). Übliche Maße für den zentralen Wert sind z. B. der Mittelwert und der Median. Für die Streuung der Werte einer Stichprobe können wir z. B. deren Standardabweichung oder Varianzkoeffizienten berechnen. Diese Maße sind essentiell und jeder, der in irgendeiner Form Statistik macht, muss sie kennen. Die weiteren hier vorgestellten Maße für Zentralität und Streuung sind für bestimmte Zwecke nützlich und werden deshalb von bestimmten Disziplinen angewandt. Sie sind vor allem der Vollständigkeit halber hier aufgeführt.

1.1.1 Zentralitätsmaße

Um eine typische Esche zu beschreiben, ist ein Wert besonders wichtig: der **Mittelwert** (englisch: *mean*). Er ist die häufigste und wichtigste Stichprobenstatistik. Sein Wert berechnet sich für eine Reihe von n gemessenen Werten (x_i) wie folgt:

$$\bar{x} = \frac{\sum_{i=1}^{n} x_i}{n} \tag{1.1}$$

Für die ersten 10 Eschenwerte (Stichprobenumfang $n = 10$) wäre der Mittelwert $\bar{x} = (37 + 54 + 33 + 82 + 57 + 34 + 60 + 65 + 62 + 44)/10 = 52.8$.

Während der Mittelwert den Durchschnittswert repräsentiert, ist der **Median** der mittlere Wert in dem Sinn, dass die Hälfte aller Werte größer und die Hälfte kleiner ist. Abhängig davon, ob es eine gerade oder ungerade Anzahl Datenpunkte gibt, wird er wie folgt berechnet:

$$\text{Median} = \begin{cases} x'_{(n+1)/2}, & \text{für ungerade } n; \\ (x'_{n/2} + x'_{(n/2)+1})/2, & \text{für gerade } n. \end{cases} \tag{1.2}$$

Dabei bedeutet x'_n den n-ten Wert der Größen-sortierten (= geordneten) Zahlenwerte von x. $x'_{(n+1)/2}$ ist also gerade der mittlerste Wert.[5]

Der Median ist also ein gemessener Datenwert (für ungerade n) bzw. das Mittel der zwei mittleren Werte (für gerade n).

Der Median ist ein Spezialfall des *Quantils*. Ein p-Quantil teilt eine Stichprobe in zwei Teile, den mit den Werten die kleiner sind als $100 \cdot (1 - p)$ Prozent der beobachteten Werte, und die die größer oder gleich diesem Wert sind. Das 10 %-Quantil ist also der Wert, an dem gerade 10 % der Stichprobenwerte kleiner sind.[6] Der Median ist entsprechend das 0.5-Quantil.

Schließlich gibt es noch als Zentralitätsmaß den **Modus** (*mode*). Das ist schlicht der am häufigsten auftauchende Wert (bzw. die am häufigsten auftretenden Werte) einer Stichprobe.

Weitaus seltener benutzt werden robuste Schätzer (Huber 1981). Sie ersetzen den Mittelwert, indem sie Ausreißer heruntergewichten. Robuste Statistiken sind etwas konservativer, also nicht so leicht von starken Abweichungen beeinflusst. Trotz ihrer Nützlichkeit sind sie in der angewandten statistischen Literatur kaum vorhanden.

---

[5] Ein Beispiel: Unsere Messwerte sind $x = (4; 2; 7; 1; 9)$. Geordnet sind sie dann $x' = (1; 2; 4; 7; 9)$. x'_1 hätte dann den Wert 1, $x'_4 = 7$. Der Median ist dann entsprechend $x'_{(5+1)/2} = x'_3 = 4$.

[6] Die Berechnung erfordert dabei häufig Interpolationen, und die Statistikprogramme unterscheiden sich z. T. sehr stark in der Art und Weise, wie Quantilen berechnet werden; siehe nächstes Kapitel für Beispiele dazu.

1.1.2 Maße für Streuung

Neben einem Maß für die Zentralität brauchen wir auch Statistiken, die die Streuung beschreiben. Das Wichtigste, analog zum Mittelwert $\hat{x}$, ist die **Standardabweichung**:

$$s = \sqrt{\frac{\sum_{i=1}^{n} (x_i - \bar{x})^2}{n-1}} \tag{1.3}$$

Wenn die Daten einer normalverteilten Zufallsvariable entsprechen, oder anders formuliert, wenn „die Daten normalverteilt sind", dann liegen etwa 68 % der Datenwerte ± 1 Standardabweichung und etwa 95 % ± 2 Standardabweichungen um den Mittelwert. Bei schiefen Histogrammen (die ja gerade *nicht* normalverteilt sind) müsste die Standardabweichung in einer Richtung größer sein, als in der anderen. Deshalb gelten diese Prozentsätze nur für normalverteilte Daten.

Ihr Pendant ist die **Varianz**, s^2, die einfach das Quadrat der Standardabweichung ist.

$$s^2 = \frac{\sum_{i=1}^{n} (x_i - \bar{x})^2}{n-1} \tag{1.4}$$

Die Varianz wird selten zur Beschreibung von Stichproben genommen, weil ihre Dimensionen nicht intuitiv sind. Die Standardabweichung hat die gleiche Dimension wie der Mittelwert (also etwa cm für unsere Eschenumfänge), während die Varianz deren Quadrat hat (cm^2).

Eine wirkliche Vergleichbarkeit erreicht man, wenn man die Standardabweichung s mit dem Mittelwert $\bar{x}$ standardisiert.

$$CV = \frac{s}{\bar{x}} \tag{1.5}$$

Dieses Maß, der **Varianzkoeffizient** (*coefficient of variation*, CV), ist direkt zwischen Datensätzen vergleichbar, weil unabhängig von den absoluten Werten der Stichprobe.

Ein anderes, häufig berichtetes Stichprobenmaß ist der **Standardfehler des Mittelwertes**, *sem*.[7] Hierbei handelt es sich **nicht** um ein Maß für die Streuung der Stichprobe! Der Standardfehler des Mittelwertes beschreibt vielmehr die Genauigkeit der Berechnung des Stichproben-Mittelwerts. Wenn wir viele Datenpunkte haben, dann können wir uns auch des Mittelwertes ziemlich sicher sein, bei wenigen hingegen nicht. Der Standardfehler des Mittelwertes quantifiziert dies.

$$sem = \frac{s}{\sqrt{n}} \tag{1.6}$$

Er wird ähnlich interpretiert wie die Standardabweichung, aber eben nicht in Bezug auf die Stichprobe, sondern in Bezug auf den daraus berechneten Mittelwert. Der wahre (aber unbekannte) Mittelwert liegt mit 95 % Wahrscheinlichkeit ± 2 Standardfehler um $\bar{x}$. Das ist *nicht* das Gleiche wie zu behaupten, dass 95 % der

[7] Im Englischen ist es schon länger üblich nicht mehr vom *standard error* zu sprechen, sondern nur noch vom *standard error of the mean*. Das sollten wir uns im Deutschen auch angewöhnen.

Datenpunkte ± 2 Standard*abweichungen* um den Mittelwert liegen! Insofern passt der Standardfehler nicht zu den Streuungsmaßen, sondern gehört eigentlich zum Mittelwert als dessen Genauigkeitsmaß.

Da dieser Punkt häufig falsch verstanden wird, hier ein kurzes Beispiel. Unsere 10 Gruppen haben jeweils 10 Eschen gemessen. Jede Gruppe kann einen Mittelwert berechnen, seine Standardabweichung und den Standardfehler des Mittelwerts. Der Mittelwert aller 100 Messungen soll unseren wahren Mittelwert darstellen. Für Gruppe 1 ist $\bar{x}_1 = 60.3$, $s_1 = 20.49$ und $se_1 = 20.49/\sqrt{10} = 6.48$. Wir erwarten mit 95 % Wahrscheinlichkeit, dass der wahre Mittelwert ($\bar{x} = 52.2$) in das Intervall $[60.3 - 2 \cdot 6.48, 60.3 + 2 \cdot 6.48] = [47.34, 73.26]$ fällt.

Also noch einmal: Der Standardfehler des Mittelwertes beschreibt den Wertebereich, in dem wir mit 65 %-iger Wahrscheinlichkeit den wahren Mittelwert erwarten (und analog für 2 Standardfehler 95 %).

Das **Interquartilabstand** (*interquartile range*, IQR) ist für den Median, was die Standardabweichung für den Mittelwert ist. Sie gibt den Wertebereich an, in dem 50 % der Datenpunkte liegen (nämlich zwischen 25 % und 75 %).

Die mittlere absolute Abweichung (*median absolute difference*, mad) ist eine robuste Variante des Interquartilabstands. Ihre Herleitung ist nicht trivial und hier nicht wichtig. Mad ist robuster als IQR, weil es die Werte beiderseits des Median kollabiert und davon den Median berechnet, also die Mitte der kollabierten Werte. Diese werden mit einer Konstanten multipliziert, damit der mad bei normalverteilten Daten mit der Standardabweichung zusammenfällt:[8]

$$\text{mad} = \text{Median}(|\mathbf{x} - \text{Median}_x|) \cdot 1.4826 \tag{1.7}$$

Die senkrechten Striche bedeuten „Betrag“, also das Wegnehmen von Minuszeichen. $\mathbf{x}$ repräsentiert hier einen Vektor mit den einzelnen Messwerten: $\mathbf{x} = (x_1, x_2, \ldots, x_n)$.

Schließlich kann man für eine Stichprobe noch schlicht den kleinsten und größten Wert angeben (also das Intervall der Daten) bzw. deren Differenz, die als Spannweite (engl.: *range*) bezeichnet wird.

Wenn eine Stichprobe nicht so hübsch symmetrisch ist wie unsere Eschenumfänge, dann kann man ihre Schiefe berechnen. Wie „spitz“ eine Stichprobe ist beschreibt hingegen die Wölbung. Diese beiden Werte liegen in unserem Fall bei respektive -0.073 und -0.054. Werte um die Null (wie diese hier), weisen darauf hin, dass die Schiefe und Wölbung nicht von der einer Normalverteilung abweicht.

Schiefe und Wölbung können auf unterschiedliche Art berechnet werden. Grundlage für die Schiefe ist g, wie sie in älteren Lehrbüchern berechnet wird:

$$g = \sqrt{n}\frac{\sum_{i=1}^{n}(x_i - \bar{x})^3}{\left(\sum_{i=1}^{n}(x_i - \bar{x})^2\right)^{3/2}} \tag{1.8}$$

mit n = Anzahl Datenpunkte und $\bar{x}$ = Mittelwert von $\mathbf{x}$.

[8] Der Faktor ist äquivalent zu Wahrscheinlichkeitsdichte der Standardnormalverteilung bei 0.75 (`1/qnorm(3/4)`). Hintergründe sind in Tukey (1977) gegeben.

Dieser Wert wird heute üblicherweise mit einer von zwei möglichen Korrektur für kleine Stichproben versehen[9] (Joanes & Gill 1998). Alle drei Formeln sind brauchbar („*unbiased under normality*").

$$g_2 = g \cdot \frac{\sqrt{n(n-1)}}{(n-2)} \tag{1.9}$$

$$g_3 = g \cdot ((n-1)/n)^{3/2} = g(1-1/n)^{3/2} \tag{1.10}$$

Analog gibt es auch drei Formeln für die **Wölbung** (= Kurtosis). Da nur eine dieser Formeln „*unbiased under normality*" ist, sei nur diese Formel hier angegeben (siehe Joanes & Gill 1998):

$$k = \frac{\left((n+1)\left(\frac{n\sum_{i=1}^{n} x_i^4}{(\sum_{i=1}^{n} x_i^2)^2} - 3\right) + 6\right)(n-1)}{(n-2)(n-3)} \tag{1.11}$$

Stichprobenstatistiken kann man für *jede* Stichprobe von Zahlenwerten berechnen.[10] Ihre Aufgabe ist Zentralität und Streuung zu beschreiben. Für unsere Eschen ist der Mittelwert $\bar{x} = 52$ cm und die Standardabweichung $s = 17.9$ cm. Es ist üblich, für die Standardabweichung eine Kommastelle mehr anzugeben als für den Mittelwert. Ebenso ist ein wenig gesunder Menschenverstand gefragt, wenn man entscheidet, wie viele Kommastellen für den Mittelwert angeben werden sollten. Da in unserem Fall ein Maßband kaum genauer als 0.5 cm messen kann, halte ich eine Kommastelle für den Mittelwert für verzichtbar. Genauigkeit sollte nicht geheuchelt sein.

Eine weitere grafische Darstellungsform für eine Stichprobe ist der Boxplot (genauer der *box-and-whiskers-plot*; Abbildung 1.4). Im Gegensatz zum Histogramm, das allein die Rohdaten tabuliert und aufträgt, basiert der Boxplot auf Stichprobenstatistiken, die wir gerade kennengelernt haben. Leider unterscheiden sich Statistikprogramme darin, was in einem Boxplot aufgetragen wird. Grundsätzlich gibt der Boxplot ein Zentralitätsmaß (üblicherweise den Median) als horizontalen, dicken Strich. Da herum wird eine Box gezeichnet, die (üblicherweise) den Bereich von der 1. zur 3. Quartile umfasst, also 50 % der Datenpunkte. Schließlich zeigen die Fehlerbalken (Schnurrbarthaare = *whiskers*) die extremeren Werte, aber nur, wenn sie innerhalb von 1.5 Mal der Boxlänge (= 1.5 IQR) liegen. Sonst werden die Extremwerte weggelassen (üblich) oder durch Punkte abgebildet (unüblich).

[9] Die erste Korrektur (g_2) ist etwa bei SAS und SPSS üblich und die Grundeinstellung bei R in **e1071**. Minitab benutzt hingegen Korrektur 2, bzw. g_3.

[10] Mit „Zahlenwerten" meinen wir hier *metrische Variablen*, also solche, bei denen der Zahlenwert eine quantitative Aussage macht. Manche Menschen glauben, dass der Berechnung dieser Werte die Annahme der Normalverteilung zugrunde liegt. Das ist nicht so. $\bar{x}$ und s sind hier *Stichprobenstatistiken*, keine Verteilungsparameter. Was aber nicht heißt, dass Mittelwert und Standardabweichung immer *sinnvolle* Aussagen für eine Stichprobe machen.

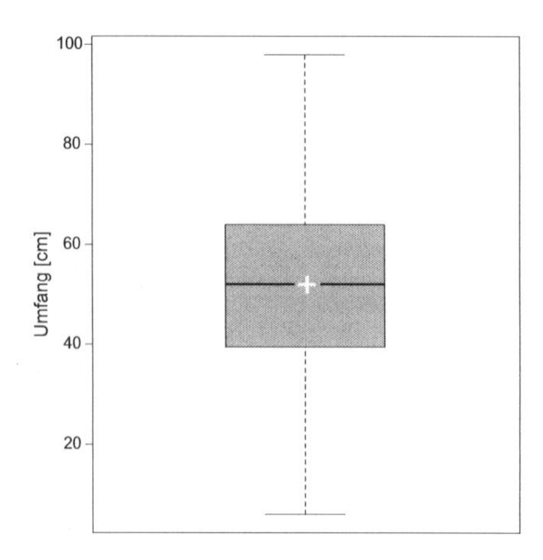

Abb. 1.4: Boxplot der 100 Eschenumfänge. Während die *horizontale Linie* der Box den Median angibt, zeigt das *Kreuz* den Mittelwert an. Bei symmetrisch verteilten Daten (wie hier) sind diese beiden Zentralitätsmaße sehr ähnlich.

Schließlich gibt es noch eine Variante in der die Box um den Median Kerben (*notches*) erhält. Diese Kerben sind das nicht-parametrische Analogon zum Standardfehler des Mittelwertes und berechnen sich als $\pm 1.58 \cdot \text{IQR}\sqrt{n}$. Nach Chambers et al. (1983, S. 62) zeigen überlappende Kerben an, dass sich zwei Datensätze nicht signifikant unterscheiden.

Der Boxplot fasst die Informationen deutlich stärker zusammen als das Histogramm und ist entsprechend weniger informativ. Andererseits können hiermit mehrere Datensätze unmittelbar verglichen werden. Abbildung 1.5 zeigt als Boxplot die gleichen Daten wie Abbildung 1.2, nur auf weniger Raum.

Hier sehen wir, dass die Kerben größer sein können als die Box, was zu männchenartigen Abbildungen führt. Hübsch oder nicht, wir sehen, dass alle Stichproben sich ähnlich sind.

Beim Betrachten eines Boxplots achten wir vor allem auf zwei Dinge: (1) Liegt der Median etwa in der Mitte der Box? Wenn das der Fall ist (etwa für Gruppe 5 und 8), dann sind die Stichprobendaten etwa symmetrisch verteilt. Wenn dem so ist, dann ist der Mittelwert ähnlich dem Median und die Chance, dass die Daten normalverteilt sind, ist gegeben. (2) Sind die Fehlerbalken, die *whiskers*, etwa gleich lang? Die Interpretation ist die gleiche wie bei (1).

Im vorliegenden Fall sind also die Daten von Gruppe 8 ansprechend symmetrisch, die von Gruppe 3 deutlich schief. Im direkten Vergleich mit Abbildung 1.2 zeigen sich die Boxplots als weniger aufschlussreich und schwieriger zu interpretieren. Andererseits ist die Datenlage mit 10 Punkte je Gruppe auch sehr gering.

Nur der Vollständigkeit halber sei darauf hingewiesen, dass es eine Reihe Mischformen aus Histogramm und Boxplot gibt, die die Verteilung der Daten mit in die

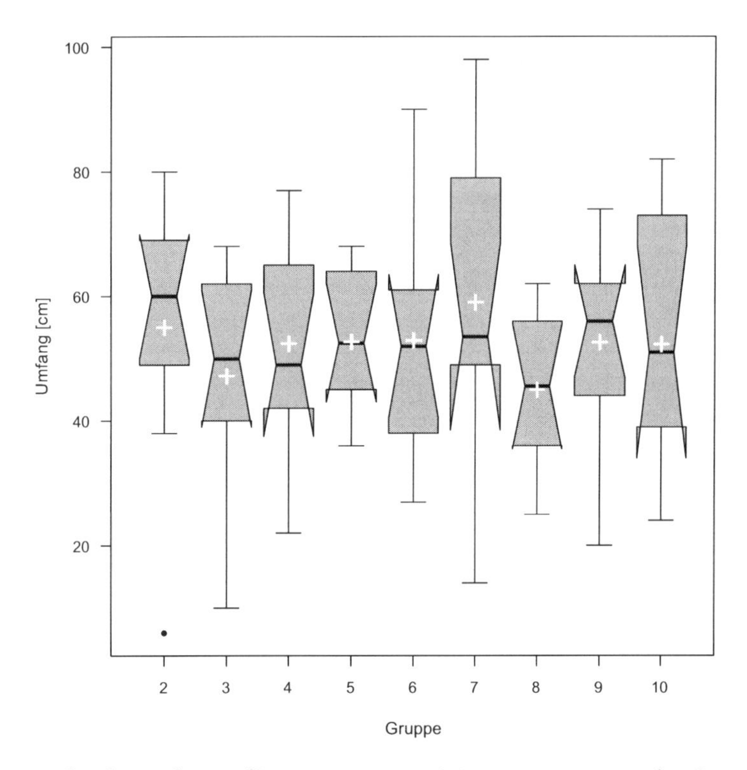

Abb. 1.5: Boxplot der Eschenumfänge von Gruppe 2-9. Der Extremwert der Gruppe 2 liegt außerhalb des 1.5-fachen IQR und ist deshalb zusätzlich abgebildet. Bei den anderen Gruppen liegen die Extremwerte zwar auch außerhalb der Box, aber eben nicht außerhalb des 1.5-fachen IQR. Die Kerben, als visuelles Maß für Unterschiedlichkeit, ragen hier manchmal über die Boxen hinaus, was dann wie Arme/Beine aussieht. Die *weißen Kreuze* geben den Mittelwert der Gruppe an.

Form der Box aufnehmen. Beispielhaft sei der Violinplot genannt, der z. B. von Dormann et al. (2010, dort Abbildung 2) benutzt wurde. Einen guten Überblick über die Wahrnehmung solcher Visualisierungen geben Ibrekk & Morgan (1987).

1.1.3 Stichprobenstatistiken am Beispiel

Unser Beispieldatensatz sind Beobachtungen von roten Mauerbienen beim Bevorraten ihrer Brutzellen. Dazu fliegen die Bienen weg, sammeln Pollen und lagern diesen dann in eine Brutzelle ein. Wenn diese voll ist, wird ein Ei hineingelegt und die Zelle mit Lehm zugemauert. Unsere Daten geben die Dauer der Pollensammelflüge in einer Obstplantage an (in Minuten). Insgesamt haben wir 101 Werte dazu bestimmt.

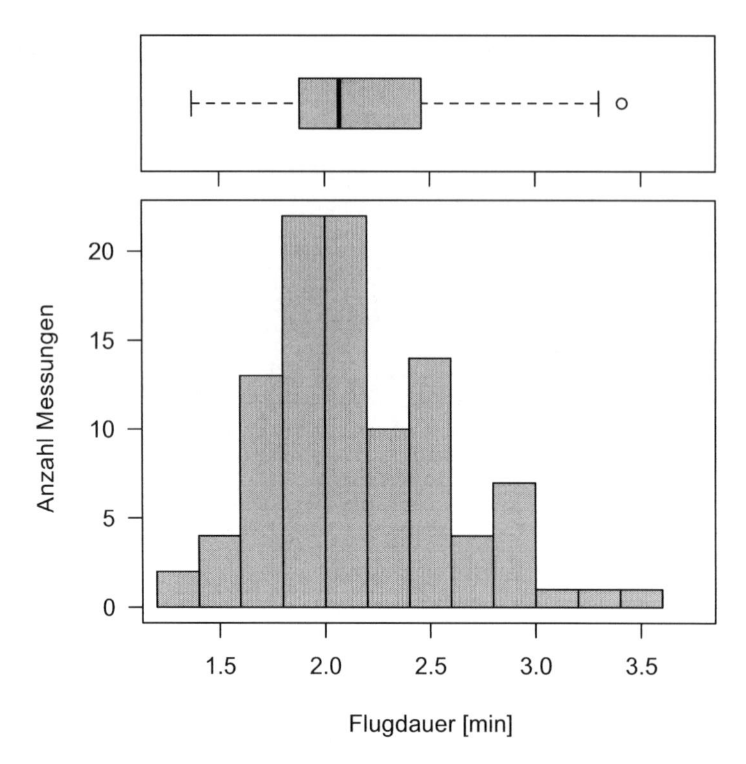

Abb. 1.6: Dauer der Provisionierungsflüge der Roten Mauerbiene (*Osmia bicornis*) in einer Apfelplantage. Boxplot horizontal über einem Histogramm.

```
1.79 2.79 1.65 2.15 2.98 1.88 1.93 1.86 2.00 2.18 2.71 1.80 1.71
2.05 1.71 2.06 1.88 1.37 2.22 2.01 2.53 2.56 2.84 2.44 2.49 2.00
2.81 2.86 1.86 1.79 2.26 2.64 3.30 2.70 2.85 2.56 1.73 1.42 1.49
2.06 2.89 1.80 2.09 3.09 1.93 2.37 1.77 1.93 1.83 2.09 2.84 2.20
2.60 1.88 2.07 1.76 2.46 2.07 2.09 2.22 1.69 2.51 1.89 2.34 1.82
1.98 1.39 1.99 1.64 2.00 2.03 2.02 2.27 2.13 2.30 2.05 2.57 2.17
2.20 1.89 2.34 1.49 2.57 2.11 2.42 1.84 3.41 1.93 2.09 1.91 2.55
1.71 2.37 2.53 2.58 2.29 1.98 1.90 2.04 2.09 1.42
```

Das Wichtigste ist zunächst das Histogramm der Datenpunkte (Abbildung 1.6). Wir kombinieren dies hier zum direkten Vergleich mit einem horizontalen Boxplot. Wir sehen, dass die meisten Flüge so um die 2 Minuten dauern, selten weniger als 1.5 oder mehr als 3 Minuten. Der Boxplot zeigt eine klare Abweichung von der Symmetrie, sowohl in der *box*, als auch in den *whiskers*.

Jetzt berechnen wir die Maße aus Tabelle 1.2 (S. 5). Die meisten Werte sind redundant, ungebräuchlich oder wenig intuitiv. Wir schauen uns den Zoo der Zentralitäts- und Streuungsmaße hier nur einmal an, um diese Statistiken gesehen zu haben. Sie sind (etwa) nach Wichtigkeit geordnet. Zunächst die Zentralitätsmaße Mittelwert, Median, Modus und Hubers robusten Mittelwert:

Mittelwert = $\bar{x} = 2.16$
Median = 2.07
Mode = 2.09
Hubers Mittelwert = 2.14
Standardfehler des Mittelwerts $se = 0.042$
95 % Konfidenzintervall = [2.079, 2.245]

Als Nächstes zu den Streuungsmaßen:

Standardabweichung $s = 0.422$
Hubers Standardabweichung = 0.400
Varianz $s^2 = 0.177$
Varianzkoeffizient CV = 0.20[11]
95 % Quantilen = [1.420, 3.035]
Interquartilabstand IQR = 0.58
mittlere absolute Abweichung MAD = 0.400
Intervall = [1.37, 3.41] mit Spannweite 2.04
Schiefe = 0.569
Kurtosis = 0.026.

Viele Zahlen, doch was sagen sie uns?

Zunächst können wir den Unterschied zwischen Mittelwert und Median betrachten (2.16 gegenüber 2.07). Beide liegen relativ eng beieinander, der Mittelwert ist etwas höher, da es mehr längere als kürzere Flugdauern gibt (das Histogramm ist etwas rechtsschief). Der Mode ist ziemlich aussagelos, da selbst der häufigste Wert laut Histogramm nur 5 Mal vorkam. Hubers Mittelwert liegt nahe dem arithmetischen Mittelwert, also ist letzterer nicht durch Ausreißer verzerrt. Schließlich gibt uns der Standardfehler an, dass bei erneutem Messen der neue Mittelwert nicht weit von $\bar{x}$ entfernt ist (da se einen kleinen Wert hat). Genauer gesagt liegen 95 % aller Mittelwerte solcher Wiederholungen im Intervall $[\bar{x} - 2se, \bar{x} + 2se] = [2.078, 2.246]$. Diese Werte sind nahezu identisch zum 95 % Konfidenzintervall. Letzteres unterstellt für seine Berechnung, dass die Daten normalverteilt sind. Dieser Bereich umfasst den Median gerade nicht mehr.

Die Streuungsmaße quantifizieren wie stark die Werte sich unterscheiden. Nur wenige lassen sich ohne weitere Annahmen direkt interpretieren. Ein Varianzkoeffizient von 0.2 (oder 20 %) deutet an, dass die Werte nur moderat relativ zum Mittelwert variieren. In anderen Worten, die Standardabweichung von $s = 0.422$ ist nicht besonders groß (oder besonders klein) für einen Mittelwert von $\bar{x} = 2.16$. CV-Werte unter 0.05 zeichnen sehr hohe Präzision aus, solche über 0.2 geringe. In der Ökologie liegen sie gelegentlich sogar über 1, da wir meistens nur wenige Datenpunkte haben und ein hochvariables System beproben.

[11] Häufig wird dieser Wert mit 100 multipliziert und in % angegeben, hier also 20 %.

Der Unterschied zwischen 95 % Konfidenzintervall und den 95 % Quantilen kann man an diesen Statistiken gut sehen. Das Konfidenzintervall beschreibt, ähnlich wie der Standardfehler, die Genauigkeit des Mittelwertsschätzers $\bar{x}$. Die Quantilen hingegen beschreiben den Wertebereich der Daten: 95 % liegen zwischen 1.42 und 3.04.

Der Interquartilabstand ist mit 0.58 größer als die Standardabweichung (0.4). Das deutet darauf hin, dass die Daten nicht symmetrisch sind, weil dadurch der IQR in einer Richtung größer wird, während die Standardabweichung nur wenig zunimmt. Und, in der Tat, sehen wir dies nicht nur im Histogramm, sondern auch in der Schiefe, die mit 0.57 deutlich von 0 (symmetrisch) abweicht. Positive Werte indizieren rechtsschiefe (= linkssteile) Daten, während negative linksschiefe (= rechtssteile) anzeigen.

Zusammenfassend können wir also sagen, dass die Mauerbienen im Mittel 2.16 ± 0.042 (Mittelwert $\pm$ Standardfehler) Minuten für einen Pollensammelflug brauchen. Wenn wir jetzt einen erneuten Flug messen würden, dann wäre anzunehmen, dass er eben jene 2.16 Minuten dauern würde, aber sehr wahrscheinlich im Intervall [1.42, 3.04] liegt.

1.2 Häufigkeit, Dichte und Verteilung

Im übernächsten Kapitel 3 werden wir uns intensiver mit Verteilungen auseinandersetzen. Hier wollen wir einen Übergang versuchen, von unseren Stichproben (z. B. als Histogramm), zu eben jenen Verteilungen.

Bislang hatte unser Histogramm auf der y-Achse die Anzahl der Beobachtungen in der jeweiligen Größenklasse (siehe etwa Abbildung 1.3). In anderen Worten, das Histogramm beruht auf der *Häufigkeit* der Daten. Mit Häufigkeit meinen wir hier schlicht die Anzahl pro Klasse (in Anlehnung ans englische Wort *frequency* gelegentlich auch als Frequenz bezeichnet). Alternativ können wir auch die *Dichte* auftragen. Das ist einfach die Häufigkeit geteilt durch die Anzahl der Messungen. Die Dichte über alle Klassen summiert sich zu 1. Sie stellt also den Anteil der Datenpunkte in einer Größenklasse dar. Das Einzige, was sich in dieser Abbildung ändert, ist die Skalierung der y-Achse (siehe Abbildung 1.7).

Nun ist ja die Einteilung in Klassen willkürlich. Es gibt zwar Algorithmen, die besonders schöne Einteilungen vornehmen, aber es findet immer eine Kategorisierung in Klassen statt. Aber die zugrundeliegenden Daten sind ja kontinuierlich; eine Esche kann jeden Umfang innerhalb des gemessenen Intervalls annehmen. Deshalb wäre es doch logisch, wenn man auch die Stichprobe kontinuierlich darstellen würde.

Nein, leider ist das nicht ganz so logisch! Die Stichprobe ist ja nur eine Realisierung der zugrundeliegenden Verteilung. Entsprechend kann man nicht einfach die Stichprobe zur Verteilung machen. Erst wenn wir wirklich *viele* Datenpunkte haben sollte diese Stichprobe der wahren Verteilung ziemlich ähnlich sehen.

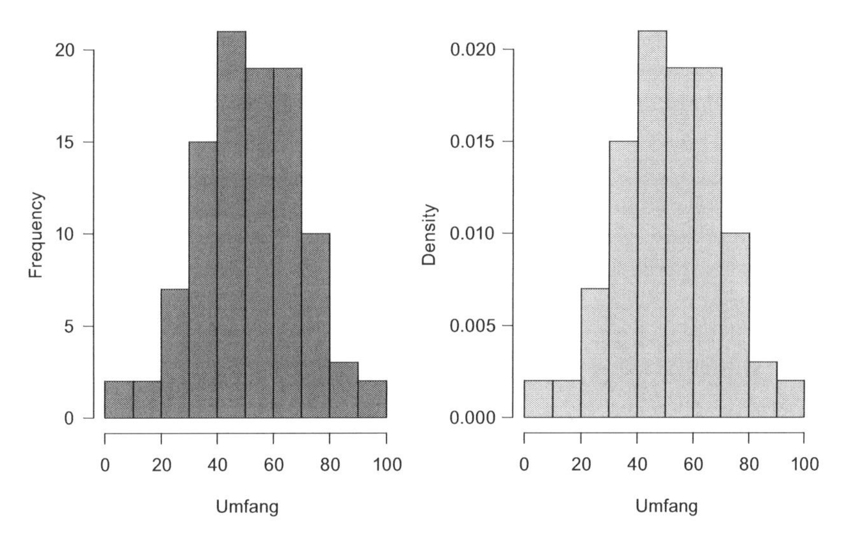

Abb. 1.7: Messungen aller 100 Eschenumfänge, als Häufigkeit- und als Dichtehistogramm.

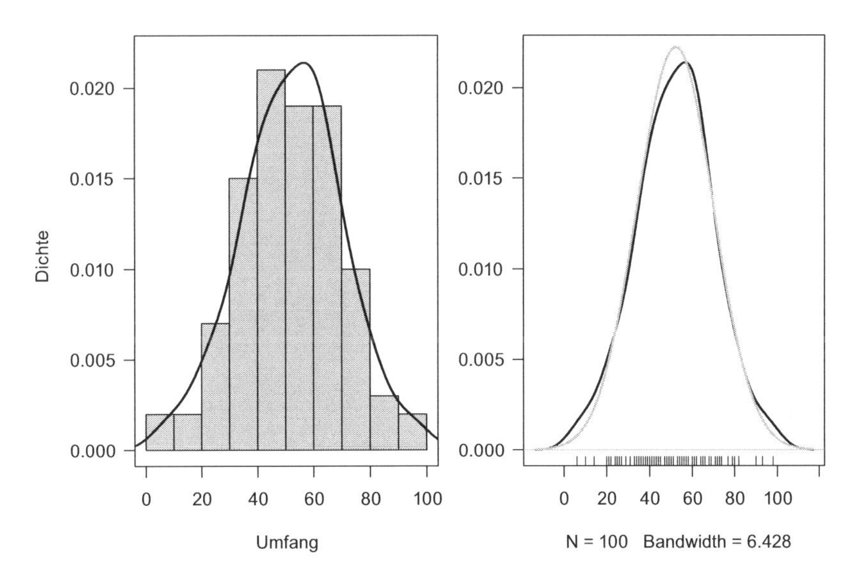

Abb. 1.8: Messungen aller 100 Eschenumfänge als empirische Dichtekurve über das Dichtehistogramm gelegt (*links*) und mit unterlegter Normalverteilung in grau (*rechts*). Die Strichlein (*rechts*, im Englischen als *rug* bezeichnet) geben die Lage der Datenpunkte an.

Unter diesem Vorbehalt sehen wir uns mal an, wie das Dichtehistogramm als Dichteverteilung aussehen würde (Abbildung 1.8 links). Diese Kurve zeigt, wie eine kontinuierliche Dichte der Daten aussehen würde. Diese Dichtekurve wird durch einen gleitenden Kernel berechnet.[12] Die Informationen unter der x-Achse geben die Anzahl der Datenpunkte an ($N = 100$), sowie die Breite des Kernels (hier 6.4 cm). Wir nehmen hier einfach einmal an, dass diese Methode schon weiß, was sie tut.

Als Ergebnis haben wir jetzt nicht mehr eine Darstellung unserer Stichprobendaten, sondern eine kontinuierliche Verteilung auf Basis unserer Stichprobendaten. Wir hoffen, dass diese Verteilung der wahren Verteilung der Grundgesamtheit aller Eschenumfänge sehr ähnlich ist.

Zur Illustrierung können wir noch eine Normalverteilung dazulegen (Abbildung 1.8, rechts). Diese hat zwei Parameter (siehe Abschnitt 3.4.1), nämlich den Mittelwert μ und die Standardabweichung σ. Wir berechnen also den Mittelwert unserer Stichprobe $\bar{x}$ ($= 52.2$) und ihre Standardabweichung s ($= 17.94$) und nehmen an, dass sie gute Schätzer für μ und σ sind. Wie wir sehen liegen die zwei Kurven sehr eng beieinander. Wir könnten jetzt mit dem Brustton der Überzeugung sagen, dass die Eschenumfänge normalverteilt sind.

Wieso aber gerade die Normalverteilung? Gibt es noch andere Verteilungen? Können wir irgendwie statistisch prüfen, ob eine Verteilung passt? Diese Fragen werden uns im Kapitel 3 beschäftigen.

[12] Die Mathematik dahinter ist recht kompliziert. Die Idee ist eine gleitende Berechnung der Dichte, wobei nur die Punkte im Einzugsbereich zur Berechnung beitragen.

Kapitel 2

Stichprobe, Zufallsvariable – Histogramm, Dichteverteilung in R

I hear, and I forget,
I see, and I remember
I do, and I understand.
Unbekannt

Am Ende dieses Kapitels ...

... ist Dir klar, dass man Datenerhebung planen sollte, und Du solltest wissen, wie ein ideal ausgefülltes Datenblatt aussieht.

... kannst Du Daten nach R einlesen.

... bist Du in der Lage, mittels R Rohdaten in Histogramme zu überführen.

... kannst Du die Stichprobenstatistiken aus Kapitel 1 in R berechnen.

... hast Du endlich etwas praktisch gemacht!

2.1 Datenerhebung

Die Daten werden im Feld, im Labor oder in der Umfrage zumeist auf standardisierten Aufnahmebögen erfasst. Deren Aufgabe ist es sicherzustellen, dass alle wichtigen Informationen auch aufgenommen wurden. Wenn wir im Eschenbeispiel also Umfänge messen, so wird jeder Baum eine einzelne Datenzeile erhalten, untereinander. Zusätzlich werden vielleicht geographische Koordinaten, Lage und Name des Parks, Namen der Erfasser, Datum usw. aufgeschrieben (siehe Abbildung 2.1). Solche Aufnahmebögen kann man am einfachsten in Tabellenprogrammen vorbereiten (s. u.).

Häufig werden Labordaten in Ausdrucken aus Analysemaschinen (etwa CN-Analyser), in großen Spezialdateien (etwa *near-infrared spectroscopy*) oder schlicht

C.F. Dormann, *Parametrische Statistik*, Statistik und ihre Anwendungen,
DOI 10.1007/978-3-642-34786-3_2, © Springer-Verlag Berlin Heidelberg 2013

Eschenumfangmessung Blattnummer:

Lfd. Nummer	Umfang (in 130 cm)
1	
2	
3	
4	
5	
6	
7	
8	
9	
10	
11	
12	
13	
14	
15	
16	
17	
18	
19	
20	

Datum/Zeit:
Ort:

GPS:

Aufnehmer:

Bemerkungen:

Abb. 2.1: Ein möglicher Aufnahmebogen für die Eschenumfangmessung. Wichtig ist, dass es Platz für Bemerkungen gibt und dass die auszufüllenden Zellen groß genug sind. In diesem Beispiel ist z. B. schlecht, dass es keine Möglichkeit gibt, pro Baum einen Kommentar zu machen. Aufnahmebögen sind in der Regel einseitig, um auf der Rückseite Notizen machen zu können. Um zu verhindern, dass man Daten während der Eingabe übersieht, ist ein **B.W.** unten rechts zwingend notwendig (oder auf Englisch **P.T.O.** für *please turn over*).

händisch im Laborbuch erfasst. Daten in Spezialformaten können (in den allermeisten Fällen) direkt nach R importiert werden (siehe unten für weitere Details).

Diese Daten stellen die Rohdaten für unsere weiteren Analysen dar.

2.2 Dateneingabe

Rohdaten kann man theoretisch direkt in R eingeben (siehe Abschnitt 2.3.1 auf Seite 21). Praktischer, weil dafür entwickelt, sind Tabellenprogramme (*spreadsheet programmes*). Das Bekannteste ist unzweifelhaft Microsoft Excel, aber offene (und

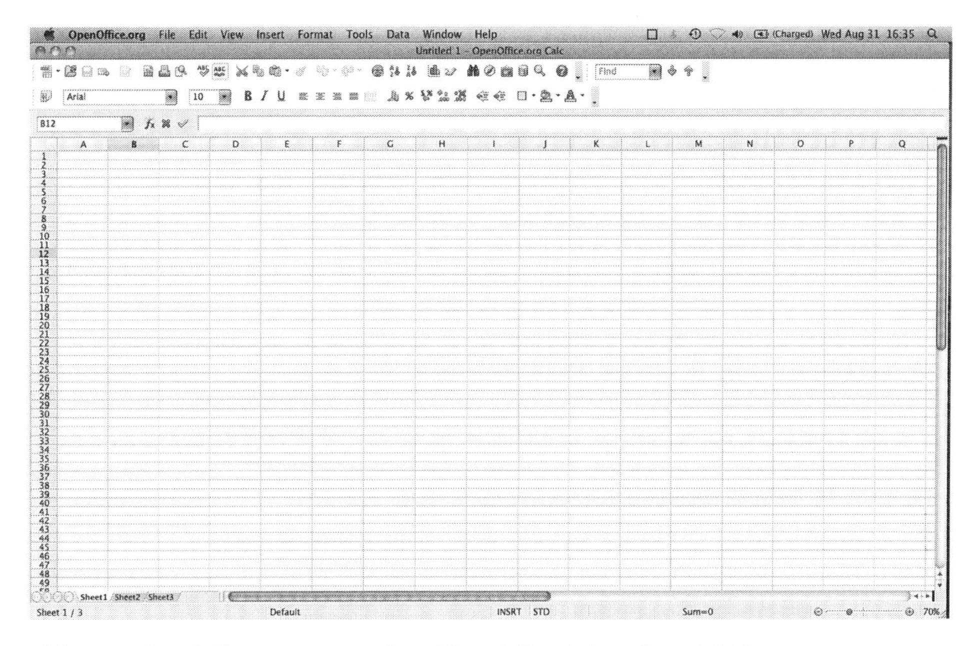

Abb. 2.2: Ein Tabellenprogramm – leer (OpenOffice Calc auf MacOS X).

somit kostenlose) Software bietet hier ebenfalls eine Fülle von Programmen an. Hier benutzen wir als Beispiel OpenOffice Calc,[1] das Excel sehr ähnlich ist.

Kernelement ist ein Tabellenblatt (Abbildung 2.2).

In dieses tragen wir nun unsere Daten ein. Dabei entstehen sehr häufig Tippfehler, darum hier ein paar Tipps aus Erfahrung.

1. Halte das Datenblatt schlicht. Fang oben links an, mach keine Leerzeilen oder Leerspalten. Schreib Kommentare in eine separate Spalte.

2. Benutze den Nummernblock der Tastatur! Hat der Rechner keine (etwa viele Klapprechner), dann leih Dir eine!

3. Versuche die Zahlen BLIND einzugeben, also die Augen nur zwischen Zettel und Bildschirm hin- und herwandern zu lassen, während die Finger unbeobachtet arbeiten. Schon nach kurzer Zeit wissen die Finger ihren Weg und die Übersetzung von Zahlen auf dem Papier in Zahlen in der Tabelle geschieht weitestgehend unbewusst – und erstaunlich fehlerarm.

4. Gib eine Reihe/Spalte/Block/Satz Daten ein, dann verschnaufe kurz und dann gehe alle Daten noch einmal vergleichend durch, Zettel gegen Tabelle.

[1] Für alle Betriebssysteme und in vielen Sprachen herunterzuladen bei www.openoffice.org oder in praktisch identischer Form LibreOffice bei www.libreoffice.org.

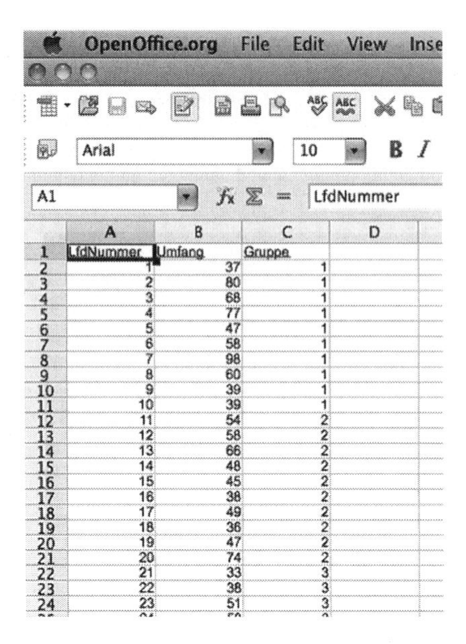

	A	B	C	D
1	LfdNummer	Umfang	Gruppe	
2	1	37	1	
3	2	80	1	
4	3	68	1	
5	4	77	1	
6	5	47	1	
7	6	58	1	
8	7	98	1	
9	8	60	1	
10	9	39	1	
11	10	39	1	
12	11	54	2	
13	12	58	2	
14	13	66	2	
15	14	48	2	
16	15	45	2	
17	16	38	2	
18	17	49	2	
19	18	36	2	
20	19	47	2	
21	20	74	2	
22	21	33	3	
23	22	38	3	
24	23	51	3	

Abb. 2.3: Die Eschenumfänge in einem schmucklosen Tabellenblatt. Alle 100 Werte stehen jetzt untereinander, die Gruppen sind in einer separaten Spalte aufgeführt. Diese entspricht dem *long format*, während Tabelle 1.1 dem *wide format* entspricht.

5. Mache ein Histogramm der eingegebenen Daten, Spalte für Spalte. Dadurch siehst Du schnell manche Tippfehler als Ausreißer.[2]

6. Teamsport: EineR diktiert, eineR tippt. Der/die Vorlesende liest die Zahlen nacheinander: „Vier-zwo-Komma-eins-sieben". Der/die Tippende wiederholt beim Tippen die Zahlen. Zwei/drei sollten durch zwo/drei disambiguiert werden. Wenn die Software auf Englisch gestellt ist und entsprechend Punkt statt Komma erfordert, dann bitte auch „Punkt" oder „*dot*" sagen!

7. Es gibt einen DIN-Standard, der vorsieht, dass alle Rohdaten unabhängig voneinander von mindestens 2 Personen eingegeben werden. Eine Software (z. B. R), vergleicht dann die Eingaben und weißt auf Unstimmigkeiten hin.

Am Ende sieht die Eingabe vielleicht aus wie Abbildung 2.3.

Für manche Daten gibt es mehrere Möglichkeiten der Eingabe. Vegetationsaufnahmen z. B. werden üblicherweise im sog. *wide format* eingegeben: jeder Spalte ist eine Pflanzenart, jeder Zeile ein Aufnahmeort zugewiesen (Abbildung 2.4).

Die Alternative ist das *long format*, in dem jede Information in einer eigenen Zeile steht. Damit werden die Tabellen viel länger und unübersichtlicher. In Datenbanken und R sind sie aber leichter einzulesen, leicht umzuformen und für die statistische Analyse häufig zugänglicher.

[2] Dafür gibt es in R auch spezielle Pakete unter dem Thema *quality control*, etwa **qcc**.

R Data Editor

row.names	Cal.vul	Emp.nig	Led.pal	Vac.myr	Vac.vit	Pin.syl	Des.fle	Bet.pub	Vac.uli	Dip.mon	Dic.sp	Dic.fus	Dic.pol	Hyl.spl	Ple.sch	Pol.pil	Pol.jun	Pol.com	Poh.nut	Pti.cil	Bar.lyc
18	0.55	11.13	0	0	17.8	0.07	0	0	1.6	2.07	0	1.62	0	0	4.67	0.02	0.13	0	0.13	0.12	0
15	0.67	0.17	0	0.35	12....	0.12	0	0	0	0	0.33	10.92	0.02	0	37.75	0.02	0.23	0	0.03	0.02	0
24	0.1	1.55	0	0	13....	0.25	0	0	0	0	23...	0	1.68	0	32.92	0	0.23	0	0.32	0.03	0
27	0	15.13	2.42	5.92	15....	0	3.7	0	1.12	0	0	3.63	0	6.7	58.07	0	0	0.13	0.02	0.08	0.08
23	0	12.68	0	0	23....	0.03	0	0	0	0	0	3.42	0.02	0	19.42	0.02	2.12	0	0.17	1.8	0.02
19	0	8.92	0	2.42	10....	0.12	0.02	0	0	0	0	0.32	0.02	0	21.03	0.02	1.58	0.18	0.07	0.27	0.02
22	4.73	5.12	1.55	6.05	12.4	0.1	0.78	0.02	2	0	0.03	37.07	0	0	26.38	0	0	0	0.1	0.03	0
16	4.47	7.33	0	2.15	4.33	0.1	0	0	0	0	1.02	25.8	0.23	0	18.98	0	0.02	0	0.13	0.1	0
28	0	1.63	0.35	18.27	7.13	0.05	0.4	0	0.2	0	0.3	0.52	0.2	9.97	70.03	0	0.08	0	0.07	0.03	0
13	24.13	1.9	0.07	0.22	5.3	0.12	0	0	0	0.07	0.02	2.5	0	0	5.52	0	0.02	0	0.03	0.25	0.07
14	3.75	5.65	0	0.08	5.3	0.1	0	0	0	0	0	11.32	0	0	7.75	0	0.3	0.02	0.07	0	0
20	0.02	6.45	0	0	14....	0.07	0	0	0.47	0	0.85	1.87	0.08	1.35	13.73	0.07	0.05	0	0.12	0	0
25	0	6.93	0	0	10.6	0.02	0.1	0.02	0.05	0.07	14...	10.82	0	0.02	28.77	0	6.98	0.13	0	0.22	0
7	0	5.3	0	0	8.2	0	0.05	0	8.1	0.28	0	0.45	0.03	0	0.1	0	0.25	0	0.03	0	0
5	0	0.13	0	0	2.75	0.03	0	0	0	0	0	0.25	0.03	0	0.03	0.18	0.65	0	0	0	0
6	0.3	5.75	0	0	10.5	0.1	0	0	0	0	0	0.85	0	0	0.05	0.03	0.08	0	0	0.08	0
3	0.03	3.65	0	0	4.43	0	0	0	1.65	0.5	0	0.55	0	0	0.05	0	0	0	0.03	0.03	0
4	3.4	0.63	0	0	1.98	0.05	0.05	0	0.03	0	0	0.2	0	0	1.53	0	0.1	0	0.05	0	0
2	0.05	9.3	0	0	8.5	0.03	0	0	0	0	0	0.03	0	0	0.75	0	0.03	0	0	0.03	0
9	0	3.47	0	0.25	20.5	0.25	0	0	0	0.25	0	0.38	0.25	0	4.07	0	0.25	0	0.25	0.25	0
12	0.25	11.5	0	0	15.8	1.2	0	0	0	0	0.25	0.25	0	0	6	0	0	0	0.25	0	0
10	0.25	11	0	0	11.9	0.25	0	0	0	0	0	0.25	0.25	0	0.67	0	0.25	0	0.25	0	0
11	2.37	0.67	0	0	12.9	0.8	0	0	0	0	0	0.25	0.25	0	17.7	0.25	0.25	0	0.25	0.67	0
21	0	16	4	15	25	0.25	0.5	0.25	0	0	0.25	0.25	3	0	2	0	0.25	0.25	0.25	10	3

Abb. 2.4: *Wide format* einer Vegetationsaufnahme (Datensatz `varespec` aus dem R-package **vegan**, betrachtet im R Dateneditor mittels `edit`). Die Pflanzenarten stehen in den Spalten (etwa *Calluna vulgaris*, *Empetrum nigrum*, usw.), die Aufnahmenummer steht in der ersten Spalte `row.names`. Zahlenwerte sind Deckungsgrade in Prozent.

In der Ökologie am verbreitesten und m. E. auch am praktischsten ist das *wide format* für Vegetationsaufnahmen u.ä. (etwas Auswertungen von Bodenfallen) wie auch für Umweltdaten, die jedem Aufnahmeort entsprechen (etwa pH, Höhe über NN, Bodenfeuchte, Ca-Gehalt usw).

Das Überführen von *long format* nach *wide format* ist in R sehr einfach[3] und deshalb sollte man auf keinen Fall Daten im Tabellenprogramm hin- und herkopieren, nur um sie in das *wide format* zu bringen. Dabei entstehen nur Fehler und die Zeit ist besser woanders investiert.

2.3 Daten importieren nach R

2.3.1 Kleine Datensätze manuell eingeben

Ein paar Werte können wir in R natürlich direkt eingeben. Dafür brauchen wir keinen Umweg über ein Tabellenprogramm. Im einfachsten Fall ist dies ein Daten*vektor*:

```
> Baum <- c(25, 23, 19, 33)
> Baum
```

```
[1] 25 23 19 33
```

[3] Mittels der Befehle `cast` und zurück mit `melt`, im Paket **reshape**.

Wir müssen die Daten als Objekt („`Baum`") speichern. Das „c" (für *concatenate* = aneinanderhängen) definiert in R einen Vektor.

Wenn wir eine Minitabelle eingeben wollen, also mehrere Spalten, dann brauchen wir einen `data.frame`:

```
> diversity <- data.frame("site"=c(1,2,3,4), "birds"=c(14,25,11,5),
+         "plants"=c(44, 32, 119,22),  "tree"=Baum)
> diversity

  site birds plants tree
1    1    14     44   25
2    2    25     32   23
3    3    11    119   19
4    4     5     22   33
```

Jede Spalte wird in den `data.frame` als ein Vektor eingegeben. Bereits definierte Vektoren können so aufgenommen werden (siehe letzte Spalte im Objekt `diversity`).

Mit dem Befehl `fix` kann jetzt diese Tabelle geöffnet und durch doppelklicken eine Zelle bearbeitet werden. Wenn dieser Tabelleneditor geschlossen wird, werden die Änderungen übernommen:[4]

```
> fix(diversity)
# jetzt eine Zelle doppelklicken und verändern,
# z.B. site 4 in site 14 umbenennen;
# dann das Tabellenfenster schließen
> diversity

  site birds plants tree
1    1    14     44   25
2    2    25     32   23
3    3    11    119   19
4   14     5     22   33
```

Weil es mit `fix` und `edit` immer wieder Probleme gibt, wird dieser Weg selten genutzt und ist m. E. nicht zu empfehlen.

Schließlich kommt es vor, dass ein Vektor-Datensatz schon „fertig für R" verfügbar ist, z. B. in einer Übungsaufgabe oder in der R-Hilfe. Dann kann man die Zahlen dort kopieren und in die Kommandozeile (oder den Editor) von R hineinkleben:

```
> tryit <- c(#hier jetzt die Zahlen hineinkopieren#)
```

Dabei dürfen wir nicht vergessen, dass um die Zahlen keine Anführungszeichen stehen sollten, und dass die Zahlen durch Kommata voneinander getrennt sein müssen.[5]

---

[4]Der Befehl `edit` funktioniert ähnlich, aber das Ergebnis muss zugewiesen werden, das alte Objekt wird nicht verändert! Z. B.: `diversity2 <- edit(diversity)`.

[5]Im Paket **psych** steht zudem die Funktion `read.clipboard` zur Verfügung, die Daten aus der *copy-paste*-Zwischenablage (dem *clipboard*) einlesen kann.

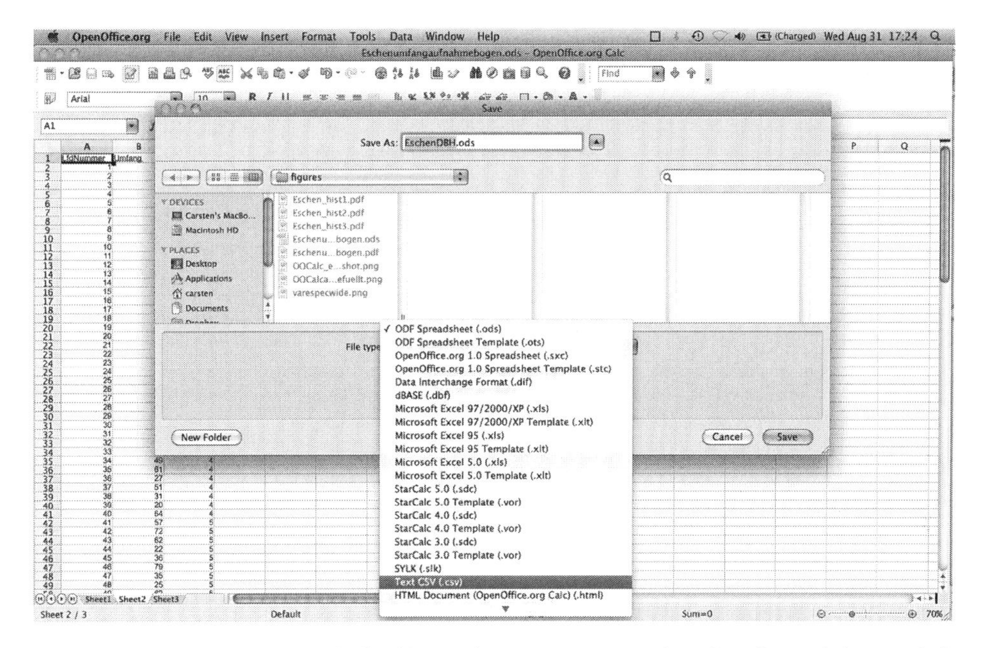

Abb. 2.5: Speichern eines Tabellenblatts als .csv-Datei. Nur das aktuelle, sichtbare Tabellenblatt wird gespeichert! Es sollte keine Abbildungen oder Beschreibungen enthalten – so nackt wie möglich.

2.3.2 Größere Datensätze aus einer Datei einlesen

R kann viele verschiedene Dateiformate lesen. Und doch ist es immer wieder erstaunlich, dass die meisten Daten so unstrukturiert über ein Tabellenblatt verstreut sind, dass sie in keiner Software direkt nutzbar sind – selbst in R nicht. Darum ist es wichtig und sehr zeitsparend, wenn die im letzten Abschnitt beschriebenen Tips eingehalten werden.

Die häufigste und einfachste Art, Daten nach R zu importieren ist mit Hilfe eines alten aber hoch-standardisierten Tabellenformats. R kann zwar mittels Hilfspakten auch direkt Excel und OpenOffice Calc-Dateien lesen, aber dafür bedarf es mehrere Zeilen R-Code. Die etablierten alten Tabellenformate sind ASCI-Text (häufig an der Dateiendung .txt zu erkennen) und *comma separated variables* (.csv). Die richtige Endung ist weder hinreichend noch notwendig für das Format! Als Beispiel exportieren wir die Eschenbaumumfänge aus OpenOffice Calc als .csv Datei („EschenDBH.csv"; Abbildung 2.5).

Die wichtigste R-Funktion um Daten einzulesen ist `read.table`. Sie liest eine Datei ein, die schlichten Text enthalten muss. Mit vielen Argumenten kann man das Format spezifizieren (siehe die Hilfe in R mittels `?read.table`). Neben `read.table` gibt es eine spezifische `read.csv` und `read.delim`, die für .csv- und .txt-Dateien schon die richtigen Optionen gesetzt haben. Für in deutschen Format

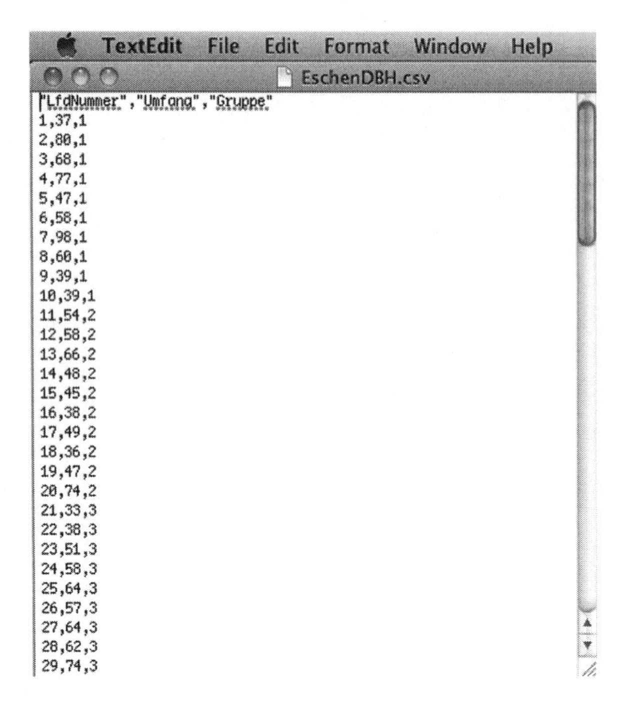

Abb. 2.6: Ein kurzer Check des Dateiformats in dem primitiven Editor TextEdit.

abgespeicherte Dateien (also mit Komma statt Punkt, mit Semikolon statt Komma als Variablentrennzeichen) gibt es `read.csv2` und `read.delim2`.

Am besten schaut man sich die exportierte Datei kurz mit einem einfachen Editor[6] an, um sicherzustellen, dass man weiß, in welchem Format sie vorliegt (Abbildung 2.6).

Standardmäßig werden Zahlen als solche weggeschrieben, Zeichenketten aber in Anführungszeichen gesetzt. Das kann man beim Export aus dem Tabellenprogramm wählen, aber ich rate die Standardeinstellungen zu nutzen, die meistens mit R kompatibel sind.

Jetzt können wir endlich die Daten nach R einlesen und uns dort anzeigen lassen. Dazu benutzen wir folgenden Code:

```
> eschen <- read.csv("EschenDBH.csv")
> eschen

  LfdNummer Umfang Gruppe
1         1     37      1
2         2     80      1
3         3     68      1
```

[6]In Windows z. B. ein Programm namens Editor, in OS X zum Beispiel TextEdit. Noch schneller geht es auf allen Betriebssystemen mit dem *open source* Programm muCommander (www.mucommander.com).

```
4       4    77    1
5       5    47    1
6       6    58    1
7       7    98    1
8       8    60    1
9       9    39    1
10     10    39    1
11     11    54    2
12     12    58    2
13     13    66    2
14     14    48    2
15     15    45    2
...
```

Mit dem Pfeilchen (<-) weisen wir die importierten Daten einem Objekt zu (namens „eschen").[7] Dieses können wir uns anzeigen lassen (= in die R-Konsole drucken lassen), indem wir es einfach aufrufen, d. h. den Namen eintippen.

Wenn die Daten in anderen gängigen Formaten vorliegen (z. B. als dbase-File, als SAS-file, als ArcGIS-shape) gibt es zumeist eine `read`-Befehl, mit dem man diese Daten einlesen kann. Den muss man dann im Internet auf der R-Hilfe-Seite suchen und das entsprechende Paket laden. Es gibt Hunderte von speziellen Dateiformaten, die R lesen kann, inkl. Satellitenbinaries, Sequenzierungsdaten, Klimadaten und vieles mehr. Ein besonderer Fall sind Datenbanken, die über SQL abgefragt werden können. Hier bietet R verschiedene Pakete an, etwa **RODBC**.

Sollte sich ein Format als besonders widerspenstig herausstellen, kann man häufig mit `scan` oder `readLines` die Zeilen einzeln einlesen und dann weiterverarbeiten. Auch dazu gibt es Hilfe auf den R-Seiten und in den R-mailing-Listen.

2.4 Einfache, deskriptive Statistik und grafische Darstellung

2.4.1 Grafische Darstellung von Stichprobenstatistiken mit R

Das überaus wichtige Histogramm (Abbildung 2.7) erstellen wir mittels `hist`:

```
> hist(Umfang, col="grey", las=1)
```

Meines Erachtens sind die von R vorgeschlagenen Klassenweiten für die explorative Betrachtung eigentlich immer hervorragend. Für eine Abbildung in einer Publikation will man dann aber doch gelegentlich die Klassenweiten anpassen. Dazu berechnen wir erst die Spanne der Daten (also Minimum und Maximum) mittels `range` und definieren dann eine Sequenz von *bin widths* nach unserem Geschmack (z. B. alle 5 cm) mittels des Arguments `breaks` (Abbildung 2.8):

[7] Wer das Pfeilchen (offiziell der *assign arrow*) nicht mag, kann auch ein Gleichheitszeichen benutzen (=). Neben dem <- gibt es auch das ->. Wir hätten also auch schreiben können `read.csv("EschenDBH.csv") -> eschen`. Das folgt zwar der Denklogik („Lese die Daten ein und stecke sie ins Objekt eschen."), ist aber höchst ungewöhnlich; ich habe so eine Codezeile noch nie gesehen. Siehe auch die R-Hilfe: `?"<-"`.

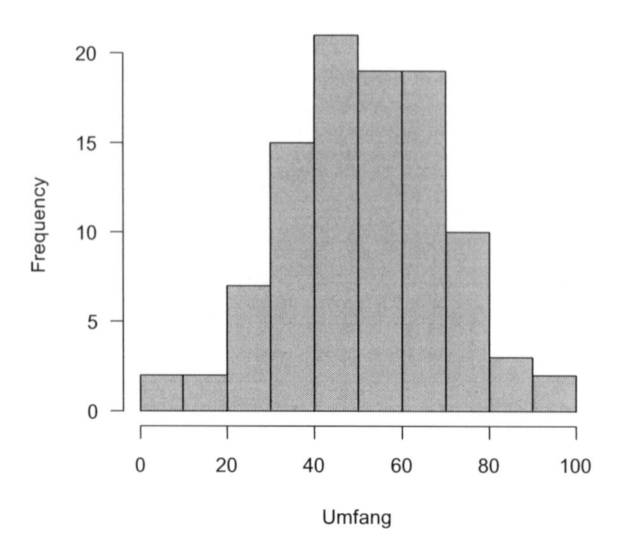

Abb. 2.7: Das Histogramm aller Werte mittels des Befehls `hist`. Durch Argument `col` lassen sich Farben auswählen, `las` bestimmt die Orientierung der Strichbeschriftung (siehe `?par` und `?hist`).

```
> range(Umfang)
[1]  6 98
> hist(Umfang, las=1, breaks=seq(0, 100, by=5), density=20, angle=30)
```

Über diese Zusammenfassungen haben wir aus den Augen verloren, dass jede Gruppe ja nur 10 Werte aufgenommen hat. Wenn wir also ein Histogramm für den Datensatz nur einer Gruppe machen wollen, dann brauchen wir ein neues Programmierhilfsmittel, die eckigen Klammern (`[]`). Mit ihnen können wir *indizieren*. Das wird am Beispiel am einfachsten deutlich.

```
> Umfang[Gruppe==3]
 [1] 33 38 51 58 64 57 64 62 74 73
```

Das doppelte Gleichheitzeichen (==) ist eine logische Abfragen (genau wie <, > und `!=`; Letzteres bedeutet „nicht gleich“). Wir benutzen also die logische Abfrage „Ist der Wert von Gruppe gleich 3?“, um diejenigen Werte zu indizieren, für die das zutrifft.[8] Das Histogramm dieser Gruppe ist dann mittels `hist(Umfang[Gruppe==3])` generierbar.

[8]Genauer gesagt, entsteht innerhalb der eckigen Klammern ein Vektor aus lauter `TRUE` und `FALSE`. Die eckigen Klammern wählen dann aus dem Vektor vor den Klammern nur die Werte aus, für die der Vektor in den Klammern `TRUE` ist. Das kann man einfach sehen, indem man in die R-Konsole `Gruppe==3` eingibt.

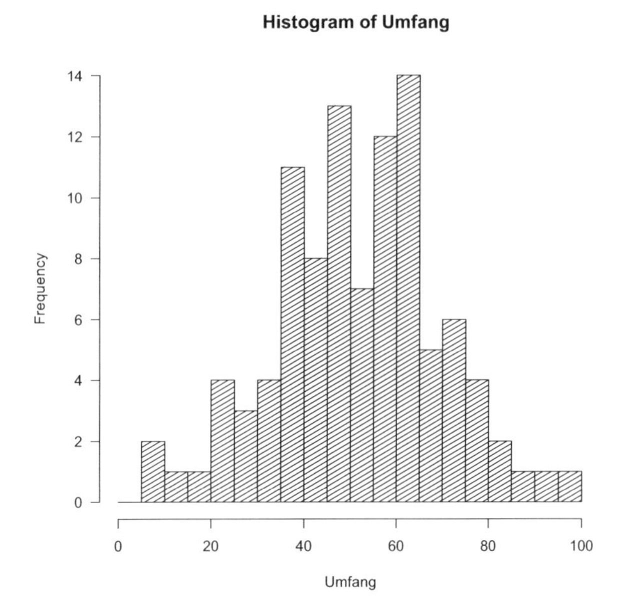

Abb. 2.8: Histogramm der Eschenumfänge. Ähnlich Abbildung 2.7, aber mit selbstdefinierten Klassenweiten und Schraffur (definiert über die Argumente `density` und `angle`).

`boxplot` ist ein ähnlich einfacher Befehl in R wie das Histogramm. Auch hier lebt die Visualisierung von den optionalen Argumenten, wie zum Beispiel `horizontal=TRUE`. Mit `windows(.)` (bzw. `quartz()` in Mac OS und `X11()` in Linux) öffnen wir ein neues Fenster und bestimmen durch `width` und `height` seine Größe (in *inches*, also 2.54 cm). Dadurch können wir den Plot schmaler machen, was bei einem einzelnen Boxplot angezeigt ist. Mit `par(.)` wählen wir andere grafische Parameter, in diesem Fall mit `mar=c(.)` die Größe des Randes (*margin*; unten beginnend, im Uhrzeigersinn). Das Argument `whisklty` macht aus einer in der Grundeinstellung gestrichelten Fehlerlinie eine durchgezogene. Abbildung 2.9 zeigt das Ergebnis.

```
> windows(width=5, height=2)
> par(mar=c(4,1,1,1))
> boxplot(Umfang, horizontal=T, las=1, col="grey", xlab="Umfang [cm]",
+           whisklty=1)
> points(mean(Umfang), 1, pch="+", col="white", cex=2)
```

Histogramm und Boxplot können mit Hilfe der Funktion `hist.bxp` im Paket **sfsmisc** kombiniert werden. Abbildung 1.6 entstand mit etwas aufwändigerem Code, aufbauend auf der Funktion `layout`, die eine beliebige Einteilung der *plotting region* in verschieden große Unterregionen erlaubt. Für den R-Begeisterten hier die Details:

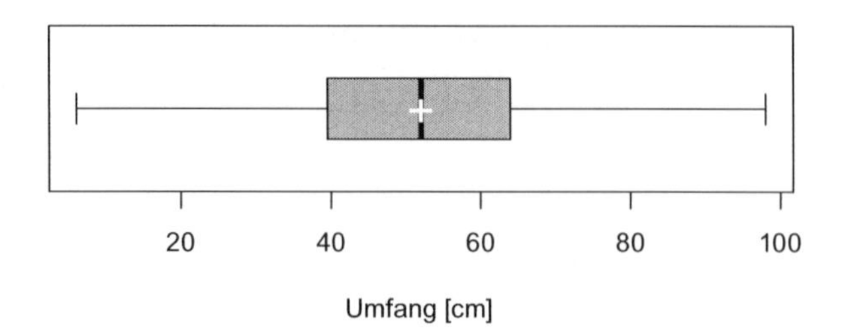

Abb. 2.9: Boxplot der Eschenumfänge, durch mehrere Argumente gestaltet.

```
> def.par <- par(no.readonly = TRUE) # speichert Grundeinstellungen für später
> xlims <- range(bsp) * c(0.9, 1.1) # definiert die Länge der x-Achse
> layout(matrix(c(1,2), 2,1), c(1,1), c(1,3)) # Anzahl und Größe der plots
> par(mar=c(1,4,0.5,0.5))
> boxplot(bsp, col="grey", las=1, horizontal=T, ylim=xlims, axes=F)
> axis(side=1, labels=F)
> box() # macht einen Rahmen um den aktuellen Plot
> par(mar=c(4,4,0,0.5))
> hist(bsp, las=1, col="grey", main="", xlab="Flugdauer [min]", xlim=xlims,
+       ylab="Anzahl Messungen")
> box()
> par(def.par) # setzt auf Grundeinstellungen zurück
```

2.4.2 Deskriptive Statistik mit R

Die im vorigen Kapitel besprochenen einfachen deskriptiven Statistiken (Mittelwert, Median, Standardabweichung, ...) sind in R als Funktionen implementiert. Funktionen erkennt man daran, dass ihnen zwei Klammern „()“ folgen. Tabelle 2.1 gibt die R-Funktionen zu den entsprechenden Stichprobenstatistiken.

Den Mittelwert unserer Eschenbrusthöhendurchmesser können wir also einfach berechnen mit:

```
> mean(eschen$Umfang)

[1] 52.19
```

Mittels des $ greifen wir auf Spaltennamen zu. Da `eschen` in der Spalte `Umfang` die Werte stehen hat, sind diese über `eschen$Umfang` abrufbar:

```
> eschen$Umfang

 [1] 37 80 68 77 47 58 98 60 39 39 54 58 66 48 45 38 49 36 47 74
[21] 33 38 51 58 64 57 64 62 74 73 82  6 10 49 61 27 51 31 20 64
[41] 57 72 62 22 36 79 35 25 62 82 34 49 49 42 36 90 54 56 57 61
[61] 60 50 47 42 57 43 14 41 71 24 65 69 21 49 65 29 79 50 44 39
[81] 62 66 40 72 48 61 53 51 57 26 44 62 58 65 68 47 93 38 55 41
```

Tab. 2.1: Eine Zusammenstellung möglicher Stichprobenstatistiken, ihrer deutschen Namen und der entsprechenden Funktion in R (nach Quinn & Keough 2002, S. 16 und 21, ergänzt). (Siehe Tabelle 1.2 auf Seite 5 für die englischen Namen).

Deutscher Name	**Abk.**	**R-Funktion**
Mittelwert	$\bar{x}$	`mean`
Median		`median`
Modus		
Hubers M Schätzer		`huber` in **MASS**
Varianz	s^2	`var`
Standardabweichung	s	`sd`
Standardfehler des Mittelwertes		`std.error` in **plotrix**
Mittlere absolute Abweichung		`mad`
Varianzkoeffizient	CV	`cv` in **raster**[a]
95 % Konfidenzintervall	CI	`t.test(x)$conf.int`
95 % Quantilen		`quantile(., c(0.025, 0.975))`
Interquartilabstand	IQR	`IQR`
Spanne		range
Schiefe		`skewness` in **e1071** or **fUtilities**
Kurtosis		`kurtosis` in **e1071** or **fUtilities**

[a]Es scheint übertrieben, nur für den Varianzkoeffizienten ein so großes Paket wie **raster** zu laden. Sowohl der Standardfehler des Mittelwerts als auch der Varianzkoeffizient sind sehr einfach selbst zu programmieren: `sem <- function(x) sd(x, na.rm=TRUE)/sqrt(length(na.omit(x)))` bzw. `CV <- function(x) sd(x, na.rm=TRUE)/mean(x, na.rm=TRUE)`. Das Argument `na.rm=TRUE` und die Funktion `na.omit` löschen dabei fehlende Werte (`NA`s) bevor Mittelwert, Standardabweichung und Länge berechnet werden.

Alternativ können wir diese Spaltennamen auch direkt abrufbar machen, indem wir sie in den Suchpfad aufnehmen. Das geschieht mittels des Befehls `attach`:

```
> attach(eschen)
> Umfang

 [1] 37 80 68 77 47 58 98 60 39 39 54 58 66 48 45 38 49 36 47 74
[21] 33 38 51 58 64 57 64 62 74 73 82  6 10 49 61 27 51 31 20 64
[41] 57 72 62 22 36 79 35 25 62 82 34 49 49 42 36 90 54 56 57 61
[61] 60 50 47 42 57 43 14 41 71 24 65 69 21 49 65 29 79 50 44 39
[81] 62 66 40 72 48 61 53 51 57 26 44 62 58 65 68 47 93 38 55 41
```

Mit `detach(eschen)` können wir die Namen wieder aus dem Suchpfad entfernen. Analog zum Mittelwert können wir Median und Standardabweichung berechnen:[9]

[9]Für den Modalwert gibt es meines Wissens keine Formel in R, möglicherweise weil der Modus selten Anwendung findet. Man könnte ihn z. B. so definieren: `Mode <- function(x) {b <- sort(table(x), decreasing=TRUE); as.numeric(names(which.max(b)))}`.

```
> median(Umfang)

[1] 52

> sd(Umfang)

[1] 17.94137
```

Wir können uns viele Statistiken vorstellen, die häufigsten sind in Tabelle 2.1 vorgestellt.

Neben dem Median gibt es noch zwei andere Quartilen. Die 1. Quartile ist der Wert, an dem 25 % der gemessenen Werte kleiner sind. Die Idee ist die gleiche wie beim Median (50 % der gemessenen Werte sind kleiner); analog die 3. Quartile (75 % aller Werte sind kleiner). Man kann beliebige *Quantile* mit der Funktion `quantile` abfragen. Allerdings gibt es viele verschiedene Varianten, wie diese berechnet werden. Deshalb sollte man vor Benutzung dieser Funktion die Hilfe gelesen haben! Hier ein Beispiel mit den 95 % Stichprobenbereich zusätzlich zu den Quartilen:

```
> quantile(Umfang, c(0.025, 0.25, 0.5, 0.75, 0.975))

 2.5%   25%   50%   75% 97.5%
16.85 39.75 52.00 64.00 86.20
```

Der Wert, den SPSS berechnen würde, ergibt sich mittels Type 6:

```
> quantile(Umfang, c(0.025, 0.25, 0.5, 0.75, 0.975), type=6)

  2.5%    25%    50%    75%  97.5%
12.100 39.250 52.000 64.000 91.425
```

Hier gibt es kein richtig und falsch, sondern unterschiedliche Definitionen. Die Details sind unter `?quantile` nachzulesen.

Wenn wir Werte berechnen wollen, für die die Funktionen in Tabelle 2.1 aus anderen Paketen geladen werden müssen, so geht dies wie folgt.

```
> library(plotrix)
> std.error(Umfang)

[1] 1.794137
```

Die Konfidenzintervalle können wir einfach als Beiprodukt eines t-Tests abfragen. Was der t-Test ist, wird später erläutert (Abschnitt 11.1 auf Seite 188). Die Funktion `t.test` liefert ein R-Objekt (der Klasse `htest`) mit mehreren Einträgen (eine sogenannte Liste). Diese lassen wir uns durch die Funktion `str` anzeigen. Mittels des $ können wir dann auf einzelne Einträge zugreifen, in diesem Fall auf die 95 % Konfidenzintervallgrenzen.

```
> t.test(Umfang)

        One Sample t-test

data:  Umfang
t = 29.0892, df = 99, p-value < 2.2e-16
alternative hypothesis: true mean is not equal to 0
95 percent confidence interval:
 48.63004 55.74996
sample estimates:
mean of x
    52.19

> str(t.test(Umfang))

List of 9
 $ statistic  : Named num 29.1
  ..- attr(*, "names")= chr "t"
 $ parameter  : Named num 99
  ..- attr(*, "names")= chr "df"
 $ p.value    : num 2.65e-50
 $ conf.int   : atomic [1:2] 48.6 55.7
  ..- attr(*, "conf.level")= num 0.95
 $ estimate   : Named num 52.2
  ..- attr(*, "names")= chr "mean of x"
 $ null.value : Named num 0
  ..- attr(*, "names")= chr "mean"
 $ alternative: chr "two.sided"
 $ method     : chr "One Sample t-test"
 $ data.name  : chr "Umfang"
 - attr(*, "class")= chr "htest"

> t.test(Umfang)$conf.int

[1] 48.63004 55.74996
attr(,"conf.level")
[1] 0.95
```

Neben dem Konfidenzintervall selbst wird auch das Konfidenzniveau (`conf.level`) angegeben. Wir könnten uns ja auch für das 50 oder 99 % Konfindenzintervall interessieren. Diese Werte erhalten wir, indem wir der Funktion `t.test` ein weiteres Argument übergeben (für eine Übersicht aller möglichen Argumente und ihrer Bedeutung siehe `?t.test`):

```
> t.test(Umfang, conf.level=0.5)$conf.int

[1] 50.97541 53.40459
attr(,"conf.level")
[1] 0.5
```

Für das 50 % Konfidenzintervall sind die Werte natürlich viel enger um den Mittelwert als für das 95 % Intervall.

Hier sei nochmals darauf hingewiesen, dass das Konfidenzintervall ein Maß für die Bestimmtheit des Mittelwerts ist, kein Maß für die Streuung der Datenpunkte.

Schließlich wollen wir noch kurz die Streuungsmaße aus Tabelle 2.1 berechnen.

```
> var(Umfang)

[1] 321.8928

> sd(Umfang)

[1] 17.94137

> mad(Umfang)

[1] 17.7912

> library(raster)
> cv(Umfang)

[1] 0.3437703

> quantile(Umfang, c(0.025, 0.975))

 2.5% 97.5%
16.85 86.20

> IQR(Umfang)

[1] 24.25

> range(Umfang)

[1]  6 98

> library(e1071)
> skewness(Umfang)

[1] -0.07268684

> kurtosis(Umfang)

[1] -0.05421861
```

Natürlich werden wir nicht für jeden Datensatz all diese Maße berechnen wollen. Eine einfache Zusammenfassung der wichtigsten Statistiken erhalten wir mittels der Funktion summary:

```
> summary(Umfang)

 Min. 1st Qu.  Median    Mean 3rd Qu.    Max.
  6.00   39.75   52.00   52.19   64.00   98.00
```

Sie gibt neben dem Mittelwert und Median auch die Spanne (`Min.` und `Max.`) sowie die 1. und 3. Quartile an. Durch den Vergleich von Mittelwert und Median erhalten wir eine groben Eindruck über die Schiefe, den wir mit den Abständen zwischen Median und den Quartilen bestätigen können: bei einer symmetrischen Verteilung weicht die 1. Quartile vom Median genauso weit ab wie die 3.[10]

Da wir das Histogramm geplottet haben, kennen wir diese Informationen schon grob.

2.4.3 Dichtehistogramm und empirische Dichte

Nur der Vollständigkeit halber hier noch der Code, um Dichtehistogramm und empirische Dichteverteilungen zu plotten. Dafür benutzen wir einen ganzen Schwung an Argumenten für jede Funktion. Deren Bedeutung können wir in der Hilfe zur jeweiligen Funktion nachlesen.

Wenn zwei Funktionen genestet sind, also eine innerhalb der anderen aufgerufen wird (z. B. `plot(density(Umfang))`), dann kann es mit den Argumenten schon unübersichtlich werden. Deshalb gut auf die runden Klammern achten!

```
> par(mfrow=c(1,2), mar=c(4,4,1,1))
> hist(Umfang, col="grey50", main="", las=1)
> hist(Umfang, col="grey80", freq=F, main="", las=1)
```

Dies reproduziert genau Abbildung 1.7 auf Seite 15 (hier nochmals abgebildet: Abbildung 2.10). Mit dem `par`-Befehl werden grafische Grundeinstellungen gesetzt. In diesem Fall bestimmen wir damit, dass es zwei Grafiken nebeneinander werden (`mfrow`=*multiple frames, row-wise*), genauer eine Zeile, zwei Spalten mit Abbildungen. `mar` definiert den Rand um die Abbildungsregion, `oma` den um beide Abbildungen zusammen (*outer margin*), jeweils von unten im Uhrzeigersinn. Die Argumente von `hist` kennen wir schon, nur `freq=F` ist neu. Damit teilen wir `hist` mit, dass wir nicht Frequenzen, sondern Dichten abgebildet haben möchten.

In Abbildung 2.11 brauchen wir genau diese Befehle, plus ein paar weitere. Um die Dichte der Datenpunkte zu illustrieren, können wir diese mit dem Befehl `rug` einzeichnen lassen. Schließlich schreibt `mtext` (*margin text*) eine Legende in den Rand neben den Abbildungen.

```
> par(mar=c(4, 3,1,1), mfrow=c(1,2), oma=c(0,3,0,0))
> hist(Umfang, col="grey80", freq=F, main="", las=1, ylim=c(0,0.022))
> lines(density(Umfang), main="", lwd=2)
> box()
> # jetzt die rechte Abbildung:
> plot(density(Umfang), main="", ylim=c(0,0.022), lwd=2, ylab="", las=1)
> curve(dnorm(x, mean=52.2, sd=17.94), col="grey", lwd=2, add=T)
> rug(Umfang)
> mtext("Dichte", side=2, line=1, outer=T, cex=1.5)
```

[10]Noch spartanischer ist der Befehl `fivenum`, der Minimum, Maximum und die drei Quartilen dazwischen angibt; tippe: `fivenum(Umfang)`.

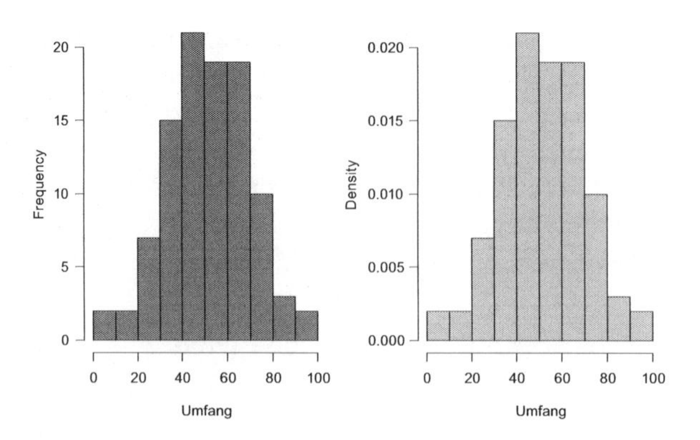

Abb. 2.10: Eschenumfänge, als Frequenz- und als Dichtehistogramm.

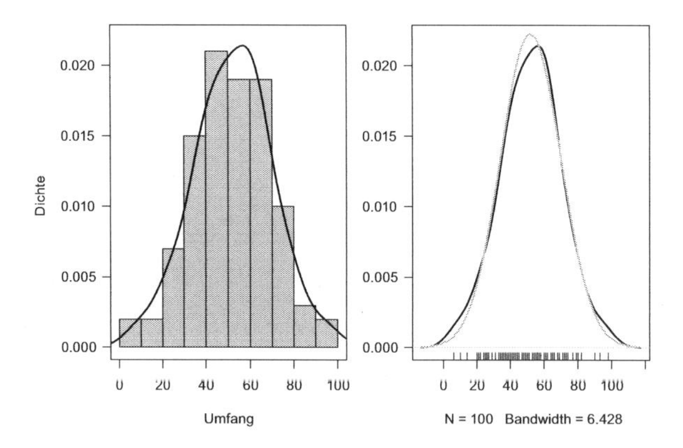

Abb. 2.11: Eschenumfänge als empirische Dichtekurve (*links*) und mit unterlegter Normalverteilung (*rechts*).

Kernelement dieser Abbildungen ist die Funktion `density`. Wie man beim Nachlesen der Hilfe (`?density`) erfährt, steckt da schon ein bisschen Mathematik hinter. Dieses Gebiet (Kerndichteschätzung, *kernel density estimation*,[11] siehe etwa Härdtle et al. 2004) ist in vielen Bereichen der Statistik wichtig. Meiner Erfahrung nach ist es aber so weit entwickelt, dass wir die Funktionen benutzen kann, ohne uns allzu viele Gedanken über ihr exaktes Funktionieren zu machen. Wer mehr wissen möchte, der kann die Literaturangaben in der Hilfe als Ausgangspunkt nehmen.

Wir benutzen das Argument `ylim`, um den Wertebereich der y-Achse zu definieren. Da die Normalverteilung der rechten Abbildung etwas höher reicht, müssen

[11] http://de.wikipedia.org/wiki/Kerndichteschätzer bzw. http://en.wikipedia.org/wiki/Kernel_density_estimation.

wir bis auf 0.022 erhöhen. Nach dem ersten `plot`-Befehl folgen die drei Zeilen für die zweite, rechte Grafik. Zunächst machen wir nur einen leeren Plot (`type="n"` plottet nichts in die Grafik hinein). Dann benutzen wir `curve`, um eine beliebige mathematische Funktion zu malen. In diesem Fall ist es die Dichte der Normalverteilung (`dnorm`), mit den Argumenten `mean` und `sd`, deren Werte wir gerade vorhin berechnet haben. Wir müssen `add=T` hinzufügen, damit `curve` keine neue Abbildung macht. `lwd` (= *line width*) bestimmt die Dicke der Linie, die wir zur besseren Sichtbarkeit auf `2` setzen. Schließlich fügen wir noch mit `lines` die Kurve aus der linken Grafik hinzu. `lines` macht keine neue Grafik, wie es `plot` tun würde, sondern fügt die Linie dem aktuellen Plot hinzu.

2.5 Übungen

Die Übungen bestehen aus drei Teilen: (1) Daten erheben, (2) Daten eintippen und angemessen speichern, und (3) Daten in R visualisieren und analysieren. Bei dieser Übung wird hoffentlich deutlich, dass Sorgfalt bei (1) und (2) viel Zeit bei (3) spart.

1. Einen eigenen Datensatz erheben. Wenn Dir nichts eigenes einfällt, nimm folgende Ideen als Anstoß:
   (a) Autos zählen: Mindestens 30 Intervalle à 2 Minuten jeweils alle a) roten, b) schwarzen, c) alle PKWs, d) alle LKWs zählen.
   (b) Brusthöhenumfang von mindestens 30 Bäumen messen.
   (c) Körpergröße, Schuhgröße und Geschlecht von mindestens 30 KommilitonInnen erfassen.
   (d) Anzahl Fahrräder vor mindestens 30 Universitätsgebäuden zählen.
   (e) Dauer der Fußgängergrünphase an mindestens 20 unterschiedlichen Kreuzungen stoppen.
   (f) Quadratmetermietpreis und Wohnungsgröße für mindestens 50 Mietangebote in unterschiedlichen Straßen heraussuchen.
   (g) Suche im Netz nach interessanten Daten, etwa Anzahl Vogelarten je Land der Welt; ökologischer Schaden bei Chemieunfällen in den letzten 10 Jahren, ...
2. Daten in ein Tabellenverwaltungsprogramm (OpenOffice/LibreOffice Calc, MS Excel o. ä.) eintippen und in einem selbstgewählten aber von R lesbaren Format abspeichern. (Typischerweise wäre dies .csv oder .txt, aber wer R dazu bringt .dbf, .ods oder .xls einzulesen, der kann gerne auch diese Formate benutzen. Das ist dann aber nicht Teil dieser Übungen.)

3. Daten visualisieren und beschreiben in R.
   (a) Daten in R einlesen (mittels `read.table` oder anderer `read.`-Funktionen).
   (b) Histogramme der Daten machen. Boxplot der Daten machen.
   (c) Mittelwert, Median, SD und IQR der Daten berechnen.

Kapitel 3
Verteilungen, ihre Parameter und deren Schätzer

La théorie des probabilités n'est, au fond, que le bon sens réduit au calcul.
(Wahrscheinlichkeitsrechnung ist im Grunde nichts anderes als gesunder Menschenverstand reduziert auf Differentialgleichungen.)
Pierre-Simon Laplace
Théorie Analytique des Probabilitiés

Am Ende dieses Kapitels ...

... weißt Du, was eine Verteilung ist und welche Eigenschaften sie hat.

... hast Du das Konzept der *likelihood* begriffen.

... verstehst Du, wie man mittels der *maximum likelihood* die bestmögliche Anpassung einer Verteilung an empirische Daten erreichen kann.

... kennst Du ein paar wichtige Verteilungen, z. B. die Normalverteilung, die Poisson-Verteilung, die Bernoulli- und die Binomialverteilung.

... weißt Du, wo Du nachschlagen kannst, wenn Du über Verteilungen und ihre Parameter etwas nachlesen willst.

Im Kapitel 1 hatten wir uns mit der Beschreibung von Stichproben beschäftigt. Hier wollen wir versuchen, ob wir nicht typische Muster in Stichproben finden können, und uns diese statistisch nutzbar machen können.

Eine Stichprobe hatten wir betrachtet als eine von (unendlich) vielen möglichen Realisierungen einer Zufallsvariablen. Der Gedanke bei den Eschen war, dass es ja nun Zufall ist, dass dieser Baum gerade so dick ist. Hätte es ein wenig mehr geregnet in den letzten 10 Jahren, wäre er vielleicht dicker. Wenn er in seinem 3. Jahr keinen Schädlingsbefall gehabt hätte, dann wäre er noch ein bisschen dicker. Es ist also anscheinend so, dass ein spezieller Eschenumfang eine zufällige Realisierung einer Verteilung möglicher Eschenumfänge ist. Oder, abstrakter, *ein gemessener Datenpunkt ist eine Realisierung einer zugrundeliegenden Zufallsvariablen*.

C.F. Dormann, *Parametrische Statistik*, Statistik und ihre Anwendungen,
DOI 10.1007/978-3-642-34786-3_3,

Der größte Teil der Statistik beschäftigt sich mit Analysen, in denen wir für die zugrunde liegende Zufallsvariable eine *Verteilung* annehmen können. Verteilungen haben Parameter, die die Verteilung beschreiben, und so heißt diese Art von Statistik eben auch parametrische Statistik: wir schätzen die Parameter der zugrunde liegenden Verteilung. Bevor wir uns verschiedene mögliche Verteilungen anschauen wollen, will ich hier nochmal explizit darauf hinweisen, dass es sich bei den verteilungsbasierten/parametrischen Verfahren um eine **Annahme** handelt: wie die Datenwerte entstanden sind ist uns häufig unklar. Technisch bietet es enorme Vorteile, wenn wir diese Annahme machen. Wir müssen sie aber in jedem Einzelfall rechtfertigen.

3.1 Verteilung

Gehen wir also nochmal zurück zur Dichteverteilung der Eschenumfänge im Vergleich mit einer Normalverteilung (Abbildung 3.1). Wegen der hohen Übereinstimmung der gemessenen Eschenumfänge und einer Normalverteilung, scheint es hier plausibel zu sein anzunehmen, dass die Normalverteilung die zugrundeliegende Verteilung ist, aus der unsere Eschenumfänge zufällige Realisierungen sind.

Das Konzept der Verteilung ist absolut essentiell zum Verständnis von Statistik.

Auf ihr baut alles weitere auf. Deshalb ist es so wichtig, dass wir jetzt ein paar Begrifflichkeiten klären.

Häufigkeitsverteilungen entstehen aus empirischen Daten. Unsere Histogramme und die empirische Dichteverteilung sind solche Häufigkeitsverteilungen.

Wahrscheinlichkeitsverteilungen sind das theoretische Gegenstück zur empirischen Häufigkeitsverteilung. In den Worten von Kass (2011) gehören Daten und Häufigkeitsverteilungen in die *real world*, während Wahrscheinlichkeitsverteilungen und statistische Modelle in die *theoretical world* gehören. Verteilungen sind also Konstrukte, Erfindungen, von denen wir hoffen, dass sie uns bei der Betrachtung und Analyse von echten Daten hilfreich sein können.

Wahrscheinlichkeitsverteilungen (im folgenden nur noch als Verteilungen bezeichnet) haben eine Reihe typischer Eigenschaften:

- Eine Verteilung wird beschrieben durch eine Wahrscheinlichkeitsdichtefunktion, auch einfach nur Dichtefunktion oder Dichte genannt. Sie gibt die Dichte der Wahrscheinlichkeit an einem bestimmten Punkt an. Ihr bestimmtes Integral (etwa von a bis b) gibt die Wahrscheinlichkeit an, dass ein Ereignis aus diesem Bereich eintritt.

- Verteilungen beschreiben *unabhängige* Ereignisse; ein Wert, aus einer Verteilung gezogen, hat also keinen Einfluss auf den nächsten Wert, der aus dieser Verteilung gezogen wird.

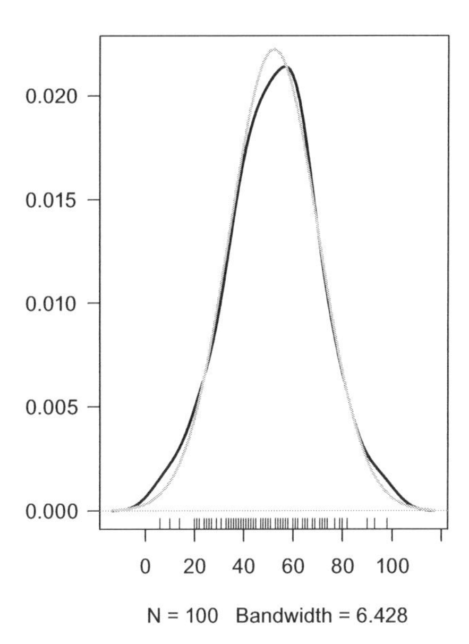

Abb. 3.1: Eschenumfänge als empirische Dichtekurve mit unterlegter Normalverteilung (*grau*)

- Es gibt kontinuierliche (= stetige) und diskrete Verteilungen. Das bedeutet, dass die Werte, die eine Variable annehmen kann, entweder kontinuierlich sind, oder spezielle Werte annimmt (etwa ganze Zahlen) und keiner Zwischenwerte.
- Die Fläche unter der Kurve einer Dichtefunktion ist 1. Die Summe der Wahrscheinlichkeiten einer diskreten Verteilung ist 1.
- Verteilungen können als Dichtefunktion (*pdf* = *probability density function* für kontinuierliche Verteilungen) bzw. Wahrscheinlichkeitsfunktionen (*pmf* = *probability mass function* für diskrete Verteilungen) oder als (kumulative) Verteilungsfunktion (*cdf* = *cumulative distribution function*[1]) beschrieben werden (siehe Abbildung 3.2).

Es gibt eine unerschöpfliche Fülle unterschiedlicher Verteilungen (Johnson & Kotz 1970).[2] Jede davon hat andere Eigenschaften, andere Anwendungen und eine andere Entstehungsgeschichte (für eine Darstellung der 40 Wichtigsten siehe Evans et al. 2000). Manche entstanden aus typischen Häufigkeitsverteilungen (wie etwa die lognormal-Verteilung), andere waren zunächst rein theoretische Geschöpfe

[1]Gelegentlich fälschlich als „kumulative Dichtefunktion" (*cumulative density function*) bezeichnet, obwohl die Dichte *per definitionem* nicht kumulativ ist (siehe http://en.wikipedia.org/wiki/Cumulative_density_function).

[2]Siehe etwa http://de.wikipedia.org/wiki/Liste_univariater_Wahrscheinlichkeitsverteilungen für eine (unvollständige) Liste.

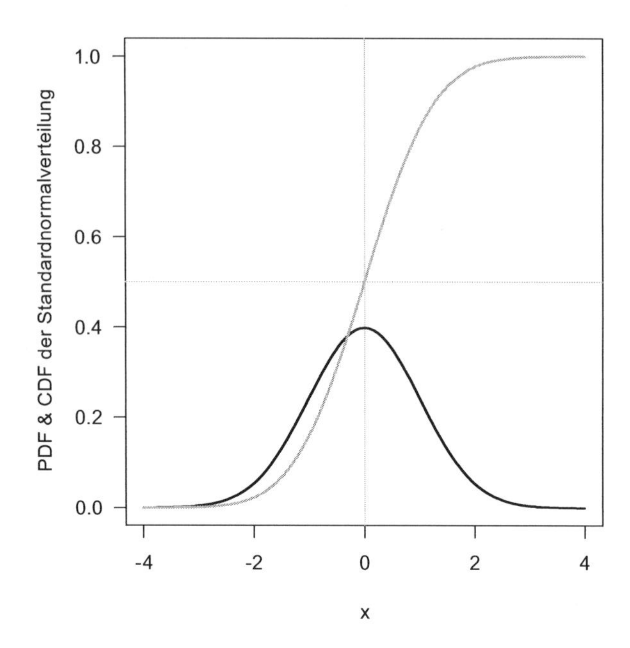

Abb. 3.2: Dichtefunktion (*links*) und Verteilungsfunktion ($\widehat{=}$ kumulative Dichte, *rechts*) der Standardnormalverteilung

(wie etwa die t-Verteilung). Manche dienen dazu Daten zu beschreiben (wie etwa die negative Binomialverteilung), andere sind Grundlage für statistische Tests (wie etwa die F-Verteilung, dann auch als Testverteilungen bezeichnet).

3.1.1 Zentraler Grenzwertsatz

Wir werden anhand der Normalverteilung einige Punkte zu Verteilungen näher betrachten. Aber wieso gerade an der Normalverteilung, und was ist an der „normal"? Nun, die Normalverteilung, alternativ auch Gaußsche Glockenkurve (*Gaussian distribution*) genannt, ist die Verteilung, die sich aus allen anderen Verteilungen ergibt, wenn eine große Anzahl von unabhängigen Realisierungen gezogen wird.[3]

Konkret bedeutet das, dass selbst schiefe und diskrete Verteilungen aussehen wie eine Normalverteilung, wenn man nur genügend davon addiert. „Genügend" ist ein sehr vager Begriff und während manche Verteilungen schon sehr bald etwa normalverteilt sind, benötigen andere Verteilungen dafür Tausende unabhängiger Realisierungen.

Die Normalverteilung ist also das „normale" Schicksal einer jeden Verteilung unter sehr häufiger Summation.

[3] Einschränkend muss gesagt werden, dass dies nur zutrifft, wenn diese anderen Verteilungen endliche Erwartungswerte und Varianzen haben. Dies ist für alle im weiteren besprochenen Verteilungen der Fall. Ausnahmen sind etwa die Cauchy- oder die Lévy-Verteilung.

Gelman & Hill (2007) beschreiben das etwas intuitiver, indem sie sagen, dass Daten schlussendlich normalverteilt sind, wenn viele unabhängige Faktoren zu einem Ereignis beitragen. Unsere Eschenumfänge sind das Produkt von vielen Wetterereignissen, Schädlingsbefall, Durchwurzelbarkeit des Bodens, Nährstoffversorgung, Beschnitt usw. In der Summe tragen sie alle zum Umfang bei, aber kein Faktor dominiert (in unserem Beispiel).

Die Kernaussage ist: die Normalverteilung hat eine Sonderstellung als Grenzverteilung aller anderen Verteilungen unter bestimmten Bedingungen. Da diese Bedingungen häufig *nicht* vorliegen, müssen wir aber auch andere Verteilungen kennen und für statistische Auswertungen benutzen.

3.2 Parameter einer Verteilung

Verteilungen können mathematisch beschrieben werden durch eine Verteilungsfunktion. Hier die Dichtefunktion der Normalverteilung:

$$P(x|\mu,\sigma) = \frac{1}{\sigma\sqrt{2\pi}} e^{\frac{-(x-\mu)^2}{2\sigma^2}} \tag{3.1}$$

Wir können dies lesen als: „Die Wahrscheinlichkeit, einen Wert x zu beobachten, ist eine Funktion des Quadrats des Abstand von x und dem Verteilungsparameter μ, sowie, in etwas komplizierter Weise, des Verteilungsparameter σ." μ und σ bestimmen diese Funktion; sie sind die Parameter dieser Verteilungsfunktion, oder einfach die Parameter dieser Verteilung.

Die linke Seite von Gleichung 3.1 spricht man aus als „P von x für gegebene μ und σ", oder, in ganzen Worten: „Die Wahrscheinlichkeit von x, gegeben Verteilungsparameter μ und σ." Der senkrechte Strich | bedeutet „gegeben" (*given*): x wird bestimmt, nachdem zunächst μ und σ festgelegt wurden.

Diese Formel ist essentiell genug, um sie auswendig zu lernen!

Andere Verteilungen haben andere Dichtefunktionen, die kurz und einfach, oder lang und hässlich sein können. Als Beispiele hier eine Poisson-Verteilung (für manche Zähldaten) und eine Weibull-Verteilung (nach der häufig Ausfall- und Sterberaten verteilt sind):

$$P(x|\lambda) = \frac{\lambda^x e^{-\lambda}}{x!};\ x = 0, 1, 2, , \ldots \tag{3.2}$$

$$P(x|\lambda, k) = \begin{cases} \frac{k}{\lambda}(\frac{x}{\lambda})^{k-1} e^{-(x/\lambda)^k} & \text{falls } x \geqslant 0; \\ 0 & \text{falls } x < 0. \end{cases} \tag{3.3}$$

Die Normalverteilung und die Weibull-Verteilung haben zwei Parameter, die Poisson-Verteilung nur einen (λ).

Diese Verteilungsfunktionen beschreiben also die Wahrscheinlichkeitsdichte von x, für bestimmte Parameterwerte. Vielleicht wird das an einem Beispiel deutlicher. Dazu plotten wir die Normalverteilungsfunktion für unterschiedliche Werte

Exkurs: Bedingte Wahrscheinlichkeit

Wir nennen A und B Ereignisse. Das kann Kopf/Zahl bei einem Münzenwurf sein, oder die Körpergröße einer zufällig gemessenen Person. Ein Ereignis ist zunächst einfach nur eine Zahl aus einem Reich an möglichen Zahlen: der Grundgesamtheit S. Wir betrachten also zwei Ereignisse A und B aus S. A tritt mit einer gewissen Wahrscheinlichkeit P(A) ein (der Anteil von A an S), und analog B mit P(B).

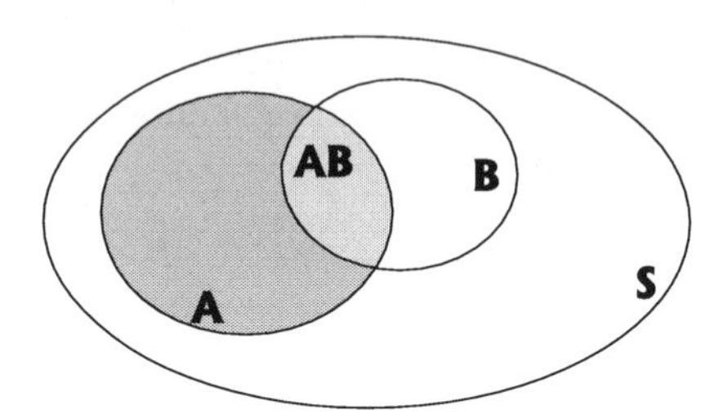

Die Wahrscheinlichkeit des Eintretens eines Ereignisses, A oder B:

$$P(A \cup B) = P(A) + P(B) - P(A \cap B)$$

Aus Schulzeiten erinnern wir, dass $\cup$ die Vereinigungsmenge symbolisiert, $\cap$ die Schnittmenge. Obige Formel besagt also: Die Wahrscheinlichkeit, dass A *oder* B eintreten ergibt sich aus dem Eintreten jedes einzelnen Ereignisses, minus der Schnittmenge der beiden Ereignisse.

Wenn A und B voneinander unabhängig sind, ist das Eintreten beider, A *und* B, deren Schnittmenge: $P(A \cap B) = P(A)P(B)$. Wahrscheinlichkeiten werden also bei Unabhängigkeit multipliziert.

Betrachten wir obige Abbildung, so können wir ausrechnen, wie wahrscheinlich Ereignis A ist, wenn wir schon Ereignis B beobachtet haben. *Das* ist die bedingte Wahrscheinlichkeit von A, gegeben B:

$$P(A|B) = P(A \cap B)/P(B)$$

In Worten: Die Wahrscheinlichkeit, dass A eintritt wenn B schon eingetreten ist, ist der Anteil der Schnittmenge $A \cap B$ an B. Teilmenge von A ist), dann *muss* A eintreten wenn B eingetreten ist: $P(A|B) = 1$. Im Zusammenhang der *likelihood* sind B angenommene Werte für die Verteilung, und A ein Datensatz. Unter bestimmten Verteilungsparametern B hat ein Datensatz A eine bestimmte, konditionale Wahrscheinlichkeit.

(Wem dieser Weg in die Wahrscheinlichkeitslehre sympathisch ist, der sei auf das exzellente Werk von Casella & Berger (2002) verwiesen.)

von μ bzw. σ (Abbildung 3.3). Wir sehen, dass die Verteilungsparameter Form und Lage der Verteilung bestimmen.

Für diskrete Verteilungen wie die Poisson-Verteilung sieht diese Abbildung qualitativ anders aus (Abbildung 3.4). Weil wir dort nur ganzzahlige Werte erhalten,

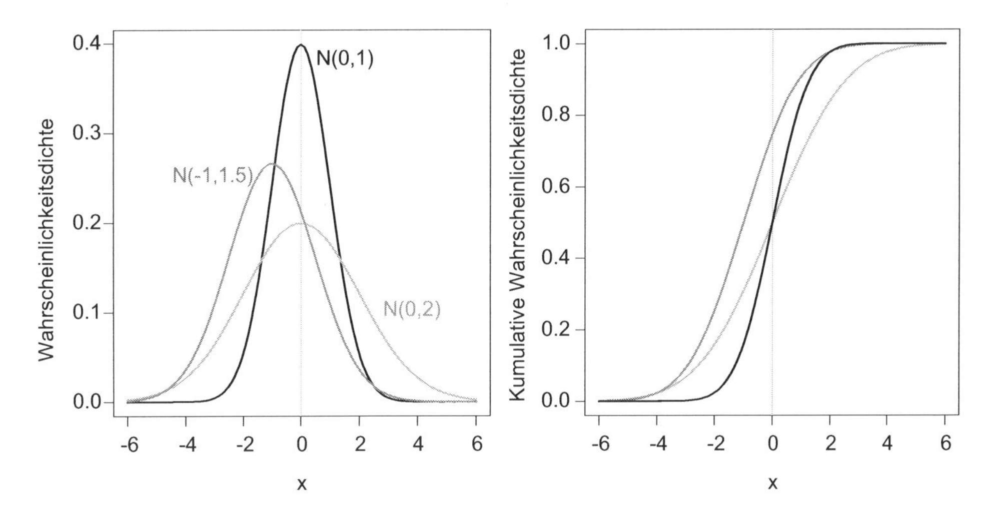

Abb. 3.3: Dichte und kumulative Dichte dreier Normalverteilungen. Die Standardnormalverteilung (*schwarz*) hat Parameterwerte $\mu = 0$ und $\sigma = 1$. Dafür schreibt man kurz N(0,1). Wird σ größer, so wird die Verteilung flacher. Verändert sich μ, so verlagert sich die Verteilung (nach rechts für $\mu > 0$)

kann man keine Kurve zeichnen. Dem trägt die englische Bezeichnung für diskrete Verteilungsfunktionen Rechnung, indem sie diese als *probability mass function* bezeichnet.

Nehmen wir an, wir hätten einen Wert gemessen, sagen wir 2, und wollen die Wahrscheinlichkeit wissen, dass dieser Wert in einer Standardnormalverteilung auftritt (mit $N(\mu = 0, \sigma = 1)$). Die Wahrscheinlichkeit, dass *genau dieser Wert* auftritt ist 0 (für kontinuierliche Verteilungen), da die Verteilung ja über unendlich viele Werte integriert. Hätte jeder Punkt einen Wert > 0, so wäre die Fläche unter der Kurve unendlich groß. Diese Tatsache führt immer wieder zu Verwirrung. Die Verteilungsfunktion ist eine mathematische Funktion, die dort wohldefiniert ist. Aber die Wahrscheinlichkeit, dass ein spezifischer Wert einer kontinuierlichen Verteilung eintritt, muss trotzdem 0 sein.

Was wir also ablesen können, ist die Wahrscheinlichkeits*dichte* für einen kleinen Bereich um 2, nicht die Wahrscheinlichkeit selbst!

Lesen wir also in Abbildung 3.3 links die Wahrscheinlichkeitsdichte für $X = 2$ unter $N(0,1)$ ab: $P(X = 2|\mu = 0, \sigma = 1) = 0.054$. In der kumulativen Wahrscheinlichkeitskurve können wir hingegen eine Wahrscheinlichkeit selbst ablesen, und zwar die Wahrscheinlichkeit, dass ein gemessener Wert kleiner als x ist. In unserem Fall $P(X \leqslant 2|\mu = 0, \sigma = 1) = 0.977$. Das bedeutet, wenn wir einen Wert von 2 in einer Standardnormalverteilung messen, dann sind 97.7 % aller Werte kleiner. Unser Wert von 2 ist also ein ungewöhnlicher Wert. Umgekehrt sind $100\,\% - 97.7\,\% = 2.3\,\%$ aller Werte der Standardnormalverteilung größer als 2.

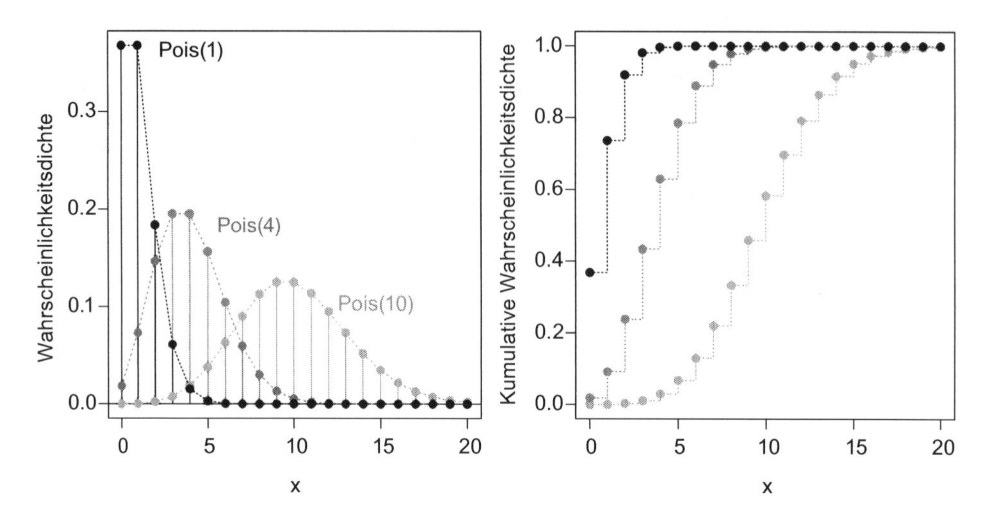

Abb. 3.4: Dichte (*links*) und kumulative Dichte (*rechts*) dreier Poisson-Verteilungen. Die *schwarze* Verteilung hat den Parameterwert $\lambda = 1$. Dafür schreibt man kurz Pois(1). Wird λ größer, so wird die Verteilung flacher. Für Pois(10) ähnelt die Verteilung schon stark einer Normalverteilung (eine Illustration des Zentralen Grenzwertsatzes). Die *gepunkteten Linie* dient nur der besseren visuellen Unterscheidbarkeit der drei Verteilungsfunktionen. An diesen Stellen ist die Funktion nicht definiert

Exerzieren wir das noch einmal für die Poisson-Verteilung durch (Abbildung 3.4). Auch hier beobachten wir einen Wert von 2, diesmal unter einem λ-Wert von 10. $P(x = 2|\lambda = 10) = 0.0022$. Dies ist die Wahrscheinlichkeit, dass unser Wert von genau 2 in einer Poisson-Verteilung mit $\lambda = 10$ angetroffen wird. Tatsächlich sind nur 0.28 % aller Werte kleiner als 2: $P(x \leqslant 2|\lambda = 10) = 0.00269$.

Die Wahrscheinlichkeitsfunktionen sind also dafür da, für bestimmte beobachtete Werte deren Wahrscheinlichkeit unter bestimmten Verteilungsparameterwerten zu berechnen. Die Krux ist natürlich das Wort „bestimmten“. Woher wissen wir denn, welche Werte die Verteilungsparameter haben? Wie bestimmen wir denn diese Verteilungsparameter?

3.3 Schätzer (für Parameter einer Verteilung)

Ein Schätzer ist ein aus Daten abgeleiteter Wert für einen Verteilungsparameter.

In unserem Eschendatensatz haben wir 100 Umfänge gemessen. Diese sehen so aus, als wären sie normalverteilt (Abbildung 2.11). Wir wollen jetzt natürlich nicht irgendeine Normalverteilung dazuplotten, sondern diejenige, die am besten passt. Da die Normalverteilung zwei Parameter hat (μ und σ), müssen wir also die Werte für μ und σ finden, die die Passung (den *fit*) maximieren.

Dazu brauchen wir zwei Zutaten: erstens ein Maß für „Passen", und zweitens eine Methode, um den maximalen *fit* zu berechnen. Das Ganze nennen wir dann das *Fitten einer Verteilung an Daten*. Heraus kommen dabei zwei geschätzte Werte für die Parameter, die Parameterschätzer. Weil wir nur eine Stichprobe haben, kennen wir die wahren Werte von μ und σ nicht. Was wir berechnen können sind also nur *Schätzer* dieser wahren Werte. Ein Schätzer ist dann ein guter Schätzer, wenn er „konsistent" ist, d. h. mit zunehmender Anzahl Datenpunkte auf den wahren Wert zuläuft. Liegt der Schätzer systematisch zu hoch oder niedrig, so bezeichnet man das als *bias*.

3.3.1 Die *likelihood*

Likelihood ist zunächst so etwas Ähnliches wie eine umgekehrte Wahrscheinlichkeitsdichte. Während die Dichtefunktion angibt, wie wahrscheinlich ein Messwert bei einer gegebenen Verteilung ist ($P(x|\theta)$, x ist ein Datenpunkt, θ die Parameter der Verteilung), quantifiziert die *likelihood* das Gegenstück: wie wahrscheinlich mein Parameter ist, bei gegebenen Daten ($L(\theta|\text{Daten})$). Die *likelihood* aggregiert dabei typischerweise über mehrere Datenpunkte. Sie beantwortet die Frage: Wie plausibel sind die Verteilungsparameter für genau diesen Datensatz? Damit erlaubt sie uns, durch Ausprobieren verschiedener Parameterkombinationen diejenige Verteilung zu finden, deren *likelihood* für unsere Daten maximal ist.

Ein Beispiel. Wenn wir 100 Mal eine Münze werfen, dann beschreibt uns die Dichtefunktion, wie wahrscheinlich es ist, dass wir n Mal „Kopf" erhalte. Die dazugehörige Verteilung ist übrigens die Binomialverteilung mit zwei Parametern (Abbildung 3.5): p = die Wahrscheinlichkeit von „Kopf", und n, die Anzahl Versuche: $P(X = n|p = p(\text{Kopf}), n = 100)$. Da wir bei einer Münze ein $p(\text{Kopf})$ von 0.5 annehmen, ist $P(X = 60|p = 0.5, n = 100) = 0.011$.

Wir können jetzt den Wert für p variieren, jeweils diese *likelihood* berechnen und so herausbekommen, welcher Wert von p unsere *likelihood* maximiert. Die Antwort ist intuitiv klar: 0.6. Und tatsächlich, wenn $p(\text{Kopf}) = 0.6$, dann ist $L(X = 60|p = 0.6, n = 100) = 0.081$, ein viel höherer Wert als für $p = 0.5$.

Gehen wir noch einmal zurück zu unserem Eschendatensatz. Hier benötigen wir zwei Parameterschätzer, den für μ und den für σ. Es wird jetzt Zeit, diesen Parametern Namen zu geben und damit Verwirrung zu stiften: μ ist der Mittelwert und σ die Standardabweichung der Normalverteilung.

Beide Ausdrücke hatten wir bereits in Kapitel 1 kennengelernt und zwar zur Beschreibung einer Stichprobe. Hier nun tauchen sie wieder auf, diesmal als Verteilungsparameter. *Das ist ein Unterschied!* Um diesen Unterschied aufrecht zu halten, benutzen wir unterschiedliche Symbole: $\bar{x}$ bezeichnet den Mittelwert einer Stichprobe, μ den Mittelwert einer Verteilung; s bezeichnet die Standardabweichung einer Stichprobe, σ die einer Verteilung. Während wir $\bar{x}$ einer beliebig-verteilten Stichprobe berechnen können (und dürfen), impliziert das Symbol μ eine Normalverteilung! Das Gleiche gilt für s und σ.

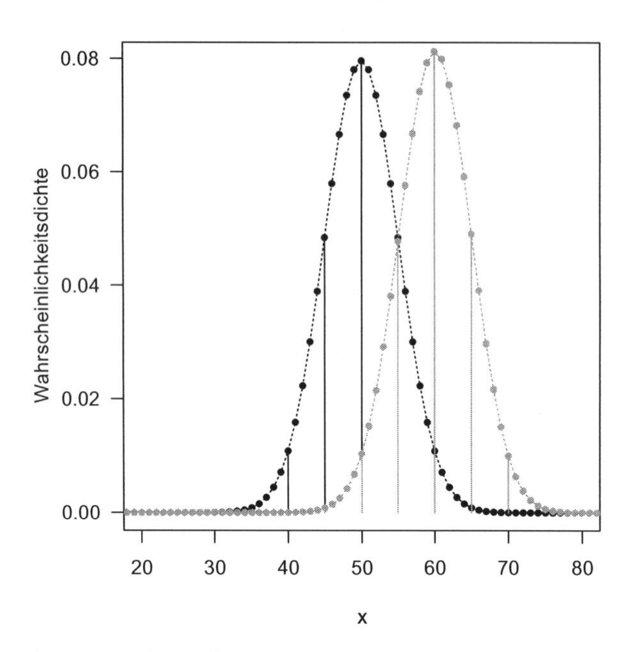

Abb. 3.5: Dichte der Binomialverteilung mit den Parametern $n = 100$ und $p = 0.5$ (*schwarz*) bzw. $p = 0.6$ (*grau*). Abgebildet ist die Wahrscheinlichkeit x Mal Kopf zu erhalten bei 100 Würfen. Der beobachtete Wert unseres Beispiels liegt bei $x = 60$. Hier ist die Wahrscheinlichkeit für mit $p = 0.6$ deutlich höher als mit $p = 0.5$. Aus Gründen der Übersichtlichkeit sind nur für jeden 5-ten Wert die senkrechten Linien eingezeichnet, der Wertebereich ist auf das Intervall [20, 80] beschränkt und die Punkte sind durch eine Linie verbunden. (Die Binomialverteilung ist eine diskrete Verteilung)

Um die Verwirrung komplett zu machen: Man kann zeigen (weiter unten), dass der Mittelwert einer Stichprobe ($\bar{x}$) ein guter Schätzer für den Erwartungswert der zugrundeliegenden Normalverteilung (den Mittelwert μ) ist (und analog die empirische Standardabweichung s für die Standardabweichung der Normalverteilung, σ). Das heißt aber nicht, dass die zugrundeliegende Verteilung tatsächlich auch eine Normalverteilung *ist*. Aber wenn sie eine *wäre*, dann wäre $\bar{x}$ ein guter Schätzer für μ, und s für σ.

Und woher weiß man das? Gibt es so einen einfachen, Stichproben-basierten Schätzer für die Parameter aller Verteilungen? Die Antwort ist, wie so oft: es kommt darauf an.

3.3.2 Maximierung der *likelihood*

Betrachten wir folgendes Problem: Wir haben einen Schwung Daten erhoben und wollen die Parameter der Verteilung bestimmen, aus der diese Daten möglicherweise stammen. Sprich: Wir wollen eine Verteilung fitten. Oder, in wieder anderen Worte, die das Gleiche bedeuten: Wir wollen die Verteilungsparameter schätzen.

Wir haben gerade gelernt, dass die *likelihood* uns erlaubt, die Parameter der Wahrscheinlichkeitsdichte zu schätzen, dass ein Datenpunkt aus einer Verteilung stammt, wenn wir deren Parameter annehmen. Der nächste Schritt ist, von einem auf mehrere Datenpunkte zu gehen.[4] Dann folgt der Schritt, die optimalen Werte für die Parameter zu berechnen.

Wir haben angenommen, dass alle Datenpunkte, alle Eschenumfänge, von einander unabhängig sind. Keine Esche ist dicker oder dünner, nur weil eine andere Esche eine bestimmte Dicke hat.[5] Da dies so ist, gilt folgende Rechenregel für Wahrscheinlichkeiten: Wenn zwei Ereignisse, A und B, von einander unabhängig sind, so ist die Wahrscheinlichkeit des Ereignis $A \cap B$ (A und B) gleich dem Produkt der Wahrscheinlichkeiten von A und B: $P(A \cap B) = P(A)P(B)$ (siehe auch Box Seite 42). Die Wahrscheinlichkeitsdichte *aller* Eschenumfänge ist also das Produkt der Wahrscheinlichkeiten jedes einzelnen Eschenumfangs:

$$P(\text{alle Umfänge}) = \prod_{i=1}^{100} P(\text{Umfang}_i).$$

Das große Pi ($\prod$) steht für ein Produkt, der Zähler i läuft durch alle 100 Werte unserer Eschenumfänge. Diese Zahl, $P(\text{alle Umfänge})$, bezeichnet man als *likelihood* L. L quantifiziert also die Gesamtwahrscheinlichkeitsdichte des Datensatzes. Allgemein ist also die *likelihood* definiert als:

$$L = P(\mathbf{x}|\theta) = \prod_{i=1}^{N} P(x_i|\theta) \tag{3.4}$$

Das fett gedruckte Symbol $\mathbf{x}$ zeigt an, dass es sich um eine Vektor oder eine Matrix handelt; also nicht um einen einzelnen Wert (Skalar), sondern um eine ganze Reihe (Vektor) oder eine „Tabelle“ voll (Matrix). θ steht dabei für die Parameter der Verteilung, in unserem Beispiel ist $\theta = (\mu, \sigma)$, also Mittelwert und Standardabweichung der Verteilung.

Die *likelihood*-Werte der Einzelereignisse sind ja zumeist recht klein. Das Produkt so vieler kleiner Zahlen wird deshalb schnell so klein, dass seine Berechnung numerisch durch Rundungsfehler inkorrekt wird. Deshalb berechnen wir als Trick

[4] Intuitiv ist es logisch, dass wir die Verteilungsparameter umso besser schätzen kann, je mehr Daten wir haben. Das ist, etwas frei formuliert, das „Gesetz der großen Zahlen“: Wenn wir eine Messung immer wieder wiederholen, dann konvergieren die relativen Häufigkeiten gegen die Wahrscheinlichkeit des Zufallsereignisses.

[5] Das mag *in realitas* nicht zutreffen! Wenn Datenpunkte nicht unabhängig sind, müssen wir statistische Verrenkungen machen, um trotzdem mit *maximum likelihood* zu rechnen. Das ist ein fortgeschrittenes Thema außerhalb des Rahmens dieses Buches. Für *mixed effect models* oder Modellierung der Varianz-Kovarianz-Matrix sei auf Pinheiro & Bates (2000); Gelman & Hill (2007); Zuur et al. (2009) verwiesen.

die logarithmierte *likelihood*, die log-*likelihood*, LL. Gemäß Logarithmenregeln ist $\log(AB) = \log(A) + \log(B)$.[6] Entsprechend wird aus Formel 3.4:

$$LL = \ln\left(P\left(\mathbf{x}|\theta\right)\right) = \ln\left(\prod_{i=1}^{N} P\left(x_i|\theta\right)\right) = \sum_{i=1}^{N} \ln\left(P\left(x_i|\theta\right)\right) \tag{3.5}$$

Für unseren Eschenumfänge können wir das beispielhaft berechnen. Wir erinnern uns an Formel 3.1 (S. 41). Setzen wir z. B. $\mu = 50$ und $\sigma = 20$: Unser erster Datenpunkt hat den Wert 37. Diesen Wert setzen wir in die Dichtefunktion der Normalverteilung ein und erhalten:

$$P(37|\mu = 50, \sigma = 20) = \frac{1}{20\sqrt{2\pi}} e^{\frac{-(37-50)^2}{2 \cdot 20^2}} = \frac{1}{50.13} e^{\frac{-169}{800}} = 0.0199 \cdot 0.810 = 0.0161.$$

Somit ist $L_1 = P(37|N(50, 20)) = 0.0161$ und $LL_1 = \ln(0.0161) = -4.13$.

Diese Rechnung führen wir nun für *alle* Datenpunkte durch und summieren das Ergebnis. Wir erhalten $LL = -431.90$. Dies ist die log-*likelihood* unseres Eschenumfangdatensatzes unter der Annahme einer Normalverteilung mit den Parametern Mittelwert $= \mu = 50$ und Standardabweichung $= \sigma = 20$.

Wenn wir andere Werte für die Verteilungsparameter wählen, erhalten wir eine andere LL. Zum Beispiel ergibt sich für $LL(\text{Umfänge}|(\mu = 40, \sigma = 30)) = -457.97$. Da dieser Wert *niedriger* ist, und wir die *maximale* LL finden wollen, war unser erstes Wertepaar besser.

3.3.3 *Maximum likelihood* – analytisch

Aus der Mittelstufe der Schule kennen wir (hoffentlich) noch das Problem der Extremwerteberechnung. Dabei musste man für eine Funktion die Minima und/oder Maxima bestimmen. Das erfolgte, indem man die erste Ableitung der Funktion gleich Null setzte.[7] Diese Methoden benutzen wir jetzt.

Analytische *maximum likelihood*-Schätzer für die Parameter der Normalverteilung

Wir wollen den optimalen Wert für μ finden, und müssen also die Dichtefunktion der Normalverteilung (Gleichung 3.1) für P in Gleichung 3.4 einsetzen, nach μ (partiell) ableiten und gleich Null setzen. Dabei entstehen lange Formeln, die sich aber wundersam auflösen!

Wir erinnern uns an verschiedene Potenzregeln: Es gilt z. B. $\prod e^x = e^{\sum x}$. (Vielleicht besser in Erinnerung als $e^a \cdot e^b = e^{a+b}$.) Weiterhin gilt für Konstante a: $\prod_{i=1}^{n} a = a^n$.

[6] Dies gilt natürlich für die Logarithmen zu jeder beliebigen Basis. Zur Berechnung der log-*likelihood* benutzt man aus Konvention den natürlichen Logarithmus (zur Basis e, ln).

[7] Im Englisch bezeichnet man die Nullstellensuche übrigens als *root finding*.

Beginnen wir mit der *likelihood* für eine Normalverteilung:

$$L = \prod_{i=1}^{n} \frac{1}{\sigma\sqrt{2\pi}} e^{\frac{-(x_i-\mu)^2}{2\sigma^2}}$$
$$= \frac{1}{(\sigma\sqrt{2\pi})^n} e^{-\frac{1}{2\sigma^2}\sum(x_i-\mu)^2} \quad (3.6)$$

Logarithmieren führt zu:

$$LL = \ln\left[\frac{1}{(\sigma\sqrt{2\pi})^n} e^{-\frac{1}{2\sigma^2}\sum(x_i-\mu)^2}\right] \quad (3.7)$$
$$= \ln\left[\sigma^{-n}(2\pi)^{-n/2}\right] - \frac{1}{2\sigma^2}\sum(x_i-\mu)^2 \quad (3.8)$$
$$= -n\,\ln\sigma - \frac{n}{2}\ln(2\pi) - \frac{1}{2\sigma^2}\sum(x_i-\mu)^2 \quad (3.9)$$

Um das Maximum zu finden, setzen wir die Ableitung dieses Terms bezüglich μ gleich Null:

$$\frac{d\,LL}{d\mu} = 0 = \frac{1}{\sigma^2}\sum_{i=1}^{n}(x_i-\mu)$$

Da $\sigma > 0$ (sonst wäre die Normalverteilung nur ein Strich ins Unendliche[8]), muss der Rest Null sein. Somit ist

$$0 = \sum_{i=1}^{n} x_i - \sum_{i=1}^{n} \mu = \sum_{i=1}^{n} x_i - n\mu.$$

Nun ist $\sum_{i=1}^{n} \mu = n\mu$, da μ konstant ist und n mal addiert wird. Nach Umformung sehen wir, dass

$$\mu = \frac{\sum_{i=1}^{n} x_i}{n}.$$

Diese Gleichung sollte uns bekannt vorkommen: es ist das arithmetische Mittel, also der Mittelwert der Stichprobe, $\bar{x}$.

Was diese Rechung zeigt ist, dass es 1. eine analytische Lösung für den optimalen Schätzer für μ gibt und dass 2. dieser das arithmetische Mittel ist. Mit anderen Worten: wenn wir die bestmögliche Normalverteilung an einen Datensatz fitten wollen, dann ist der Mittelwert der Daten unser *maximum likelihood* Schätzer für den Verteilungsparameter μ der Normalverteilung.

Für die Varianz differenzieren wir Gleichung 3.9 nach σ, wobei der konstante Term wegfällt, und setzen gleich Null (wir erinnern uns, dass die Ableitung von $\log x = 1/x$ und die Ableitung von $-1/x^2 = 2/x^3$):

$$\frac{d\,LL}{d\sigma} = 0 = \frac{-n}{\sigma} + \frac{\sum_{i=1}^{n}(x_i-\mu)^2}{\sigma^3}$$

[8] Auch das gibt es: die (Dirac) δ-Verteilung.

Multiplizieren auf beiden Seiten mit σ^3 führt zu

$$0 = -n\sigma^2 + \sum_{i=1}^{n}(x_i - \mu)^2$$
$$\sigma^2 = \frac{\sum_{i=1}^{n}(x_i - \mu)^2}{n}$$

Voilà! Auch diese Formel kennen wir aus Abschnitt 1.1.2 auf Seite 7: es ist die Formel für die Varianz, mit der Abweichung, dass hier n im Nenner steht, während dort für die Stichprobenvarianz $n - 1$ steht.

Analytischer *Maximum likelihood*-Schätzer für den Parameter der Poissonverteilung

Das Gleiche können wir mit Poisson-verteilten Daten machen. Da

$$L(\lambda) = \frac{\lambda^x}{x!e^\lambda} \tag{3.10}$$

(siehe Gleichung 3.2), ergibt sich für die *likelihood*-Funktion:

$$L(x_i|\lambda) = \frac{\lambda^{x_1}}{x_1!e^\lambda} \cdot \frac{\lambda^{x_2}}{x_2!e^\lambda} \cdots \frac{\lambda^{x_i}}{x_n!e^\lambda} = \frac{\lambda^{\sum x_n}}{x_1! \cdots x_n!e^{n\lambda}}$$

Wir logarithmieren und erhalten

$$LL = -n\lambda + (\ln\lambda)\sum x_i - \ln(\prod x_i!)$$

Differenzieren nach λ und Nullsetzen ergibt:

$$\frac{d}{d\lambda}LL = -n + \frac{\sum x_i}{\lambda} = 0$$
$$\lambda = \frac{\sum_{i=1}^{n} x_i}{n}$$

Auch für den Parameter λ der Poisson-Verteilung ist das arithmetische Mittel der *maximum likelihood*-Schätzer! Entsprechend bezeichnet man λ auch häufig als den Mittelwert der Poisson-Verteilung.

Analytische *Maximum likelihood*-Schätzer für andere Verteilungen

Weitere analytische Herleitungen hier zu präsentieren ist wahrscheinlich wenig sinnvoll. Der Punkt der letzten beiden Abschnitte war zu zeigen, dass es für manche Verteilungen solche analytischen Schätzer gibt. Weil wir uns später noch mit binomialer und negativ binomialer Verteilung beschäftigen werden, sind hier nur der Vollständigkeit halber deren Parameterschätzer aufgeführt.

Für die Binomialverteilung

$$P(x|n,p) = \binom{n}{x} p^x (1-p)^{n-x}$$

ist der *maximum likelihood*-Schätzer (MLE = *maximum likelihood estimator*) von $p = \bar{x}/n$ und n muss gegeben sein.

Für die negativ binomiale Verteilung

$$P(x|r,p) = \binom{x+r-1}{x} p^x (1-p)^r \text{ (nur für } x \geqslant 0\text{, sonst } P(x|r,p) = 0)$$

ist der MLE von $p = rn/(rn + \sum x_i)$. Da hier p weiterhin von r abhängig ist, können die beiden nicht unabhängig voneinander geschätzt werden.

3.3.4 *Maximum likelihood* – numerisch

Wie wir gerade am Beispiel der negativen Binomialverteilung gesehen haben, können wir u. U. keine analytische Lösung für den MLE jedes Parameters finden. Dann müssen wir diesen numerisch berechnen, also durch geschickten Versuch und Irrtum. Da die *maximum likelihood* zumeist (aber nicht immer!) eine sich mathematisch wohlverhaltende Form hat (stetig, differenzierbar), können hier sehr schnelle Optimierungsalgorithmen angewandt werden, die mit wenigen Iterationen den optimalen MLE finden.

Optimierung ist ein fortgeschrittenes Thema und soll hier nicht weiter behandelt werden (siehe etwa Bolker 2008, für ein paar einführende Seiten zu diesem Thema).

3.3.5 *Maximum likelihood* – Eine Laudatio

Die Gründe, weshalb *maximum likelihood* die verbreitetste Methode ist, um Verteilungen an Daten zu fitten, sind schnell aufgezählt (Mosteller & Hoaglin 1995):

1. MLE sind **asymptotisch erwartungstreu** (*asymptotically unbiased*): mit zunehmendem Stichprobenumfang ($n \to \infty$) konvergieren die MLE gegen den wahren Wert von θ.

2. MLE sind **konsistent**: mit zunehmendem Stichprobenumfang ($n \to \infty$) schätzt MLE den Parameter immer genauer. (Dies ist eine leichte Verschärfung von Punkt 1. Dort wird nur festgestellt, *dass* MLE unbiased ist, hier, dass MLE genauer werden, je größer n.)

3. MLE sind **effizient**. Unter allen erwartungstreuen Schätzern haben MLE die niedrigste Varianz. D. h. kein anderer Schätzer hat eine geringere asymptotische Varianz als die MLE. Oder, in anderen Worten: MLE nutzt die Daten so gut wie kein anderes Verfahren.

4. Der MLE ist mit jeder Funktion von θ **kommutativ**. So ist MLE($g(\theta)$) gleich der Funktion des MLE von θ, g(MLE(θ)). Beispielsweise ist der MLE für die Standardabweichung σ einfach die Wurzel aus dem MLE der Varianz: Da $\sigma = \sqrt{\sigma^2}$, ist $\text{MLE}(\sigma) = \sqrt{\text{MLE}(\sigma^2)}$.

Exkurs für Neugierige: Momente einer Verteilung
„Momente" beschreiben die Form einer Verteilung. Wenn wir aus einer Verteilung eine Stichprobe generieren, also eine Zufallsvariable, dann können wir diese mit Stichprobenstatistiken beschreiben. Momente kann man sich als analytisch-hergeleitete Statistiken für Zufallsvariablen aus beliebigen Verteilungen vorstellen. Momente verallgemeinern Stichprobenstatistiken wie den Mittelwert und die Varianz für beliebige Verteilungen.
Momente sind etwas statistisch recht Abstraktes. In der Wahrscheinlichkeitslehre sind Momente aber sehr zentral und wichtig, und deshalb wollen sie auch hier kurz vorgestellt werden.
Bis auf wenige Ausnahmen hat jede Verteilung unendlich viele Momente (1., 2., 3. Moment usw.), die wir mit $m_1, m_2, m_3, \ldots$ bezeichnen. Mathematisch gilt, dass $m_n = E(X^n)$, wobei E den Erwartungswert bezeichnet.
Das erste Moment $m_1 = E(X) = \int_{-\infty}^{\infty} x f(x) dx$, also der Erwartungswert der (kontinuierlichen) Zufallsvariablen X mit Dichtefunktion $f(x)$, und das ist eben der Mittelwert.
Das zweite Moment $m_2 = E(X^2) = E((X - m_1)^2) = E((X - E(X))^2) = E(X^2) - (E(X))^2$ beschreibt die Varianz, also die Abweichung vom Mittelwert (für eine Herleitung des letzten Schritts siehe z. B. Casella & Berger 2002, S. 61). Durch das Subtrahieren des Mittelwerts $m_1 = E(X)$ wird das zweite Moment zentriert, weshalb man auch von *central moments* spricht.
Die 3. und 4. Momente heißen Schiefe (*skewness*) und Wölbung (*kurtosis*), danach gibt es keine etablierten Namen mehr. Der Gedanke hinter den Momenten ist, dass man durch sie mehr und mehr die tatsächliche Verteilung beschreiben kann.
Wenn man nun auch noch aus einer Stichprobe diese Momente schätzen kann, dann haben wir ein alternatives Verfahren, Verteilungen an Daten zu fitten – die Momentenmethode (*method of moments*). Da man nicht alle unendlich vielen Momente schätzen kann, sondern nur die ersten paar (üblicherweise die ersten 2 oder 3), ist die Momentenmethode der *maximum likelihood* an Genauigkeit unterlegen. Wenn diese Momente aber einfach zu berechnen sind, dann ist dieser Ansatz viel effizienter.
Eine substantielle, aber mathematisch anspruchsvolle „Einführung" in die Grundlagen der statistischen Wahrscheinlichkeitslehre bieten Casella & Berger (2002).

Eine wichtige Alternative[9] zur *maximum likelihood* zur Schätzung von Verteilungsparametern ist die Momentenmethode (*methods of moments*; siehe dazu die Box auf Seite 52). Außerdem gibt es einige Variationen zur *maximum likelihood*-Schätzung, z. B. *restricted maximum likelihood* oder die *quasi-maximum likelihood* (= *pseudo-maximum likelihood*). Manche dieser Verfahren sind recheneffizienter für bestimmte Verteilungen oder werden dann eingesetzt, wenn eine *likelihood* nicht spezifiziert werden kann. Dies sind Fälle, die zumeist außerhalb des Rahmens einer Einführung liegen. Die *quasi-likelihood* werden wir später im Zusammenhang mit *overdispersion* kennenlernen.

[9] Für weitere Alternativen siehe http://en.wikipedia.org/wiki/Maximum_likelihood#See_also.

3.4 Einige wichtige Verteilungen[10]

Traditionell werden kontinuierliche Wahrscheinlichkeitsverteilungen als $P(x)$ und diskrete als $P(k)$ bezeichnet. Die Schreibweise $P(X \in [x, x + dx])$ bzw. $P(X = k)$ stellt die Wahrscheinlichkeitsdichte dar, dass ein beobachteter Wert X gleich einem kontinuierlich verteilten Wert x plus einem infinitesimalen kleinen bisschen dx, bzw. gleich einem diskreten Wert k ist.[11]

3.4.1 Normalverteilung

Die Normalverteilung ist eine kontinuierlich Verteilung mit zwei Parametern. Sie beschreibt Ergebnisse zufälliger Prozesse mit sehr vielen kleinen Beiträgen, wie z. B. die Brownsche Molekularbewegung. Wegen des Zentralen Grenzwertsatzes ist die Normalverteilung ausgesprochen gebräuchlich. Darüber geht leider die Nützlichkeit anderer Verteilungen für spezielle Probleme verloren. Die Normalverteilung bringt alles mit, was ein Mathematikerherz erfreut: definiert über den gesamten Zahlenbereich, differenzierbar, kurzum: wohlverhalten.

Nützlich ist vielleicht ein Hinweis auf den Exponenten. Dort steht das Abweichungsquadrat des Wertes x vom Mittelwert der Verteilung μ. Mit zunehmendem Abstand wird dieser Ausdruck immer größer, durch das „–“ wird der e-hoch-Teil immer kleiner, und so fällt $P(x)$ exponentiell mit dem Quadrat der Distanz zum Mittelwert ab. Viele Optimierungen benutzen die Methode der kleinsten Quadrate, die durch genau dieses Quadrat motiviert ist.

Verteilungsfunktion:

$$N(x) = P(X = x|\mu, \sigma) = \frac{1}{\sqrt{2\pi\sigma^2}} e^{-\frac{(x-\mu)^2}{2\sigma^2}}$$

Definitionsbereich: $x \in \mathbb{R} = (-\infty, \infty)$[12]
Mittelwert: μ
Varianz: σ^2

[10]Neben klassischen Lehrbüchern standen den folgende Abschnitten auch die sehr guten englischen und häufig brauchbaren deutschen Wikipedia-Seiten Pate.

[11]Das ist immer sehr verwirrend. Die Dichtefunktionen geben zwar an der Stelle x einen Wert, aber eigentlich ist der ja 0. Wenn er größer wäre, dann wäre die Fläche unter der Kurve unendlich groß, da es unendlich viele x-Werte gibt. Also schreibt man mathematisch sorgfältig, dass wir uns für die Dichte an der Stelle „x bis x plus ein bisschen“ interessieren, wobei das bisschen sehr klein ist.

[12]Die runden Klammern des Intervalls bedeuten, dass es sich um ein *offenes* Intervall handelt, dass also die Endpunkte *nicht* enthält. Ein geschlossenes Intervall wird durch eckige Klammern (z. B. $[0, 1]$) symbolisiert. Die Mischung von runden und eckigen Klammern heißt halboffenes oder halbgeschlossenes Intervall.

3.4.2 Bernoulli-Verteilung

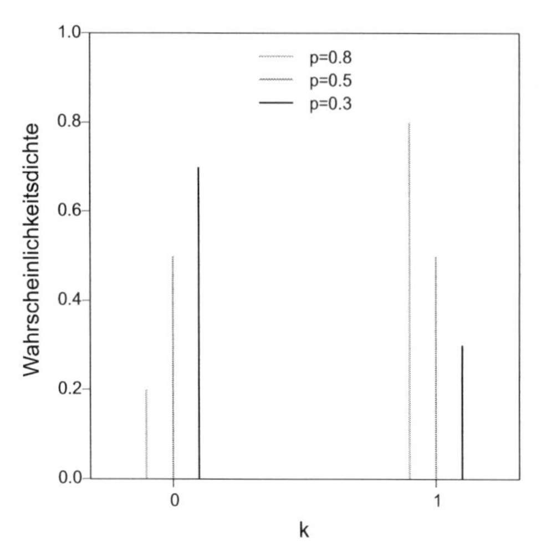

Die Bernoulli-Verteilung ist eine diskrete Verteilung mit einem Parameter. Sie beschreibt binäre Ereignisse, wie z. B. das Werfen einer Münze, Überleben oder das Geschlecht bei Geburt. Die Bernoulli-Verteilung ist ausgesprochen simpel und hat nur zwei Zustände. In der Literatur wird statt ihrer häufiger die Binomialverteilung benutzt. Die Bernoulli-Verteilung ist ein Spezialfall der Binomialverteilung mit dem Parameter $n = 1$.

Verteilungsfunktion:

$$\text{Bern}(k) = P(X = k|p) = \begin{cases} p & \text{wenn } k = 1, \\ 1 - p & \text{wenn } k = 0, \\ 0 & \text{sonst.} \end{cases}$$

Definitionsbereich: $k \in \{0, 1\}$
Mittelwert: p
Varianz: $p(1 - p) = pq$

3.4.3 Binomialverteilung

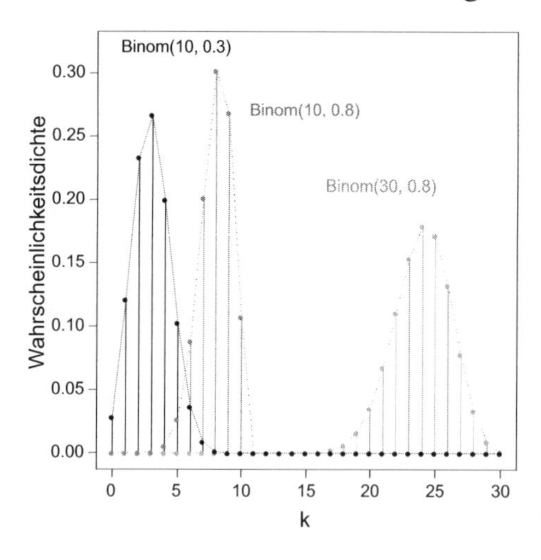

Die Binomialverteilung hat zwei Parameter, n und p. Sie beschreibt die Wahrscheinlichkeit $P(X = k)$, dass bei n Versuchen k Mal ein Ereignis stattfindet, wenn dessen Eintrittswahrscheinlichkeit p ist. Ein typisches Beispiel sind ökotoxikologische Untersuchungen, bei denen z. B. 30 Wasserflöhe (*Daphnia*) einer bestimmten Salzkonzentration ausgesetzt werden. Wenn die Sterbewahrscheinlichkeit $p = 0.8$ ist, dann gibt uns die Binomialverteilung an, mit welcher Wahrscheinlichkeit k *Daphnien* sterben (für diese Zahlenwerte siehe nebenstehende Abbildung, hellgraue Kurve). Dieses Eintreten wird als „Erfolg" (*success*)

bezeichnet, das Nichteintreten als Misserfolg (*failure*)(selbst wenn in diesem Beispiel der „Erfolg" der Tod der Untersuchungsobjekte ist).

Für $p = 0.5$ ist die Binomialverteilung symmetrisch.
Für $n = 1$ wird aus ihr die Bernoulliverteilung.

Verteilungsfunktion:

$$\text{Binom}(k) = P(X = k|n, p) = \binom{n}{k} p^k (1-p)^{n-k}$$

Definitionsbereich: $k \in \mathbb{N}_0 = \{0, 1, 2, 3, \ldots\}$
Mittelwert: np
Varianz: $np(1-p)$

3.4.4 Poisson-Verteilung

Die Poisson-Verteilung ist eine diskrete Verteilung mit einem Parameter. Sie beschreibt manche Zähldaten, wie etwa die Anzahl Eier, die ein Huhn pro Woche legt. Eine wichtige Besonderheit ist, dass bei der Poisson-Verteilung der Mittelwert gleich der Varianz ist. D. h. Zufallsvariablen mit einem höheren Mittelwert haben *per definitionem* eine höhere Varianz! (Bei der Normalverteilung sind Varianz und Mittelwert unabhängig voneinander.) Wenn eine Zufallsvariable eine höhere (geringere) Varianz hat als ihren Mittelwert, so ist die Verteilung *overdispersed* (*underdispersed*). Eine mögliche Alternative ist dann die negative Binomialverteilung.

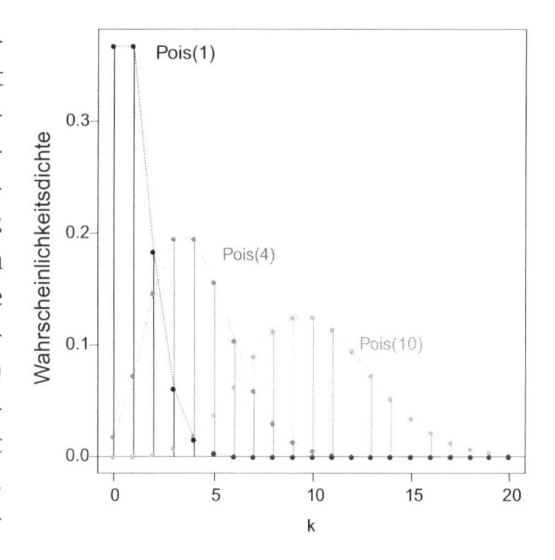

Verteilungsfunktion:

$$\text{Poisson}(k) = P(X = k|\lambda) = \frac{\lambda^k e^{-\lambda}}{k!}$$

Definitionsbereich: $k \in \mathbb{N}_0 = \{0, 1, 2, 3, \ldots\}$
Mittelwert: λ
Varianz: λ

3.4.5 Negative Binomialverteilung

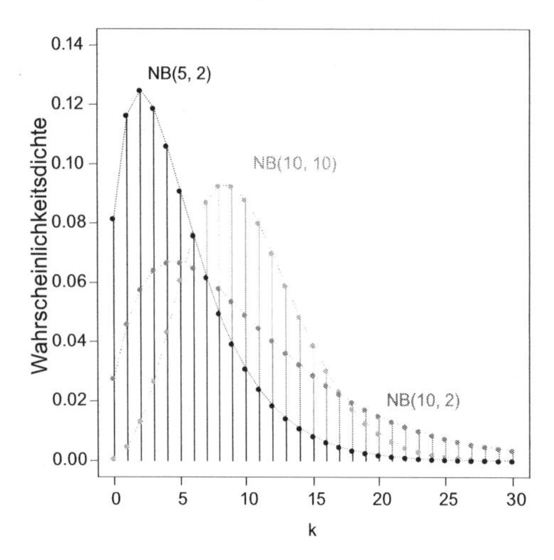

Die negative Binomialverteilung ist eine diskrete Verteilung mit zwei Parametern. Wie die Poisson-Verteilung beschreibt sie manche Zähldaten. Sie beschreibt die Wahrscheinlichkeit, wann in einem Bernoulli-Prozess der r-te Erfolg erzielt wurde.

Verwirrenderweise gibt es zwei alternative Parametrisierungen, eine (1) häufiger in den Umweltwissenschaften, und die andere (2) häufiger in der Mathematik und Statistik.

Möglichkeit 1: Durch die Parameter μ und r. μ, der Mittelwert, entspricht λ der Poisson-Verteilung, r nennt man den Dispersionsparameter. Praktischerweise kann man so die negative Binomialverteilung als Erweiterung der Poisson-Verteilung erkennen. Die Abbildung benutzt diese Parametrisierung.

Möglichkeit 2: Durch die Parameter p und r. p beschreibt die Wahrscheinlichkeit eines Erfolges bei einem Wurf, r ist die Anzahl zu erzielender Erfolge (also z. B. $r = 5$ Mal Kopf bei k Würfen einer Münze mit $p = 0.5$). Die Alternativen kann man ineinander überführen, da $p = r/(r + \mu)$ bzw. $\mu = r(1 - p)/p$.

Mit $r = 1$ wird aus der negativen Binomialverteilung die Geometrische Verteilung:

$$\text{Geom}(1 - p) = \text{NB}(1, p)$$

Für $r \to \infty$ wir aus der negativen Binomialverteilung die Poisson-Verteilung:

$$\text{Poisson}(\lambda) = \lim_{r \to \infty} \text{NB}\left(r, \frac{\lambda}{\lambda + r}\right)$$

Verteilungsfunktion:

$$P(X = k|r, p) = \binom{k + r - 1}{k} (1 - p)^r p^k$$

Definitionsbereich: $k \in \mathbb{N}_0 = \{0, 1, 2, 3, \ldots\}$
Mittelwert: μ bzw. $rp/(1 - p)$
Varianz: $\mu + \mu^2/r$ bzw. $rp/(1 - p)^2$

3.4.6 Lognormal-Verteilung

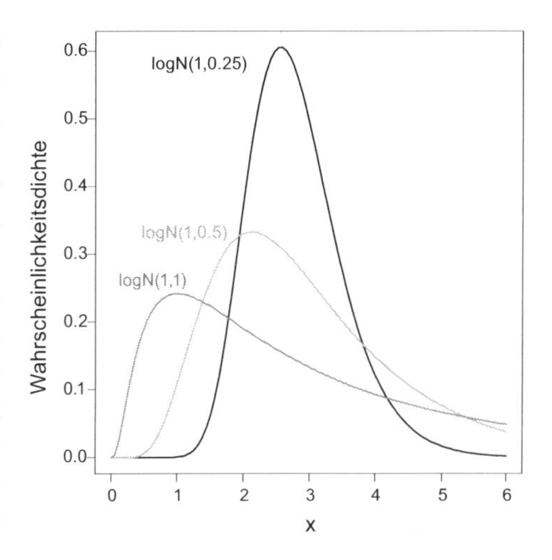

Die Lognormalverteilung ist die logarithmische Variante der Normalverteilung, also kontinuierlich und zwei-parametrisch. Wenn man die lognormal-verteilte Werte logarithmiert, dann ist die Verteilung wieder normal. Oder anders formuliert: Wenn man eine Normalverteilung in den Exponenten setzt (etwa $e^{N(x)}$), wird daraus eine Lognormalverteilung. Daraus ergibt sich, dass die Lognormal nur positive Werte annehmen kann. Sie wird entsprechend in einführenden Statistikbüchern häufig gar nicht erwähnt, da man ja einfach die Werte logarithmieren und sie dann als normal behandeln kann. Wir wollen sie hier aber trotzdem betrachten, da sie sehr häufig in ökologischen Daten auftaucht und es wichtig ist, ihre Form zu kennen. Zudem wird häufig der Fehler gemacht wird, den Mittelwerte der Lognormalverteilung als $e^{\bar{x}}$ zu berechnen, was **falsch** ist!

Wie die Normalverteilung hat auch die Lognormalverteilung zwei Parameter, Mittelwert μ und Standardabweichung σ. Tatsächlich wird die Lognormal einfach über die Normalverteilung definiert:

Verteilungsfunktion:

$$\ln N(x) = P(X = x|\mu, \sigma) = \frac{1}{x\sigma\sqrt{2\pi}} e^{-\frac{(\ln x - \mu)^2}{2\sigma^2}}, \quad x > 0$$

Man beachte, dass x jetzt auch im Normierungterm vor dem e auftaucht!
Definitionsbereich: $x \in \mathbb{R}_0^+ = (0, \infty)$
Mittelwert: $e^{\mu+\sigma^2/2}$; die Varianz bestimmt den Mittelwert der Lognormalverteilung mit!
Varianz: $(e^{\sigma^2} - 1)e^{2\mu+\sigma^2}$; der Mittelwert bestimmt die Varianz mit!

3.4.7 Uniforme Verteilung

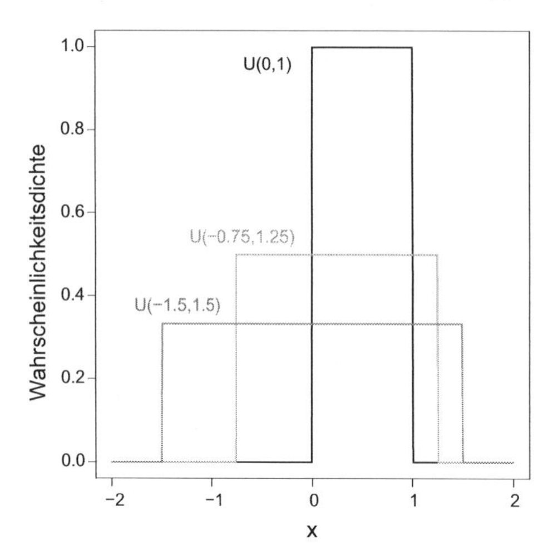

Die uniforme Verteilung (auch stetige Gleichverteilung oder Rechteckverteilung genannt) ist eine kontinuierliche Verteilung mit zwei Parametern, a und b, die den rechten und linken Rand angeben. Sie ist ziemlich trivial und kommt in der Natur wahrscheinlich nicht vor. Nichtsdestotrotz ist sie aus didaktischen Gründen wichtig, denn sie stellt quasi die einfachstmögliche Verteilung dar.

Zudem ist die uniforme Verteilung wichtig in der Bayesischen Statistik, weil dort häufig uninformative Verteilungen benutzt werden, und die uniforme Verteilung ist ziemlich uninformativ innerhalb ihres Definitionsbereichs.

Schließlich kann man empirische Häufigkeitsverteilungen in eine uniforme umformen, und diese Eigenschaft wird dann in einem der Tests auf Normalverteilung interessant (beim Anderson-Darling-Test, s. Abschnitt 4.4).

Wenn man zwei uniforme Verteilungen addiert (und durch 2 teilt), dann erhält man eine Dreiecksverteilung.

Verteilungsfunktion:

$$U(a, b) = P(X = x|a, b) = \begin{cases} \frac{1}{b-a} & a \leqslant x \leqslant b \\ 0 & \text{sonst.} \end{cases}$$

a und b nehmen beliebige reale Werte an, aber $b > a$. Wenn $a = b$, dann ergibt sich die *sehr* spezielle δ-Verteilung, die an der Stelle a den Wert ∞ hat und sonst 0 ist. Für $a = 0$ und $b = 1$ nennt man sie die *standard* uniforme Verteilung.
Definitionsbereich: $x \in \mathbb{R} = (-\infty, \infty)$
Mittelwert: $(a + b)/2$
Varianz: $\frac{1}{12}(b - a)^2$

3.4.8 β-Verteilung

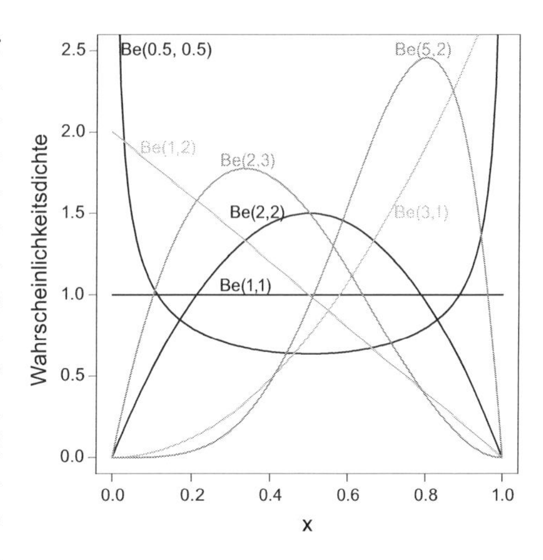

Die β-Verteilung ist eine kontinuierliche, aber auf das Intervall $(0, 1)$ begrenzte Verteilung. Ihre Form variiert je nach Wahl der zwei Parameter (a = *shape*, b = *scale*) sehr stark. Diese Flexibilität macht sie für manche Anwendungen sehr interessant. Mit nur zwei Parametern kann man hier aufsteigende, abfallende, konkave, konvexe, lineare und unimodale Verteilungen generieren. Die β-Verteilung findet sehr häufig in der Modellierung und in der Bayesischen Statistik Anwendung. Der Grund ist, dass sie der konjugierte Prior (*conjugated prior*) der Binomialverteilung ist. In der statistischen Analyse eignet sie sich für Proportionen, wenn die Werte zwischen 0 und 1 liegen (aber nie genau 0 oder 1 sind).

Für $a = b = 1$ erhalten wir die uniforme Verteilung auf $[0, 1]$.

Verteilungsfunktion:

$$\text{Be}(x) = P(X = x|a, b) = \frac{x^{a-1}(1-x)^{b-1}}{\int_0^1 u^{a-1}(1-u)^{b-1}\,du} \tag{3.11}$$

$$= \frac{\Gamma(a+b)}{\Gamma(a)\Gamma(b)}\, x^{a-1}(1-x)^{b-1} \tag{3.12}$$

a und b nehmen beliebige Werte > 0 an.

Die zweite Zeile formuliert die β-Verteilung als Funktion der Γ(Gamma)-Funktion. Das ist vielleicht etwas verwirrend aber mathematisch einfacher als der Integrationsschritt in der ersten Zeile.

Definitionsbereich: $x \in [0, 1]$

Mittelwert: $\frac{a}{a+b}$

Varianz: $\frac{ab}{(a+b)^2(a+b+1)}$

Ergänzender Hinweis: Die β-Verteilung hat ein Pendant in der β-*Funktion* ($B(a, b)$). Man kann die Verteilung auch mit Hilfe der Funktion ausdrücken ($\text{Be}(x) = \frac{1}{B(a,b)}\, x^{a-1}(1-x)^{b-1}$). D. h. die β-Funktion normalisiert die β-Verteilung. Verteilung und Funktion sind aber etwas ganz Unterschiedliches!

Zweiter ergänzender Hinweis: Man kann die β-Verteilung auf ein beliebiges Intervall $[a, b]$ verallgemeinern, wodurch sie zu einer 4-parametrigen Verteilung wird (siehe hierzu http://de.wikipedia.org/wiki/Betaverteilung).

3.4.9 γ-Verteilung

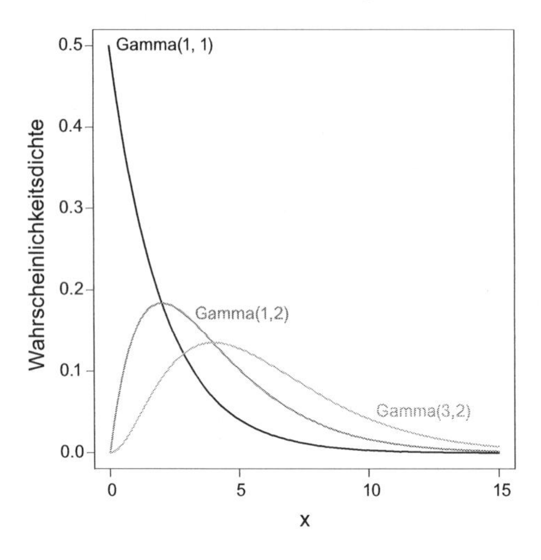

Die γ-Verteilung ist eine kontinuierliche, auf das Intervall $[0, \infty)$ begrenzte Verteilung. Ihre zwei Parameter ($k =$ *shape*, $\theta =$ *scale*) werden (im deutschsprachigen Raum) häufig alternativ formuliert ($p = k$ und $q = \frac{1}{\theta}$; q heißt dann *rate*).

Die γ-Funktion taucht z. B. bei der Analyse von Wartezeiten auf (etwa bis eine Wirkung einer Behandlung einsetzt) oder bei Frassschaden von Herbivoren an Blättern. Sie ist wegen ihrer extremen Schiefe ziemlich schwierig zu interpretieren und schwer genau zu fitten. Andererseits ist auch die γ-Verteilung eine der „unterschätzten" Verteilungen, die häufiger in Erwägung gezogen werden sollte.

Verteilungsfunktion:

$$\text{Gamma}(x) = P(X = x|k, \theta) = x^{k-1} \frac{e^{-x/\theta}}{\theta^k \, \Gamma(k)},$$

mit $x \geqslant 0$ und $k, \theta > 0$. Die Γ-Funktion[13] kommt in der Dichtefunktion der γ-Verteilung vor.

Für die alternative Formulierung mit p und q ergibt sich: $P(x|p, q) = \frac{q^p}{\Gamma(p)} x^{p-1} e^{-qx}$, für $x \geqslant 0$.

Definitionsbereich: $x \in \mathbb{R}_0^+ = [0, \infty)$
Mittelwert: $k\theta = p/q$
Varianz: $k\theta^2 = p/q^2$

Für ganzzahlige k nennt sich die Verteilung auch Erlang-Verteilung.

3.4.10 Beschränkte Verteilungen (*truncated distributions*)

Häufig können bestimmte Werte einer Verteilung nicht auftreten, obwohl die Daten sonst aus dieser Verteilung zu kommen scheinen. Wenn wir zum Beispiel zählen, wieviele Eier Blaumeisen in ihr Nest legen, dann kommt die 0 nicht vor, der Rest der Daten ist aber Poisson-verteilt. Eine Blaumeise baut nicht ein Nest, um dann nicht zu brüten. Entsprechend ist die zu erwartende Verteilung eine beschränkte Poisson-Verteilung (*zero-truncated* oder *positive Poisson*), mit $P(k = 0) = 0$.

Genauso kann man die Normalverteilung auf Werte $\leqslant 0$ beschränken – die beschränkte Normalverteilung.

[13] http://de.wikipedia.org/wiki/Gammafunktion.

Der einzige statistische Trick, den man für diese beschränkten Verteilungen vornehmen muss, ist alle Werte um den Anteil zu vergrößern, der abgeschnitten wurde, so dass die Gesamtwahrscheinlichkeit (die Fläche unter der Kurve) wieder 1 ist:

$$\text{trPois}(k > 0|\lambda) = \text{Pois}(k > 0|\lambda) \cdot (1 + \text{Pois}(k = 0|\lambda))$$

Wenn also $\text{Pois}(k = 0) = 0.1$ ist, dann müssen für die *truncated* Poisson-Verteilung alle trPois-Werte mit $(1+0.1)$ multipliziert werden. Dadurch ist die Gesamtwahrscheinlichkeit $\sum_{i=1}^{\infty} \text{trPois}(k = i|\lambda) = 1$.

3.5 Auswahl der Verteilung

Die typische Aufgabe der Statistik ist, die beobachteten Daten an ein Verteilung anzupassen (zu „fitten"). Welche Verteilung man für seine Daten annimmt, hängt maßgeblich davon ab, durch welchen Prozess die Daten entstanden sind. Häufig wissen wir aufgrund der zugrundeliegenden Vorgänge, dass diese spezifischen Daten einem Poisson-Prozess entstammen oder einer Binomialverteilung. Dann nehmen wir natürlich genau diese Verteilung auch für unsere weiteren Analysen.

Wenn wir keine klare Idee haben, welcher Verteilung die Daten folgen „sollten", dann können wir auch mehrere Verteilungen ausprobieren und die am besten passenden auswählen.

Ein typisches Beispiel für solche unklaren Verteilungen sind Daten, die durch Aggregation oder Umrechnungen entstanden sind. Die Vegetationsdeckung hat typischerweise Werte zwischen 0 und 100 % und könnte einer Binomialverteilung entstammen, da eine Pflanze z. B. 14 von 100 % des Boden bedeckt. Oder wir argumentieren, dass die β-Verteilung angemessen ist, da diese auf den Bereich (0,1) beschränkt ist. Häufig werden Daten auch mittels der Braun-Blanquet-Skala erhoben, die in den niedrigen Deckungen viele, in den hohen Deckungen aber nur wenige Klassen enthält. Werden diese Daten dann in % umgerechnet, ist keine Verteilungsannahme offensichtlich.

Ein anderes Beispiel sind Verhältniswerte. Wenn wir den Quotienten zweier variierender Größen berechnen, etwa weltweit den Anteil lebendgebärender Reptilienarten pro Land auszählen, dann variiert sowohl die Anzahl aller Reptilienarten, als auch der Anteil der legendgebärenden. Welcher Verteilung der Quotient folgt ist schwer vorauszusehen (siehe aber Anhang D von Clark 2007, für einen wahrscheinlichkeitstheoretischen Umgang mit gemischten Verteilungen).

Um auswählen zu können, muss man erst einmal Alternativen haben. Dazu diente der vorige Abschnitt. Das fantasielose Zurückfallen auf die Normalverteilung, die nun wirklich in den wenigsten Fällen angemessen ist, sollte durch einen Blick in die Liste der Wahrscheinlichkeitsverteilungen ergänzt werden (etwa hier: http://de.wikipedia.org/wiki/Liste_univariater_Wahrscheinlichkeitsverteilungen). Außerdem hat jedes Gebiet der Wissenschaft seine typischen Lieblingsverteilungen, die man entsprechend nicht vergessen sollte.

Wie wir am Beispiel der lognormalen Verteilung gesehen haben, kann eine Transformation der Daten diese u. U. in eine andere Verteilung überführen. Grundsätzlich ist das problematisch, da sich mit der Transformation auch die Varianzverteilungen ändern. Das kann positiv oder auch negativ sein. Wenn man die Zähldaten einer Poisson-verteilten Zufallsvariablen logarithmiert, dann sehen sie häufig normalverteilt aus. Da bei der Poisson-Verteilung die Varianz gleich dem Mittelwert ist, wirkt sich die Logarithmierung auf niedrige Werte kaum, auf hohe Werte dramatisch aus. Die entstehende Verteilung hat deshalb oft recht gleiche Varianzen über den Wertebereich, was den Annahmen einer Normalverteilung entspricht (wo ja die Varianz σ^2 konstant ist).

Daten zu transformieren *kann* also ein Weg sein, um aus „wilden“ Daten wohlverhaltene zu machen. Das Ergebnis muss aber weiterhin den Annahmen der neuen Verteilung entsprechen![14]

Wenn wir zwei Verteilungen mittels *maximum likelihood* an die **exakt gleichen Daten** gefittet haben, dann können wir die Anpassunggüte (*goodness of fit*) vergleichen. Dazu gibt es folgende Möglichkeiten: den Kolmogorov-Smirnov-Test zum Vergleich zweier Verteilungen; sowie den Vergleich des Fits über die *likelihood*.

3.5.1 Vergleich zweier Verteilungen: der Kolmogorov-Smirnov Test

Der Kolmogorov-Smirnov-Test, kurz KS-Test, vergleicht zwei **kontinuierliche** kumulative Wahrscheinlichkeitsfunktionen. Diese können Häufigkeitsdichten sein, also empirische Dichtefunktionen (ECDF = *empirical cumulative distribution function*), oder parametrische Dichtefunktionen. Der KS-Test quantifiziert schlicht den maximalen Abstand zweier Verteilungen, D. Je größer D, desto schlechter die Übereinstimmung der zwei kumulativen Verteilungen.

Nehmen wir als Beispiel unsere Bienenflugdaten. Wir können die kumulativen Werte mit einer gefitteten Normalverteilung vergleichen (Abbildung 3.6).

In diesem Beispiel sieht der Vergleich der Daten mit der Normalverteilung nicht perfekt aus. Gerade im Mittelteil bei Werten um den Mittelwert von 2.16 und bei sehr kurzen Flugdauern gibt es klare Abweichungen. Aber diese sind nicht so stark, dass die Normalverteilung als Kandidatin ausscheidet. Der KS-Test wird von einem *p*-Wert begleitet, der angibt, ob die beiden verglichenen Verteilungen signifikant unterschiedlich sind. In diesem Fall sind sie es nicht ($D = 0.123, p = 0.096$).

Nehmen wir jetzt eine andere Verteilung, z. B. eine log-normale (Abbildung 3.6, dunkelgraue Linie). Diese Verteilung liegt gerade in den „Problemzonen“ der Normalverteilung enger an den Messwerten. Entsprechend ist der D-Wert marginal besser ($D = 0.087, p = 0.423$). In diesem direkten Vergleich gewinnt also die lognormale Verteilung. Wir würden diese für weitere Analysen benutzen.

[14] Das Logarithmieren ist sicherlich die häufigste Form der Transformation. Die in der Vegetationskunde üblich arc-Sinus-Wurzeltransformation für Vegetationsaufnahmen ist hingegen als unbegründet und häufig ungünstig abzulehnen (Warton & Hui 2011).

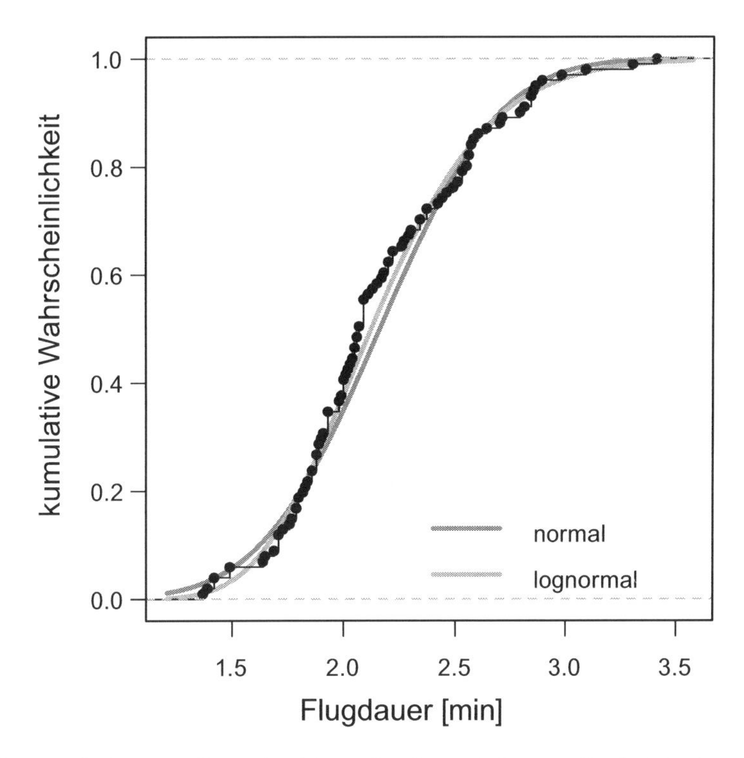

Abb. 3.6: Kumulative Verteilung der Bienenflugdaten (*schwarze Punkte*) im Vergleich mit einer kumulativen Normalverteilung (*dunkelgrau*), bzw. einer kumulativen Lognormalverteilung (*hellgrau*), die an diese Daten gefittet wurde

3.5.2 Vergleich von Fits: *likelihood* und der informationstheoretische Ansatz

Durch das Fitten der Verteilung an die Daten mittels *maximum likelihood* haben wir automatisch ein Vergleichsmaß: die *likelihood*. Wenn eine Verteilung eine log-*likelihood* (LL) von −200 und eine andere die von −300 ergibt, dann ist die erste Verteilung besser geeignet, da sie eine größere LL hat. Wir können also den Fit zweier Verteilungen an Daten direkt durch die LL vergleichen. Im obigen Pollenflugbeispiel ist $\mathrm{LL}_{\mathrm{normal}} = -55.6$ und $\mathrm{LL}_{\mathrm{lognormal}} = -52.3$. Die lognormale Verteilung fittet also besser.

Wie oben gesehen, können Verteilungen unterschiedlich viele Parameter haben. Im direkten Vergleich zwischen einer Verteilung mit vier Parametern und einer mit nur einen würden wir erwarten, dass die höhere Flexibilität der 4-Parameter-Verteilung auch zu einem besseren Fit führt. Deshalb hat Akaike (1973) vorgeschlagen, dass wir für die Anzahl gefitteter Parameter korrigieren sollten. Er schlägt den AIC vor (*An Information Criterion*, zu seinen Ehren aber meist *Akaike's Information Criterion* genannt). Für eine ausführliche Einführung sei Burnham & Anderson

Exkurs: Test auf Normalverteilung
Manche traditionelle Analysen (Regression, ANOVA) bauen auf der Normalverteilung auf. Um diese Annahme zu testen, wird häufig der KS-Test benutzt. Dazu gibt es fünf Dinge zu sagen:

1. Die Annahme, dass die Daten „normalverteilt" sind, ist semantisch irreführend. Wichtig ist, dass die **Residuen** normalverteilt sind. Wer also seine Rohdaten in einen KS-Test steckt und eine Abweichung findet, der hat noch nichts über das Zutreffen der Annahme gelernt.
2. Der KS-Test hat keine exakte Lösung, wenn es Datenbindungen (*ties*) gibt, d. h. wenn ein Wert mehrfach gemessen wurde.
3. Der KS-Test ist relativ unsensibel für kleine Stichprobenumfänge. Mit steigendem Stichprobenumfang sinkt der p-Wert linear. Das bedeutet: Kleine Stichproben (20–30) sind sehr häufig nicht signifikant von einer Normalverteilung verschieden, selbst wenn sie aus einer anderen Verteilung stammen.
4. Der Lilliefors-Test ist die korrekte Variante des KS-Tests, die korrigierte p-Werte angibt. Neben dem Lilliefors/KS-Test gibt es (mindestens) noch den Shapiro-Wilk-Test, den Shapiro-Francia-Test, den Pearson-χ^2-Test, den Anderson-Darling-Test und den Crámer-van-Mises-Test, alle mit ähnlichen Problemen.
5. Die grafische Auswertung, wie in Abbildung 3.6 gezeigt, erfordert zwar etwas Erfahrung, ist aber viel aufschlussreicher, als KS- oder SW-Test. Eine andere nützliche Form der grafischen Abbildung ist ein Quantilen-Quantilen-Plot. Beim Thema Modelldiagnostik (Abschnitt 9.1 auf Seite 153ff.) werden wir uns mit den Annahmen der traditioneller Verfahren noch genauer auseinandersetzen.

(2002) empfohlen, für eine knappe Link & Barker (2006); hier wollen wir uns auf die Essenz beschränken.

Der AIC berechnet sich als

$$\mathrm{AIC} = -2\mathrm{LL} + 2\mathrm{p}, \tag{3.13}$$

wobei p die Anzahl der gefitteten Parameter ist. Je niedriger der AIC, desto besser der Fit.

Üblicher ist der AICc, eine Korrektur für geringen Stichprobenumfang:

$$\mathrm{AICc} = -2\mathrm{LL} + 2\mathrm{p}\,\frac{\mathrm{n}}{\mathrm{n}-\mathrm{p}-1}, \tag{3.14}$$

mit n = Anzahl Datenpunkte.

Für jeden Parameter, den wir *mehr* fitten, wird unser AIC also um 2 größer. Diesen Multiplikator für die Anzahl Parameter nennt man auch „Bestrafungsterm" (*penalisation factor*). Den Wert von 2 leitet Akaike theoretisch her. Manche be-

Tab. 3.1: Vergleich von Normal- und Poisson-Verteilung als möglicher Ursprung der Eschenumfangsdaten

Verteilung	LL	AICc	BIC
normal	−430.1	890.9	869.4
Poisson	−618.5	1264.3	1241.6

vorzugen andere Werte hier,[15] da der AIC nicht erwartungstreu ist (*asymptotically biased*) und so parameterreiche Verteilungen (und Modelle) bevorzugt (z. B. Link & Barker 2006).

Der wichtigste alternative Bestrafungsterm von $\ln(n)$[16] (anstelle von 2 im AIC) führt zum BIC, dem *Bayesian Information Criterion*, oder *Schwarz' Information Criterion*. Da im BIC bereits für den Stichprobenumfang korrigiert wird, ist kein separates „BICc" nötig.

$$\mathrm{BIC} = -2\mathrm{LL} + p\ln(n) \tag{3.15}$$

Der AIC-Wert für den Fit der Normalverteilung an die Pollenflugdaten ($\mathrm{LL} = -55.56$) ist $\mathrm{AIC} = -2 \cdot -55.56 + 2 \cdot 2 = 115.1$. Der AICc-Wert beträgt 120.3. Die *small-sample correction* ist bei 70 Datenpunkten also noch immer recht substantiell. Der BIC-Wert ist im vorliegenden Fall ebensowenig interessant wie ein AIC-Vergleich von normal und lognormal, da $p = 2$ für beide Verteilungen und die AIC- und BIC-Varianten entsprechend der log-*likelihood* folgen.

Wenden wir uns stattdessen dem Eschenumfang-Beispiel zu. Hier sind alle unsere Daten ja ganzzahlig, und so können wir hier den Fit einer Normalverteilung mit dem einer Poisson-Verteilung vergleichen (Tabelle 3.1). Letztere hat bekanntlich nur einen Parameter. Die Normalverteilung gewinnt hier also auf voller Länge.[17]

Um es einmal explizit zu sagen: Während wir einen möglichst hohen Wert für die LL haben wollen (bzw. möglichst wenig negativ), wollen wir möglichst niedrige AIC- und BIC-Werte. AIC und Freunde kann man nicht nur für den Fit von Daten an Verteilungen berechnen, sondern für eine Vielzahl statistischer Modelle. Der informationstheoretische Ansatz, so das geschwollene Wort hierfür, dominiert seit etwa 15 Jahren die ökologisch-statistische Literatur und wird uns wohl noch einige Jahre begleiten.

[15] Ich persönlich schließe mich dem an.

[16] Mit n bezeichnen wir hier den „limitierender Stichprobenumfang" (Harrell 2001, S. 61). Für kontinuierlich verteilte Daten ist dieser gleich der Anzahl Datenpunkte. Bei binären Daten (0/1; Bernoulli-verteilt) wird der limitierender Stichprobenumfang aber anders berechnet: $n = \min(\text{Anzahl 0er, Anzahl 1er})$. Wenn von 100 Datenpunkten also 90 den Wert 1 haben, so ist $n = \min(10, 90) = 10$. Das leuchtet auch ein: Wenn wir nur eine 0 hätten, dann könnten wir ja auch nur von diesem einen Wert etwas lernen.

[17] Wer möchte kann diesen Unterschied auch statistisch testen. Der Quotient der *likelihoods*, bzw. die Differenz der log-*likelihoods* wie auch der AICc-Werte, ist asymptotisch χ^2-verteilt. Das ist aber gegen die Philosophie des Ansatzes.

Kapitel 4
Verteilungen, Parameter und Schätzer in R

Actually, I see it as part of my job to inflict R on people who are perfectly happy to have never heard of it. Happiness doesn't equal proficient and efficient. In some cases the proficiency of a person serves a greater good than their momentary happiness.
Patrick Burns

Am Ende dieses Kapitels ...

... hast Du den Namen von etwa 20 kontinuierlichen und diskreten Verteilungsfunktionen wahrgenommen und bist in der Lage, jede davon in R grafisch darzustellen.

... kannst Du mit der Abkürzung ECDF etwas anfangen und sie sogar in R plotten.

... kannst Du mittels des Kolmogorov-Smirnov-Tests Stichproben und beliebige kontinuierliche Verteilungen formal vergleichen.

... kannst Du die log-*likelihood* und den AIC eines Datensatzes für einer beliebige Verteilung berechnen.

... kannst Du verschiedene Tests auf Normalverteilung anwenden, wirst es aber nicht wollen.

Für einen Anfänger mag der Kommandozeilenzugang zu R zunächst etwas abschreckend sein. In diesem Kapitel wird die Überlegenheit gegenüber jeder *point-and-click*-Software aber bereits deutlich: R ist unübertroffen, wenn es um Verteilungen geht. Keine andere Software bietet so viele verschiedene Verteilungen an (Tabelle 4.1). Diese Liste ist zwar lang (und trotzdem unvollständig), aber sie ist auch nötig, denn diese Verteilungen finden tatsächlich in den modernen Umweltwissenschaften Anwendung!

Wofür jede dieser Verteilungen nützlich sein mag kann jeder für sich herausfinden (z. B. über Wikipedia). Wichtig ist zu wissen,

C.F. Dormann, *Parametrische Statistik*, Statistik und ihre Anwendungen, DOI 10.1007/978-3-642-34786-3_4,

Tab. 4.1: Alphabetische Liste wichtiger in R implementierter Verteilungen. Neben diesen gibt es mehrere weitere Dutzend im Paket **VGAM** sowie verstreut über viele andere Pakete (z. B. **fBasics**, **SuppDists**). Das `d...` steht für *density* und bezeichnet die Dichtefunktion. Für alle diese Funktionen ist auch eine `p...` (kumulative Wahrscheinlichkeitsfunktion), `q...` (Quantilenfunktion) sowie `r...` (Zufallszahlen aus dieser Verteilung) verfügbar. Siehe auch `?Distributions`

	Name	**R-Funktion**
kontinuierlich	β (beta)	`dbeta`
	Cauchy	`dcauchy`
	χ^2 (Chi-Quadrat)	`dchisq`
	exponential	`dexp`
	F	`df`
	γ (gamma)	`dgamma`
	lognormal	`dlnorm`
	logistisch	`dlogis`
	normal	`dnorm`
	Student oder t	`dt`
	uniform	`dunif`
	Weibull	`dweibull`
	multivariat normal	`dmvnorm` mvtnorm
	Wishart	`dwish` in **MCMCpack**
	gemischte van Mises	`dmixedvm` in **CircStats**
diskret	binomial	`dbinom`
	geometrisch	`dgeom`
	hypergeometrisch	`dhyper`
	multinomial	`dmultinom`
	negativ binomial	`dnbinom`
	Poisson	`dpois`

- wie man eine Funktion plottet, um sich ein Bild von ihr zu machen;
- wie man die (log-)*likelihood* eines Datensatzes berechnet;
- wie man sie an Daten fittet.

Dafür ist die erste wichtige Information, dass die *likelihood*-Funktion das Pendant zur Dichtefunktion[1] ist. D. h., die Grundlage aller Berechnungen zur *likelihood* von Daten, gegeben eine Verteilung, ist die `d...`-Funktion dieser Verteilung. Um es mit einem Beispiel zu sagen: Wenn wir einen Wert von 7 beobachten und vermuten, dass er einer Poisson-Verteilung mit Mittelwert $\lambda = 5$ entstammt, so können wir in R mit `dpois(7, lambda=5)` (= 0.104) den dazugehörigen Wert der Wahrscheinlichkeitsdichte berechnen. Für eine Normalverteilung mit Mittelwert $\mu = 5$ und

[1] Ich erweitere diesen Begriff Dichtefunktion hier etwas. Im Deutschen ist die Dichtefunktion streng genommen eine Bezeichnung für kontinuierliche Verteilungen, ich benutze ihn auch für diskrete.

Standardabweichung $\sigma = 2$ ist die Wahrscheinlichkeitsdichte `dnorm(7, mean=5, sd=2)` $= 0.121$.[2] Analog kann man dies für jede der hier aufgeführten Verteilungen machen, wenn man die Parameter vorgibt.

4.1 Darstellen von Verteilungen

R stellt vielfältige grafische Funktionen zur Verfügung. Für die Verteilungen ist wichtig, ob sie kontinuierlich sind, so dass wir eine Linie zeichnen können, oder ob sie diskret sind, so dass alle Werte durch Punkte oder Säulen abgebildet werden.

4.1.1 Kontinuierliche Verteilungen

Wer kennt schon die Cauchy-Verteilung?[3] Wie sieht sie aus? Was passiert, wenn wir einen der zwei Parameter verändern? Wir nehmen diese Fragen als Beispiel für einen Code, mit dem man die meisten kontinuierlichen Verteilungen abbilden können sollte.

Zunächst ist wichtig, den Gültigkeitsbereich der darzustellenden Verteilung zu kennen. Dafür schauen wir uns die Verteilungsfunktion an oder schlagen in einem Statistikbuch/im Internet nach. Im Falle der Cauchy ist der Gültigkeitsbereich von $-\infty$ bis ∞. Viele andere haben z. B. nur positive Werte (etwa die lognormale: S. 57) oder obere und untere Grenzen (etwa die β: S. 59).

Dann müssen wir herausbekommen, wie die R-Funktion für diese Verteilung heißt. Dazu geben wir am einfachsten in R ein:

```
> ??cauchy
```

R sucht jetzt in allen installierten Paketen nach Hilfeseiten, die das Wort „cauchy“ enthalten.[4] Groß- und Kleinschreibung wird dabei nicht berücksichtigt. In diesem Fall findet sich die Cauchy-Verteilung z. B. in den Paketen **circstats**, **stats** und **VGAM**, je nachdem, was installiert ist (**stats** ist immer geladen).[5]

Uns interessiert hier die Funktion `dchauchy` in **stats**. Mittels `?cauchy` können wir uns die Hilfe anzeigen lassen (Abbildung 4.1). Dort lesen wir, dass die beiden

[2]Achtung! Dies ist *nicht* die Wahrscheinlichkeit des Wertes 7 in der Normalverteilung, sondern seine Wahrscheinlichkeits*dichte*. Diese kann auch Werte größer 1 annehmen und dient allein dem Vergleich, nicht der Berechnung einer Wahrscheinlichkeit selbst. Für diskrete Verteilungen (wie die Poisson) ist allerdings die Wahrscheinlichkeitsdichte auch die Wahrscheinlichkeit, da sich hier alle diskreten Werte zu 1 summieren. Das ist bei kontinuierlichen Verteilungen *nicht* der Fall, da es ja unendlich viele x-Werte gibt. Hier integrieren sich die Werte zu 1, obwohl die Wahrscheinlichkeit, einen bestimmten Wert zu erhalten, 0 ist.

[3]$\text{Cauchy}(x) = P(x|l, s) = 1/(\pi s(1 + ((x - l)/s)^2))$

[4]Während `??` (als Kurzform von `help.search`) in Namen oder Titeln aller *installierten* Paketen sucht, greift `?` (als Kurzform von `help`) nur auf die Hilfeseite von Funktionen mit diesem Namen in *geladenen* Pakete zu.

[5]Wer sicher gehen möchte, dass er nichts übersieht, der sollte das Paket **sos** installieren und bei der Suche `???` benutzen. Dafür muss man allerdings online sein, denn `???` führt eine Suche mittels RSiteSearch (http://search.r-project.org) durch. Man erhält dann die Suchergebnisse als *webpage* formatiert.

Cauchy {stats} R Documentation

The Cauchy Distribution

Description

Density, distribution function, quantile function and random generation for the Cauchy distribution with location parameter `location` and scale parameter `scale`.

Usage

```
dcauchy(x, location = 0, scale = 1, log = FALSE)
pcauchy(q, location = 0, scale = 1, lower.tail = TRUE, log.p = FALSE)
qcauchy(p, location = 0, scale = 1, lower.tail = TRUE, log.p = FALSE)
rcauchy(n, location = 0, scale = 1)
```

Arguments

`x, q`	vector of quantiles.
`p`	vector of probabilities.
`n`	number of observations. If `length(n) > 1`, the length is taken to be the number required.
`location, scale`	location and scale parameters.
`log, log.p`	logical; if TRUE, probabilities p are given as log(p).
`lower.tail`	logical; if TRUE (default), probabilities are $P[X \le x]$, otherwise, $P[X > x]$.

Details

If `location` or `scale` are not specified, they assume the default values of `0` and `1` respectively.

The Cauchy distribution with location *l* and scale *s* has density

f(x) = 1 / (π s (1 + ((x-l)/s)^2))

for all *x*.

Abb. 4.1: Der obere Teil einer R-Hilfeseite für Wahrscheinlichkeitsverteilungen, hier am Beispiel der Cauchy-Verteilung (`dcauchy`)

Parameter *location* (`l`) und *scale* (`s`) heißen und in der Grundeinstellung jeweils auf 0 und 1 gesetzt sind. Das muss nicht so sein: manche Verteilungen haben keine vorgegebenen Werte (siehe etwa `?dpois`).

Wir können jetzt einfach mal die Cauchy-Verteilung mit diesen voreingestellten Werten abbilden (Abbildung 4.2):

```
> curve(dcauchy(x), from=-2, to=2)
> abline(v=0, col="grey")
```

Die `curve`-Funktion zeichnet eine mathematische Funktion von `x` für Werte zwischen `from` und `to`. Mit `abline` können wir eine Referenzlinie (in diesem Fall vertikal bei 0 in Grau) hinzufügen lassen.

Wenn wir jetzt die Parameter verändern wollen, so übergeben wir `dcauchy` einfach die gewünschten Werte. `from` und `to` müssen wir dann entsprechend nachführen. Um die Beschriftung der Achse anzupassen, spezifizieren wir `ylab` und ihre Größe mittels `cex.lab`:

```
> curve(dcauchy(x, location=-3, scale=2), from=-15, to=5, lwd=2,
+         ylab="Wahrscheinlichkeitsdichte", cex.lab=2)
> curve(dcauchy(x, location=-5, scale=4), col="grey50", lwd=2, add=T)
```

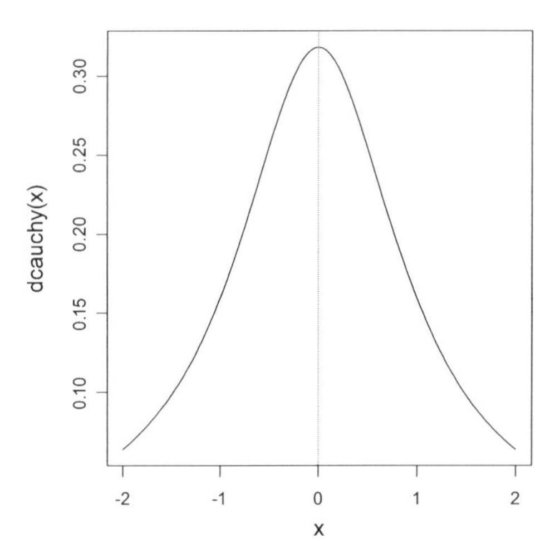

Abb. 4.2: Die Cauchy-Verteilung mit $l = 0$ und $s = 1$ zwischen -2 und 2

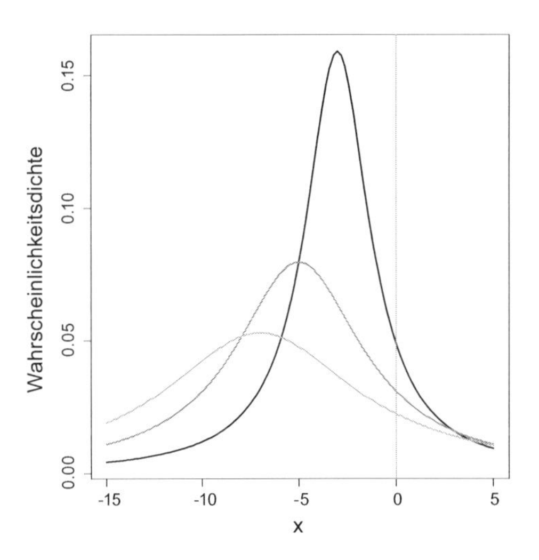

Abb. 4.3: Die Cauchy-Verteilung mit $l = -3/-5/-7$ und $s = 2/4/6$ (*schwarz/grau/hellgrau*) und Referenzlinie bei 0

```
> curve(dcauchy(x, location=-7, scale=6), col="grey70", lwd=2, add=T)
> abline(v=0, col="grey")
```

Das Ergebnis (Abbildung 4.3) gibt einen guten Eindruck der Effekte der beiden Parameter. Anscheinend bestimmt *location* die Stelle der Spitze, während *scale* die Breite der Verteilung bestimmt. Weil die zweite und dritte Kurve mit `add=T` zur ersten hinzugefügt wird, brauchen wir dort keine `from`/`to`-Werte anzugeben. Diese werden vom ersten Plot übernommen.

Mit curve kann man Kurven auch über Histogramme legen, wenn diese vorher als Dichtehistogramme produziert wurden (mit hist(., freq=F)). Anstelle von curve kann man auch mit dem lines-Befehl und mit plot(., type="l") Linien zeichnen. Ein Beispiel dafür kommt gleich bei den diskreten Verteilungen.

4.1.2 Diskrete Verteilungen

Für diskrete Verteilungen ist die Funktion nur an bestimmten Punkten definiert (z. B. allen positiven ganzen Zahlen und Null bei der Poisson-Verteilung). Schauen wir uns als Beispiel doch mal die hypergeometrische Verteilung an.

??hypergeometric führt uns zu ?dhyper und zu der Erkenntnis, dass die hypergeometrische Verteilung drei Parameter hat: m, n und k. k ist z. B. die Anzahl Bälle, die aus einer Urne gezogen werden in der m rote und n blaue Bälle sind. Die hypergeometrische Verteilung gibt dann an, wie wahrscheinlich es ist, dass man x rote Bälle zieht. Die Ziehung erfolgt **ohne** Zurücklegen. Für die Parameter von dhyper gibt es keine vorgegebenen Werte.

Beginnen wir mit einem einfachen Fall: In der Urne sind 10 rote und 10 blaue Bälle und wir ziehen 10 Bälle heraus. Wir würden dann erwarten, dass die Hälfte der Bälle rot ist, also der wahrscheinlichste Wert der Verteilung bei 5 liegt.

```
> x.Werte <- 0:11
> plot(x.Werte, dhyper(x.Werte, m=10, n=10, k=10), type="h", lwd=2, las=1)
```

Für die diskreten Verteilungen können wir z. B. einen Histogramm-artigen Stil wählen (type = "h"). Um die plot-Funktion zu benutzen, müssen wir x- und y-Werte angeben. D. h., wir berechnen für die ganzzahligen Werte von 0 bis 10 ihre Wahrscheinlichkeit in der hypergeometrischen Verteilung und plotten diese dann (Abbildung 4.4). lwd und las spezifizieren nur Schönheitskorrekturen.

Wir vermuten, dass höhere Werte von m und k die Verteilung nach rechts, höhere Werte von n die Verteilung nach links verschieben. Das probieren wir mal aus:

```
> x.Werte <- 0:11
> plot(x.Werte-0.2, dhyper(x.Werte, m=10, n=10, k=15), type="h", lwd=2,
+       las=1, xlab="x-Wert", ylab="Wahrscheinlichkeitsdichte", cex.lab=2)
> points(x.Werte, dhyper(x.Werte, m=20, n=10, k=10), type="h", lwd=2,
+       col="grey70")
> points(x.Werte+.2, dhyper(x.Werte, m=10, n=20, k=10), type="h", lwd=2,
+       col="grey50")

> lines(x.Werte-.2, dhyper(x.Werte, m=10, n=10, k=15), lty=2, col="black")
> lines(x.Werte, dhyper(x.Werte, m=20, n=10, k=10), lty=2, col="grey70")
> lines(x.Werte+.2, dhyper(x.Werte, m=10, n=20, k=10), lty=2, col="grey50")
```

Damit nicht alle Linien übereinander liegen, haben wir die erste um 0.2 Einheiten nach links, die dritte um 0.2 Einheiten nach rechts verschoben. Die drei lines-Zeilen verbinden zur besser Sichtbarkeit die Verteilungswerte. Da die Verteilung

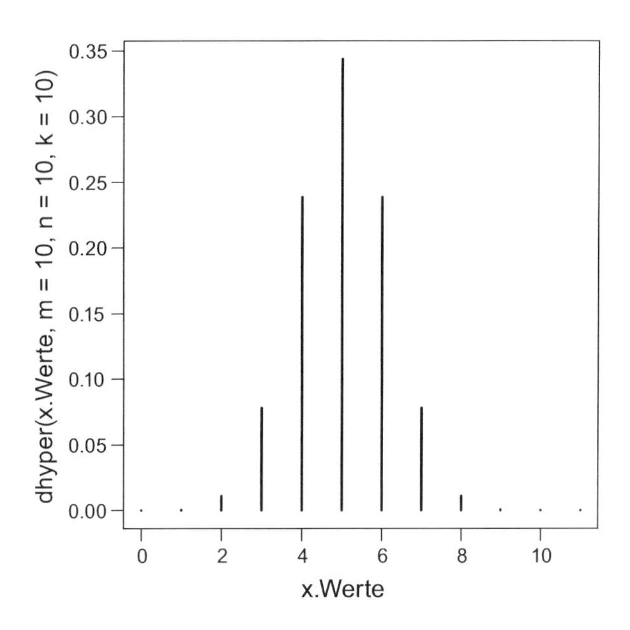

Abb. 4.4: Die hypergeometrische Verteilung mit $m = 10, n = 10$ und $k = 10$

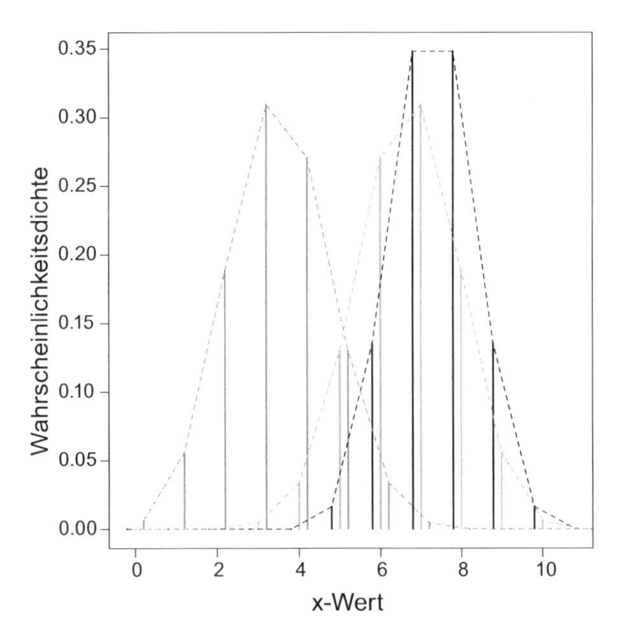

Abb. 4.5: Die hypergeometrische Verteilung mit $m = 10/20/10, n = 10/10/20$ und $k = 15/10/10$ (*schwarz/hellgrau/grau*)

diskret ist, und keine Zwischenwerte existieren, sollte man solche Verbindungslinien nach Möglichkeit vermeiden, da sie nicht existierende Zwischenwerte suggerieren.

4.2 Berechnung der *likelihood* eines Datensatzes

Im vorangegangenen Abschnitt haben wir eine Verteilung grafisch dargestellt. Jetzt wollen wir uns damit beschäftigen, wie wir einen gemessenen Datensatz mit einer angenommenen Verteilung zusammenbringen können. Dafür werden wir zunächst einmal die *likelihood* des Datensatzes berechnen, bzw. die log-*likelihood*, und die informationstheoretischen Werte aus Abschnitt 3.5.2, S. 63.

Wir benutzen dafür einen Datensatz von 1200 Tannendurchmessern, der im Paket **FAwR** (Robinson & Hamann 2011) mitgeliefert wird. Wir laden das Paket,[6] dann den Datensatz und schauen uns kurz seine Struktur und Variablennamen an:

```
> library(FAwR)
> data(gutten)
> ?gutten  # Öffnet die Hilfeseite mit der Beschreibung des Datensatzes
> str(gutten)

'data.frame':        1200 obs. of  9 variables:
 $ site    : Factor w/ 5 levels "1","2","3","4",..: 1 1 1 1 1 1 1 1 1 1 ...
 $ location: Factor w/ 7 levels "1","2","3","4",..: 1 1 1 1 1 1 1 1 1 1 ...
 $ tree    : int  1 1 1 1 1 1 1 1 1 1 ...
 $ age.base: int  20 30 40 50 60 70 80 90 100 110 ...
 $ height  : num  4.2 9.3 14.9 19.7 23 25.8 27.4 28.8 30 30.9 ...
 $ dbh.cm  : num  4.6 10.2 14.9 18.3 20.7 22.6 24.1 25.5 26.5 27.3 ...
 $ volume  : num  5 38 123 263 400 ...
 $ age.bh  : num  9.67 19.67 29.67 39.67 49.67 ...
 $ tree.ID : Factor w/ 336 levels "1.1","2.1","3.1",..: 1 1 1 1 1 1 1 1 ...

> head(gutten)

  site location tree age.base height dbh.cm volume age.bh tree.ID
2    1        1    1       20    4.2    4.6      5   9.67     1.1
3    1        1    1       30    9.3   10.2     38  19.67     1.1
4    1        1    1       40   14.9   14.9    123  29.67     1.1
5    1        1    1       50   19.7   18.3    263  39.67     1.1
6    1        1    1       60   23.0   20.7    400  49.67     1.1
7    1        1    1       70   25.8   22.6    555  59.67     1.1
```

[6] Beim ersten Mal müssen wir es herunterladen, etwa durch die Eingabe von `install.packages("FAwR")`

```
> summary(gutten)

 site      location       tree          age.base          height
 1:231     1:209     Min.   : 1.00   Min.   : 10.00   Min.   : 1.50
 2:376     2: 28     1st Qu.: 7.00   1st Qu.: 40.00   1st Qu.:10.20
 3:242     3:121     Median :12.00   Median : 70.00   Median :17.45
 4:257     4:107     Mean   :16.57   Mean   : 73.08   Mean   :17.47
 5: 94     5:518     3rd Qu.:25.00   3rd Qu.:100.00   3rd Qu.:24.10
           6:102     Max.   :48.00   Max.   :150.00   Max.   :43.50
           7:115
     dbh.cm          volume             age.bh          tree.ID
 Min.   : 0.20   Min.   :   0.10   Min.   :  0.43   1.6     :  15
 1st Qu.:12.90   1st Qu.:  65.75   1st Qu.: 29.81   1.7     :  15
 Median :20.60   Median : 286.00   Median : 59.20   5.25    :  15
 Mean   :20.78   Mean   : 496.71   Mean   : 60.96   5.26    :  15
 3rd Qu.:28.00   3rd Qu.: 697.25   3rd Qu.: 89.38   2.1     :  14
 Max.   :55.40   Max.   :3919.00   Max.   :141.75   2.2     :  14
                                                    (Other):1112
```

Uns interessiert vor allem die Spalte `dbh.cm`, die *diameter at breast height* in cm. In der `summary` sehen wir, dass die Bäume im Mittel (und im Median) 21 cm Durchmesser hatten und die 1. und 3. Quartile annähernd gleichen Abstand vom Mittelwert haben. Das deutet alles zunächst auf einen normalverteilten Datensatz hin. Ein Histogramm bestätigt diesen Eindruck (Abbildung 4.6):

```
> hist(gutten$dbh.cm, las=1)
```

Allerdings ist die Häufigkeitsverteilung schon etwas rechtsschief und natürlich links abgeschnitten, da Bäume keinen negativen Durchmesser haben können. Wir wissen also, dass die Normalverteilung prinzipiell falsch sein muss; vielleicht ist sie aber trotzdem *nützlich* zur Beschreibung der Daten.

Wir fitten die Normalverteilung an diese Daten (mittels `fitdistr` aus dem Paket **MASS**) und erhalten *maximum likelihood*-Schätzer $\bar{x}$ und s für Mittelwert μ und Standardabweichung σ der Normalverteilung, respektive:

```
> library(MASS)
> fit.norm <- fitdistr(gutten$dbh.cm, "normal")
> fit.norm

      mean          sd
  20.7820833   10.5987949
 ( 0.3059609) ( 0.2163470)
```

Um die *likelihood* dieser Daten zu berechnen, müssen wir für jeden Wert seine Wahrscheinlichkeitsdichte berechnen, und diese Werte dann alle aufmultiplizieren. Für die ersten beiden Punkte sind die *likelihoods*:

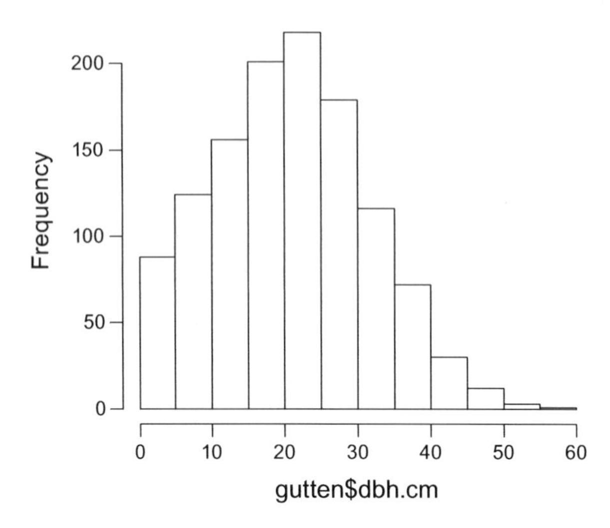

Abb. 4.6: Histogramm von 1200 Tannendurchmessern nach von Guttenberg (1915, zitiert in Robinson & Hamann (2011))

```
> dnorm(gutten$dbh.cm[1:2], mean=fit.norm$estimate[1],
+       sd=fit.norm$estimate[2])

[1] 0.01173458 0.02286602
```

Die eckigen Klammern indizieren die Werte, d. h. wir greifen nur auf den ersten [1] oder zweiten [2] oder die ersten beiden [1:2] Werte zu. Mittels des $ kann man auf die im Objekt `fit.norm` gespeicherten Schätzer für den Mittelwert und die Standardabweichung zugreifen. (Versuch es einfach einmal mit `str(fit.norm)`, um die Struktur zu sehen, und mit `fit.norm$estimate`, um den Zugriff auf einen Eintrag in `fit.norm` zu üben.) Das Produkt dieser Werte ist:

```
> prod(dnorm(gutten$dbh.cm[1:2], fit.norm$estimate[1],
+       fit.norm$estimate[2]))

[1] 0.0002683231
```

Wenn man jetzt allerdings 1200 Werte kleiner 1 aufmultipliziert, so kann man sich denken, dass eine Zahl mit über 1000 Nullen nach dem Komma entsteht.

```
> prod(dnorm(gutten$dbh.cm, mean=fit.norm$estimate[1],
+       sd=fit.norm$estimate[2]))

[1] 0
```

Das kann kein Rechner speichern. Das ist auch der Hauptgrund für die Berechnung der log-*likelihood*, also die Summe der Logarithmen der *likelihoods* (wir erinnern uns an die Logarithmenregel: $\log(a \cdot b) = \log a + \log b$):

```
> sum(log(dnorm(gutten$dbh.cm, fit.norm$estimate[1], fit.norm$estimate[2])))

[1] -4535.615
```

(Wir haben eine kleine Vereinfachungen vorgenommen: statt `mean=` und `sd=` in `dnorm` anzugeben, können wir einfach die Zahlen *in der richtigen Reihenfolge* übergeben. R interpretiert das dann richtig. Das ist etwas gefährlicher, aber kürzer.)

Die `d...`-Funktionen erlauben auch das Argument `log=T`, so dass man nicht separat die Funktion `log` um die `d...`-Funktion setzen muss:

```
> sum(dnorm(gutten$dbh.cm, fit.norm$estimate[1], fit.norm$estimate[2],
+     log=T))
```

Da durch die Funktion `fitdistr` ja schon die Daten mit *maximum likelihood* gefittet wurden, kann man aus dem Ergebnis (`fit.norm`) die *log-likelihood* auch direkt abfragen:

```
> logLik(fit.norm)

'log Lik.' -4535.615 (df=2)
```

Das macht das Leben leichter! AIC und BIC berechnen sich analog mit:

```
> AIC(fit.norm)

[1] 9075.229

> BIC(fit.norm)

[1] 9085.409
```

Die Korrektur für kleine Stichprobenumfänge ist $N/(N - p - 1) = 1200/(1200 - 3) = 1.0025$, wobei p die Anzahl gefitteter Parameter ist. Dieser Wert ist in diesem Fall so nahe 1, dass er nur einen geringen Unterschied macht (AIC = 9075, AICc = 9097).

Zum Vergleich fitten wir jetzt eine lognormale Verteilung und berechnen den AIC-Wert (Ein kleiner Trick: Wenn wir den Ausdruck in Klammern setzen, dann wird das Ergebnis automatisch gleich mit ausgegeben![7]):

```
> (fit.lognorm <- fitdistr(gutten$dbh.cm, "lognormal"))

    meanlog        sdlog
  2.82767051   0.77740010
 (0.02244161) (0.01586861)
```

[7]Der Grund ist eigentlich einfach, die abgekürzte Schreibweise aber etwas für Insider. Die Klammern werden als `print(x)`-Befehl interpretiert, so dass R das Objekt `x` in die Konsole ausgibt.

Exkurs: Benfords Gesetz & Benfords Verteilung (aus Wikipedia)
„1881 wurde diese Gesetzmäßigkeit von dem Mathematiker Simon Newcomb entdeckt und im ‚American Journal of Mathematics' publiziert. Er hatte bemerkt, dass in den benutzten Büchern mit Logarithmentafeln die Seiten mit Tabellen mit Eins als erster Ziffer deutlich schmutziger waren als die anderen Seiten, weil sie offenbar öfter benutzt worden seien. Die Abhandlung Newcombs blieb unbeachtet und war schon in Vergessenheit geraten, als der Physiker Frank Benford (1883–1948) diese Gesetzmäßigkeit wiederentdeckte und darüber 1938 neu publizierte. Seither war diese Gesetzmäßigkeit nach ihm benannt, in neuerer Zeit wird aber durch die Bezeichnung ‚Newcomb-Benford's Law' (NBL) dem eigentlichen Urheber wieder Rechnung getragen. Bis vor wenigen Jahren war diese Gesetzmäßigkeit nicht einmal allen Statistikern bekannt. Erst seit der US-amerikanische Mathematiker Theodore Hill versucht hat, die Benford-Verteilung zur Lösung praktischer Probleme nutzbar zu machen, ist ihr Bekanntheitsgrad gewachsen.
Gegeben sei eine Menge von Dezimalzahlen, die dem Benfordschen Gesetz gehorcht. Dann tritt die Ziffer d an der ersten Stelle mit der Wahrscheinlichkeit p(d) auf:

$$p(d) = \log_{10}\left(1 + \frac{1}{d}\right) = \log_{10}(d+1) - \log_{10}(d)$$

für $d \in (1, 2, 3, ..., 9)$." [*Text aus http://de.wikipedia.org/wiki/Benfordsches_Gesetz*]
Eine intuitive Interpretation dieser „Gesetzmäßigkeit" ist, dass die meisten Dinge einer lognormalen Verteilung folgen. Wenn man sich einen logarithmisierten Zahlenstrahl anschaut, dann sieht man, dass der Bereich zwischen der 1er- und 2er-Stelle den meisten Platz einnimmt. Dies quantifiziert das Newcomb-Benford-Gesetz.

0.1 0.2 0.3 0.4 0.5 0.7 0.91 2 3 4 5 6 7 8 10 20 30 40 50 60 80 100

Aufgabe: Versuche, dieses Gesetz in R umzusetzen und grafisch darzustellen. Notfalls findet sich R-Code auf http://rwiki.sciviews.org/doku.php?id=tips:stats-distri:benford.

```
> AIC(fit.lognorm)

[1] 9591.541
```

Die lognormale Verteilung hat einen deutlich höheren (= schlechteren) AIC-Wert und ist also weniger angemessen.

Ein aufmerksamer Forststudent würde an dieser Stelle darauf hinweisen, dass für Brusthöhendurchmesserverteilungen üblicherweise die Weibull-Verteilung benutzt wird. Na gut:

```
> (fit.weibull <- fitdistr(gutten$dbh.cm, "weibull"))

     shape          scale
   1.97251051   23.26772749
 ( 0.04664914) ( 0.35581302)
```

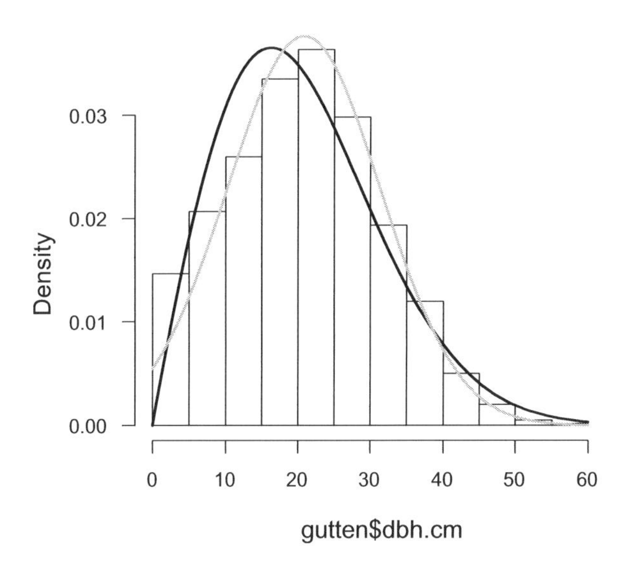

Abb. 4.7: Histogramm von 1200 Tannendurchmessern, mit gefitteter Weibull- (*schwarz*) und Normalverteilung (*grau*)

```
> AIC(fit.weibull)
[1] 9072.184
```

Tatsächlich passt die Weibull noch besser!

Dann können wir jetzt ja die Normalverteilung und die Weibull über das Histogramm legen, um zu sehen, ob dieser doch recht geringe Unterschied im AIC (9072 gegenüber 9075) überhaupt sichtbar ist:

```
> hist(gutten$dbh.cm, freq=F, las=1, main="Brusthöhendurchmesser [cm]")
> curve(dweibull(x, fit.weibull$estimate[1], fit.weibull$estimate[2]),
+         add=T, lwd=2)
> curve(dnorm(x, fit.norm$estimate[1], fit.norm$estimate[2]), add=T,
+         lwd=2, col="grey")
```

ergibt Abbildung 4.7.

Die Weibull passt besser in den zwei kleinsten und in den hohen Größenklassen, die Normalverteilung besser im Mittelteil. Hier die Normalverteilung als ungeeignet komplett zu verwerfen, hielte ich für übertrieben.[8]

[8]Zur Übung solltest Du jetzt die Lognormalverteilung und die Häufigkeitsverteilung als Dichtekurve einzeichnen (am besten in Farbe).

4.3 Empirische kumulative Häufigkeitsverteilungen und der Kolmogorov-Smirnov-Test

Abschließend wollen wir uns noch anschauen, wie man mittels des Kolmogorov-Smirnov-Tests testet, ob ein Datensatz einer spezifischen Verteilung folgt. Dazu ist es vonnöten, die Daten statt als Histogramm als kumulative Häufigkeitsverteilung (*empirical cumulative distribution function*, ECDF) darzustellen.[9] Diese ECDF wird dann mit der kumulativen Verteilungsfunktion (*cumulative distribution function*, CDF) verglichen und der maximale Abstand D ausgemessen.

Wir wollen die Normalverteilung und die Weibull-Verteilung mit der ECDF der Daten visuell vergleichen. Dazu plotten wir diese übereinander (jeweils ein Bildchen für jede Verteilung; Abbildung 4.8):

```
> par(mfrow=c(1,2), mar=c(4,5,4,0.5))
> plot(ecdf(gutten$dbh.cm), pch="", verticals=T, las=1,
+        main="Normalverteilung", xlab="BHD [cm]", cex.lab=1.5)
> curve(pnorm(x, mean=fit.norm$estimate[1], sd=fit.norm$estimate[2]), add=T,
+        lwd=3, col="grey")
> lines(ecdf(gutten$dbh.cm), pch="", verticals=T)

> plot(ecdf(gutten$dbh.cm), pch="", verticals=T, las=1,
+        main="Weibull-Verteilung", xlab="BHD [cm]", cex.lab=1.5)
> curve(pweibull(x, fit.weibull$estimate[1], fit.weibull$estimate[2]),
+        add=T, lwd=3, col="grey")
> lines(ecdf(gutten$dbh.cm), pch="", verticals=T)
```

Diese Abbildungen zeigen eindeutig einen insgesamt besseren Fit für die Normalverteilung. Wir wollen einmal sehen, ob der KS-Test dies bestätigt. Sein Wahrscheinlichkeitswert gibt an, ob es einen signifikanten Unterschied zwischen den beiden verglichenen Verteilungen gibt (also zwischen der ECDF und Normalverteilung bzw. Weibull-Verteilung). Zunächst für die Normalverteilung:

```
> ks.test(gutten$dbh.cm, "pnorm", fit.norm$estimate[1],
+         fit.norm$estimate[2])

        One-sample Kolmogorov-Smirnov test

data:  gutten$dbh.cm
D = 0.0278, p-value = 0.3105
alternative hypothesis: two-sided
```

[9] Die ECDF wird berechnet, indem die Werte tabuliert und sortiert werden. Dann werden die tabulierten Werte durch n geteilt, so dass ihre Summe 1 ergibt. Schließlich werden diese relativen tabulierten Werte gegen die Messwerte aufgetragen. Unglaublich unverständlich in Worten, aber gar nicht so schlimm als R-Code: `plot(as.numeric(names(table(gutten$dbh.cm))), cumsum(table(gutten$dbh.cm)/length(gutten$dbh.cm)), type='s')` Glücklicherweise gibt es dafür eine spezielle Funktion in R: `plot(ecdf(.))`

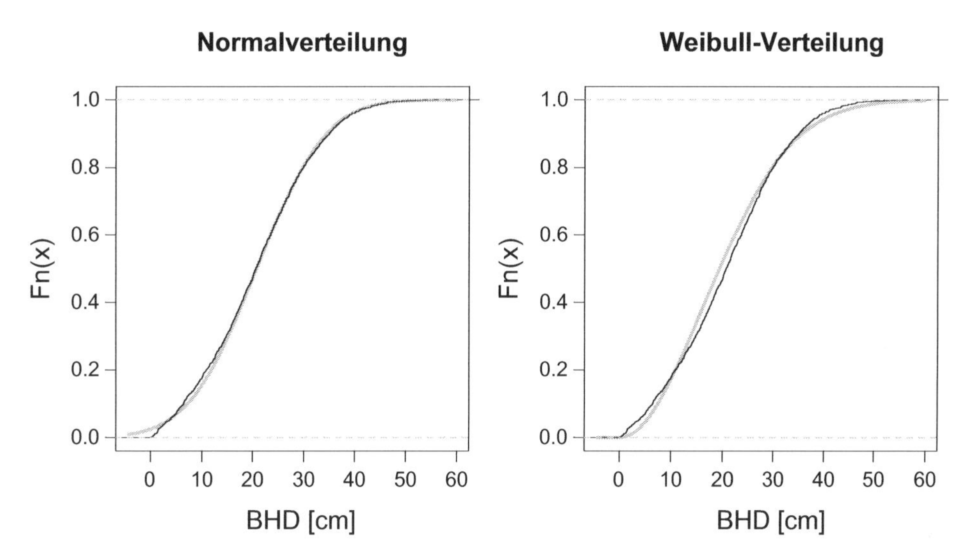

Abb. 4.8: Kumulative Häufigkeitsverteilung (*schwarz*) von 1200 Tannendurchmessern unterlegt mit der gefitteten Normal- (*links*) und Weibullverteilung (*rechts*) in *grau*

```
Warning message:
In ks.test(gutten$dbh.cm, "pnorm", mean = fit.norm$estimate[1],  :
  cannot compute correct p-values with ties
```

und dann für die Weibull-Verteilung:

```
> ks.test(gutten$dbh.cm, "pweibull", fit.weibull$estimate[1],
+        fit.weibull$estimate[2])

        One-sample Kolmogorov-Smirnov test

data:  gutten$dbh.cm
D = 0.0561, p-value = 0.001035
alternative hypothesis: two-sided

Warning message:
In ks.test(gutten$dbh.cm, "pweibull", fit.weibull$estimate[1],
fit.weibull$estimate[2]):  cannot compute correct p-values with ties
```

Auch hier ein ganz klares Ergebnis: Es wird keine Abweichung von der Normalverteilung festgestellt (der p-Wert ist größer als 0.05), wohl aber eine von der Weibull-Verteilung ($p < 0.01$). Der maximale Abstand zwischen beobachteten Werten und theoretischer Verteilung ist bei der Weibullverteilung (D=0.056) doppelt so groß wie bei der Normalverteilung (D=0.028).

Die Ausgabe schreibt etwas von `alternative hypothesis: two-sided`. So ein zweiseitiger Test prüft, ob die Statistik *größer oder kleiner* als erwartet ist. Im vorliegenden Fall ist es egal, ob die empirische Verteilungsfunktion größer oder kleiner als die analytische ist; es geht um den absoluten Unterschied der beiden. Wenn wir die spezifisch Hypothese hätten, dass die Daten z. B. *unter* der analytischen Verteilung liegen, dann würden wir einen einseitigen Test durchführen.

Ein Wort zur Warnungsmeldung: Das englische Wort *ties* bezeichnet Datenbindungen, also dass derselbe Wert mehrfach vorkommt. Wenn das der Fall ist, so teilt uns diese Warnmeldung mit, dann kann `ks.test` den p-Wert des Tests nicht exakt berechnen. Je mehr Werte wir haben, desto größer ist die Chance, dass es zu einer Datenbindung kommt. *Ties* bei nur 10 Datenpunkten sind also viel problematischer als bei 1000 Datenpunkten. In unserem Fall mit 1200 Datenpunkten können wir dem unexakten p-Wert also trotzdem vertrauen, zumal der Unterschied in den D so deutlich ausfällt.

Grundsätzlich gibt R eine Warnmeldung aus, wenn ein mögliches Problem auftritt, aber die Funktion trotzdem weiterrechnet. Sollte das Problem so schwerwiegend sein, dass R die Berechung abbricht, so wird statt `Warning` ein Fehler, `Error`, ausgegeben.[10]

4.4 Test auf Normalverteilung

Wie im Exkurs zu Normalverteilungstest (Box S. 64) erwähnt, sind formale statistische Test auf Normalverteilung selten zielführend. Grafische Darstellungen wie in vorigen Abschnitt sind für das menschliche Auge sehr natürliche Vergleiche und nicht auf die Normalverteilung beschränkt.

Der Kolmogorov-Smirnov-Test eignet sich für alle *kontinuierlichen* Verteilungen. D. h., man kann mit ihm sowohl eine empirische, kumulative Häufigkeitsverteilung (ECDF) mit einer kontinuierlichen Verteilung vergleichen, als auch zwei ECDFs miteinander.

Lilliefors (1967) stellte den im KS-Test berechneten p-Wert in Frage, weil eine Annahme falsch war. Da die Parameter der Verteilung aus den Daten geschätzt werden und deshalb unsicher sind, müssen die p-Werte korrigiert werden. Der Lilliefors-Test stellt diese Korrektur zur Verfügung.

```
> library(nortest)
> lillie.test(gutten$dbh.cm)

        Lilliefors (Kolmogorov-Smirnov) normality test

data:  gutten$dbh.cm
D = 0.0277, p-value = 0.03048
```

Ein anderer Test ist Shapiro und Wilks W-Test (Shapiro & Wilk 1965). Seine Herleitung ist ziemlich aufwändig und weit jenseits unseres Niveaus. Er ist ein reiner Test auf Normalverteilung.

[10] Mit `options(warn=2)` kann man R zwingen, alle Warnungen in Fehlermeldungen umzuwandeln, bei `warn=-1` werden sie alle ignoriert: siehe `?options` unter `warn`.

```
> shapiro.test(gutten$dbh.cm)

        Shapiro-Wilk normality test

data:  gutten$dbh.cm
W = 0.9899, p-value = 2.267e-07
```

Der Shapiro und Wilks W-Test hat eine Reputation dafür, sehr häufig Abweichungen von der Normalverteilung zu finden, besonders bei großen Datensätzen. So auch hier.

Eine weitere Alternative ist der Anderson-Darling *goodness of fit*-Test (Anderson & Darling 1952). Er wird häufig als der beste Test auf Normalverteilung bezeichnet, bei allen Limitierungen, die diese Tests haben (Stephens 1974). Wie der KS-Test kann auch der AD-Test auf viele kontinuierliche Verteilungen angewandt werden. Sein Prinzip ist, dass sich eine empirische Häufigkeitsverteilung in eine uniforme Verteilung transformieren lässt. Die Abweichungen der transformierten Daten lässt sich dann mit einem Distanzmaß testen.

```
> library(ADGofTest)
> ad.test(gutten$dbh.cm, pnorm, mean=fit.norm$estimate[1],
+         sd=fit.norm$estimate[2])

        Anderson-Darling GoF Test

data:  gutten$dbh.cm  and  pnorm
AD = 1.5653, p-value = 0.1616
```

Der AD-Test ist offensichtlich weniger empfindlich als der Shapiro-Wilk-Test. Er ist in der ökologischen Literatur deshalb auch recht häufig anzutreffen.

Den Crámer-van-Mises-Test und den Jarque-Bera-Test überlassen wir dem geneigten Leser zur Selbstaneignung.[11]

4.5 Übungen

1. Nehmen wir an, wir fänden in der Straßenbahn einen Datensatz: (36, 37, 15, 14, 25, 33, 44, 34, 37, 32, 12, 2, 4). Sieht der nicht seltsam normalverteilt aus? Oder doch eher Poisson-verteilt? Fitte diese beiden Verteilungen an die Daten (`fitdistr`) und vergleiche den Fit mittels der BIC-Werte.

2. Berechne „zu Fuß“ die *maximum likelihood* dieses Datensatzes unter der Annahme einer negativ binomialen Verteilung. Fitte dazu erst den Datensatz, um die Parameter der negativen Binomialverteilung zu erhalten. Summiere dann die logarithmierten *likelihoods* der `dnbinom`-Funktion dieser Daten.

[11] Crámer-van-Mises-Test: `cvm.test` ebenfalls im Paket **nortest**; Jarque-Bera-Test: `rjb.test` im Paket **lawstat** oder `jarque.test` im Paket **moments**.

3. Lies über die geometrische Verteilung in Wikipedia oder einem guten Statistikbuch nach. Plotte diese Verteilung für drei unterschiedliche Parameterwerte für den (einzigen) Parameter $\mathtt{p} = \textit{probability}$.

4. Lies über die Dreiecksverteilung nach. Produziere eine Darstellung dieser Verteilung in Anlehung an Abschnitt 3.4 auf Seite 53, also mit kurzer Darstellung, einem Plot für drei Parametersätze, der Dichtefunktion, dem Definitionsbereich, ersten und zweiten Moment (Mittelwert und Varianz).

5. Simuliere eine Datensatz aus der logistischen Verteilung. Wähle dazu eine Parametersatz (für `location` und `scale`; **nicht** die Grundeinstellungen!) und die Funktion `rlogis`. Nimm 100 für die Anzahl Beobachtungen. Weise diesen zufällig generierten Datensatz einem Objekt zu (`<-`) und mache jetzt ein Histogramm der simulierten Werte.

   Plotte die kumulative Verteilung Deiner logistischen Zufallsvariablen und darüber eine Kurve der tatsächlichen Verteilung (`plogis`) mit den von Dir tatsächlich gewählten Werten. Was Du hier siehst, ist der Unterschied zwischen einer zufälligen Realisierung und der von Dir vorgegebenen Wahrheit! So viel Variabilität ist „normal".

6. Berechne „zu Fuß" die *maximum likelihood* dieses Datensatzes unter der Annahme einer logistischen Verteilung. Fitte dazu erst den Datensatz, um die Parameter der logistischen Verteilung zu erhalten. Summiere dann die logarithmierten likelihoods der dlogis- Funktion dieser Daten.

7. Wende den Crámer-van-Mises-Test und den Jarque-Bera-Test auf den Vergleich von Brusthöhendurchmessern[12] und der Normalverteilung an. Finden sie eine Abweichung (wie der Shapiro-Wilks-Test) oder nicht (wie der Anderson-Darling Test)?

[12] `gutten$dbh.cm`

Kapitel 5
Korrelation und Assoziation

The invalid assumption that correlation implies cause is probably among the two or three most serious and common errors of human reasoning.
Stephen J. Gould
The Mismeasure of Man

Am Ende dieses Kapitels ...

... ist Dir die Idee der Korrelation vertraut.

... kannst Du Pearson's r als Maß für die Stärke der Korrelation interpretieren.

... weißt Du, wann Du auf Spearmans ρ oder Kendalls τ ausweichen musst.

... hast Du das Prinzip der Assoziation anhand des χ^2-Tests begriffen.

Bislang haben wir uns mit der Situation beschäftigt, dass wir eine Zufallsvariable X gemessen haben, von der wir annehmen, dass sie aus einer Verteilung stammt. In diesem Kapitel werden wir uns mit zwei Variablen beschäftigen. Beide Variablen sind Zufallsvariablen und wir nennen sie aus didaktischen Gründen X_1 und X_2. Konkret betrachten wir jetzt eine Realisierung dieser Zufallsvariablen, die wir mit Kleinbuchstaben notieren und die jeweils ein Vektor[1] aus Messwerten sind: $\mathbf{x}_1 = (x_{11}, x_{12}, x_{13}, x_{14}, \ldots) = (2, 1.4, 6, 3.9, \ldots)$.

Der erste Teil dieses Kapitels wird sich mit der Korrelation beschäftigen, typischerweise zwischen zwei kontinuierlichen Variablen. Im Teil „Assoziation" geht es dann um die „Korrelation" zwischen kategorialen Variablen (solchen, die in diskrete Klassen eingeteilt sind, wie etwa Gefiederfarben: blau, grün, gelb, ...), speziell um den χ^2-Test.

[1] Vektoren werden hier durch Fettdruck symbolisiert.

C.F. Dormann, *Parametrische Statistik*, Statistik und ihre Anwendungen,

DOI 10.1007/978-3-642-34786-3_5,

5.1 Korrelation

Wahrscheinlich fußt der Gedanke, dass der Storch die Neugeborenen bringt, auf einem Jahrhunderte alten Mythos. Auf jeden Fall aber gibt es einen Datensatz aus Oldenburg (oder war es Osnabrück?), der über Jahrzehnte den Rückgang der Storchpopulation und der Anzahl Babies dokumentiert. Diese Daten bringen die Frage nach der Kausalität auf den Punkt. In der Korrelation schauen wir nur nach gemeinsamen Mustern in beiden Datensätzen, bei einer Regression (übernächstes Kapitel) unterstellen wir, dass Babies in Abhängigkeit von Störchen auftauchen.[2]

Wenn wir so einen Datensatz haben, mit zwei Variablen, dann interessiert uns häufig, ob die beiden das gleiche Muster aufweisen. Nimmt $\mathbf{x}_1$ zu, wenn $\mathbf{x}_2$ größer wird? Oder wird $\mathbf{x}_1$ gerade dann kleiner?

Wie immer ist die grafische Darstellung der wichtigste Schritt der Analyse. Als Beispieldaten nehmen wir die Anzahl Spinnenarten und die Anzahl Laufkäferarten in 24 Landschaften in Europa (Billeter et al. 2008; Dormann et al. 2008b). Wir wollen sehen, ob es einen Zusammenhang zwischen diesen beiden Artengruppen gibt. Der Datensatz hat also zwei Spalten, eine für Laufkäfer und eine für Spinnen, dazu möglicherweise noch eine laufende Nummer oder einen Namen für die Probefläche (Abbildung 5.1 links).

Wir tragen also einfach die Werte gegeneinander auf: jede Probefläche hat eine Kombination aus Laufkäfer- und Spinnenartenzahlen, die in der Abbildung dargestellt sind (Abbildung 5.1 rechts). Den hier offensichtlich vorliegenden Zusammenhang kann man auch in Zahlen fassen. Der Gedanke ist, dass man beschreibt, ob die Daten *kovariieren*: Wenn von einem Datenpunkt zum nächsten der Wert von $\mathbf{x}_1$ zunimmt, und der von $\mathbf{x}_2$ auch, dann kovariieren die beiden positiv (wie in Abbildung 5.1). Wenn $\mathbf{x}_2$ immer dann heruntergeht wenn $\mathbf{x}_1$ hochgeht, dann kovariieren sie negativ. Im *scatterplot* würden die Punkte dann von links nach rechts heruntergehen.

Formal beschreibt man die **Kovarianz** $s_{\mathbf{x}_1\mathbf{x}_2}$ als summiertes Produkt der Abweichung jedes Werts vom jeweiligen Mittelwert:

$$\mathrm{cov}(\mathbf{x}_1, \mathbf{x}_2) = s_{\mathbf{x}_1\mathbf{x}_2} = \frac{1}{n}\sum_{i=1}^{n}(x_{1i} - \bar{\mathbf{x}}_1)(x_{2i} - \bar{\mathbf{x}}_2) \qquad (5.1)$$

Sie sieht somit der Varianz (Gleichung 1.4 S. 7) sehr ähnlich, nur eben dass die jeweiligen Werte von $\mathbf{x}_1$ und $\mathbf{x}_2$ benutzt werden. Für unseren Beispieldatensatz beträgt die Kovarianz $s_{\text{Laufkäfer, Spinnen}} = 108.3$.

Grundsätzlich ist der Zusammenhang zwischen $\mathbf{x}_1$ und $\mathbf{x}_2$ um so stärker, je größer der Betrag der Kovarianz ist. Das Vorzeichen gibt die Richtung des Zusammenhangs an: positiv bedeutet, dass die beiden Datensätze in der gleichen Richtung

[2] Oder umgekehrt: Vielleicht hat der gute Geruch eines Neugeborenen die Störche angelockt und als die Geburten rückläufig waren, kamen entsprechend keine Störche mehr?

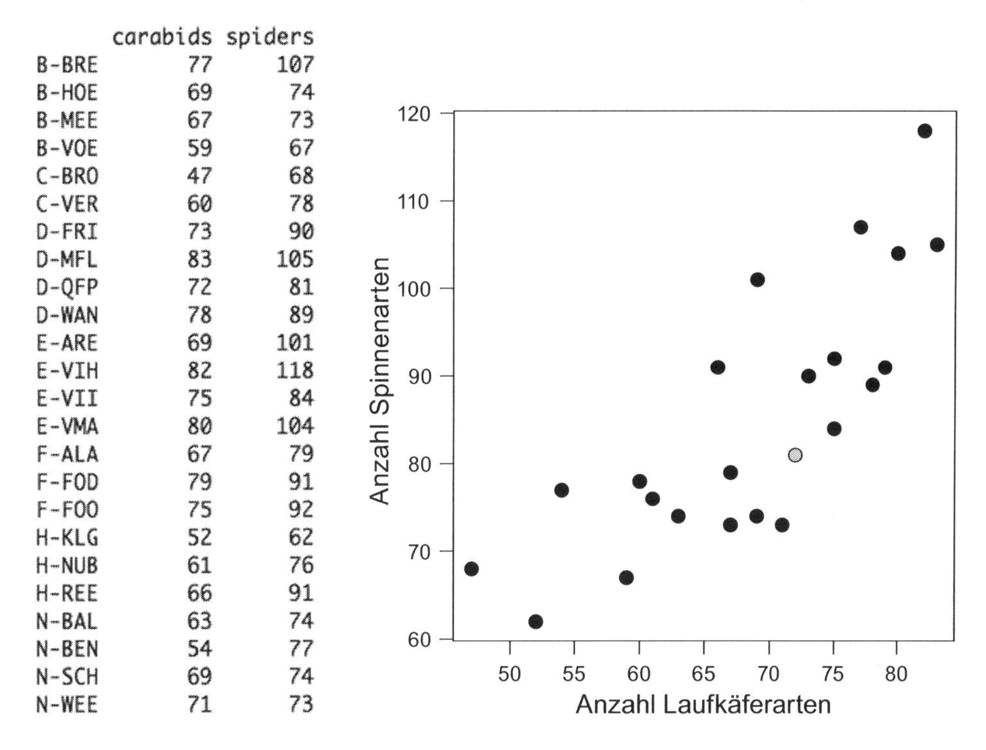

	carabids	spiders
B-BRE	77	107
B-HOE	69	74
B-MEE	67	73
B-VOE	59	67
C-BRO	47	68
C-VER	60	78
D-FRI	73	90
D-MFL	83	105
D-QFP	72	81
D-WAN	78	89
E-ARE	69	101
E-VIH	82	118
E-VII	75	84
E-VMA	80	104
F-ALA	67	79
F-FOD	79	91
F-FOO	75	92
H-KLG	52	62
H-NUB	61	76
H-REE	66	91
N-BAL	63	74
N-BEN	54	77
N-SCH	69	74
N-WEE	71	73

Abb. 5.1: Tabelle und *scatterplot* der Artenzahlen von Laufkäfern und Spinnen. Der *graue Punkt* stellt exemplarisch Zeile 9 dar (D-QFP/72/81)

variieren, während bei einer negativen Kovarianz der eine umso größer wird, je kleiner der andere wird. Ein Wert um die 0 gibt an, dass es keinen Zusammenhang gibt.

Der *absolute* Wert der Kovarianz hängt allerdings von den absoluten Werten von $\mathbf{x}_1$ und $\mathbf{x}_2$ ab, d. h. für unterschiedliche Datensätze (oder selbst unterschiedliche Maßeinheiten desselben Datensatzes) entstehen unterschiedliche Kovarianzen. Um also Zusammenhänge verschiedener Datensätze miteinander vergleichen zu können, brauchen wir eine Standardisierung, so dass der Wert immer zwischen -1 und 1 liegt. Das Ergebnis dieser Standardisierung nennt sich **Pearsons Korrelationskoeffizient** r:

$$\mathrm{cor}(\mathbf{x}_1, \mathbf{x}_2) = r = \frac{\sum_{i=1}^{n}(x_{i1} - \bar{x}_1)(x_{i2} - \bar{x}_2)}{\sqrt{\sum_{i=1}^{n}(x_{i1} - \bar{x}_1)^2 \sum_{i=1}^{n}(x_{i2} - \bar{x}_2)^2}} \tag{5.2}$$

Man kann zeigen, dass der Korrelationskoeffizient zwischen -1 und 1 liegt ($-1 \leqslant r \leqslant 1$). Den Standardfehler des Pearson'schen Korrelationkoeffizienten, se_r, berechnet sich als $se_r = \sqrt{\frac{1-r^2}{n-2}}$.

Für den vorliegenden Datensatz ist $r = 0.781$, mit eine Standardfehler von $se_r = 0.133$. Werte nahe 1 und -1 zeigen eine sehr starke (positive bzw. negative) Korrelation an, während Werte um die 0 als korrelationsfrei zu interpretieren sind.

Ob so eine Korrelation signifikant ist ergibt sich aus dem Verhältnis von r und se_r; für unsere Daten ist $r/se_r = 5.86$. Dieses Verhältnis folgt der t-Verteilung (mit $n-2$ Freiheitsgraden, siehe Abschnitt 11.1 auf Seite 188), so dass die Wahrscheinlichkeit der Korrelation berechnet werden kann. In diesem Fall ist die Wahrscheinlichkeit, dass es sich um einen zufälligen Zusammenhang handelt, $p = 6.7 \cdot 10^{-6} \ll 0.05$.

5.1.1 Nicht-parametrische Korrelation

Wenn die Daten sehr schief verteilt sind, dann kommen den hohen Werten ein großes Gewicht zu. D. h., ein paar Ausreißer können die Korrelation der Daten dominieren. Wenn wir dem obigen Datensatz z. B. das Wertepaar $(500, 20)$ hinzufügen, dann ist $r = -0.608, p = 0.001$. D. h. ein einziger Datenpunkt zieht die Korrelation vom positiven ins negative! Da Pearson bei der Herleitung seines r normalverteilte $\mathbf{x}_1$ und $\mathbf{x}_2$ annahm, wurden nicht-parametrische Korrelationen entwickelt, die für nicht-normalverteilte Daten zur Anwendung kommen.[3] Sie sind robust (also durch Ausreißer wenig beeinflusst), extrem wichtig und häufig benutzt.[4]

Der Kerngedanke ist, dass die Daten durch ihre Ränge ersetzt werden und deren Korrelation berechnet wird. Der Rang eines Datenpunktes ist einfach die Position im sortierten Datensatz (von groß nach klein). Aus $(5, 800, 3, 6)$ wird durch Rang-Transformation $(2, 4, 1, 3)$. Offensichtlich werden dadurch Extremwerte „eingefangen".

Die meistgenutzte nicht-parametrische Korrelationskoeffizient ist Spearmans ρ,[5] und er berechnet sich schlicht als Pearsons r der Rang-transformierten Daten. Für unseren Datensatz ist er $\rho = 0.779, p < 0.01$.[6]

Eine unterschätzte Alternative ist Kendalls τ.[7] Dieser berechnet sich wie folgt: Alle Werte der Variablen $\mathbf{x}_1$ und $\mathbf{x}_2$ werden Rang-transformiert. Dann wird nach

[3] Wir können Pearsons r als Index des Zusammenhangs für beliebig verteilte Variablen einsetzen (z. B. Sokal & Rohlf 1995, S. 560). Pearsons Annahme bei der Herleitung soll hier nur motivieren, weshalb es auch nicht-parametrische Korrelationskoeffizienten gibt.

[4] Für die grafische Darstellung behalten wir die Rohdaten bei (Abbildung 5.1)!

[5] ρ heißt „Rho".

[6] Ein Nebeneffekt der Rang-Transformation ist, dass statt eines linearen Zusammenhangs (à la Pearson) jetzt allgemeiner monotone Zusammenhänge als kovariierend erfasst werden (also immer auf- oder absteigend, aber egal um wieviel). Eine Sättigungskurve hätte z. B. einen niedrigen Pearson's r, aber einen hohen Rang-transformierten Spearman's ρ.

[7] τ heißt „Tau".

$\mathbf{x}_1$ sortiert (aufsteigend). Wenn ein Wertepaar (x_{1i}, x_{2i}) größer ist als das vorige Wertepaar $(x_{1(i-1)}, x_{2(i-1)})$, so zählt dies als *koncordant*, andernfalls als *diskordant* (Datenbindungen, *ties*, d. h. gleiche Ränge innerhalb einer Variablen, werden nicht gezählt). Sei K = Anzahl koncordante − Anzahl diskordante Datenpaare. Dann ist $\tau = \frac{2K}{n(n-1)}$. In unserem Beispiel ist $\tau = 0.601, p < 0.001$. Der große Vorteil von Kendalls τ ist, dass er intuitiv interpretierbar ist. Während ein ρ-Wert von 0.4 und 0.8 nur eine stärkere Korrelation für den zweiten Vergleich bedeuten, ist bei entsprechenden Werten von τ die Korrelation tatsächlich doppelt so stark. Leider hat sich Kendalls τ bislang nicht durchgesetzt, trotz besserer mathematischer Eigenschaften und Interpretierbarkeit (Legendre & Legendre 1998, S. 198).

5.1.2 Korrelation mit und zwischen diskreten Variablen

Im Extremfall sind die beiden zu vergleichenden Variablen sehr unterschiedlicher Form, z. B. eine kontinuierliche und eine kategoriale. Ein Beispiel ist die Korrelation zwischen Körpergröße und Geschlecht, erste etwa normalverteilt, letztere Bernoulli-verteilt. Oder die zwischen Raucher/Nichtraucher und männlich/weiblich. Für diese Fälle gibt es ein ganzes Arsenal (klassischer) Assoziationskoeffizienten und -tests.

1. kontinuierlich-dichotom (normal-Bernoulli): biserielle Korrelation (*biserial correlation*)
2. kontinuierlich-polytom (normal-multinomial): polyserielle Korrelation (*polyserial correlation*)
3. dichotom-dichotom (Bernoulli-Bernoulli): Kreuztabelle, χ^2-Test[8]
4. polytom-polytom (multinomial-multinomial): Mehrfelder-Tafel (*contingency table*)

Von allen ist der χ^2-Test der häufigste und einfachste, und er ist im nächsten Abschnit erklärt.[9]

An dieser Stelle ist einzig wichtig zu wissen, dass man für obige Fälle nicht einfach Pearsons oder Spearmans oder Kendalls Korrelationskoeffizient berechnen kann, sondern auf Spezialformeln zurückgreifen muss.

---

[8] Sprich: Chi-Quadrat, engl.: [kai skwähr]

[9] Die meisten dieser Korrelationen können auch mit parametrischen Verfahren bearbeitet werden und sind dann nur Spezialfälle des GLM (das wir in Kapitel 7 kennenlernen werden). Deshalb halte ich es für verwirrend hier eine ganze Armada unzusammenhängender Tests (t-Test, F-Test, Binomialtest (= *Fisher's sign test*), Proportionalitätstest, Wilcoxon *signed-rank*-Test (= Mann-Whitney-U-Test), ...) vorzustellen. Wen dieser Ansatz interessiert, der sei auf Sachs & Hedderich (2009) verwiesen.

5.1.3 Multiple Korrelationen

Wenn wir mehrere Zufallsvariablen gleichzeitig betrachten, z. B. nicht nur die Artenzahlen zweier Artengruppen, sondern derer sieben, können wir alle paarweisen Korrelationen in einer Korrelationsmatrix (häufig **R** genannt) darstellen:

	plants	birds	bees	bugs	carabids	spiders	syrphids
plants	1.000	-0.003	0.197	0.227	-0.007	0.019	0.141
birds	-0.003	1.000	0.229	-0.133	0.055	0.085	0.133
bees	0.197	0.229	1.000	0.616	0.192	0.206	0.204
bugs	0.227	-0.133	0.616	1.000	0.170	0.274	0.580
carabids	-0.007	0.055	0.192	0.170	1.000	0.781	0.140
spiders	0.019	0.085	0.206	0.274	0.781	1.000	0.268
syrphids	0.141	0.133	0.204	0.580	0.140	0.268	1.000

Hier sind die Pearsons r angegeben. Da es egal ist, ob man $\mathbf{x}_1$ mit $\mathbf{x}_2$ oder $\mathbf{x}_2$ mit $\mathbf{x}_1$ korreliert, ist diese Matrix symmetrisch. Die Diagonale, also die Korrelation von $\mathbf{x}_i$ mit $\mathbf{x}_i$, ist immer 1. Die gleiche Matrix für Kendalls τ sieht so aus:

	plants	birds	bees	bugs	carabids	spiders	syrphids
plants	1.000	0.093	0.113	0.165	0.066	0.007	0.132
birds	0.093	1.000	0.015	-0.086	0.056	0.011	-0.037
bees	0.113	0.015	1.000	0.610	0.172	0.231	0.158
bugs	0.165	-0.086	0.610	1.000	0.192	0.281	0.359
carabids	0.066	0.056	0.172	0.192	1.000	0.601	0.074
spiders	0.007	0.011	0.231	0.281	0.601	1.000	0.199
syrphids	0.132	-0.037	0.158	0.359	0.074	0.199	1.000

Von allen $7 \cdot (7-1)/2 = 21$ paarweisen Korrelationen sind nur drei auffällig: Wanzen/Bienen (*bugs/bees*), Wanzen/Schwebfliegen (*bugs/syrphids*) und Spinnen/Laufkäfer (*spider/carabids*).[10] Die Wanzen/Schwebfliegen-Korrelation ist bei Kendalls τ etwas schwächer, aber immer noch signifikant ($p = 0.0158$).

Eine Mischung aus grafischer und statistischer Darstellung ist manchmal sehr informativ (Abbildung 5.2). Diese Informationsladung ist anfangs nur schwer zu interpretieren und für mehr als 10 Variablen kaum mehr aufzulösen. Aber mit der Zeit gewinnt man Erfahrung, auf welche Abweichungen man achten muss. Die Histogramme von Bienen, Spinnen und Schwebfliegen sind z. B. ziemlich rechtsschief. Der *scatterplot* von Spinnen und Laufkäfern ebenso wie der von Bienen und Wanzen sind nicht-linear. In Fällen von Nichtlinearität sind nicht-parametrische Korrelationen zu bevorzugen, solange der Zusammenhang monoton ist (also die Kurve nicht erst hoch geht und dann wieder runter).

[10] Wir übergehen hier das Problem, dass man unvermeidlich Signifikanzen findet, wenn man nur genug Vergleiche macht. Dieses Problem werden wir im Abschnitt 11.2.5 auf Seite 201 genauer betrachten und lösen.

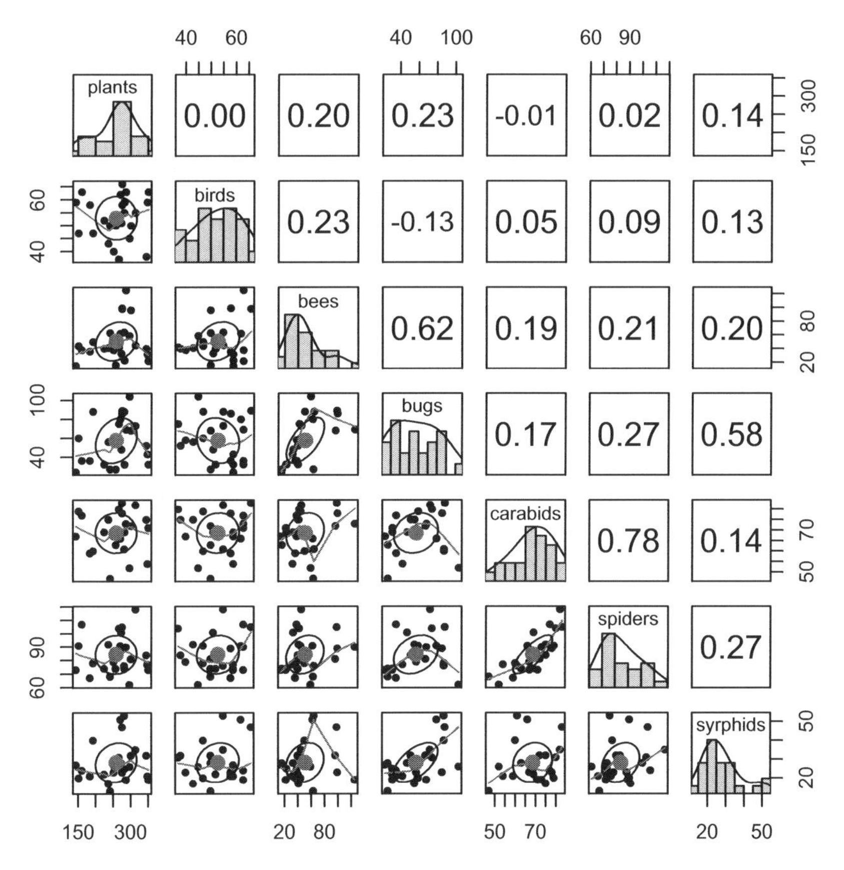

Abb. 5.2: *Scatterplot*-Histogramm-Korrelationsmatrix-Mischung von Artenzahlen. *Oberhalb der Diagonalen* ist Pearsons r angegeben, auf der Diagonalen die Verteilungen der einzelnen Variablen als Histogramm, und unter der Diagonalen befinden sich die jeweiligen *scatterplot* mit gleitendem Durchschnitt und Gesamtmittelwert

5.2 Test auf Assoziation – der χ^2 Test

Daten zweier kategorischer Faktoren lassen sich in einer sog. Kontingenztabelle (auch Kreuztabelle oder 2×2-Tabelle, engl. *contingency table*), zusammenfassen.[11] Im folgenden wollen wir uns anschauen, ob die zwei Faktoren, die diese Tabelle aufbauen, miteinander assoziiert sind.

Hier haben wir beispielsweise das Ergebnis der Befragung einer Gruppe Rentner bezüglich des Zusammenhangs zwischen Rauchen und Geschlecht:

[11] Sowohl der χ^2-Test als auch Fishers Exakter Test werden vornehmlich für 2×2-Tabellen benutzt, sind aber für $2 \times n$-Tabellen definiert.

	Raucher	Nichtraucher
Männer	1	14
Frauen	12	26

oder allgemein:

	A1	A2
B1	a	b
B2	c	d

Nähmen wir an, dass Geschlecht und Rauchen unabhängig voneinander sind, so ließe sich für jede Zelle ein Erwartungswert berechnen, und zwar als Wahrscheinlichkeit das Geschlecht zu besitzen multipliziert mit der Wahrscheinlichkeit zu rauchen (siehe Box S. 42), multipliziert mit der Gesamtanzahl Beobachtungen ($N = a + b + c + d$).

	Raucher	Nichtraucher
Männer	$\frac{(1+14)}{53} \cdot \frac{(1+12)}{53} \cdot 53$	$\frac{(1+14)}{53} \cdot \frac{(14+26)}{53} \cdot 53$
Frauen	$\frac{(1+12)}{53} \cdot \frac{(12+26)}{53} \cdot 53$	$\frac{(12+26)}{53} \cdot \frac{(14+26)}{53} \cdot 53$

bzw. allgemein:

	A1	A2
B1	$\frac{(a+b)\cdot(a+c)}{N}$	$\frac{(a+b)\cdot(b+d)}{N}$
B2	$\frac{(a+c)\cdot(c+d)}{N}$	$\frac{(b+c)\cdot(c+d)}{N}$

Der χ^2**-Test** wird dann wie folgt berechnet:

$$\chi^2 = \sum \frac{(O - E)^2}{E} \tag{5.3}$$

wobei $O =$ *observed* die beobachteten Daten sind, und $E =$ *expected* die erwarteten, errechneten Wahrscheinlichkeiten aus dem zweiten Satz Tabellen. Die erste Zelle ist also $O_1 = a$, $E_1 = \frac{(a+b)\cdot(a+c)}{N}$, und entsprechend ist der erste Summand χ_1^2:

$$\chi_1^2 = \left(a - \frac{(a+b)\cdot(a+c)}{N}\right)^2 / \frac{(a+b)\cdot(a+c)}{N} \tag{5.4}$$

Die entspechende Verteilung, wenig überraschend χ^2-Verteilung genannt, ist in diversen Bücher tabelliert (oder in Statistiksoftware abfragbar).

Im vorliegenden Fall ergibt sich ein Wert von $\chi^2 = 2.385$, was einem p-Wert von 0.1225 entspricht. Bei diesen Daten liegt also kein signifikanter Zusammenhang zwischen Rauchen und Geschlecht vor.

Ein Wort der Vorsicht: Der χ^2-Test darf nur benutzt werden, wenn die Anzahl *erwarteter* Elemente einer Kategorie > 5. Sonst müssen wir auf Fishers Test zurückgreifen, eine Erweiterung des binomialen Tests (= Fishers Vorzeichentest) zum Test von zwei Proportionen (siehe nächstes Kapitel). Da bei so geringen Datenmengen aber der Zufall eine zu große Rolle spielt, können wir erwarten, dass dieser Test sehr konservativ ist und nur in extremen Fällen eine Assoziation erkennen wird.

Kapitel 6

Korrelation und Assoziation in R

We used to think that if we knew one, we knew two, because one and one are two. We are finding that we must learn a great deal more about 'and'.
Arthur S. Eddington

Am Ende dieses Kapitels ...

... kannst Du Korrelationen visualisieren und ihre Stärke mit verschiedenen Maßen quantifizieren können.

... bist Du in der Lage, einen χ^2-Test auf Assoziation zweier kategorialer Variablen durchzuführen, und bei Nichtzutreffen der Annahmen auf Fishers *sign-rank* Test auszuweichen.

In diesem Kapitel beschäftigen wir uns zunächst mit der Korrelation zweier kontinuierlicher Variablen, schlagen dann den Bogen zu kategorialen Variablen und enden mit dem χ^2-Test auf Assoziation.

Zur Visualisierung bietet sich für die Korrelation ein *scatterplot* an (Abbildung 5.1 auf Seite 87):

```
> gv <- read.csv("speciesrichness.csv", row.names=1) names(gv)

[1] "plants"   "birds"    "bees"     "bugs"     "carabids" "spiders"
[7] "syrphids"

> plot(gv$carabids, gv$spiders, las=1, pch=16, cex=1.5, cex.lab=1.5,
+        xlab="Anzahl Laufkäferarten", ylab="Anzahl Spinnenarten")
```

Kovarianzen und Korrelation berechnen sich in R einfach mit den Funktionen `cov` und `cor`, respektive.[1] Diesen übergibt man eine Matrix oder eine rein numerische Tabelle (einen data.frame mit numerischen Werten). Wenn wir auch noch gleichzeitig die Signifikanz der Korrelation berechnet haben wollen, dann benutzen wir dafür die Funktion `cor.test`.

[1] Mit `cov2cor` kann man *schnell* und effizient Kovarianzmatrizen in Korrelationsmatrizen umrechnen.

C.F. Dormann, *Parametrische Statistik*, Statistik und ihre Anwendungen, DOI 10.1007/978-3-642-34786-3_6,

```
> cov(gv$spiders, gv$carabids)

[1] 108.2609

> cor(gv$spiders,gv$ carabids)

[1] 0.7807275

> cor.test(gv$spiders, gv$carabids)

        Pearson's product-moment correlation

data:  gv$spiders and gv$carabids
t = 5.8603, df = 22, p-value = 6.757e-06
alternative hypothesis: true correlation is not equal to 0
95 percent confidence interval:
 0.5508019 0.9005138
sample estimates:
      cor
0.7807275
```

Schauen wir uns diese Ausgabe genauer an: R teilt uns mit, dass es die Pearson-Korrelation r berechnet und zwischen welchen Variablen. Erst in der letzten Zeile bekommen wir den Wert für die Korrelation selbst. Davor wird ein t-Test durchgeführt, um daran zu entscheiden, ob die Korrelation signifikant von 0 unterschiedlich ist. Schließlich erhalten wir noch das 95 %-Konfidenzintervall für r.

Während `cov` und `cor` auch für mehr als zwei Variablen benutzt werden können, erwartet `cor.test` genau zwei Variablen.

Wenn ein Datenwert unbekannt ist (eine Zelle der Tabelle leer bleibt), dann wird dieser in R mit `NA` (für *not available*) bezeichnet. Die Funktionen `cov` und `cor` liefern dann auch einen Wert von `NA`. Schlagen wir also eine Lücke in die Laufkäfer und sehen was passiert:

```
> gv$carabids[5] <- NA
> cor(gv$carabids, gv$spiders)

[1] NA
```

Ein Blick in die Hilfe zu `cor` trägt zur Lösung bei. Das Argument `use` erlaubt eine Spezifikation, wie `cor` mit fehlenden Datenwerten (`NA`s) umgehen soll. Die Grundeinstellung ist `"everything"` und benutzt also alle Daten. Wenn einer davon `NA` ist, wird auch der Wert für die Korrelation `NA`. Wert `"all.obs"` ist equivalent, nur dass statt `NA` ein Fehler gemeldet wird. Interessanter sind `"complete.obs"` und `"pairwise.complete.obs"`. Für die Korrelation von zwei Variablen sind diese gleichwertig: es werden alle Wertepaar eliminiert, bei denen ein Datenpunkt `NA` ist. Bei mehr als zwei Variablen werden mit `"pairwise.complete.obs"` nicht gleich alle Zeilen des Datensatzes entfernt, sondern nur die Wertepaare, für die `NA`s vorliegen. `"pairwise.complete.obs"` ist also grundsätzlich die beste Wahl.

```
> cor(gv$carabids, gv$spiders, use="pairwise.complete.obs")

[1] 0.7801731
```

Der Umgang mit fehlenden Werten (*missing values*) ist in statistischen Analysen grundsätzlich sehr wichtig. Gelegentlich kommen wir auf die Idee, `NA`s einfach durch 0 zu ersetzen. Das ist nahezu immer falsch! Denn 0 ist die Information, dass etwas den Wert 0 hat, nicht, dass es *keinen* Wert hat!

In R ist ein Argument vieler Funktionen der Ausdruck `na.rm=T` (*remove non-available values*). Damit wird üblicherweise jede Zeile der Tabelle, in der ein `NA` für in der Funktion benutzte Variablen steht, von der Berechnung ausgenommen. Weiterhin bestimmt die Option `na.action`, definiert in den R Optionengrundeinstellungen `options("na.action")`, in vielen Funktionen das Verhalten bzgl. fehlender Werte. Hier sind die wichtigsten Einstellungen `na.omit` und `na.exclude`. Letzterer ist dann zu bevorzugen, wenn man den Datenpunkt zwar für die Berechnung ignorieren, aber den Datensatz trotzdem vollständig halten will (etwa für die Berechnung von gefitteten Werten, die bei `na.omit` wegfielen, während sie für `na.exclude` mit `NA` berechnet würden.)

6.1 Nicht-parametrische Korrelation

Neben dem Pearson'schen Korrelationskoeffizienten sind die nicht-parametrischen Varianten von Spearman und Kendall die gängigsten.[2] Sie werden in R alle mit dem gleichen Syntax produziert, aber mit einer Spezifizierung der Methode über das Argument `method="."` in `cor` oder `cor.test`. Während `"pearson"` die Grundeinstellung ist, müssen `spearman` und `kendall` explizit gewählt werden:[3]

```
> gv <- read.csv("speciesrichness.csv", row.names=1)
> cor(gv$carabids, gv$spiders, method="spear")

[1] 0.7792066
```

Den Datensatz haben wir hier neu eingelesen, damit unser mutwillig zerstörter Datenpunkt wieder durch den beobachteten Wert ersetzt wird. Die Option für fehlende Datenpunkte bleibt von der Wahl des Korrelationskoeffizienten unberührt, so dass wir auch einfach `use="pairwise.complete.obs"` hätten benutzen können. Und analog für Kendalls τ:

```
> cor(gv$carabids, gv$spiders, method="ken")

[1] 0.601476
```

[2]Pearsons Korrelation wird als „parametrisch" bezeichnet; die „Parameter" sind hierbei Mittelwert und Standardabweichung (siehe Gleichung 5.2). Pearsons Korrelationskoeffizient impliziert somit, dass die Daten jeweils normalverteilt sind (genauer: gemeinsam einer multivariaten Normalverteilung folgen).

[3]Wir können die Namen so weit abkürzen, dass sie noch eindeutig sind, hier also bis auf einen Buchstaben. Das bezeichnet man in R als *partial matching*.

Analog können wir auch die Signifikanz für diese nicht-parametrischen Korrelationen berechnen:

```
> cor.test(gv$carabids, gv$spiders, method="spear")

        Spearman's rank correlation rho

data:  gv$carabids and gv$spiders
S = 507.8248, p-value = 7.235e-06
alternative hypothesis: true rho is not equal to 0
sample estimates:
      rho
0.7792066

Warning message:
In cor.test.default(gv$carabids, gv$spiders, method = "spear") :
  Cannot compute exact p-values with ties
```

(Siehe Seite 82 zur Erklärung der Warnungsmeldung.) Und analog für Kendalls τ:

```
> cor.test(gv$carabids, gv$spiders, method="ken")

        Kendall's rank correlation tau

data:  gv$carabids and gv$spiders
z = 4.0572, p-value = 4.967e-05
alternative hypothesis: true tau is not equal to 0
sample estimates:
     tau
0.601476

Warning message:
In cor.test.default(gv$carabids, gv$spiders, method = "ken") :
  Cannot compute exact p-value with ties
```

Beide Korrelationstests liefern eine Warnung, dass durch die Datenbindung (*ties*: ein Wert wurde mehrfach gemessen, deshalb haben sie den gleichen Rang) kein exakter p-Wert berechnet werden kann. Mittels der Option `continuity=T` (für *Yates' continuity correction*) kann man den korrigieren lassen.[4]

[4]Oder sich alternativen Implementierung in anderen Paketen zuwenden; etwas `Kendall::Kendall` oder `pspearman::spearman.test`. Der Ausdruck `pkg::fun` bedeutet, dass die Funktion hinter dem `::` im Paket vor dem `::` aufgerufen werden soll.

6.2 Multiple Korrelationen und die Korrelationsmatrix

Wenn wir gleichzeitig mehrere Korrelationen berechnen wollen, dann können wir dies einfach tun, indem wir `cor` eine Matrix oder einen `data.frame` übergeben.[5] Diese dürfen aber nur numerische Werte enthalten!

```
> cor(gv)

               plants        birds      bees       bugs     carabids
plants    1.000000000 -0.003312258 0.1973269  0.2274907 -0.006604945
birds    -0.003312258  1.000000000 0.2285734 -0.1328516  0.054916104
bees      0.197326874  0.228573369 1.0000000  0.6160972  0.191816640
bugs      0.227490668 -0.132851561 0.6160972  1.0000000  0.170281972
carabids -0.006604945  0.054916104 0.1918166  0.1702820  1.000000000
spiders   0.019010181  0.085468814 0.2064895  0.2743538  0.780727493
syrphids  0.140527266  0.132901488 0.2038699  0.5797093  0.139902167
            spiders  syrphids
plants   0.01901018 0.1405273
birds    0.08546881 0.1329015
bees     0.20648952 0.2038699
bugs     0.27435376 0.5797093
carabids 0.78072749 0.1399022
spiders  1.00000000 0.2680577
syrphids 0.26805767 1.0000000
```

Diese Matrix bezeichnet man als Korrelationsmatrix, gelegentlich als **R** bezeichnet. Durch die Wahl der Methode können wird auch die Korrelationsmatrix für Kendalls τ, $\mathbf{R}_\tau$, berechnen.

Da **R** symmetrisch ist, können wir auch die Informationen zweier Korrelationsmatrizen in einer Matrix vereinigen: oberhalb der Diagonalen z. B. Pearsons r, unterhalb[6] Kendalls τ:

```
> R <- cor(gv)
> R_tau <- cor(gv, method="k")
> R[lower.tri(R)] <- R_tau[lower.tri(R_tau)]
> round(R,3)

         plants  birds  bees   bugs carabids spiders syrphids
plants    1.000 -0.003 0.197  0.227   -0.007   0.019    0.141
birds     0.093  1.000 0.229 -0.133    0.055   0.085    0.133
bees      0.113  0.015 1.000  0.616    0.192   0.206    0.204
```

[5]Eine Matrix ist der typische Objekttype für mathematische Operationen in R. Daten liegen meist in Tabellen vor, die auch nicht-numerische Werte enthalten können (etwa Erfasser, Gebiet, Kommentare, usw). Tabellen liegen in R typischerweise als `data.frame`-Objekt vor. Auch beim Einlesen von Dateien (mittels `read.table` u.ä.) entstehen `data.frames`.

[6]Die Einträge unterhalb der Diagonalen einer Matrix werden durch die Funktion `lower.tri` indiziert. Analog gibt es `upper.tri` für die Einträge oberhalb der Diagonalen, sowie `diag` für die Diagonale selbst.

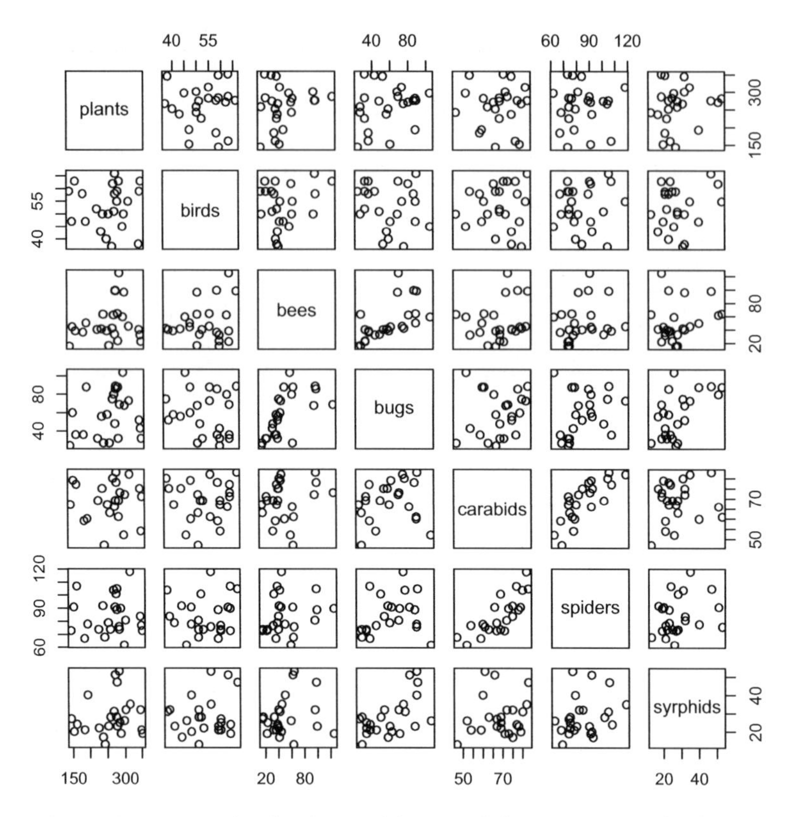

Abb. 6.1: Paarweiser *scatterplot* der Artenzahlen von 7 Artengruppen mittels `pairs`

```
bugs     0.165 -0.086 0.610  1.000    0.170    0.274    0.580
carabids 0.066  0.056 0.172  0.192    1.000    0.781    0.140
spiders  0.007  0.011 0.231  0.281    0.601    1.000    0.268
syrphids 0.132 -0.037 0.158  0.359    0.074    0.199    1.000
```

So eine Gegenüberstellung kann sehr informativ sein, da nicht-lineare Zusammenhänge sich auf Pearsons r deutlich stärker auswirken als auf Kendalls τ. Hier sind sich die beiden Korrelationsmaße sehr ähnlich, was darauf hindeutet, dass die Zusammenhänge überwiegend linear sind.

Schließlich wollen wir natürlich auch noch Korrelationsmatrizen visualisieren. Am einfachsten geschieht dies mit dem `pairs`-Befehl (Abbildung 6.1):

```
> pairs(gv, oma=c(2,2,2,2))
```

Dieser Plot ist quasi die Visualisierung der Korrelationsmatrix. Er ist symmetrisch und nur nützlich, wenn die Anzahl Variablen noch moderat ist. Ab vielen Dutzend Datenpunkten muss man sich andere Formen der Visualisierung einfallen lassen.[7]

[7]Versuche z. B. `image(cor(gv))` Achtung: die Matrix wird um 90° gedreht!

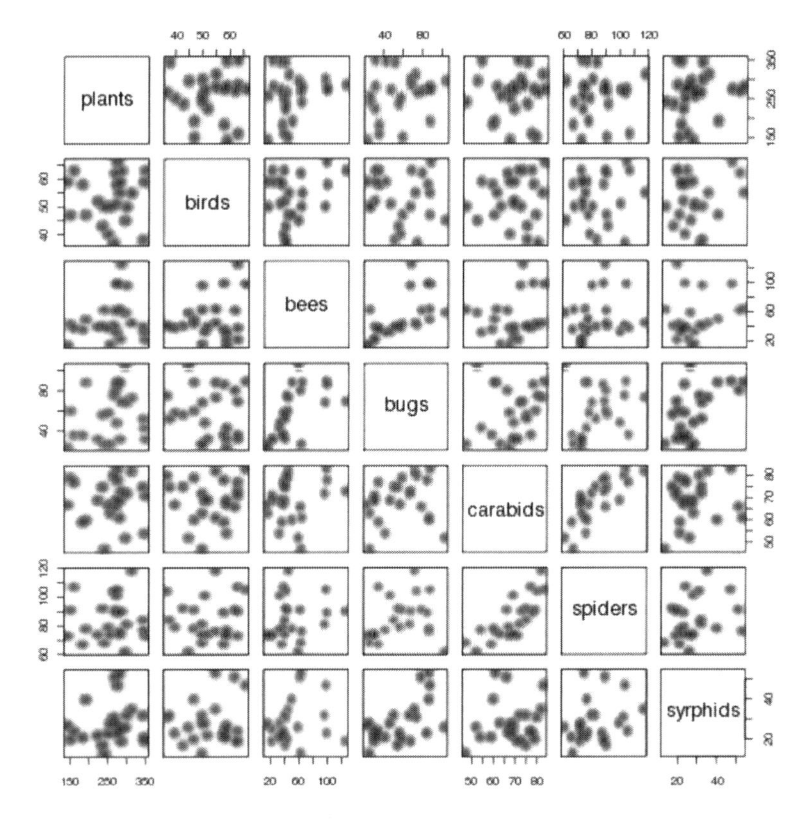

Abb. 6.2: Paarweiser *smooth scatterplot* der Artenzahlen von sieben Artengruppen mittels Kombination von `pairs` mit `smoothScatter`

Wenn die Anzahl Datenpunkt groß wird, dann bietet es sich an, statt aller Punkte nur deren Dichte darstellen zu lassen (Abbildung 6.2). Das geht so:

```
> pairs(gv, panel = function(...) smoothScatter(..., nrpoints=0, add=TRUE),
+         oma=c(2,2,2,2))
```

Achung: Dichteplots sind deutlich aufwändiger zu rechnen und die Dateien wesentlich größer!

Besonders hübsch ist diese Korrelationsmatrix durch die Funktion `pairs.panels` (Paket **psych**) ausgestaltet worden (siehe Abbildung 5.2 auf Seite 91). Der Code ist einfach:

```
> library(psych)
> pairs.panels(gv)
```

6.3 Punktbiseriale und punktpolyseriale Korrelation

Wenn wir die Korrelation zwischen einer kontinuierlichen und einer kategorialen Variablen berechnen wollen, so ist dies mit `cor` bzw. den Ansätzen von Pearson, Spearman und Kendall nicht möglich. Dafür gibt es die punktbiserialen (für zwei Kategorien) bzw. punktpolyserialen (für mehrere Faktorlevel) Korrelationskoeffizienten (*point biserial* bzw. *point polyserial correlation coefficient*).

Der punktbiseriale Korrelationskoeffizient ist definiert als:

$$r_{pb} = \frac{M_1 - M_2}{s_n}\sqrt{\frac{n_1 n_2}{n^2}} = \frac{M_1 - M_2}{s_{n-1}}\sqrt{\frac{n_1 n_2}{n(n-1)}}$$

wobei M_1 und M_2 die Mittelwerte der beiden Gruppen der Größe n_1 und n_2 sind und $n = n_1 + n_2$.

```
> GG <- read.csv("GroesseGeschlecht.csv")
> library(psych)
> biserial(GG$Groesse, GG$Geschlecht)

          [,1]
[1,] 0.6984408
```

Die Funktion `hetcor` im Paket **polycor** erweitert `cor` auf kategoriale Variablen, so dass normale Pearson Korrelationen für kontinuierliche Variablen berechnet werden, aber biseriale für gemischte kontinuierlich-kategoriale.

Nicht-parameterische Varianten gibt es für diese R-Funktion nicht, aber durch eine Rang-Transformation kann man die Spearman-Variante berechnen:

```
> biserial(rank(GG$Groesse), GG$Geschlecht)

          [,1]
[1,] 0.700913
```

Polyseriale (kontinuierlich korreliert mit multilevel kategorial) und polychorische Korrelationen (zwischen mehreren multilevel kategorialen Variablen) sind ebenfalls mittels `polycor::hetcor` oder `psych::polyserial` bzw. `psych::polychoric` möglich.

Keinen dieser z. T. sehr sinnvollen Korrelationskoeffizienten habe ich je in einer ökologischen oder umweltwissenschaftlichen Publikation gesehen. Um zu zeigen, dass so eine heterogene Korrelationsmatrix ausgesprochen sinnvoll sein kann, schauen wir uns den Datensatz zur Titanic-Katastrophe an. Er enthält für 2201 Passagiere Alter, Geschlecht, Buchungsklasse und die Indikatorvariable „Überlebt" (*survived*). Die Korrelationsmatrix zwischen diesen kontinuierlichen, drei-level und binären Variablen berechnen wir mittels `hetcor`:

```
> library(effects)
> data(Titanic)
> hetcor(Titanic, use="pairwise.complete.obs")
```

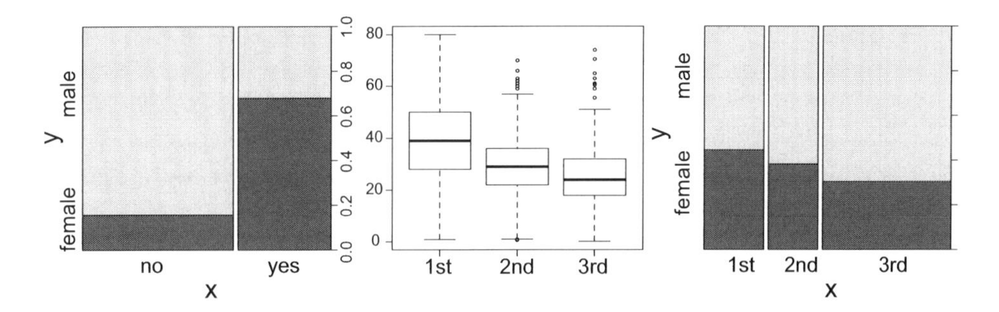

Abb. 6.3: Mosaik- und Boxplots verschiedener Variablen des `effects::Titanic`-Datensatzes. Flächen der Mosaikplots (*rechts* und *links*) sind proportional zur Anzahl Beobachtungen in der jeweiligen Klasse

```
Two-Step Estimates

Correlations/Type of Correlation:
               survived        sex        age passengerClass
survived              1 Polychoric Polyserial     Polychoric
sex             -0.7453          1 Polyserial     Polychoric
age            -0.07005    0.08149          1     Polyserial
passengerClass  -0.4438     0.1853    -0.4533              1

Standard Errors/Numbers of Observations:
               survived     sex     age passengerClass
survived           1309    1309    1046           1309
sex              0.0252    1309    1046           1309
age             0.03896 0.03939    1046           1046
passengerClass   0.0347 0.04045 0.02715           1309

P-values for Tests of Bivariate Normality:
                survived       sex       age
survived
sex                 <NA>
age            0.0005623 0.0007213
passengerClass    0.6122    0.9433 0.0008194
```

Die Ausgabe fällt in drei Teile. Der oberste gibt die Korrelationen an. Oberhalb der Diagonalen steht, um welche Form von Korrelation es sich handelt. Im zweiten Teil sind die Standardfehler und die Anzahl zugrundeliegender Datenpunkte angegeben. Im dritten Teil wird getestet, ob die Annahme der polyserialen bzw. polychorischen Korrelation zutrifft. Vertrauenswürdig sind solche Korrelationen (im ersten Teil), die im dritten Teil *nicht* signifikant sind. Eine einfache Visualisierung (Abbildung 6.3) erhalten wir wie folgt:

```
> par(mfrow=c(1,3), mar=c(4,4,1,1)) # so macht mfrow 3 Plots nebeneinander
> plot(Titanic$survived, Titanic$sex, las=1)
> plot(Titanic$passengerClass, Titanic$age, las=1)
> plot(Titanic$passengerClass, Titanic$sex, las=1)
```

Wir sehen, dass eine wenig überraschende Korrelation zwischen Überleben und Geschlecht besteht („Frauen und Kinder zuerst!"; Abbildung 6.3) sowie zwischen Buchungsklasse und Überleben. Etwas überraschender ist hingegen der negative Zusammenhang zwischen Alter und Buchungsklasse. Offensichtlich konnten sich die Reisenden umso teurere Kabinen leisten, je älter sie waren. Und selbst der Zusammenhang zwischen Geschlecht und Buchungsklasse sieht in der Abbildung noch recht klar aus, obwohl die Korrelation nur 0.185 beträgt.

6.4 Der χ^2-Test mit R

Um den χ^2-Test durchzuführen, müssen die Daten erst in die Form einer 2×2-Matrix gebracht werden. (Die Option `byrow=FALSE` führt dazu, dass die Daten spaltenweise in die Matrix plaziert werden.)

```
> Rauchen <- matrix(c(1, 12, 14, 26), nrow = 2, byrow = FALSE)
> Rauchen

     [,1] [,2]
[1,]    1   14
[2,]   12   26
```

Jetzt können wir den Test durchführen:

```
> chisq.test(Rauchen)

        Pearson's Chi-squared test with Yates' continuity correction

data:  Rauchen
X-squared = 2.3854, df = 1, p-value = 0.1225
```

In diesem Datensatz besteht anscheinend kein Zusammenhang zwischen Geschlecht und Rauchen.

Mit folgendem Befehl kann man R dazu bringen, die Erwartungswerte auszugeben. Diese müssen alle > 5 sein, damit der Test gültig ist.

```
> chisq.test(Rauchen)$expected

         [,1]     [,2]
[1,] 3.679245 11.32075
[2,] 9.320755 28.67925
```

Wir sehen, dass für die erste Eintragung die Anzahl erwarteter Werte kleiner als 5 ist. Entsprechend sollten wir den χ^2-Test nicht benutzen, sondern *Fischer's Exact Test*. Fishers Test als Alternative zum χ^2-Test ist in R auch als solcher implementiert:

```
> fisher.test(Rauchen)

        Fisher's Exact Test for Count Data

data:  Rauchen
p-value = 0.08013
alternative hypothesis: true odds ratio is not equal to 1
95 percent confidence interval:
 0.003387818 1.292748350
sample estimates:
odds ratio
 0.1590004
```

Hier entdecken wir also einen signifikanten Zusammenhang zwischen Geschlecht und Rauchen.

6.5 Übungen

1. Diese Übung beruht auf dem Datensatz von Bolger et al. (1997, `bolger.txt`). Darin haben die Autoren für 25 Habitatfragmente in kalifornischen Schluchten das Vorkommen von Nagetieren (`RODENTSP`, mit den Werten 0 und 1), sowie drei Umweltparameter erhoben.

   Lade die Daten und korreliere Abstand vom nächsten Fragment (`DISTX`) mit Dauer der Isolation (`AGE`). Dann mache eine Korrelation aller Variablen außer `RODENTSP` mit Hilfe der `pairs.panels`-Funktion und zwar für Kendalls τ.

2. In dem inzwischen gut gekannten Datensatz `gutten` (im Paket **FAwR**) gibt es neben `dbh.cm` noch die interessanten Variablen `age.base`, `height` und `volume`.

   Fertige einen Korrelationsplot für diese vier Variablen an. Berechne dann die Korrelation nach Pearson und Kendall. Bei welchen Variablen liegen diese beiden Korrelation weit auseinander? Woran liegt das (siehe Deine Korrelationsplots)?

3. Bitte 30 FreundInnen/KommilitonInnen die Zuge zu rollen (zu einer Rinne). Trage die Anzahl derer, die dies können, gegen das Geschlecht in R in eine Matrix ein.

   Führe einen χ^2-Test durch, prüfe die Annahme (Erwartungswert $>$ 5 pro Zelle) und benutze zusätzlich den Fisher-Test als robuste Alternative.

Kapitel 7
Regression – Teil I

The purpose of computing is insight, not numbers.
Richard W. Hamming

Am Ende dieses (langen) Kapitels ...

... ist Dir der Unterschied zwischen Korrelation und Regression klar. Speziell wirst Du erkannt haben, dass es bei Regressionen immer ein x und ein y gibt, also eine Variable, die bestimmt, und eine die reagiert; einen Prädiktor und eine Antwort; eine erklärende und eine abhängige Variable. Die abhängige Variable wird in Abbildungen immer auf der y-Achse dargestellt.

... kannst Du den Sinn der *link*-Funktion erklären und hast Dir für Normal-, Poisson- und Binomialverteilung die dazugehörigen *link*-Funktionen gemerkt. Daneben kannst Du zwischen Messwerten auf der *response*-Skala und Modellkoeffizienten auf der *link*-Skala hin- und her-transformieren.

... weißt Du, dass ein *dummy* ausgesprochen klever sein kann.

... hast Du den χ^2-Test als wichtigen Spezialfall des GLMs erlernt.

7.1 Regression

Die Regression ist eine Einschränkung der Korrelation. Sie impliziert eine gerichtete Abhängigkeit zwischen den zwei Parametern: $\mathbf{x}$ beeinflusst $\mathbf{y}$, aber nicht anders herum. Deshalb spricht man auch von $\mathbf{x}$ als der *unabhängigen* Variablen (oder Prädiktor; *independent variable* oder *predictor variable*) und $\mathbf{y}$ als der abhängigen Variablen (*independent variable* oder *response variable*). Eine typische Schreibweise für diesen gerichteten Zusammenhang ist $\mathbf{y} \sim \mathbf{x}$ oder $\mathbf{y} = f(\mathbf{x})$. Beides bedeutet, dass $\mathbf{y}$ eine Funktion von $\mathbf{x}$ ist.

C.F. Dormann, *Parametrische Statistik*, Statistik und ihre Anwendungen,
DOI 10.1007/978-3-642-34786-3_7,

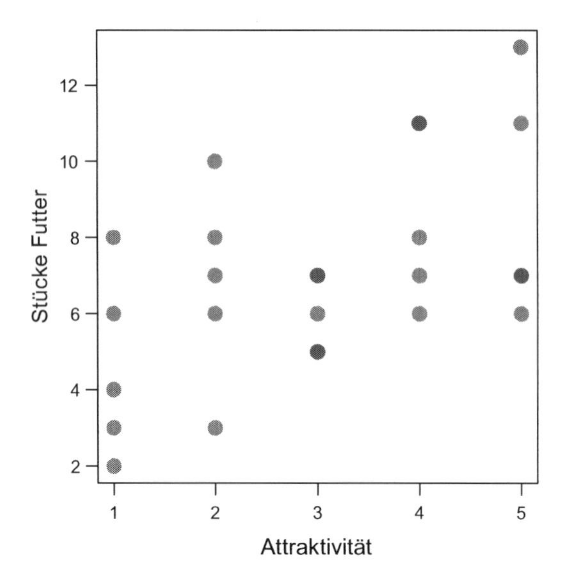

Abb. 7.1: *Scatterplot* der Provisionierung (Stücke Futter pro Stunde) in Abhängigkeit von der Attraktivität männlicher Halsbandschnäpper. *Dunklere Punkte* deuten an, dass hier Datenpunkte übereinander liegen

7.1.1 Regression: ein Verteilungsparameter variiert mit dem Prädiktor

Im Kapitel 3 haben wir uns angeschaut, wie eine Verteilung an eine Zufallsvariable gefittet werden kann. Die Verteilungsparameter waren dabei für den Datensatz konstant. Bei der Regression machen wir jetzt einen entscheidenden Schritt: ein Verteilungsparameter variiert mit dem Prädiktor!

Nehmen wir einen Datensatz als Beispiel (Abbildung 7.1). Für 25 männliche Halsbandschnäpper (eine Vogelart) wurde beobachtet, wieviel Stückchen Futter sie pro Stunde ans Nest liefern. Zudem wurde die Symmetrie und Stärke der Gefiederfärbung als Attraktivität bewertet. Gemäß Darwins Theorie der Sexuellen Selektion sollten Weibchen die Männchen nur dann nach Attraktivität auswählen, wenn attraktivere Männchen auch besser Väter sind, sprich mehr Nahrung heranbringen (und dadurch die *fitness* der Mütter erhöhen, also die Anzahl überlebender Nachkommen).[1] Wir sehen, dass tatsächlich attraktivere Männchen besser Väter sind.[2]

Wir können uns jetzt die Daten zu jedem der fünf verschiedenen Attraktivitätswerte als eine Stichprobe vorstellen. Der Mittelwert dieser Stichprobe nimmt von links nach rechts zu: 4.6, 6.8, 6.0, 8.6, 8.8. In anderen Worten: Der Mittelwert der Stichprobe ist eine Funktion der unabhängigen Variable „Attraktivität“. Wir neh-

[1]Tatsächlich kann man durch bunte Beinringe die Attraktivität von Männchen manipulieren und dadurch die Hypothese direkt testen.

[2]Es bleibt dem Leser überlassen, ob er eine Übertragung dieser erfundenen Daten auf den Menschen für sinnvoll hält.

men an, dass diese Stichprobe eine Zufallsvariable aus der Poisson-Verteilung aller möglichen Futterversorgungen ist. Oder, in anderen Worten, wir nehmen an, dass die beobachteten Daten einer Poisson-Verteilung entstammen.

Wir fitten also wie gehabt eine Verteilung an diese Daten, lassen dabei aber den Parameter λ der Poisson-Verteilung mit der Attraktivität zunehmen: $\lambda = a\mathbf{x} + b = a \cdot \textbf{Attraktivität} + b$. In Anlehnung an die Beschreibung von Verteilungen im Kapitel 3 schreiben wir allgemein:

$$\mathbf{y} \sim \mathrm{Pois}(- = a\mathbf{x} + b)$$

bzw. für diesen Fall:

$$\textbf{Stücke} \sim \mathrm{Pois}(\lambda = a \cdot \textbf{Attraktivität} + b).$$

Man sagt: „y ist Poisson-verteilt, wobei λ eine lineare Funktion von x ist."

Natürlich muss dieser Zusammenhang nicht linear sein, und die Verteilung nicht eine Poisson-Verteilung. Dies ist sozusagen der einfachst mögliche Fall. Wäre unsere Abhängige y z. B. negativ binomial verteilt, und nicht etwa der Mittelwert k sondern der Klumpungsparameter θ parabolisch abhängig von x, so schrieben wir:

$$\mathbf{y} \sim \mathit{NegBin}(k, \theta = a\mathbf{x} + b\mathbf{x}^2 + c)\,.$$

Auch muss x keine kontinuierliche Variablen sein, sondern kann auch als Faktor vorliegen. Ein Fall mag z. B. die pH-Wert von Fliessgewässern in Deutschland, der Schweiz und Frankreich sein. Der Prädiktor ist hier ein Faktor (Land) mit drei Ausprägungen (*level*: D, CH, F). Wenn der pH-Wert normalverteilt wäre und der Faktor Land nur den Mittelwert beeinflusst, dann könnten wir schreiben:[3]

$$\textbf{pH} \sim N(\mu = a + b \cdot \mathbf{D} + c \cdot \mathbf{CH} + d \cdot \mathbf{F}, \sigma)\,,$$

wobei D, CH und F dann drei sogenannte Indikatoren sind, die immer 0 sind, außer wenn der Datenpunkt aus D, CH bzw. F kommt. Ein paar Beispielzeilen eines solchen Datensatzes sähen etwa so aus:

```
Land.CH Land.D Land.F  pH
      0      1      0 5.6
      1      0      0 6.1
```

Die erste Zeile stammt aus Deutschland, die zweite aus der Schweiz. Der Wert für a ist dann der Gesamtmittelwert aller drei Länder, während b, c und d die Abweichung von diesem Gesamtmittelwert darstellen. Wäre der pH-Wert also in Frankreich im Mittel höher als a, dann wäre $d > 0$. Allgemein kann man sagen:

[3]Diese Formel ist didaktisch so gewählt. Tatsächlich wird etwas anderes gefittet (siehe nächstes Kapitel), da wir sonst vier Parameter für drei Kategorien hätten, was nicht eindeutig definiert ist. Hier geht es nur darum zu verdeutlichen, dass y eine Funktion von kategorialen Prädiktoren sein kann.

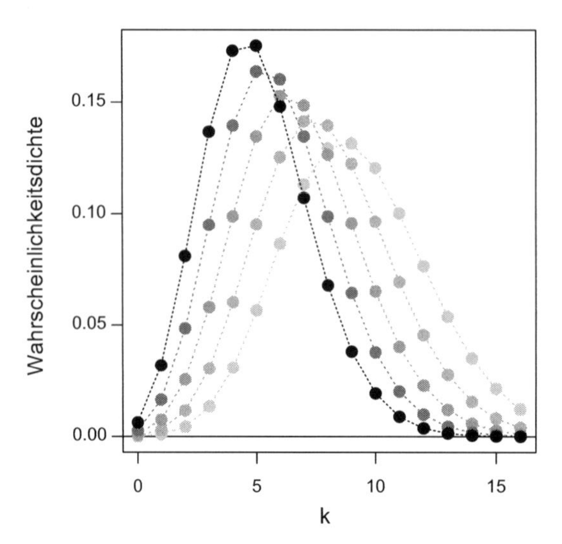

Abb. 7.2: Veränderung der gefitteten Poisson-Verteilungen mit der Attraktivität. Angegeben ist die Anzahl Futterstücke (k) pro Stunde, die für verschiedene Attraktivitäten (von *schwarz*=1 bis *hellstgrau*=5) zu erwarten ist

Eine Regression beschreibt quantitativ den Zusammenhang zwischen einer (oder mehr) unabhängigen Variablen (auch: Prädiktor) und einer abhängigen Variablen (Antwortvariable). Dabei bestimmt der Prädiktor einen Parameter der angenommenen Verteilung der Antwortvariablen.

Erfahungsgemäß bereitet dieser eigentlich recht einfache Gedanke immer wieder Schwierigkeiten. Das Problem scheint zu sein, dass es schwer ist sich vorzustellen, dass jeder gemessene Datenpunkt eine zufällige Ziehung aus einer variablen Verteilung ist. Bei dem Schnäpperbeispiel verändert sich die Poisson-Verteilung der Futterstücke wie z. B. in Abbildung 7.2 dargestellt. Für Attraktivität 1 würden wir also 4 oder 5 Futterstücke pro Stunde erwarten, maximal aber vielleicht bis 13 hinauf. Für Attraktivität 5 (hellgrau) liegt der Erwartungswert um die 9, und auch Werte über 15 Futterstücke pro Stunde wären noch plausibel.

Bevor wir diese Regression tatsächlich berechnen, müssen wir uns noch vergegenwärtigen, dass für Attraktivität 1 die *Abweichungen* nach unten sehr begrenzt sind (so um die 4 bis 5) und nach oben deutlich größer (so um die 7 bis 8). Entsprechend sollte ein Regressionslinie für diese Daten auch nicht durch die Mitte der gemessenen Werte laufen, sondern leicht unterhalb davon. Bei Attraktivität 5 ist die Poisson-Verteilung schon ziemlich symmetrisch, und die Regressionslinie sollte entsprechend mitten durch die Werte gehen.

7.1.2 Regression und *maximum likelihood*

Verteilungen haben wir in Kapitel 3 mittels *maximum likelihood* gefittet. Auch wenn Verteilungsparameter nun durch eine andere Variable mitbestimmt werden, benutzen wir den gleichen Ansatz.[4]

Die Wahrscheinlichkeitsdichte jedes beobachteten Werts y_i ist abhängig von $\lambda = ax_i + b$. Unter der Annahme, dass die Daten Poisson-verteilt sind setzen wir für einen Wert y_i einfach in Gleichung 3.10 auf Seite 50 ein:

$$L(y_i) = \frac{\lambda^{x_i}}{x_i!e^{\lambda}} = \frac{(ax_i + b)^{x_i}}{x_i!e^{(ax_i+b)}}$$

Nehmen wir unseren ersten Schnäpperdatenpunkt: Attraktivität = 1, Stücke = 3. Für angenommene Werte von $a = 4$ und $b = 1$ ergibt sich somit eine *likelihood* von

$$P(k = y_i|\lambda = a + b \cdot x_i) = P(k = 3|\lambda = 4 + 1 \cdot 1) = \frac{(4 + 1 \cdot 1)^3}{3!e^{4+1\cdot 1}} = \frac{125}{3 \cdot 148.4} = 0.140$$

Das heißt, der beobachtete Wert hat eine Wahrscheinlichkeit von 0.14. So können wir das für alle beobachteten Wertepaare (y_i, x_i) berechnen, die Werte logarithmieren und aufsummieren, um die log-*likelihood* zu erhalten. Diese maximieren wir durch geschicktes Ausprobieren unterschiedlicher Werte für a und b.

Anstelle von bislang einem Parameter (λ) müssen wir nun zwei Parameter (a und b) optimieren. Der analytische Ansatz fällt deshalb häufig schnell weg und wir lösen diese Aufgabe numerisch. Jede vernünftige Statistiksoftware stellt entweder einen Optimierungsalgorithmus dafür zur Verfügung oder hat diesen bereits für diese Art von Problemen implementiert.

Für das konkrete Beispiel finden wir als Parameter $a = 3.864$ und $b = 1.032$. Mit diesen Werten können wir eine *maximum likelihood*-Gerade durch die Datenpunkte legen (Abbildung 7.3).

7.1.3 Die andere Skala und die *link*-Funktion

Die graue Gerade in Abbildung 7.3 hat einen Schönheitsfehler: Sie wird bei $x = -3.864/1.032 = -3.74$ negativ. In unserem Fall, in dem auch die Attraktivität nicht negativ werden kann, ist das kein Problem. Wenn wir aber einen Prädiktor haben, der Werte unterhalb des gefitteten Bereichs annehmen kann, rutschen uns die gefitteten y-Werte schnell unter 0. Das ist aber bei einer Poisson-Verteilung nicht möglich. Beim Fitten würden wir für Werte < -3.74 nicht-definierte Werte erhalten – und eine Fehlermeldung seitens der Software.

Deshalb hat man sich ausgedacht, dass zu jeder Verteilung auch noch eine sogenannte *link*-Funktion $g(y)$ gehört. Diese *link*-Funktion stellt sicher, dass vorhergesagte $\hat{y}$-Werte weiterhin verteilungskonform sind. Die typische *link*-Funktion einer

[4]An dieser Stelle wird in Statistikbüchern typischerweise die Methode der kleinsten Quadrate eingeführt. Da sie aus der Annahme der Normalverteilung abgeleitet ist und somit als *maximum likelihood*-Methode auch nur für diese gilt, werden wir darauf verzichten. Unser logisches Rahmenwerk sind Verteilungen und *maximum likelihood*.

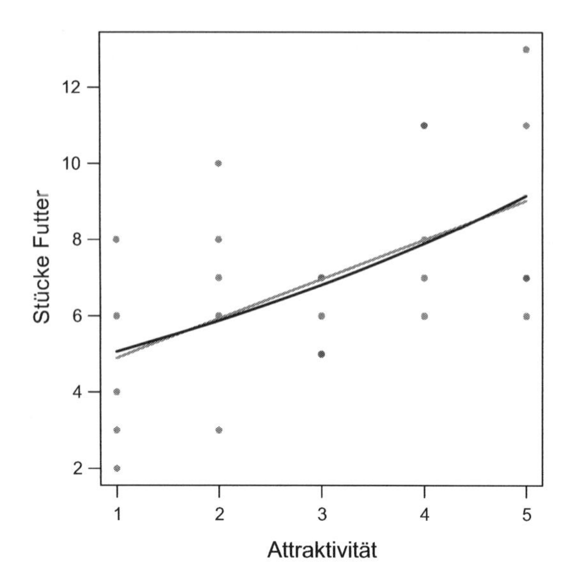

Abb. 7.3: Der Schnäpperdatensatz mit gefitteter Geraden (*grau*) bzw. Exponentialfunktion (*schwarz*)

Tab. 7.1: Verteilungen und ihre typischen (kanonischen) *link*-Funktionen. Fürs Fitten wird statt der Funktion (z. B. $f(x) = ax + b$) dann die Umkehrfunktion der *link*-Funktion benutzt: $g(f(x))$

Verteilung	kanonische *link*-Funktion	Umkehrfunktion	Varianzfunktion
normal	Identität ($y' = y$)	$g(f(x)) = f(x)$	1
Poisson	log ($y' = \ln(y)$)	$g(f(x)) = e^{f(x)}$	$\hat{y}$
binomial	logit $\left(y' = \ln(\frac{y}{1-y})\right)$	$g(f(x)) = \frac{e^{f(x)}}{1+e^{f(x)}}$	$\hat{y}(1 - \hat{y})$
γ	invers ($y' = 1/y$)	$g(f(x)) = 1/f(x)$	$\hat{y}^2$
negativ binomial	log ($y' = \ln(y)$)	$g(f(x)) = e^{f(x)}$	$\hat{y}/(1 - \hat{y})^2$

Verteilung (quasi die Grundeinstellung für die Analyse) nennt man deren „kanonische“ *link*-Funktion.

Was macht die *link*-Funktion denn nun genau? Kurz gesagt, sie verändert die Form des Zusammenhangs zwischen Prädiktor und Antwortvariable (siehe Abbildung 7.4). Aus einem linearen Zusammenhang ($y = ax + b$) wird durch den log-*link* ein exponentieller, durch den logit-*link* ein sigmoidaler und durch den inversen *link* eine Hyperbel (siehe Tabelle 7.1).

Zur *link*-Funktion gehört sowohl die Art der Modellierung des Mittelwerts als auch der Varianz. Die in Tabelle 7.1 zusammengestellten Verteilungen gehören alle zur sog. exponentiellen Verteilungsfamilie (mit Ausnahme der negativ Binomialverteilung). Bei dieser Familie ist die Varianz eine Funktion des Mittelwerts (siehe letzte Spalte).

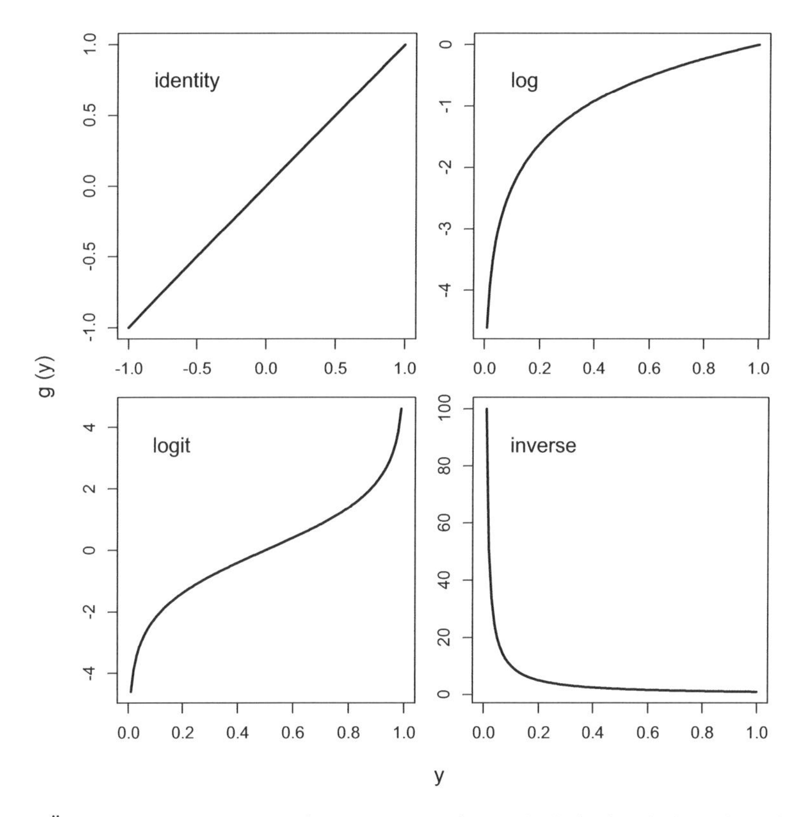

Abb. 7.4: Übliche *link*-Funktionen für GLMs. a) *identity link*, b) *log link*, c) *logit link* und d) *inverse link*. Der Wert auf der x-Achse entspricht unseren Messwerten, die Werte auf der y-Achse denen auf der *link* Skala

Vier verschieden *link*-Funktionen sind allgemein gebräuchlich (Tabelle 7.1), und sie seien hier beschrieben. Die Formen dieser *link*-Funktionen sind in Abbildung 7.4 dargestellt. Die folgende Beschreibung ist etwas holprig. Das liegt daran, dass wir im Wesentlichen sagen wollen: Die beobachteten Werte werden auf der *link scale* modelliert. Das wiederum kann man nur verstehen, wenn man es schon weiß. Deshalb folgt hier der Versuch, mit ungelenken Worten das 'Phänomen' der *link scale* zu umschreiben.

Die Normalverteilung ist der einfachste Fall. Hier werden die Daten genauso gefittet, wie sie erhoben wurden.

Für Verteilungen, die im Intervall $[0, \infty)$ definiert sind (Poisson, negativ binomial, lognormal), ist der Logarithmus die übliche *link*-Funktion.

Für die Binomialverteilung (nebst Spezialfall Bernoulli) müssen die Werte zwischen 0 und 1 liegen. Die logit-Funktion stellt dies sicher: Für jeden Wert von $f(x) \in (-\infty, \infty)$ ist $g(f(x)) \in (0, 1)$. Tatsächlich erreicht $g(x)$ 0 und 1 nur asymptotisch.

Für die γ-Verteilung sorgt die Invertierung häufig für Verwirrung. Denn jetzt werden aus großen y-Werten kleine y'-Werte. Alles eine Frage der Gewöhnung.

Die *link*-Funktionen darf man sich nicht als Transformation der Antwort y vorstellen, sondern als Transformation des Zusammenhangs. Wenn unsere Daten z. B. 0/1-verteilt sind (etwa: lebend/tot; männlich/weiblich; rot/blau), dann kann man diese nicht durch Transformation in Werte zwischen $-\infty$ und ∞ verwandeln. Stattdessen wird die Umkehrfunktion gefittet. Es gilt dann, etwa für Bernoulli-Daten:

$$\mathbf{y} \sim \text{Bern}\left(p = \frac{e^{ax+b}}{1 + e^{ax+b}}\right).$$

Wir sagen: Wir fitten die Daten auf der *link scale*.

Entsprechend sind die Werte für a und b auch auf der *link scale* gefittet!

Und wenn wir mit einem solchen Modell Werte für neue Werte von x berechnen, dann müssen wir sie nachher auf die *response scale* zurücktransformieren.[5]

Als wir vorhin unsere Schnäpperdaten gefittet haben, da haben wir als *link*-Funktion die Identität benutzt, statt des „kanonischen" Logarithmus. Analysieren wir die Daten also nochmal mit dem „üblichen" Prozedere:

$$\textbf{Stücke} \sim \text{Pois}\left(\lambda = e^{a \cdot \textbf{Attraktivität} + b}\right).$$

Das Ergebniss ist eine Exponentialfunktion (Abbildung 7.3, schwarze Linie), mit $a = 1.47$ und $b = 0.148$. Diese Parameterschätzer sind auf der *link scale*! Umgerechnet auf die normale *response scale* ist der Unterschied zwischen Gerade und Exponentialfunktion in diesem Fall sehr gering.

Es ist inzwischen ziemlich üblich geworden, die Abbildungen auf der *link scale* zu produzieren, in diesem Fall also mit logarithmierter y-Achse. Dort ist dann die gefittete Funktion $f(x)$ linear (siehe Abbildung 7.5). Die *response scale* wirkt natürlicher, da wir dort die Daten erhoben haben. Liegt der Schwerpunkt der Aussage auf dem statistischen Modell, dann ist aber die *link scale* angemessen, da dadurch deutlich wird, welche Form das gefittete Modell hat. Denn tatsächlich haben wir gerade ein *lineares* Modell gefittet.

Regressionen, bei denen die Verteilung wählbar und auf der *link*-Skala linear ist, nennen wir verallgemeinertes lineares Modell (*generalised linear model*, GLM).[6] Traditionell bezeichnen viele Lehrbücher nur die Regression für normalverteilte Daten als Regression (im engeren Sinn). GLMs für Poisson-verteilte Daten nennen diese Quellen entsprechend „Poisson-Regression" (oder engl.: *log-linear model*, was der *link*-Funktion Rechnung trägt), während das binomiale Regressionsmodell als „logistische Regression" (engl.: *logistic regression*) bezeichnet wird.

---

[5] Ja, dies ist eine Transformation!

[6] Die „Verallgemeinerung" besteht darin, dass eben verschiedene Verteilungen genutzt werden können.

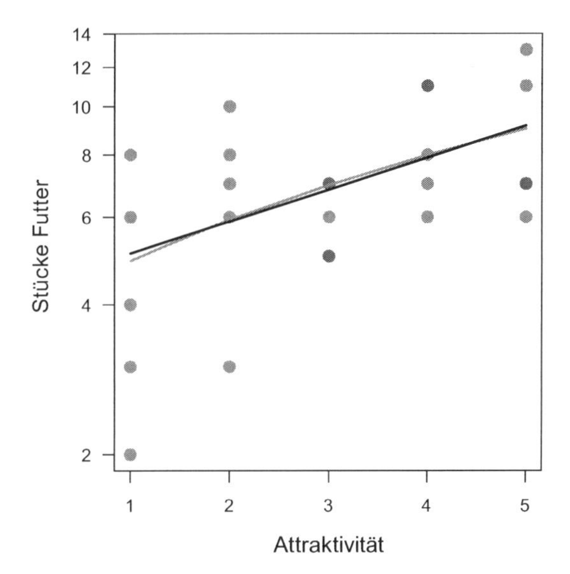

Abb. 7.5: Der Schnäpperdatensatz mit gefitteter Geraden (*grau*) bzw. Exponentialfunktion (*schwarz*), diesmal mit logarithmierter y-Achse (also auf der *link scale*). Dadurch wird die Gerade krumm, und die Exponentialfunktion gerade!

7.2 Kategoriale Prädiktoren

Bislang haben wir so getan, als wäre es egal, wie die Prädiktoren aussehen. Der Ausdruck *Regression* suggeriert üblicherweise, dass der Prädiktor kontinuierlich ist. Wenn unsere erklärende Variable aber zum Beispiel das Geschlecht ist, oder Tag/Nacht oder gar der Wochentag, dann haben wir kategoriale Prädiktoren. Grundsätzlich ändert das nichts am Prinzip der gerade vorgestellten Regression. Allein für die Interpretation ergeben sich schon deutliche Veränderungen.

7.2.1 Ein kategorialer Prädiktor mit zwei Leveln

Beginnen wir mit einem kategorialen Prädiktor, auch *Faktor* genannt, mit zwei möglichen Werten: Mann und Frau. Von jeweils 50 Männern und Frauen wurde die Größe gemessen (Abbildung 7.6). Wenn wir jetzt eine Regression durchführen, so erhalten wir einen y-Achsenabschnitt und eine Steigung. Der y-Achsenabschnitt entspricht dem Mittelwert der einen Gruppe, die Steigung dem Unterschied zur nächsten Gruppe. Üblicherweise wird der alphanumerisch erste Faktorlevel (hier: `Frau`) als Vergleichsgruppe genommen.

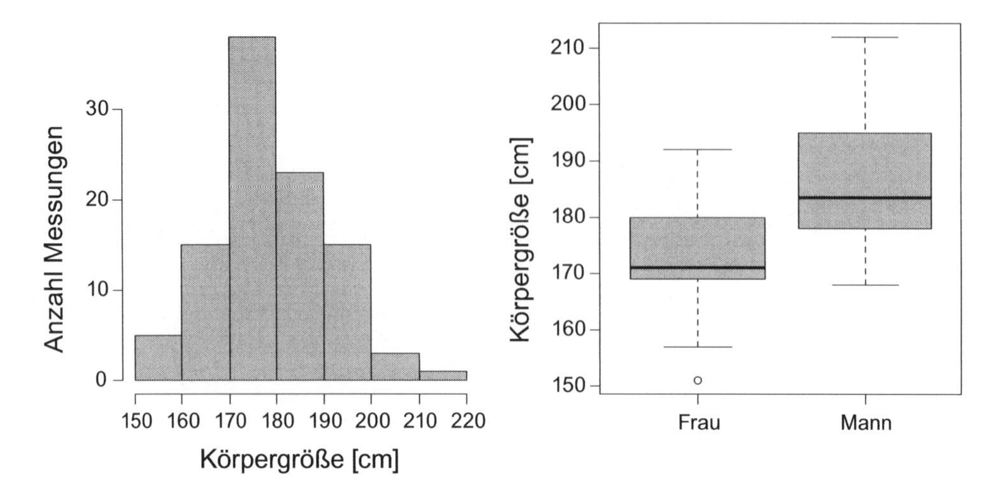

Abb. 7.6: Histogramm der Größe von 50 Männern und 50 Frauen: kein Größenunterschied zwischen den Geschlechtern? Im Boxplot sieht es dann doch so aus als wären Männer größer

```
Coefficients:
              Estimate Std. Error t value Pr(>|t|)
(Intercept)    173.140      1.363 127.036  < 2e-16 ***
GeschlechtMann  12.900      1.927   6.693 1.37e-09 ***
---
Signif. codes:  0 '***' 0.001 '**' 0.01 '*' 0.05 '.' 0.1 ' ' 1
```

Wir sehen, dass Frauen in unserer Stichprobe im Mittel 173 cm groß sind und Männer 13 cm größer. In diesem einfachen Fall (nur zwei Faktorlevel) ist der Signifikanztest für die „Steigung" `GeschlechtMann` auch der Test für Unterschiede zwischen den Geschlechtern.

Wieso ist das eine Regression? Wo ist da die Steigung und wenn es sie gibt, welche x-Werte hat den der Faktorlevel `Frau` bzw. `Mann`?

Einfach gesagt, kodiert jede Statistiksoftware Faktoren intern um. Aus einer Spalte `F M F M M M F F M` wird intern `0 1 0 1 1 1 0 0 1`, mit der zusätzlichen Information (= Attribut), dass `0=F` und `1=M`. In unserem Beispiel bekommen somit alle Frauen den x-Wert 0 zugeordnet und alle Männer den x-Wert 1.[7] Jetzt ist es klar, dass wir eine Regression rechnen können (Abbildung 7.7). Die Steigung entspricht dem Faktor, der auf den x-Wert multipliziert wird ($y = ax + b$). Der y-Wert für Faktorlevel `M` ist also 173.1 (= y-Achsenabschnitt) + $12.9 \cdot 1 = 186.0$.

[7]Dies soll kein Sexismus sein. Man kann die Kategorie auch umbennen und umsortieren. Es ist eigentlich noch verwirrender, weil diese sog. „Faktorlevel" intern tatsächlich häufig 1 und 2 heißen, aber dann *nochmals* bei der Berechnung in 0 und 1 umkodiert werden.

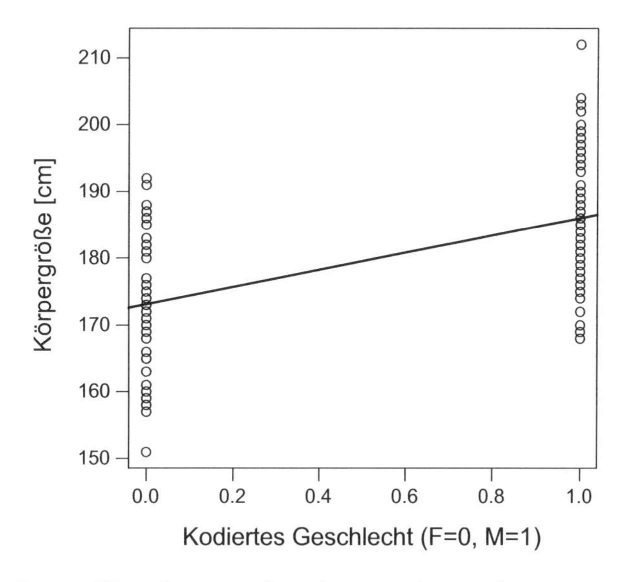

Abb. 7.7: Die Körpergrößen als *scatterplot* mit Regressiongeraden. Der y-Achsenabschnitt entspricht offensichtlich dem Mittelwert für Level `F=0`

Diese Rechnung entspricht dem einfachen Vergleich zweier normalverteilter Stichproben. Wir haben ihn hier mittels des Regression kennengelernt, die wir über *maximum likelihood* an unsere Daten gefittet haben. Traditionell wird genau dieser Test als t-Test bezeichnet und hat eine andere Herleitung. Da der t-Test immer wieder auftauchen wird, praktisch in jeder Regression, und vielen, vielen Signifikanztests zugrundeliegt, sei ihm ein eigener Abschnitt gewidmet (Abschnitt 11.1 auf Seite 188). Grundsätzlich ist er aber nichts besonderes und nur eine Spezialform der Regression.

7.2.2 Ein kategorialer Prädiktor mit mehr als zwei Leveln

Wenn unser Prädiktor mehr als zwei Level hat, so ändert sich grundsätzlich wenig gegenüber dem vorigen Abschnitt. Allerdings wird mit einem Trick aus einer Variablen mit mehreren Leveln mehrere Variablen mit jeweils 2 Leveln gemacht. Diese neuen Variablen nennt man *dummies*.[8]

[8]Ein *dummy* ist bis heute im britischen Englisch eine menschenähnliche Puppe, wie sie in Schaufenstern, beim Schneider oder beim Auffahrtest vom TÜV eingesetzt wird. Das *dummy* steht also anstelle des Menschen für Tests zur Verfügung. Genauso steht eine *dummy*-Variable anstelle der einzelnen Faktorlevel für die Berechnung einer Regression zur Verfügung. Im amerikanischen Englisch hat *dummy* zusätzlich die dem Deutschen entlehnte Bedeutung des Dummis, des Dummkopfs. Diese ist hier nicht gemeint.

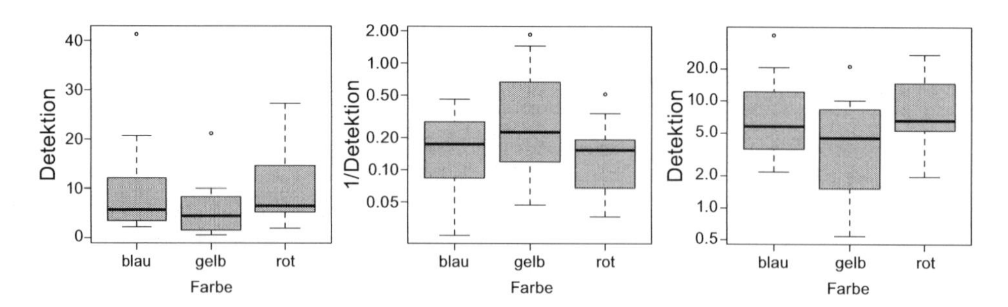

Abb. 7.8: Wartezeit bis zur Detektion dreier Farbvarianten einer Schmetterlingsart durch Vögel (in s), auf der normalen (*links*), der inversen (*Mitte*) und der logarithmierten Skala (*rechts*)

Aus dem Datensatz

```
Farbe
  rot
 gelb
 blau
 blau
  rot
  ...
```

wird

```
Farberot Farbegelb Farbeblau
       1         0         0
       0         1         0
       0         0         1
       0         0         1
       1         0         0
...
```

mit den *dummy*-Variablen `Farberot`, `Farbegelb` und `Farbeblau`. Diese werden wieder alphanumerisch geordnet und im GLM verrechnet. Statt einer erklärenden Variablen haben wir auf einmal drei!

Für drei Farbvarianten einer Schmetterlingsart haben wir in einer Voliere gemessen, wie lange es dauert, bis die Vögel dort den Schmetterling wahrnehmen und fressen. Offensichtlich ist gelb eine etwas auffälligere Farbe (Abbildung 7.8). Wartezeiten sind meist sehr schief verteilt und werden häufig mittels der γ-Verteilung analysiert. Die typische *link*-Funktion ist dann die inverse (siehe Tabelle 7.1). Andererseits sehen die Daten logarithmiert ziemlich normalverteilt aus (Abbildung 7.8 rechts), weshalb man auch diesen Weg gehen könnte.

In der Modellausgabe sehen wir einen Faktorlevel als y-Achsenabschnitt (`Farbeblau`) und die anderen als Steigungen. Zunächst das GLM mit γ-Verteilung:

```
Coefficients:
             Estimate Std. Error t value Pr(>|t|)
(Intercept)  0.106587   0.020837   5.115 3.82e-06 ***
Farbegelb    0.072080   0.040671   1.772   0.0817 .
Farberot    -0.009871   0.028136  -0.351   0.7270
---
Signif. codes:  0 '***' 0.001 '**' 0.01 '*' 0.05 '.' 0.1 ' ' 1

    Null deviance: 43.838  on 59  degrees of freedom
Residual deviance: 39.767  on 57  degrees of freedom
AIC: 372.25
```

Wie erwartet ist der alphanumerisch erste Level (`blau`) der y-Achsenabschnitt (*intercept*) und die anderen beiden Level relativ dazu. Der Unterschied ist augenscheinlich nicht signifikant, obwohl bei `gelb` eine Tendenz vorhanden ist. Dass die Steigung für `gelb` größer ist als Referenzwert `blau` bedeutet, dass die Werte von `gelb` *kleiner* sind, da die *link*-Funktion ja das Reziproke ist: Blau $= 1/0.1066 = 9.4$, Gelb $= 1/(0.1066 + 0.072) = 5.6$.

Für das log-normale Modell erhalten wir:

```
Coefficients:
            Estimate Std. Error t value Pr(>|t|)
(Intercept)   1.9188     0.1917  10.008 3.65e-14 ***
Farbegelb    -0.6111     0.2712  -2.254   0.0281 *
Farberot      0.1574     0.2712   0.580   0.5639
---
Signif. codes:  0 '***' 0.001 '**' 0.01 '*' 0.05 '.' 0.1 ' ' 1

    Null deviance: 48.501  on 59  degrees of freedom
Residual deviance: 41.909  on 57  degrees of freedom
AIC: 156.74
```

Auch hier wird `gelb` früher detektiert, diesmal sogar signifikant früher. Der Unterschied zwischen `blau` und `rot` hingegen bleibt nicht-signifikant.

Um zu entscheiden, welchem der beiden Modelle wir unser Vertrauen schenken, können wir zunächst grob abschätzen, wie gut die gefitteten Modelle den Daten passen. Genau wie beim Vergleich zweier Verteilungen wollen wir auch hier das bessere Modell auswählen. In Kapitel 3 haven wir dafür die log-*likelihood* oder den AIC benutzt. Leider können wir den AIC des jeweiligen Modells hier **nicht** benutzen, da den Modellen unterschiedliche Daten zugrundeliegen (einmal die gemessenen, dann die logarithmierten).[9]

Stattdessen vergleichen wir den Unterschied zwischen *null deviance* und *residual deviance* mit der *null deviance*. Dies entspricht dem Anteil vom Modell erklärter *deviance*: je mehr, desto besser der Fit.

[9]Deshalb ist die *null deviance* auch vollkommen unterschiedlich. Die *null deviance* bezeichnet die Variabilität in den Daten, die *residual deviance* die verbleibende Variabilität *nach* der Regression. Wir werden dies im nächsten Kapitel besser verstehen lernen.

Im vorliegenden Fall ist das log-normale Modell etwas besser (14 statt 9 % erklärter *deviance*), und so würden wir das auch auswählen.

7.3 Ein paar Beispiele

Was wir gerade mühsam kennengelernt haben heißt in der Literatur das Verallgemeinerte Linear Modell (*generalised linear model*, GLM). Es ist linear, weil unsere Regressionsfunktion aus linearen (= additiven) Elementen besteht (also $ax + b$ oder $ax^4 + bx^2 + c$ oder ähnliches), und es heißt verallgemeinert, weil es nicht nur eine Verteilung zulässt, sondern derer viele.[10] Das GLM ist heute der Standardansatz für Regressionsprobleme.

7.3.1 Größe und Geschlecht – ein GLM ohne G

Von jeweils 50 Männern und Frauen wurde die Größe gemessen. Ein Histogramm dieser Daten deutet darauf nicht hin, dass in dieser Gruppe Größenunterschiede zwischen den Geschlechtern bestand (Abbildung 7.6).

Wir fitten jetzt diesen Datensatz mittels *maximum likelihood* an eine Normalverteilung[11] ohne Berücksichtigung des Geschlechts des Subjekts:

$$\mathbf{y} \sim N(\mu, \sigma).$$

Wir erhalten $\mu = 179.6$ und $\sigma = 11.52$. Diese Daten, gegeben diese Parameterwerte, haben einen $AIC_1 = 776.5$.

Jetzt kommt unser Regressionsmodell, in dem wir den Mittelwert als Prädiktor für die Körpergröße benutzen:

$$\mathbf{y} \sim N(\mu = a\mathbf{F} + b\mathbf{M}, \sigma),$$

wobei F und M Indikatoren für das Geschlecht „weiblich" und „männlich" sind, respektive. Es ergibt sich (s. u.) $a = 173.1$ und $b = 186.0$, $\sigma = 9.64$; $AIC_2 = 740.9$. Die Unterscheidung in Geschlechter führt also zu einem deutlich besseren Fit ($\Delta AIC = 35.6$) und ist auch hoch signifikant ($p \ll 0.05$).

Man kann diese beiden Fits als zwei Regressionen betrachten (siehe Boxplot in Abbildung 7.6). Im ersten Fall haben wir nur eine horizontale Linie (= einen gemeinsamen Mittelwert) gefittet, im zweiten Fall einen Mittelwert je Geschlecht. Eine typische Ergebnisausgabe für den ersten Fit sieht etwa so aus (in diesem Fall aus R, leicht editiert):

[10] Die historisch ersten Regressionen waren auf die Normalverteilung beschränkt. Erst das Standardwerk von McCullough & Nelder (1989) hat es für Nichtstatistiker auf viele Verteilungen erweitert.

[11] Also ein Lineares Modell; für mathematische Schreibweisen und algebraische Lösung siehe Abschnitt 15.5 auf Seite 290.

```
Coefficients:
            Estimate Std. Error t value Pr(>|t|)
(Intercept)  179.590      1.157   155.2   <2e-16 ***
---
Signif. codes:  0 ‘***’ 0.001 ‘**’ 0.01 ‘*’ 0.05 ‘.’ 0.1 ‘ ’ 1

(Dispersion parameter for gaussian family taken to be 133.9615)

Residual deviance: 13262  on 99  degrees of freedom
AIC: 776.54
```

Der Gesamtmittelwert ist hier als y-Achsenabschnitt (*intercept*) angeben, der *dispersion parameter* ist bei der Normalverteilung (genannt *gaussian* in R) die Varianz, σ ist also $\sqrt{133.96} = 12.9$.

Das Modell mit separaten Werten für Frauen und Männer sieht so aus:

```
Coefficients:
               Estimate Std. Error t value Pr(>|t|)
(Intercept)     173.140      1.363 127.036  < 2e-16 ***
GeschlechtMann   12.900      1.927   6.693 1.37e-09 ***
---
Signif. codes:  0 ‘***’ 0.001 ‘**’ 0.01 ‘*’ 0.05 ‘.’ 0.1 ‘ ’ 1

(Dispersion parameter for gaussian family taken to be 92.87694)

    Null deviance: 13262.2  on 99  degrees of freedom
Residual deviance:  9101.9  on 98  degrees of freedom
AIC: 740.89
```

Der Achsenabschnitt gibt jetzt den Wert für die Frauen an (weil der Faktorlevel `Frau` alphanumerisch vor `Mann` kommt). Der Wert für `GeschlechtMann` ist die Abweichung vom Achsenabschnitt. Der gefittete Mittelwert für Mann ist also $173.1 + 12.9 = 186.0$. Die gefittete Standardabweichung ist jetzt $\sqrt{92.88} = 9.64$.

Häufig wird bei Regressionsmodellen noch ein Vergleich des vorliegenden Modells mit einem „*intercept-only*"-Modell (auch als *null model* bezeichnet) angegeben. Ziel ist es, mit möglichst wenig erklärenden Variablen bzw. Faktorleveln die verbleibende Streuung (*residual deviance*) so stark wie möglich zu reduzieren. In diesem Fall hatten wir für unser *intercept-only* Modell nur einen Parameter geschätzt (deshalb sind noch 100 - 1 = 99 Freiheitsgrade übrig), für das zweite Modell zwei Parameter (und entsprechend 98 Freiheitsgrade übrig). Mit diesem einen zusätzlichen Parameter reduzieren wir die verbleibende Streuung von über 13000 auf gerade über 9000.

Für dieses Beispiel könnten wir auch auf das historisch ältere (und in der Berechnung schnellere) lineare Modell (LM) zurückgreifen. An den Ergebnissen ändert das nichts. Im Ergebnisteil unserer Arbeit können wir uns aber das G von GLM sparen.

7.3.2 Raucher und Geschlecht – der χ^2-Test als binomiales GLM

Im Abschnitt 5.2 auf Seite 91 haben wir einen Datensatz analysiert, denn man auch mittels eines GLMs bearbeiten kann. Wir hatten Rauchen mit Geschlecht in Zusammenhang bringen wollen. Die vier Zahlen des χ^2-Tests müssen wir für die Analyse umformen in das *long format*:

```
Geschlecht Raucher
       Mann      1
       Mann      0
       ... (14 Mal)
       Frau      1
       ... (12 Mal)
       Frau      0
       ... (26 Mal)
```

Jetzt können wir ein binomiales Modell fitten (genauer: eine Bernoulli-Verteilung), mit Geschlecht als Prädiktor und Raucher als Antwortvariable.

Ähnlich dem Größe-Geschlecht-Modell aus dem letzten Abschnitt erhalten wir:

```
Coefficients:
               Estimate Std. Error z value Pr(>|z|)
(Intercept)     -0.7732     0.3490  -2.215   0.0267 *
GeschlechtMann  -1.8659     1.0923  -1.708   0.0876 .
---
Signif. codes:  0 ‘***’ 0.001 ‘**’ 0.01 ‘*’ 0.05 ‘.’ 0.1 ‘ ’ 1

(Dispersion parameter for binomial family taken to be 1)

    Null deviance: 59.052  on 52  degrees of freedom
Residual deviance: 54.746  on 51  degrees of freedom
AIC: 58.746
```

Der Unterschied zwischen den Geschlechtern ist nicht signifikant (wie auch im Abschnitt 5.2 auf Seite 91). Drei Dinge sind jedoch bei diesem binomialen GLM anders als beim obigen LM:

1. Die Koeffizienten sind auf der *link scale*. Wir müssen sie transformieren, damit wir sie verstehen. Der y-Achsenabschnitt entspricht dem Erwartungswert, dass Frauen rauchen. Gemäß Tabelle 7.1 ist die Umkehrfunktion $e^{f(x)}/(1 + e^{f(x)})$. Da wir nur einen Wert transformieren wollen ist $f(x) = x = -0.7732$. Somit ist der rücktransformierte Wert $e^{-0.7732}/(1 + e^{-0.7732}) = 0.316$. 12 von 38 Frauen unseres Datensatzes rauchten, was 0.316 entspricht. Aha! Für die Männer ergibt sich der Wert als der der Frauen plus der Abweichung: $e^{-0.7732-1.8659}/(1 + e^{-0.7732-1.8659}) = 0.067 = 1/15$. Der Wert ist zwar deutlich niedriger, aber wegen des geringen Stichprobenumfangs der Männer nicht signifikant.

2. Die *deviance* entspricht *nicht* der Varianz! [12]

3. Während für die Normalverteilung ein *dispersion parameter* (in dem Falle die Varianz) gefittet wird, wird sie *für alle anderen* Verteilungen **angenommen** (= gesetzt). Wir müssen jetzt noch kurz überprüfen, ob eine Dispersion von 1 plausibel ist. Dazu teilen wir die *residual deviance* durch die *residual degrees of freedom*, also hier 54.7/51. Wenn dieser Wert um die 1 liegt, dann ist auch der *dispersion parameter* von 1 in Ordnung.[13]

Für weitere Beispiele und Erklärungen siehe nächstes Kapitel zur Umsetzung in R.

---

[12]Es werden im GLM nicht Varianzen modelliert, sondern eine "Abweichung", die als *deviance* bezeichnet wird. Sie entspricht jedoch den Abweichungsquadraten in der ANOVA/Regression, und ist identisch zu diesen für normalverteilte Daten (McCullough & Nelder 1989). Für andere Verteilungen ist die *deviance* etwas komplizierter und für das Verständnis der weiteren Methoden ist ihre genaue mathematische Definition nicht wesentlich. Sie ist wie folgt definiert ($\hat{y}$ ist der vorhergesagte Wert):

normalverteilt:	$\sum(y - \hat{y})^2$
Poisson-verteilt:	$2\sum(y \log(y/\hat{y}) - (y - \hat{y}))$
binomial-verteilt:	$2\sum(y \log(y/\hat{y}) + (m - y) \log((m - y)/(m - \hat{y})))$
gamma-verteilt:	$2\sum(-\log(y/\hat{y}) + (y - \hat{y})/\hat{y})$
reziprok-normalverteilt (inverse Gaussian):	$\sum(y - \hat{y})^2/(\hat{y}^2 y)$.

Wie man an diesen Formeln sieht, leitet sich die *deviance* aus den log-*likelihoods* der jeweiligen Verteilungen ab, genauer aus der Differenz zwischen dem tatsächlichen und dem maximalen Modell.

[13]Für einfache Bernoulli-Modelle gibt es keinen Dispersionsparameter.

Kapitel 8
Regression in R – Teil I

He uses statistics as a drunken man uses lamp-posts – for support rather than illumination.
Andrew Lang

Am Ende dieses Kapitels ...

... geht Dir ein GLM mit einem Prädiktor locker von der Hand.

... kannst Du die Ausgabe der Funktion `summary(glm(.))` interpretieren.

... bist Du in der Lage, aus einer `glm`-Analyse die Regressionslinie in einen Plot der Daten einzeichnen zu können, nebst Konfidenzintervall.

... kannst Du notfalls ein GLM auch durch einen Optimierungsansatz oder mit `vglm` berechnen.

8.1 Regression mittels GLM

Eine Regression mittels *maximum likelihood* nennt man ein *Generalised Linear Model* (GLM). Genauso heißt auch die R-Funktion: `glm`. In ihr spezifiziert man die abhängige und die unabhängige Variable, die Verteilung und verschiedene optionale Argumente. Um den Regressionszusammenhang darzustellen, benutzen wir eine Formelschreibweise: $y \sim x$. Damit sagt man, dass y eine Funktion von x ist.

Schauen wir uns ein Beispiel an. Das Volumen eines Baumes hängt von seiner Höhe und seiner Dicke ab. Zur Abschätzung benutzt man aber nur den Brusthöhendurchmesser (BHD; *diameter at breast height* = dbh) oder -umfang (*girth*). Für jede Baumart brauchen wir dann eine Eichgerade, um Brusthöhenumfang in Festmeter Holz umzurechnen. Ein entsprechender Datensatz für 31 Kirschbäume wird von R unter dem Namen `trees` zur Verfügung gestellt. Wir laden die Daten und stellen sie mittels *scatterplot* dar (Abbildung 8.1):

```
> data(trees)
> ?trees
```

C.F. Dormann, *Parametrische Statistik*, Statistik und ihre Anwendungen,
DOI 10.1007/978-3-642-34786-3_8,

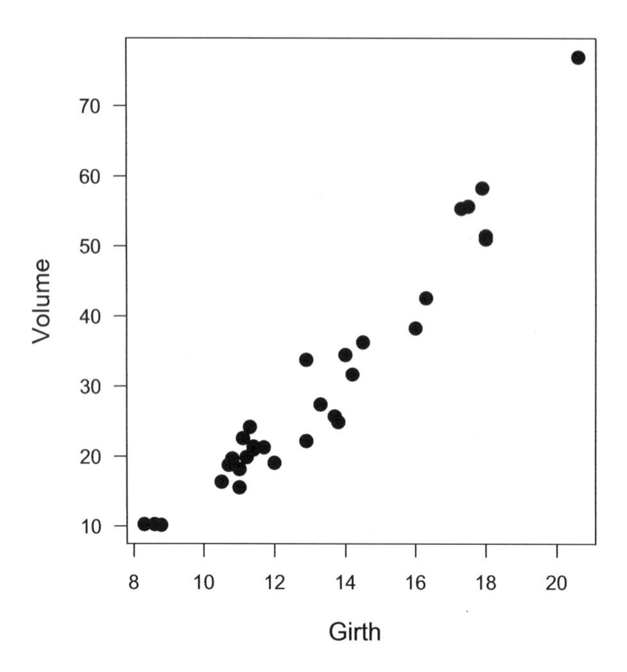

Abb. 8.1: Volumen von Kirschbäumen als Funktion des Brusthöhenumfangs (BHU; *girth*)

```
> par(mar=c(4,5,1,1))
> plot(Volume ~ Girth, data=trees, las=1, cex.lab=1.5, pch=16, cex=1.5)
```

Mit `data` geben wir an, wo die Variablen zu finden sind; `las` dreht die Achsenbeschriftung; `cex.lab` bestimmt die Größe der Achsenbeschriftung; `pch` die Art des Symbols und `cex` seine Größe. Grafische Argumente sind in der Hilfe zu `par` erklärt (`?par`).

Dieser Zusammenhang sieht sehr linear aus, also fitten wir eine Gerade. Oder, korrekt gesagt, wir modellieren den Mittelwert der Normalverteilung, aus der die gemessenen Punkte eine Zufallsvariable sind, als lineare Funktion des BHU: **Volumen** $\sim \mathsf{N}(\mu = a\cdot$**Girth**$+b, \sigma)$. In R sieht diese Formel so aus: `Volume ~ Girth, family=gaussian`. Wir müssen den y-Achsenabschnitt nicht spezifizieren, er ist automatisch enthalten. (Um ihn wegzunehmen müssten wir in obiger Schreibweise `-1` hinter `Girth` schreiben.) Die Normalverteilung heißt in Rs `glm`-Funktion `gaussian`, und anstelle von Verteilung schreiben wir `family`. R stellt für das `glm` nur wenige Verteilungen zur Verfügung (siehe `?family`): `gaussian`, `poisson`, `binomial` und `gamma`.

Die Gerade fitten wir also wie folgt:

```
> fm <- glm(Volume ~ Girth, data=trees, family=gaussian)
> summary(fm)

Call:
glm(formula = Volume ~ Girth, family = gaussian, data = trees)
```

```
Deviance Residuals:
   Min       1Q   Median       3Q      Max
-8.065   -3.107    0.152    3.495    9.587

Coefficients:
            Estimate Std. Error t value Pr(>|t|)
(Intercept) -36.9435     3.3651  -10.98 7.62e-12 ***
Girth         5.0659     0.2474   20.48  < 2e-16 ***
---
Signif. codes:  0 '***' 0.001 '**' 0.01 '*' 0.05 '.' 0.1 ' ' 1

(Dispersion parameter for gaussian family taken to be 18.0794)

    Null deviance: 8106.1  on 30  degrees of freedom
Residual deviance:  524.3  on 29  degrees of freedom
AIC: 181.64

Number of Fisher Scoring iterations: 2
```

Wir werden uns im nächsten Kapitel intensiv damit auseinandersetzen, ob die Annahmen zutreffen und was uns z. B. die Zeile `Deviance Residuals` sagen will. Für uns sind zunächst nur die Schätzer (`estimate`) für Achsenabschnitt (`Intercept`), Steigung des BHU-Effekts (`Girth`) und die geschätzte Standardabweichung (schließlich fitten wir ja $\mathbf{y} \sim \mathrm{N}(\mu = a \cdot \mathbf{x} + b, \sigma)$) von Interesse. Der `Dispersion parameter` von 18.08 entspricht dem geschätzten Wert für die Varianz der zugrundeliegenden Normalverteilung, σ^2.[1]

Jeder Schätzer des Modells, d. h. der für den Achsenabschnitt und für die Steigung, wird mit seinem Standardfehler verglichen und mittels t-Test auf Signifikanz geprüft. Daraus kann man schließen, dass anscheinend die Schätzwerte normalverteilt sind, und so ist es in der Tat:

Die Parameter des linear Modells (also a *und* b *in diesem Fall) sind auf der* link*-Skala normalverteilt.*

Da für die Normalverteilung der kanonische *link* die Identitätsfunktion ist, sind die Schätzer auf *link* und *response scale* gleich. Was die t-Tests uns hier sagen ist, dass sowohl Achsenabschnitt als auch Steigung signifikant von 0 verschieden sind. Sprich, der Zusammenhang ist hoch signifikant. Der Vergleich von `null` und `residual deviance` zeigt, dass wir etwa $(8106 - 524)/8106 = 0.94$ also 94 % der Varianz der Daten erklären können. Wir wollen nun die gefittete Linie einzeichnen (Abbildung 8.2).

Der einfachste Weg, diese Linie einzuzeichnen, wäre mit `abline(fm)`. Dann würde die Linie aber bis zum Rand des Plots durchgezogen. Das ist weder üblich

[1] Achtung: Dies ist nicht die Varianz einer Stichprobe, also $s^2 = \frac{\sum(x-\bar{x})^2}{n-1}$, sondern die der Grundgesamtheit: $\sigma^2 = \frac{\sum(x-\mu)^2}{n}$.

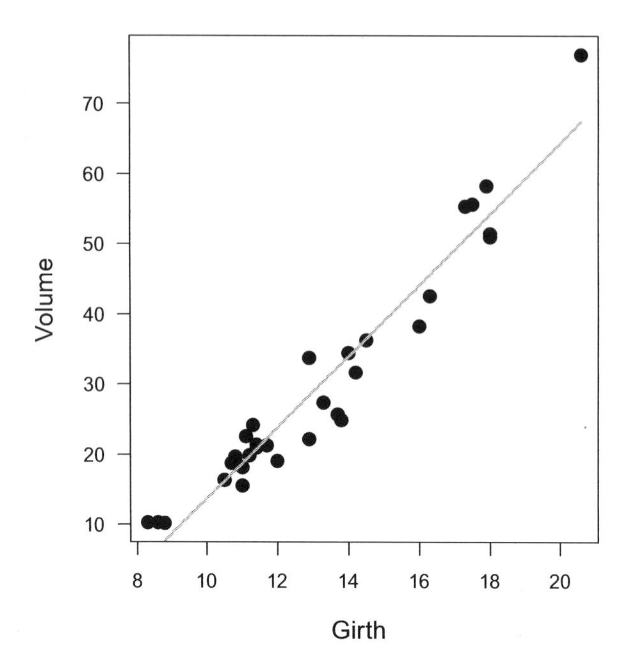

Abb. 8.2: Volumen von Kirschbäumen als Funktion des Brusthöhenumfangs (BHU; *girth*) mit gefitteter Eichgerade

noch wirklich korrekt. Wir treffen nur eine Aussage über den vorliegenden Wertebereich, nicht darüber hinaus!

Der hier gegangene Weg ist komplizierter, aber (leider) der normale Weg in R. Er umfasst drei Schritte:

1. Wir definieren eine Datenreihe (Sequenz, `seq`), für die wir die Punkte der Eichfunktion berechnen wollen und speichern diese Zahlen in einem Objekt (hier: `Girthneu`). In diesem Fall hätten zwei Punkte genügt, bei Kurven nimmt man besser mindestens 50. Diese Sequenz geht vom Minimal- zum Maximalwert der erklärenden Variablen.[2]

2. Für diese neuen Werte berechnen wir jetzt die Modellverhersagen mittels der Funktion `predict`. Sie wird auf das vorher gespeicherte GLM-Objekt (hier: `fm`[3]) angewendet. Dabei wird mit dem Argument `newdata` ein `data.frame` mit denjenigen Werten übergeben, für den die Modellvorhersagen berechnet werden sollen. Der Name der Variablen muss genau so auftauchen, wie in der Formel des GLM (also `Girth`, nicht `Girthneu`). Wir können diesen Schritt natürlich auch zu Fuß berechnen. Für den niedrigsten Wert, 8.3, sagt das Modell ein Volumen von $-36.9 + 8.3 \cdot 5.07 = 5.18$ voraus. Analog für den

[2] Wenn dort `NA`s vorliegen, dann muss man `min` und `max` erweitern auf `min(trees$Girth, na.rm=T)`.
[3] `fm` steht für *fitted model* und ist ein typischer, unschuldiger Name für Modellobjekte. Wir können ihn aber auch einen beliebigen anderen Namen geben.

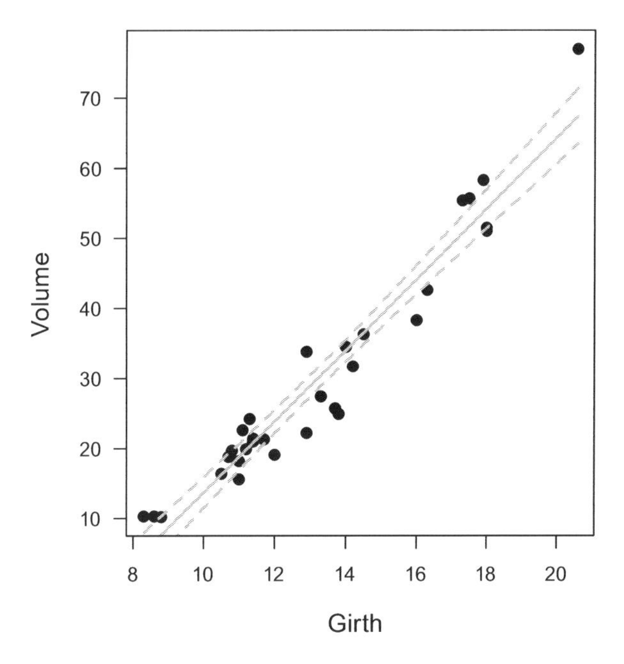

Abb. 8.3: Volumen von Kirschbäumen als Funktion des Brusthöhenumfangs (BHU; *girth*) mit gefitteter Eichgerade und 95 % Konfidenzintervall

größten Wert: $-36.9 + 20.6 \cdot 5.07 = 67.54$. Diese beiden Punkte (8.3, 5.18) und (20.6, 67.54) können wir dann mit einer Linie verbinden.

3. Schließlich zeichnen wir mit dem Befehl `lines` eine Linie. Als erstes Argument übergeben wir die x-Werte, dann die y-Werte und schließlich noch aufhübschende Befehle zur Dicke und Farbe der Linie.

```
> Girthneu <- seq(min(trees$Girth), max(trees$Girth), len=101)
> preds <- predict(fm, newdata=data.frame("Girth"=Girthneu))
> plot(Volume ~ Girth, data=trees, las=1, cex.lab=1.5, pch=16, cex=1.5)
> lines(Girthneu, preds, lwd=2, col="grey")
```

Idealerweise zeigen wir durch ein Fehlerintervall an, in welchem Bereich eine Linie wahrscheinlich liegt, d. h. wir setzen die Standardfehler der Schätzer grafisch um. Dazu müssen wir uns daran erinnern, dass das 95 %-Konfidenzintervall eines Stichprobenschätzers ± 2 Standardabweichungen um den Schätzer lag (Kapitel 1). Wir bringen jetzt R dazu uns für die vorhergesagten Werte nicht nur den Wert für die Eichgerade auszugeben, sondern zudem noch die Standardabweichung dazu. Diese verdoppeln wir und zeichnen sie ober- und unterhalb der Eichgerade ein (Abbildung 8.3):

```
> preds2 <- predict(fm, newdata=data.frame("Girth"=Girthneu), se.fit=T)
> str(preds2)
```

```
List of 3
 $ fit           : Named num [1:101] 5.1 5.73 6.35 6.97 7.6 ...
  ..- attr(*, "names")= chr [1:101] "1" "2" "3" "4" ...
 $ se.fit        : Named num [1:101] 1.44 1.42 1.39 1.37 1.34 ...
  ..- attr(*, "names")= chr [1:101] "1" "2" "3" "4" ...
 $ residual.scale: num 4.25
```

```
> lines(Girthneu, preds2$fit +2*preds2$se.fit, lwd=2, lty=2, col="grey")
> lines(Girthneu, preds2$fit -2*preds2$se.fit, lwd=2, lty=2, col="grey")
```

Innerhalb dieser engen Banden liegt also mit 95 %-iger Sicherheit die wahre Regressionsgerade. Das bedeutet nicht, dass jeder neue Messwert auch in diesen Grenzen liegt! Schließlich liegen ja auch einige Datenpunkte außerhalb. Dieser Konfidenzbereich bezieht sich auf die gefittete Linie, nicht auf die Messwerte. Im Englischen unterscheidet man hier zwischen dem *confidence interval* (hier abgebildet) und dem *prediction interval* (welches viel weiter ist). Für letzteres müssen wir noch die Normalverteilung mit der im Modell angegebenen Standardabweichung auf den Regressionsfehler addieren.

Beachte, dass wir die Vorhersage auf der link-*Skala machen. Wenn die* link-*Funktion nicht die Identität ist, dann müssen wir die Vorhersagewerte noch zurücktransformieren. Im nächsten Beispiel werden wir das tun.*

Ein anderes Beispiel für eine Regression kommt aus der Ökotoxikologie. Hier werden häufig *bioassays* an Testorganismen durchgeführt, um die Toxizität einer Substanz zu messen. Dazu wird eine Verdünnungsreihe der Substanz angesetzt und dann werden eine Anzahl Organismen (z. B. Wasserflöhe) in diese Lösung einsetzt. Nach einer bestimmten Zeit (z. B. 1 Stunde) wird nachgesehen, wie viele Organismen noch leben.

Diese Art Daten besteht aus drei Variablen: 1. Anzahl eingesetzte Organismen (**totals**); 2. Anzahl überlebende Organismen nach 1 Stunde (y); 3. Konzentration der Substanz in der Lösung (**S**).

Wir nehmen an, dass dies einer Binomialverteilung (Abschnitt 3.4 auf Seite 53) folgen sollte:

$$\mathbf{y} \sim \text{Binom}(n = \textbf{totals}, p = \text{logit}^{-1}(a\mathbf{S} + b))$$
$$= \text{Binom}\left(n = \textbf{totals}, p = \frac{e^{a\mathbf{S}+b}}{1 + e^{a\mathbf{S}+b}}\right)$$

Die gezählten Überlebenden hängen von der Anzahl eingesetzter Organismen ab, genauso wie von ihrer Überlebenswahrscheinlichkeit, die als Funktion der Substanzkonzentration modelliert wird (verbunden durch den logit-*link*).

In R wird diese Analyse binomialer Daten wie folgt durchgeführt (siehe `?glm`, Abschnitt „Details"): Zunächst müssen wir unsere abhängige Variable (die in der Formel links der Tilde $\sim$ steht) als zweispaltige Matrix aus *successes* und *failures* ausdrücken:

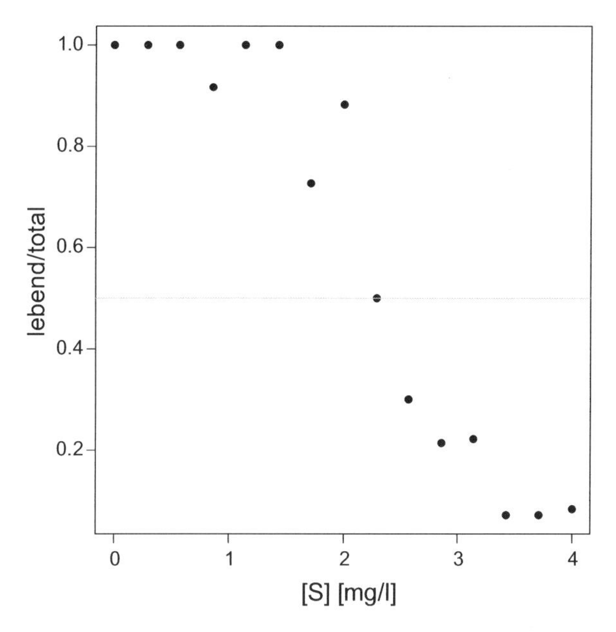

Abb. 8.4: Überlebensanteil als Funktion der Substanzkonzentration S. Diese Abbildung verschleiert, dass die Anzahl eingesetzter Individuen variiert und die verschiedenen Punkte deshalb unterschiedlich gut bestimmt sind. Die *graue Linie* gibt ein Überleben von 50 % an

```
> binodat <- read.csv("binomialdata.csv")
> combi.y <- cbind(succ=binodat$lebend, fail=binodat$total-binodat$lebend)
> combi.y
```

```
      succ fail
 [1,]   10    0
 [2,]   18    0
 [3,]   20    0
 [4,]   11    1
 [5,]   11    0
 [6,]   10    0
 [7,]    8    3
 [8,]   15    2
 [9,]    5    5
[10,]    3    7
[11,]    3   11
[12,]    4   14
[13,]    1   13
[14,]    1   13
[15,]    1   11
```

Jetzt plotten wir diese Daten, in dem wir den Anteil Überlebender gegen die Substanzkonzentration auftragen (Abbildung 8.4). Wir haben jetzt schon eine Erwartung, was bei der Analyse herauskommen müsste: ein negativer Koeffizient für S.

```
> fm <- glm(combi.y ~ S, binomial, data=binodat)
> summary(fm)

Call:
glm(formula = combi.y ~ S, family = binomial, data = binodat)

Deviance Residuals:
    Min       1Q   Median       3Q      Max
-1.0611  -0.6261   0.2903   0.8255   1.4012

Coefficients:
            Estimate Std. Error z value Pr(>|z|)
(Intercept)   5.7031     0.8062   7.074 1.51e-12 ***
S            -2.3135     0.3132  -7.387 1.50e-13 ***
---
Signif. codes:  0 '***' 0.001 '**' 0.01 '*' 0.05 '.' 0.1 ' ' 1

(Dispersion parameter for binomial family taken to be 1)

    Null deviance: 157.141  on 14  degrees of freedom
Residual deviance:  10.734  on 13  degrees of freedom
AIC: 38.803

Number of Fisher Scoring iterations: 5
```

Und so ist es auch. Aus diesen Schätzern können wir zunächst wenig ziehen. Wir sehen lediglich, dass eine höhere Konzentration der Substanz einen signifikant negativen Effekt auf das Überleben der Organismen hat.

Ein typischer Wert, der den Toxikologen interessiert, ist die Substanzkonzentration, bei der noch die Hälfte der Organismen überlebt (LD_{50}: *lethal dose* 50 %). In R kann man diesen Wert (oder auch andere Prozentsätze) mittels der Funktion `dose.p` (Paket **MASS**) berechnen:

```
> dose.p(fm)

              Dose         SE
p = 0.5: 2.465162 0.09896017
```

Das bedeutet, dass bei 2.47 $\pm$0.099 mg/l der Substanz im Wasser noch die Hälfte der Organismen überleben.

Jetzt wollen wir noch versuchen, die gefittete Regression mit einem 95 % Konfidenzintervall einzuzeichnen. Dafür lassen wir uns zuerst für 100 neue Werte im Wertebereich von S die zu erwartenden Werte vorhersagen, nebst Standardfehler:

```
> newS <- seq(min(binodat$S), max(binodat$S), len=100)
> preds <- predict(fm, newdata=data.frame(S=newS), se.fit=T)
```

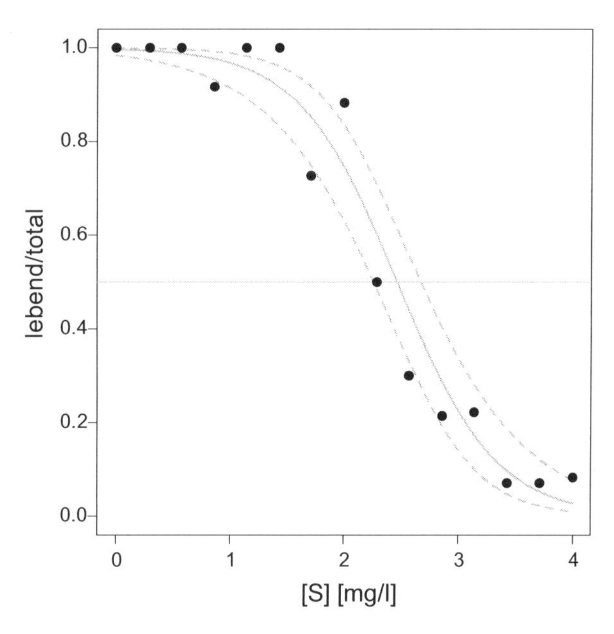

Abb. 8.5: Überlebensanteil als Funktion der Substanzkonzentration S. Gefittetes Modell (*durchgezogene graue Linie*) nebst 95 % Konfidenzintervall (*gestrichelte Linien*)

Diese bilden die Basis für unseren Plot. Dazu machen wir zunächst eine leere Abbildung (`type="n"`) und zeichnen Mittellinie und 95 %-Konfidenzlinien ein. Dann erst zeichnen wir die Punkte, damit diese über den Linien liegen (Abbildung 8.5):

```
> par(mar=c(5,5,1,1))
> plot(lebend/total ~ S, type="n", data=binodat, las=1, cex.lab=1.5,
+        ylim=c(0,1), xlab="[S] [mg/l]")
> lines(newS, plogis(preds$fit), lwd=2, col="grey")
> lines(newS, plogis(preds$fit+2*preds$se.fit), lwd=2, col="grey", lty=2)
> lines(newS, plogis(preds$fit-2*preds$se.fit), lwd=2, col="grey", lty=2)
> abline(h=0.5, col="grey")
> points(lebend/total ~ S, data=binodat, pch=16, cex=1.5)
```

Die Funktion `plogis` rück-transformiert Werte von der *logit*- zur *response*-Skala.

8.2 Regression: *maximum likelihood* zu Fuß

Im vorigen Abschnitt haben wir mittels GLM Regressionen durchgeführt. Das GLM nimmt uns die Arbeit ab, dass zu fittende Modell selbst genau zu spezifizieren und dann seien Parameter mittels *maximum likelihood* zu optimieren. Tatsächlich ist es nicht häufig nötig, diese Schritte selbst vorzunehmen, also ein GLM „zu Fuß“ zu berechnen. Manchmal geht es aber nicht anders, z. B. weil die Verteilung im GLM nicht vorhanden ist, oder weil die zu modellierende Funktion nicht-linear ist.

Im folgenden wollen wir deshalb erst ein einfaches, dann ein etwas schwierigeres Beispiel zu Fuß rechnen. Dabei werden wir ein paar Fertigkeiten im Umgang mit R benutzen, die wie die Grammatik und Vokabeln einer neuen Sprache mühsam zu lernen sind. Wann immer eine neue Funktion auftaucht, können wir mittels der Hilfe („?") ihren Syntax und ihre Argumente nachschlagen.

8.2.1 Poisson-Modell zu Fuß

Wir benutzen hierzu den Datensatz, den wir bereits im Abschnitt 7.1 auf Seite 105 kennengelernt haben: Die Poisson-verteilten Anzahlen Futterstücke, die ein Halsbandschnäppermännchen ans Nest anliefert, als Funktion seiner Attraktivität.

Für die Poisson-Verteilung hat die *likelihood*-Funktion folgende Form:

$$L(y_i|\lambda) = \frac{\lambda^{y_1}}{y_1!e^{\lambda}} \cdot \frac{\lambda^{y_2}}{y_2!e^{\lambda}} \cdots \frac{\lambda^{y_n}}{y_n!e^{\lambda}} = \frac{\lambda^{\sum y_n}}{y_1! \cdots y_n! e^{n\lambda}} \tag{8.1}$$

Wir logarithmieren und erhalten die *log-likelihood*:

$$\ln L = \sum_{i=1}^{n} (-\lambda + (\ln \lambda) \cdot y_i) - \ln \left(\prod_{i=1}^{n} y_i! \right)$$

Der nächste Schritt ist die Formulierung der Regressionsgleichung auf der *link*-Skala: $y' = \beta_0 + \beta_1 x$. Da für die Poisson-Verteilung der log die kanonische *link*-Funktion ist (Tabelle 7.1 auf Seite 110), berechnen wir die tatsächlichen Werte mittels der Umkehrfunktion:

$$y \sim g^{-1}(y') = g^{-1}(\beta_0 + \beta_1 x) = e^{\beta_0 + \beta_1 x}.$$

Wir sehen, dass wir zwei Parameter gleichzeitig berechnen müssen (die beiden βs). Nehmen wir der einfachheitshalber zunächst an, wir wüssten, dass der y-Achsenabschnitt den Wert $\beta_0 = 1$ und die Steigung den Wert $\beta_1 = 0.1$ hätten. Dann wäre unsere Regressionsgleichung: $y \sim e^{1+0.1x}$. Mit dieser können wir jetzt für jeden beobachteten y-Wert (d. i. `stuecke`) einen Wert aus der Attraktivität vorhersagen:

```
> schnapp <- read.table("schnaepper.txt")
> attach(schnapp)
> stuecke

 [1]  3  6  8  4  2  7  6  8 10  3  5  7  6  7  5  6  7 11  8 11 13 11  7  7  6

> exp(1 + attrakt * 0.1)

 [1] 3.004166 3.004166 3.004166 3.004166 3.004166 3.320117 3.320117
 [8] 3.320117 3.320117 3.320117 3.669297 3.669297 3.669297 3.669297
[15] 3.669297 4.055200 4.055200 4.055200 4.055200 4.055200 4.481689
[22] 4.481689 4.481689 4.481689 4.481689
```

Diese Werte sind unsere Modellvorhersagen $\hat{y}$ für die benutzten Koeffizientenwerte $\beta_0 = 1$ und $\beta_1 = 0.1$. Um die *likelihood* dieser Werte zu berechnen, setzen wir die Werte in die obige Gleichung 8.1 ein. D.h. die $\hat{y}$ entsprechen dem λ, da ja unser Erwartungswert mit der Attraktivität variiert.

Weil es so wichtig ist, nochmal in anderen Worten: Für jeden Datenpunkt y_i können wir jetzt die Wahrscheinlichkeit berechnen, dass er einer Poisson-Verteilung mit einem bestimmten Mittelwert λ_i entstammt. Diese wird in R berechnet als `dpois(`y_i`,`λ_i`)`. Diese logarithmieren wir und summieren sie auf. Damit erhalten wir unsere log-*likelihood*. Beachte, dass wir ja die beobachteten Werte mit dem log-*link* an das Modell koppeln!

```
> sum(dpois(stuecke, exp(1 + 0.1*attrakt), log=T))

[1] -84.40658
```

Die `d...`-Funktionen erlauben es durch das Argument `log=T`, dass wir bereits bei der Berechnung der Wahrscheinlichkeitsdichte den Logarithmus ziehen.

Jetzt variieren wir die Werte für β_0 und β_1 ein wenig und schauen, was mit der log-*likelihood* passiert:

```
> sum(dpois(stuecke, exp(1.1 + 0.2*attrakt), log=T))

[1] -59.43922
```

Sie wird besser (= weniger negativ).

Wiederholen wir dies für eine Reihe an Werte für β_1, etwa von 0.01 bis 0.5, und bilden die log-*likelihood*-Summen ab, so erhalten wir Abbildung 8.6.

```
> loglik <- 1:50 # ein Vektor, der die Ergebnisse aufnehmen soll
> beta1 <- seq(0.01, 0.5, len = 50)
> for (i in 1:50) loglik[i] <- sum(dpois(stuecke, exp(1.1 + attrakt
+        * beta1[i]), log=T))
> par(mar=c(5,5,1,1)) # reduziert den weißen Rand
> plot(beta1, loglik, type = "l", xlab = expression(beta[1]), cex.lab = 1.5,
+        las=1)
```

Der R-Code enthält zwei Elemente, die für uns noch unbekannt waren: In der ersten Zeile haben wir ein Objekt namens `loglik` geschaffen, in das wir erst einmal die Werte 1 bis 50 hineingeschrieben haben. Es soll später die berechneten log-*likelihoods* aufnehmen, muss dafür aber bereits existieren. In Zeile 3-4 benutzen wir das Konstrukt einer `for`-Schleife, um für alle Werte von `beta1` die log-*likelihood* zu berechnen.

Gemäß Abbildung 8.6 liegt die maximale log-*likelihood* (bei gegebenem $\beta_0 = 1.1$) mit $\beta_1 \approx 0.23$ bei etwa -58. Nun müssen wir auch noch versuchen, den optimalen Wert für β_0 zu finden. Da β_0 und β_1 möglicherweise voneinander abhängen, müssen wir beide Werte gleichzeitig optimieren.

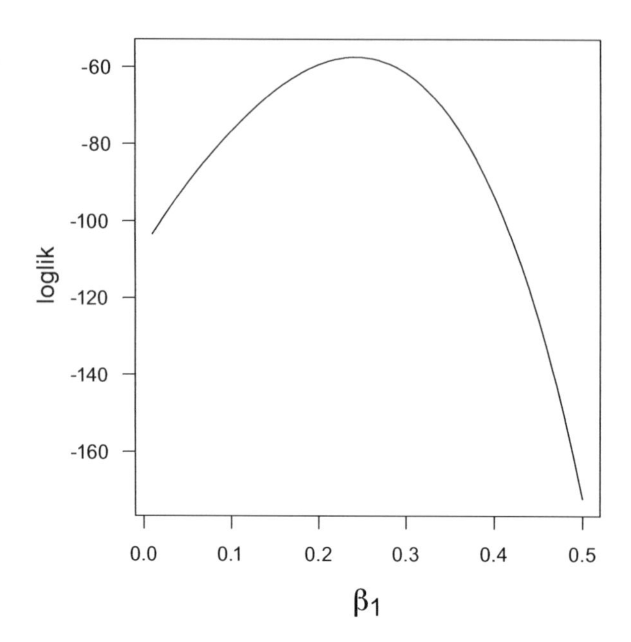

Abb. 8.6: Log-*likelihood* der verschiedenen Werte von β_1 bei gegebenem $\beta_0 = 1.1$. Diese Abbildung bezeichnet man als *likelihood*-Profil

Das wollen wir jetzt systematisch betreiben, und zwar auf zwei unterschiedliche Weisen. Zunächst variieren wir die beiden Koeffizienten entlang eines gleichmäßigen Systems von Werten. Das Ergebnis ist dann eine dreidimensionale Fläche, die einem Berg ähneln sollte. Dann benutzen wir zweitens ein Optimierungsverfahren, um die besten Werte zu finden.

Beginnen wir, indem wir für y-Achsenabschnitt und Steigung 100 Werte von 0.1 bis 2 bzw. 0.01 bis 0.5 wählen, und die Poisson-*likelihood* für jede Kombination dieser Werte berechnen.[4] Anschließend plotten wir das Ergebnis (Abbildung 8.7), einmal dreidimensional mittels `persp`, dann besser erkennbar zweidimensional mittels `contour`.[5]

```
> beta0 <- seq(0.1, 2, length = 100)
> beta1 <- seq(0.01, 0.5, length = 100)
> llfun <- function(parms) {
+                   # berechnet LL für gegebene Werte von parms
+       sum(dpois(stuecke, exp(parms[1] + parms[2]*attrakt), log=T))
+ }
> loglik.m <- matrix(ncol = 100, nrow = 100)
```

[4]Hier ginge es mit der Funktion `outer` mit weniger Code, aber die `for`-Schleifen sind didaktisch klarer.

[5]Hiervon gibt es eine Variante `filled.contour`, die bunte Farbverläufe statt Konturen benutzt.

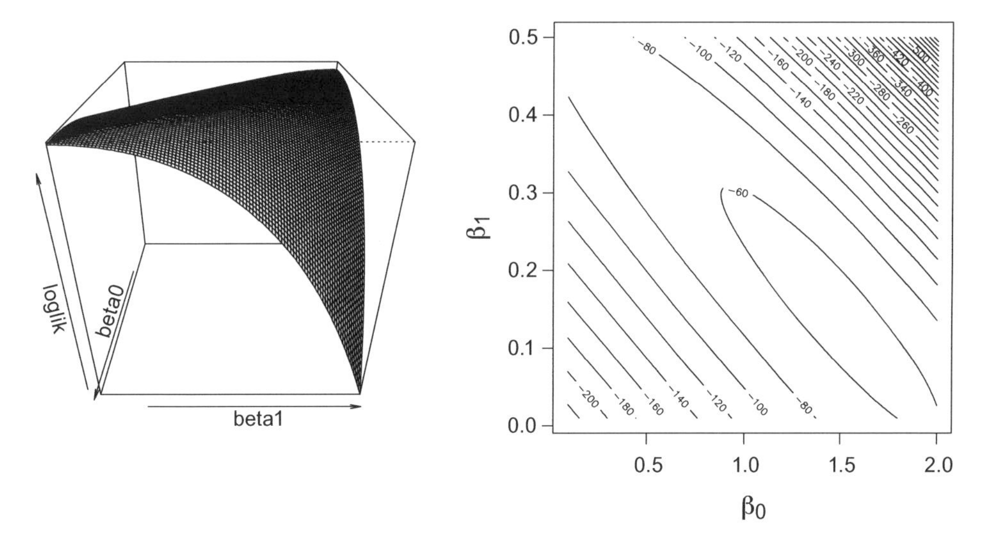

Abb. 8.7: 3D- und Konturenabbildung der log-*likelihood*-Berechnung für die Schnäpperdaten. Wir sehen deutlich, dass die Koeffizienten nicht unabhängig voneinander sind: je höher der Wert des einen, desto niedriger der des anderen. Für die Korrelation zwischen Achsenabschnitt und Steigung ist dies praktisch immer der Fall

```
> for (i in 1:100) {
+     for (j in 1:100) {
+         loglik.m[i, j] <- llfun(c(beta0[i], beta1[j]))
+     }
+ }
> par(mfrow = c(1, 2))
> persp(beta0, beta1, loglik.m, phi = 30, theta = 90, xlab = "beta0",
+     ylab = "beta1", zlab = "loglik")
> contour(beta0, beta1, loglik.m, nlevels = 30, xlab = expression(beta[0]),
+     ylab = expression(beta[1]), cex.lab = 1.5)
```

Wieder ein neues Stück R-Grammatik: eine Funktion selbst schreiben! In Zeile 3 definieren wir eine neue Funktion (mittels `function`), die wir dann in der doppelt-genesteten `for`-Schleife benutzen. In diesem Fall ist unsere Funktion `llfun` definiert in Abhängigkeit von einem Parametervektor `parms`, dessen 1. und 2. Wert im Körper (*body*) der Funktionsdefinition für β_0 und β_1 eingesetzt werden. `llfun` **ist das Herz unseres Ansatzes. Hier wird das Modell definiert!** Wir können dieser Funktion also einen Vektor mit zwei beliebige Werte übergeben, und sie berechnet die log-*likelihood* dieser Kombination.[6]

[6]Versuch's! `llfun(c(-1, 0))`

Jetzt wollen wir natürlich noch die *maximum likelihood*-Werte für β_0 und β_1 haben. Um diese zu extrahieren benutzen wir die Funktion `which`:[7]

```
> loglik.m[which(loglik.m) == max(loglik.m))]
[1] -55.71565
> llmax <- which(loglik.m == max(loglik.m), arr.ind = T)
```

Das Argument `arr.ind=T` gibt uns die Position des gesuchten Wertes in Zeilen und Spalten an (also etwa als `c(7, 22)`). Ohne `arr.ind=T` erhielten wir die Position als „laufende Nummer" der Matrix. Auf die beiden Element von `llmax` (also die Zeilennummer und die Spaltennummer des maximalen Wertes) können wir jetzt praktisch zugreifen:

```
> beta0[llmax[1]]
[1] 1.481818
> beta1[llmax[2]]
[1] 0.1436364
```

Die gesuchten Werte sind also $\beta_0 = 1.48$ und $\beta_0 = 0.14$. (Die Genauigkeit hängt von der Dichte des Gitternetzes ab, für die wir die log-*likelihood* berechnet haben. In unserem Fall sind nicht mehr als zwei Dezimalstellen glaubwürdig.)

Jetzt kommen wir zum zweiten Ansatz, in dem wir anstelle der regelmäßigen Sequenz an Werten ein Optimierungsverfahren benutzen. Auch hier hat die Optimierung mehrere Schritte:

1. Wir brauchen eine **Funktion, die optimiert werden soll** (Zielfunktion). Diese muss die zu optimierenden Parameter als Eingabevektor akzeptieren und eine einzige Zahl als Ergebnis der Berechnung ausgeben. Somit sieht das Gerüst dieser zu optimierenden Funktion so aus:

   ```
   optfun <- function(parms, ...){
         res <- mach.was(parms, ...)
         return(res)
   }
   ```

   Die drei Punkte (. . . , engl.: *ellipsis*) sollen weitere Argumente sein, die an die internen Funktionen übergeben werden können. Dies sind typischerweise Daten. Die interne Funktion `mach.was` steht hier als Stellvertreter zum Beispiel für eine Dichtefunktion. Wichtig ist, dass `optfun` so geschrieben ist, dass für alle möglichen Werte in `parms` ein realer Wert entsteht. Sonst probiert `optim` vielleicht einen Wert aus, der `NA` liefert und bricht die Optimierung ab.

[7]Mit `which.max`(loglik.m) (und analog `which.min`) können wir direkt die Stelle des Maximalwerts abgreifen. Leider haben diese nicht die Option `arr.ind`, die wir aber hier brauchen.

2. Wir brauchen **Startwerte für die zu optimierenden Parameter**, `parms`. Hier kann man beliebige Zahlen einsetzen, solange sie mit der `optfun` einen realen Wert liefern. Am besten probiert man vor der Optimierung kurz aus, ob die Zahlen taugen: `optfun(c(1,2,3))`, wenn hier drei Parameter optimiert werden sollen.

3. Auswahl des **Optimierungsverfahrens und der Optimierungsbedingungen**. Es gibt Dutzende Optimierungsalgorithmen, und in `optim` sind derer fünf versammelt. Diese zu erklären führte hier zu weit, aber es ist nützlich zu wissen, dass nur eines, `method="L-BFGS-B"`, erlaubt, obere und untere Grenzen für den Optimierungsbereich festzulegen. Alle anderen gehen davon aus, dass alle realen Werte für `parms` einsetzbar sind. Die Grundeinstellung ist `method="Nelder-Mead"`, ein schnelleres Verfahren ist `method="BFGS"` (siehe Box S. 138).
   Schließlich kann man bei `optim` festlegen, ob minimiert (Grundeinstellung) oder maximiert werden soll (im Argument `option: fnscale`), wieviele Iterationen maximal durchgeführt werden sollen (`maxit`) und wie genau die Lösung sein soll (`reltol`).

Wenn man berücksichtigt, wie aufwändig die Optimierung intern ist, ist der Syntax hierfür verblüffend einfach:

```
> optim(par=c(1, 0.1), fn=llfun, control=list(fnscale=-1))

$par
[1] 1.4745978 0.1479505

$value
[1] -55.70837

$counts
function gradient
      61       NA

$convergence
[1] 0

$message
NULL
```

Wir müssen `optim` nur drei Argumente übergeben: 1. Startwerte für die Funktion (`par`); diese können beliebig sein, müssen aber einen Wert liefern (kein `NA`). 2. Die zu maximierende Funktion (`fn`); diese **muss** so definiert sein, dass ein Vektor mit Parametern als erstes Argument der Funktion übergeben wird. Wenn wir der Funktion z. B. noch Daten übergeben wollten, so müsste dies das zweite Argument der Funktion sein, nicht das erste! 3. Eine Aussage, ob maximiert oder

Exkurs: Vergleich der Schnelligkeit zweier Algorithmen

R stellt mit `system.time` eine Stoppuhr zur Verfügung. Wir können mit ihr die Zeit messen, die die obige Berechnung verbraucht:

```
> system.time(o1 <- optim(par=c(1, 0.1), fn=llfun,
control=list(fnscale=-1),
+ hessian=T))
user system elapsed
0.007 0.000 0.008
```

Diese Berechnung brauchte also 0.008 Sekunden. Mit dem BFGS-Algorithmus geht es noch schneller:

```
> system.time(o2 <- optim(par=c(1, 0.1), fn=llfun, method="BFGS",
+ control=list(fnscale=-1), hessian=T))
user system elapsed
0.002 0.001 0.002
```

minimiert werden soll. Grundeinstellung ist die Minimierung, wir aber wollen maximieren. Deshalb multiplizieren wir einfach das Ergebnis von `fn` mit -1. Kodiert wird dies durch eine Veränderung der Optimierungskontrolloption `fnscale`.[8]

Die Ausgabe ist etwas verwirrend, da die Benennung gegen manche Konventionen verstößt. Zunächst erhalten wir unter `$par` die optimalen Parameterwerte (also β_0 und β_1). Diese sind uns inzwischen vertraut. Unter dem Listeneintrag `$counts` erscheint der Funktionswert im Optimum, also unsere log-*likelihood* von -55.7. Unter `$counts` sehen wir, dass der Algorithmus 61 Funktionsaufrufe brauchte, um das Optimum zu finden (eine Information, die uns nicht wirklich weiterbringt). Unter `$convergence` meldet `optim`, ob der Algorithmus konvergiert ist, also einen Endwert gefunden hat. *Alles außer 0 zeigt ein Problem an!* Es ist ungewöhnlich und irreführend, dass eine 0 anzeigt, dass alles in Ordnung ist. Eine 1 (= TRUE) wäre logischer. Schließlich werden mögliche Fehlermeldungen über `$message` herausgegeben. Hier wollen wir `NULL` lesen.

8.2.2 Nicht-lineare Regression zu Fuß

Die letzten Seiten waren recht trockenes Brot. Warum das Ganze, wo doch das GLM schon so einfach ein Ergebnis produziert? Weil mit dem GLM eben nicht alles geht. Zwei Fälle kann das GLM in seiner Standardimplementierung in R nicht leisten: 1. die große Fülle an möglichen Verteilungen abdecken (tatsächlich gibt es „nur" vier Verteilungen für `glm`: normal, Poisson, binomial und γ).[9] Und 2. beliebige funktionale Zusammenhänge abbilden.

[8]Weitaus häufiger sieht man ein Minuszeichen in der Zielfunktion, etwa `res <- - mach.was(.)`. Ich finde das ohne Erklärung verwirrend und bevorzuge das umständlichere `fnscale=-1`.

[9]Dieses Manko wird durch Erweiterungspakete behoben, vor allem durch **VGAM**, siehe Abschnitt 8.3 auf Seite 142.

Exkurs: Quantifizierung des Standardfehlers der zu optimierenden Parameter

Das Argument `hessian=T` liefert uns die nötigen Daten, um die Standardfehler der optimierten Parameter zu ermitteln. Ohne ins Detail gehen zu wollen: Die *Hessian* (deutsch: Hesse-Matrix) ist die Matrix der partiellen zweiten Ableitungen. Wenn man deren Kehrwert invertiert, dann stehen auf der Diagonalen die Varianzen der Parameterschätzer. Daraus ziehen wir die Wurzel und erhalten die Standardfehler. Diese sollten der Ausgabe des GLMs entsprechen.
(Es geht hier ausnahmsweise nicht ums Verständnis, sondern nur ums Handwerk: *Wie* gewinnen wir hier die Standardfehler, nicht *wieso* so? Wer es dann doch etwas genauer haben will: im Maximum einer Funktion ist deren erste Ableitung 0, die zweite negativ. Die zweite Ableitung gibt an, wie steil es um dieses Optimum ist, wie steil also der Gradient ist. Je steiler, desto geringer der mögliche Fehler: die Bergspitze ist gut zu finden. Bei der Berechnung wird diese Matrix invertiert, so dass die Hesse-Matrix das Inverse der Gradientenableitung ist.)
Versuchen wir's:

```
> sqrt(diag(solve(-o1$hessian)))
[1] 0.19442347 0.05436619
```

Und mit dem BFGS-Algorithmus:

```
> sqrt(diag(solve(-o2$hessian)))
[1] 0.19442645 0.05436748
```

Der Standardfehler laut GLM ist:

```
> summary(glm(stuecke ~ attrakt, poisson))$coefficients
Estimate Std. Error z value Pr(>|z|)
(Intercept) 1.4745872 0.19442732 7.584259 3.343919e-14
attrakt 0.1479366 0.05436782 2.721033 6.507822e-03
```

Diese Werte sind also etwa auf die fünfte Dezimalstelle gleich. Dass sie dann variieren liegt an der Wahl des Optimierungsalgorithmus.

Deshalb jetzt das Beispiel einer nicht-linearen Regression. Eine häufig benutzte nicht-lineare Regression ist die Michaelis-Menten in der Enzymkinetik. Bei ihr läuft die Funktion auf eine Asymptote ein. Die Michaelis-Menten-Kinetik hat folgende Formel:

$$\mathbf{y} = \frac{v_{max}\mathbf{x}}{\mathbf{x} + k_M} + B\,,$$

wobei $\mathbf{y}$ die Konzentration des Produkts ist, x die Konzentration des Substrats, v_{max} die maximale Umsatzgeschwindigkeit und k_M die Konzentration, bei der die halbe v_{max} erreicht ist (Halbsättigungskonzentration). B ist eine Konstante, die den Umsatz ohne Substrat angibt. Laut Selwyn (1995) ist B eine wichtige und essentielle Komponente, die leider in den meisten Lehrbüchern nicht erwähnt wird.

Wir fitten eine Michaelis-Menten-Kinetik an eine Beispieldatensatz. Genauer: Wir nehmen an, dass die Umsatzgeschwindigkeit v einer Normalverteilung entstammen, deren Mittelwert eine Funktion der Substanzkonzentration S ist. Oder, in der halb-formalen Schreibweise:

$$\mathbf{v} \sim N\left(\mu = \frac{v_{max}\mathbf{x}}{\mathbf{x} + k_M} + B, \sigma\right).$$

Wir folgen jetzt den drei Optimierungsschritten, die oben aufgeführt sind (S. 136), um diesen Datensatz mit *maximum likelihood* zu fitten, nachdem wir den Datensatz geladen haben:

```
> library(nlstools)
> data(vmkm) # Beispieldaten zur Michaelis-Menten Kinetik
> attach(vmkm)
> head(vmkm)

    S    v
1 0.3 0.17
2 0.3 0.15
3 0.4 0.21
4 0.4 0.23
5 0.5 0.26
6 0.5 0.23

> # 1. Optimierungsfunktion:
> llfun <- function(parms){
+          mu <- parms["vmax"]*S/(parms["Km"] + S) + parms["B"]
+          res <- sum(dnorm(v, mean=mu, sd=parms["sigma"], log=T))
+          return(res)
+ }
> # 2. Startwerte:
> initial <- c("vmax"=0.7, "Km"=0.2, "B"=0, "sigma"=1)
```

`initial` muss ein *benannter* Vektor (*named vector*) sein, da wir über Namen auf seine Elemente zugreifen (z. B. `parms["vmax"]`)!

```
> # 3. Optimierungseinstellungen:
> optim(par=initial, fn=llfun, method="BFGS", control=list(fnscale=-1),
+         hessian=T)

$par
      vmax          Km           B       sigma
2.12355081 4.69863497 0.04987349 0.02334237

$value
[1] 51.47789

$counts
function gradient
     167       42
```

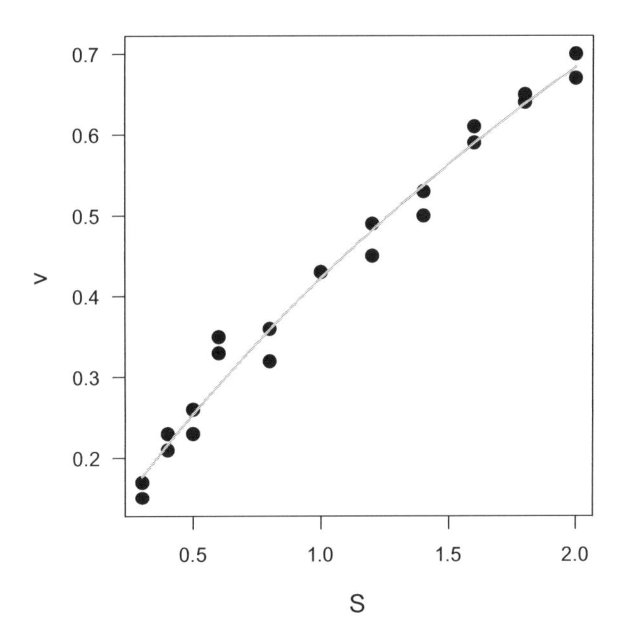

Abb. 8.8: Michaelis-Menten-Kinetik des Datensatzes `vmkm` aus **nlstools**. Die Linie ist mit den Parametern des *maximum likelihood fits* gezeichnet

```
$convergence
[1] 0

$hessian
              vmax          Km            B         sigma
vmax  -1498.585090  517.548286  -7089.53667      7.030413
Km      517.548286 -179.821979   2526.83390     -2.447101
B     -7089.536669 2526.833896 -40376.87102     27.697533
sigma     7.030413   -2.447101     27.69753 -81769.310538

$message
NULL
```

Und jetzt berechnen wir noch die asymptotischen Parameterstandardfehler (siehe Box S. 139):

```
> sqrt(diag(solve(-op$hessian)))
       vmax          Km           B       sigma
0.682505955 2.334559538 0.029375200 0.003497076
```

Daraus können wir mittels t-Test auf Signifikanz testen:

```
> op$par/sqrt(diag(solve(-op$hessian)))
    vmax       Km        B    sigma
3.111403 2.012643 1.697809 6.674826
```

Diese t-Werte sind signifikant, wenn der Absolutbetrag über qt(0.05,18,lower.tail= F) $= -1.734$ liegt.[10] Dies ist für `vmax` und `Km`, nicht aber für B der Fall.

Und schließlich plotten wir Daten und Fit (Abbildung 8.8):

```
> par(mar=c(5,5,1,1))
> plot(v ~ S, data=vmkm, las=1, pch=16, cex=1.5, cex.lab=1.5)
> parms <- op$par # wir weisen parms die optimalen Parameter zu
> curve(parms["vmax"]*x/(parms["Km"] + x) + parms["B"], add=T,
+         lwd=2, col="grey")
```

8.3 GLM mit VGAM

Die Standardfunktion `glm` bietet vier Verteilungen an. In `glm.nb` (Paket **MASS**) ist zusätzlich die negativ binomiale Verteilung implementiert und wird analog zu `glm` berechnet. Die lognormale Verteilung kann man einfach durch Logarithmieren der Antwortvariablen nutzen. Doch wie schätzen wir die Parameter der β-Verteilung oder der Weibull?

Hier hilft das enorm mächtige Paket **VGAM** weiter. Yee & Wild (1996) implementieren hierin über 50 Verteilungen und ihre Verwendung in einem GLM. Die zentrale Funktion heißt `vglm`, die Verteilungen sind in sogenannten *family functions* implementiert (siehe `?"vglmff-class"`).

VGAM stellt eine Vielzahl Funktionen und Optionen zur Verfügung, die hier unmöglich vorgestellt werden können (siehe Yee 2008, für eine Einführung). Wir werden einfach nur ein negativ binomiales Modell rechnen und mit dem in **MASS** vergleichen. Dazu erfinden („simulieren") wir Daten, um sicherzustellen, dass sie in der Tat negativ binomial verteilt sind.

Das Modell, das wir fitten wollen, sieht so aus: $\mathbf{y} \sim \text{NegBin}(\mathbf{k}, \theta)$, wobei $\mathbf{k} = e^{ax+b}$ ist. Wir simulieren eine Datensatz mit $a = 1$, $b = 3$ und $\theta = e^1$:

```
> library(VGAM)
> set.seed(101) # fixiert den Zufallsgenerator
> ndata <- data.frame(x = runif(nn <- 500))
> ydata <- rnbinom(ndata$nn, mu = exp(3+x), size = exp(1)))
> ndata <- cbind(ndata, "y1"=ydata)
> # Jetzt fitten wir ein negbin-GLM mit vglm:
> fit1 <- vglm(y1 ~ x, negbinomial, ndata)
> summary(fit1)

Call:
vglm(formula = y1 ~ x, family = negbinomial, data = ndata)
Pearson Residuals:
             Min       1Q   Median      3Q    Max
log(mu) -1.4864 -0.75557 -0.14652 0.48532 4.0352
```

[10] Es gibt 22 Datenpunkte, wir fitten vier Parameter, also bleiben 18 Freiheitsgrade übrig. `lower.tail=F` erzwingt die Angabe des rechten Teils der Verteilung, also dass Werte größer sind als x.

```
log(k)  -7.0573 -0.37013  0.41440 0.65409 1.1237

Coefficients:
                Value Std. Error t value
(Intercept):1 3.05990   0.061525 49.7344
(Intercept):2 0.85336   0.065553 13.0178
x             0.87469   0.104846  8.3426

Number of linear predictors:  2

Names of linear predictors: log(mu), log(k)

Dispersion Parameter for negbinomial family:   1

Log-likelihood: -2185.716 on 997 degrees of freedom

Number of Iterations: 4
```

Jetzt die Variante mit `glm.nb`:

```
> library(MASS)
> summary(glm.nb(y1 ~ x, ndata))
```

```
Call:
glm.nb(formula = y1 ~ x, data = ndata, init.theta = 2.347522506,
    link = log)

Deviance Residuals:
    Min       1Q   Median       3Q      Max
-3.6480  -0.9357  -0.1515   0.4418   2.5113

Coefficients:
            Estimate Std. Error z value Pr(>|z|)
(Intercept)  3.05990    0.06152  49.735   <2e-16 ***
x            0.87469    0.10484   8.343   <2e-16 ***
---
Signif. codes:  0 '***' 0.001 '**' 0.01 '*' 0.05 '.' 0.1 ' ' 1

(Dispersion parameter for Negative Binomial(2.3475) family taken to be 1)

    Null deviance: 607.56  on 499  degrees of freedom
Residual deviance: 536.08  on 498  degrees of freedom
AIC: 4377.4

Number of Fisher Scoring iterations: 1
              Theta:  2.348
          Std. Err.:  0.154

 2 x log-likelihood:  -4371.432
```

Fangen wir unten an: `glm.nb` liefert eine Ausgabe, die der von `glm` entspricht. Zusätzlich zu den Parametern der Geradengleichung (auf der *link*-Skala: $a=0.875$, $b=3.060$) gibt es den Schätzer für den Dispersionsparameter θ an (2.3475).

Das `vglm` liefert die gleichen Informationen in anderer Darstellung: a ist klar zu finden, b ist der erste der beiden *intercepts*. Der zweite *intercept* stellt den Schätzer für θ auf der *link*-Skala dar (angegeben unter: `names of linear predictor`). Rücktransformiert ist $\theta = e^{0.853} = 2.3475$. `vglm` bietet keine Signifikanztests der Schätzer an. Wie wir wissen (weil wir die Daten so generiert haben), ist der wahre Wert von $b = 3$ und der von $a = 1$. Die Unterschiede ergeben sich schlicht als Folge der zufälligen Generierung der Daten.

8.4 Modellierung beliebiger Verteilungsparameter (nicht nur des Mittelwerts)

Eine extrem wichtige Form von statistischen Modellen sind sogenannte gemischte Modelle (*mixed models* oder *mixed effects models*). Sie erlauben es, dass Verletzungen der Kernannahme der Unabhängigkeit von Datenwerten mit berücksichtigt werden können. Z. B. sind longitudinale Daten (wiederholte Messungen an einem Subjekt) nicht unabhängig, da es ja das gleiche Subjekt ist. In gemischten Modellen werden die Daten entsprechend pro Subjekt analysiert, und jedes Subjekt hat eine andere Varianz.

Gemischte Modelle sind definitiv ein fortgeschrittenes Thema und sollen hier nicht weiter diskutiert werden. Ihnen liegt aber zugrunde, dass wir nicht nur den Mittelwert, sondern auch die Varianz modellieren können. Das ist eigentlich sehr einfach, denn wir müssen nur das lineare Modell auf einen anderen Verteilungsparameter legen: statt $\mathbf{y} \sim \text{Gamma}(shape = a\mathbf{x} + b, scale)$ modellieren wir einfach $\mathbf{y} \sim \text{Gamma}(shape, scale = a\mathbf{x} + b)$.[11]

Ein Beispiel soll das klarer machen. In der Verhaltensökologie spielt die sexuelle Auswahl (*sexual selection*) eine wichtige Rolle. Weibchen wählen gute Männchen als Väter ihrer Nachkommen, um deren Überleben zu maximieren. Aus verschiedenen Gründen ist das Verhältnis von Männchen und Weibchen in der Population trotzdem häufig 50:50 (Krebs & Davies 1993). Wenn aber, sagen wir, 200 Weibchen und 200 Männchen zusammen 400 Nachkommen haben (also im Mittel 2 Nachkommen pro „Elternteil"), so haben nicht alle Männchen und alle Weibchen gleich zu diesen Nachkommen beigetragen. Manche haben mehrere Nachkommen produziert, andere weniger. In anderen Worten, die Verteilung der Anzahl Nachkommen ist möglicherweise unterschiedlich zwischen Männchen und Weibchen, obwohl der

[11] Weshalb dies vielen Analysten Probleme macht, liegt daran, dass Lehrbücher GLMs nicht über die Verteilungen einführen, sondern von der Normalverteilung auf andere Verteilungen generalisieren. Dadurch geht aber der Blick auf die zentrale Bedeutung der Verteilung verloren.

Mittelwert der Gleiche ist. Mit folgender Analyse wollen wir die Variabilität der Anzahl Nachkommen analysieren, nicht den Mittelwert.[12]

In unserem Beispieldatensatz (Stunken & Logen 2012) haben wir für 200 Männchen und Weibchen der Tüpfelhyäne die Anzahl Nachkommen gezählt, die nach einem Jahr noch im Rudel lebten. Wir laden diese Daten und schauen uns die Histogramme je Geschlecht an:

```
> nachkommen <- read.csv("nachkommen.csv")
> summary(nachkommen)

       M               W
 Min.   : 0.00   Min.   :0
 1st Qu.: 0.00   1st Qu.:1
 Median : 1.00   Median :2
 Mean   : 2.00   Mean   :2
 3rd Qu.: 2.25   3rd Qu.:3
 Max.   :24.00   Max.   :8

> par(mfrow=1:2, mar=c(4,5,1,1))
> hist(nachkommen$M, col="grey", las=1, xlab="Nachkommen pro Männchen",
+         main="", ylab="Häufigkeit", cex.lab=1.5)
> hist(nachkommen$W, col="grey", las=1, xlab="Nachkommen pro Weibchen",
+         main="", ylab="Häufigkeit", cex.lab=1.5)
```

Dies liefert Abbildung 8.9. Auch in der Zusammenfassung sehen wir, dass Männchen bis zu 24 Nachkommen haben, während Weibchen maximal acht Junge im Rudel haben.

Jetzt fitten wir ein negativ binomiales Modell, in dem wir nicht den Mittelwert (μ) sondern den Klumpungsparameter r in Abhängigkeit vom Geschlecht modellieren:

$$\mathbf{y} \sim \text{NegBin}(\mu, r = e^{a+bG}),$$

wobei G eine Indikatorfunktion für das Geschlecht ist, mit einer 0 für männlich und 1 für weiblich. Wir folgen wieder den drei Schritten der Optimierung, nachdem wir den Datensatz umgeformt haben:

```
> NKstack <- stack(nachkommen)
> colnames(NKstack) <- c("Nachkommen", "Elterngeschlecht")
> # 1. Zielfunktion:
> llfun <- function(parms){
+          size.est <- exp(parms[2] + parms[3]
+          *(as.numeric(NKstack$Elterngeschlecht) -1))
+          res <- sum(dnbinom(NKstack$Nachkommen, mu=exp(parms[1]),
+                   size=size.est, log=T))
+          res
+ }
```

[12]Dieses Beispiel ist etwas konstruiert, denn der Erwartungswert ändert sich mit dem Geschlecht. Die Analyse dient als Illustration.

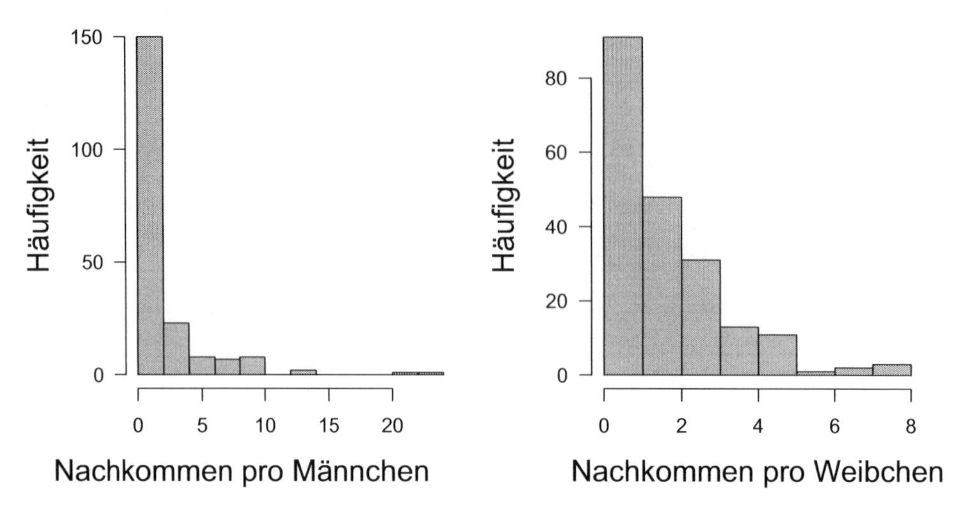

Abb. 8.9: Histogramme der Anzahl Nachkommen je Individuum für männliche (*links*) und weibliche (*rechts*) Tüpfelhyänen

```
> # 2. Startwerte:
> initial <- c(1,1,1)
> # 3. Optimierung:
> (op <- optim(initial, llfun, control=list(fnscale=-1), method="BFGS",
+        hessian=T))

$par
[1]  0.6931472 -0.7672723  2.6128038

$value
[1] -726.084

$counts
function gradient
      39       13

$convergence
[1] 0

$message
NULL

$hessian
              [,1]          [,2]          [,3]
[1,] -3.793397e+02 -2.447109e-05 -2.597744e-05
[2,] -2.447109e-05 -4.959455e+01 -5.606904e+00
[3,] -2.597744e-05 -5.606904e+00 -5.606904e+00
```

Wir erhalten also einen Schätzer für den Mittelwert ($e^{0.693} = 2.00$), einen für den Achsenabschnitt (= Streuungsfaktor für Männchen) $a = e^{-0.767} = 0.464$ und einen für den Streuungsfaktor des Geschlechts „weiblich" ($b = e^{-0.767+2.613} = 6.331$). Der Fehler auf diesen Schätzern ist

```
> (se <- sqrt(diag(solve(-op$hessian))))

[1] 0.05134354 0.15077684 0.44842524
```

auf der *link*-Skala. Wir transformieren diese Werte und stellen fest, dass sie dadurch asymmetrisch werden:

```
> upperCI <- exp(op$par+2*se)
> lowerCI <- exp(op$par-2*se)
> cbind(lowerCI, mean=exp(op$par), upperCI)

       lowerCI       mean    upperCI
[1,] 1.8048186  2.0000000  2.2162892
[2,] 0.3434114  0.4642777  0.6276839
[3,] 5.5619751 13.6372330 33.4367052
```

Der 95 %-Konfidenzbereich liegt also für den Mittelwert bei etwa 10 % des Schätzwerts, bei a um die 50 % und bei b um die -50 und $+150$ %. Nichtsdestotrotz sind alle Schätzer signifikant von 0 verschieden (wie die Berechnung des kritischen t-Testwerts auf der *link*-Skale zeigt:[13])

```
> op$par/sqrt(diag(solve(-op$hessian)))

[1] 13.500182 -5.088794  5.826621

> qt(0.05, 200-3, lower.tail=F)

[1] 1.652625
```

Alle t-Beträge sind deutlich größer als 1.65.

Wir stellen also bezüglich der Hyänennachkommen fest, dass das „Fortpflanzungsgeschäft" bei Weibchen viel gleichmäßiger über alle Individuen verteilt ist als bei den Männchen (Streuungsparameter 0.46 bei Männchen und 6.33 bei Weibchen, wobei größere Werte geringere Klumpung bedeuten). Jetzt müssen wir nur noch berechnen, wie viele Männchen und Weibchen sich überhaupt fortpflanzen. Dafür tabulieren wir einfach die Anzahl Nachkommen je Individuum:

```
> table(nachkommen$W)

 0  1  2  3  4  5  6  7  8
31 60 48 31 13 11  1  2  3
```

[13] Das Vorzeichen ist hierbei unwichtig: es gibt nur an, ob ein Wert über oder unter 0 liegt.

```
> table(nachkommen$M)

 0  1  2  3  4  5  6  7  8  9 10 13 14 22 24
91 37 22 14  9  5  3  5  2  6  2  1  1  1  1
```

Während sich also 85 % aller Weibchen fortpflanzt (169 von 200), sind dies nur 55 % der Männchen (109 von 200).

Was haben wir hiervon gelernt? Nun, wir können jetzt, wenn die Fragestellung das erfordert, nicht nur Mittelwerte mit *maximum likelihood* fitten, sondern auch Varianzen, *scale*-Parameter und sonstige Verteilungsparameter. Selbstverständlich können wir auch Funktionen für alle Parameter einer Verteilung fitten, etwa: $\mathbf{y} \sim N(\mu = a + b\mathbf{x}, \sigma = c + d\mathbf{x} + d\mathbf{x}^2)$. Der gerade vorgestellte Ansatz ist nur durch die Anzahl Datenpunkte und die Fantasie des Analysten beschränkt.

8.5 Übungen

1. Führe eine Regression durch, um zu sehen, ob sich Düngen lohnt. Der Datensatz ist im Paket **faraway** und heißt `cornnit`. Antwortvariable ist `yield` (in *bushels* pro *acre*!), Prädiktor ist `nitrogen` (in *lbs* pro *acre*!). Immer zunächst plotten, dann fitten, dann einzeichnen! Probiere zunächst eine lineare Regression. Wie viel ist das quadratische Polynom besser? Oder gar ein Polynom dritten Grades (`yield ~ poly(nitrogen, 3)`)?

2. Ein Blutdruck-senkendes Mittel wurde Kaninchen verabreicht. Funktioniert es? Datensatz `Rabbit` im Paket **MASS**, Antwortvariable `BPchange`, Prädiktor `Treatment`. Dies ist also eine „Regression" mit einer kategorialen Variablen. Wichtig ist hier, ob der Behandlungseffekt (`Treatment`) signifikant ist.

3. Bei Schakalen wurden Kieferlängen gemessen. Unterscheiden sich die beiden Geschlechter? (Datensatz `jackal` im Paket **permute**.)

4. Führe eine Regression für die Höhe von Kiefern als Funktion ihres Alters durch. Dazu den Datensatz `Loblolly` mittels `data(Loblolly)` laden, die beiden Variablen `height` und `age` richtig ins Modell einsetzen und die Parameter der Regressionsgeraden bestimmen. Dann versuchen, diese Regression „zu Fuß" zu rechnen: *likelihood*-Funktion schreiben, Startwerte überlegen, in `optim` einsetzen.

5. Wenn das geklappt hat, trauen wir uns an einen schwierigeren Fall. Im Datensatz `ChickWeights` (`data(ChickWeights)`) variiert nicht nur das Gewicht von Hühnchen mit der Zeit, sondern die Standardabweichung nimmt auch zu. D.h., hier führen wir die Regression mit `glm` nur durch, um ein paar Startwerte für den „zu Fuß"-Weg zu erhalten. Darin lassen wir sowohl Mittelwert als auch Standardabweichung der Normalverteilung mit dem Prädiktor `time` (und zwar jeweils unabhängig). D.h. wir müssen bei der *likelihood*-Funktion

4 Parameter fitten: Achsenabschnitt und Steigung für den Mittelwert (etwa: a und b), und Achsenabschnitt und Steigung für die Standardabweichung (etwa: c und d). Diese Aufgabe ist nicht ganz leicht. Nicht frustrieren, wenn es nicht auf Anhieb klappt! Wenn z. B. ein Optimierungsversuch einen Fehler liefert, dann erst einfach nochmal versuchen und dann die Startwerte verändern.

6. Diese Übungen beruhen auf dem Datensatz von Bolger et al. (1997, `bolger.txt`). Darin haben die Autoren für 25 Habitatfragmente in kalifornischen Schluchten das Vorkommen von Nagetieren (`RODENTSP`, mit den Werten 0 und 1), sowie drei Umweltparameter erhoben.
   (a) Plotte das Vorkommen von Nagetieren (Variablenname `RODENTSP`) als Funktion der Strauchdeckung (`PERSHRUB`). Fitte ein GLM (welche Verteilung?) und zeichne die erhaltene Regressionslinie sowie die 95 % Konfidenzintervalle ein.
   (b) Berechne die Strauchdeckung, bei der die Vorkommenswahrscheinlichkeit von Nagetieren noch 80 % ist.
7. In einer weiteren Studie haben die gleichen Autoren die Abundanz einzelner Nagetierarten mit verschiedenen Prädiktoren in Verbindung gebracht. Hier schauen wir uns an, ob die Regressionen für die einheimische Art `RMEGAL` anders ausfallen als für die eingeschleppte Art `MMUS`. Der Prädiktor unserer Wahl beschreibt, wie lange ein Fragment schon isoliert ist und heißt `AGE`.
   (a) Lies den Datensatz `bolger4.txt` ein (etwa mittels `read.delim`) und weise ihm einen Objekt zu.
   (b) Führe ein Poisson-Regression für `RMEGAL` durch. Wiederhole dies mit einer negativ binomialen Regression (`glm.nb` in **MASS**). Vergleiche die AIC-Werte: welches Modell ist angemessener? Vergleiche die Signifikanz des `AGE`-Effekts in den beiden Modellen. Was passiert hier, wenn wir vom Poisson- zum negativ binomialen Modell wechseln?
   (c) Jetzt ergänzen wir diese Analysen noch um eine Auswertung des Vorkommens (also nicht der Abundanz). Dazu definieren wir eine Variable `RMEGAL>0` und benutzen diese als Antwortvariable in einem binomialen GLM.
   (d) Wiederhole diese drei Analysen mit der eingeschleppten Art *Mus musculus*. Ist das Muster ein anderes?
   (e) Plotte den `AGE`-Effekt für `RMEGAL` und `MMUS` entsprechend des negativ binomialen Modells in eine gemeinsame Abbildung.
   (f) Wem es jetzt in den ökologischen Fingerspitzen kribbelt, der mag noch `RRATTUS` (eingeschleppt) und `PCALIF` (einheimisch) mit einbeziehen.

Kapitel 9

Regression – Teil II

The most misleading assumptions are the ones you don't even know you're making.
Douglas Adams
Last Chance to See

Am Ende dieses Kapitels ...

... hast Du verschiedene Schritte kennengelernt, die *nach* der Formulierung des Modells nötig sind.

... weißt Du, wie Prädiktoren verteilt sein sollten.

... weißt Du, dass es mehrere Arten von Residuen gibt, und dass diese Aufschluss über den Modellfit geben können.

... kannst Du auf „Ausreißer“ und einflussreiche Datenpunkte prüfen.

... weißt Du, dass Du auf alternative Kurvenformen testen solltest.

Jede statistische Analyse hat zugrundeliegende Annahmen. Wie können wir überprüfen, ob wir diese bei unserer Analyse nicht verletzt haben? Wie können wir die Qualität unserer Regression beurteilen? Woran erkennen wir, ob unser Modell „krank“ ist, d. h. ein Ergebnis liefert, dass nicht mit unserer Erwartung nach Betrachtung verschiedener Abbildungen übereinstimmt?

Das Wort „krank“ ist mit Bedacht gewählt, denn das Thema hier ist Modelldiagnostik. Nur weil wir ein GLM gefittet haben, heißt das noch lange nicht, dass jetzt alles klar ist und wir die Analyse beenden können.

Eine Kernaussage dieses Kapitels ist, dass Statistiken (wie etwa R^2 oder t-Test der Schätzer) alleine schwerlich die Modelldiagnostik erlauben. Die Visualisierung der Daten und der Residuen ist extrem wichtig. Zur Illustration dieser Aussage mögen die Datensätze von Anscombe (1973) dienen (Abbildung 9.1). Dieser Datensatz ist so konstruiert, dass alle vier Regressionen die gleiche Steigung und das gleiche R^2 liefern. Bei oberflächlicher Betrachtung ohne Modelldiagnostik hätten wir die Modelle also vielleicht akzeptiert!

C.F. Dormann, *Parametrische Statistik*, Statistik und ihre Anwendungen,
DOI 10.1007/978-3-642-34786-3_9, © Springer-Verlag Berlin Heidelberg 2013

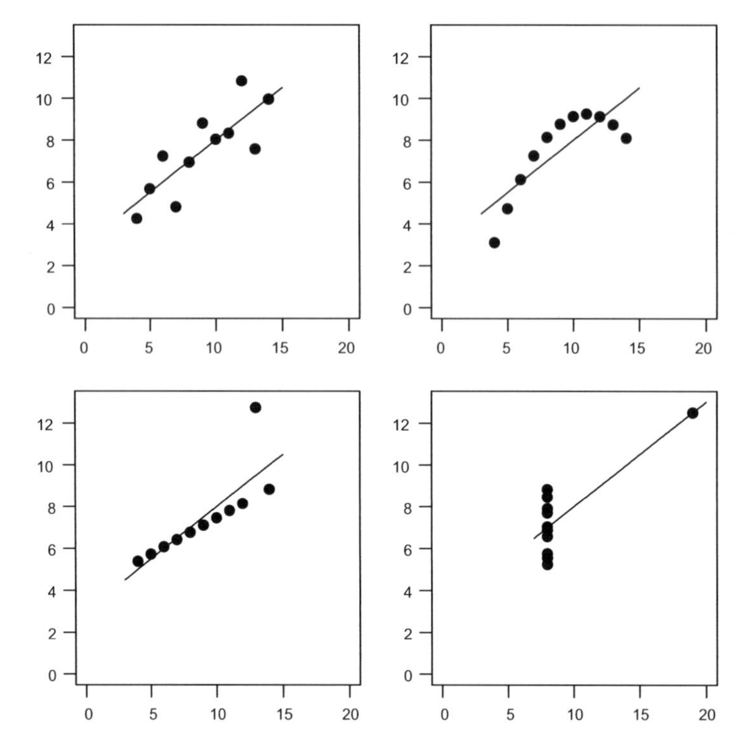

Abb. 9.1: Das Anscombe-Quartett: Vier unterschiedliche Datensätze, die folgendes gemeinsam haben: Regressionsgerade: $y \sim N(\mu = 3.0 + 0.5x, \sigma)$, Anzahl Datenpunkte = 11, $R^2 = 0.67$, Abweichungsquadrate (SS) = 27.5 und der t-Test der Steigung = 4.24, P = 0.002 (Die Bedeutung dieser Zahlen lernen wir in späteren Kapiteln kennen) (Daten aus Anscombe 1973)

Konkret ist nur im ersten Panel (oben links) eine akzeptable Regression dargestellt. Im Zweiten (rechts oben) sehen wir einen nicht-linear, genauer: quadratischen, Zusammenhang. Der Fit der Linie ist entsprechend praktisch durchgängig schlecht. Wir müssten hier neben x auch noch x^2 als Prädiktor ins Modell nehmen. Der Ausreißer im dritten Panel beeinflusst deutlich den sonst perfekten Zusammenhang. Im letzten Panel führen wir eine Regression durch, obwohl nur ein Wert tatsächlich anders ist. Der Zusammenhang ist entsprechend höchst fragwürdig.

Eine Modelldiagnostik können wir erst durchführen, *nachdem* wir das Modell gefittet haben. Einen Test auf Normalverteilung der Rohdaten ist sinnlos, wenn der Mittelwert der Normalverteilung mit einem Prädiktor variiert. Was wir testen wollen ist ja nicht z. B. $y \sim N(\mu, \sigma)$, sondern $y \sim N(\mu = ax + b, \sigma)$. Oder in Worten: die Daten sind nicht aus einer Verteilung mit *fixen* Parametern gezogen, sondern aus einer Verteilung mit *variablen* Parametern. Entsprechend müssen wir diese Parametervariabilität bei unserem Test der Verteilungsannahmen berücksichtigen.

Der wichtigste Schritt ist die Visualisierung der gefitteten Regression: Daten und Regressionslinie zu vergleichen kann durch kaum einen numerischen Test ersetzt werden!

9.1 Modelldiagnostik

Die numerische Modelldiagnostik hängt von der Art der Verteilung ab, sollte aber folgende fünf Punkte umfassen:

1. Analyse der Prädiktorenverteilung;
2. Analyse einflussreicher Punkte;
3. Analyse der Dispersion;
4. Analyse der Residuen;
5. Analyse des funktionellen Zusammenhangs von y und x.

9.1.1 Analyse des Prädiktors

Während wir für die Antwortvariable eine Verteilung annehmen/vorgeben müssen, haben wir bislang den Prädiktoren keine Aufmerksamkeit geschenkt. Wieso sollten wir? Abbildung 9.2 zeigt das Problem. Die zwei Datenpunkte mit x-Werten über 30 machen aus dem klar negativen Zusammenhang (in hellgrau) einen positiven (in dunkelgrau). Weil diese Punkte so weit von den anderen entfernt liegen, kommt ihnen bei der Berechnung der Regression ein hohes Gewicht zu. Wenn wir die hellgraue Linie akzeptierten, dann wären diese beiden entfernten Punkte extrem schlecht gefittet. So (dunkelgrau) sind alle halbwegs in der Nähe der Linie.

Kurzum: Extreme x-Werte dominieren eine Regression. Idealerweise wären die x-Werte uniform verteilt: überall die gleiche Datendichte. Der wesentliche Punkt hier ist, dass die Verteilung von x eine Rolle spielen kann. Wir machen zwar über sie keine Annahme (wie über die Antwortvariable), aber Ausreißer auf der x-Achse beeinflussen das Ergebnis u. U. stark (siehe Abbildung 9.1 unten links). Nichtuniforme x-Werte sind die Regel (wegen des zentralen Grenzwertsatzes sind sie tatsächlich häufig normalverteilt) und eine Transformation ist häufig angezeigt. Wichtige Transformationen um „Ausreißer“ einzufangen sind der Logarithmus und die Wurzeltransformation (z. B. bei Distanzen oder Flächen). Bleibt die Aussage nach der Transformation der x-Werte gleich, dann war sie offensichtlich robust. Nicht selten aber verschwindet eine Signifikanz, sobald eine extreme Schiefe wegtransformiert wurde.

9.1.2 Analyse einflussreicher Punkte

Es gibt praktisch keine Rechtfertigung, einen Datenpunkt als „Ausreißer“ zu eliminieren! Wenn ein nachweislicher Messfehler vorliegt, dann selbstverständlich; aber es ist

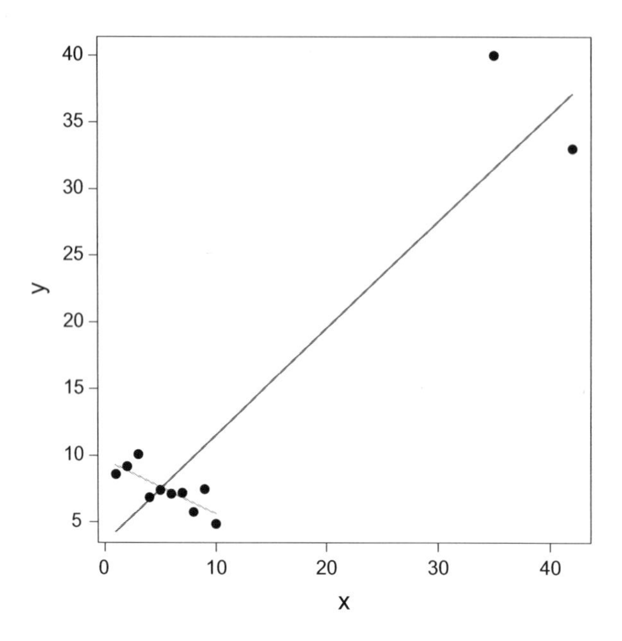

Abb. 9.2: Eine simple Regression?

nicht zu begründen, dass man sich die Daten im Nachhinein zurecht sucht, damit das Ergebnis „passt"!

Manche Programme definieren Werte, die um mehr als 3 Standardabweichungen vom Erwartungswert abweichen, als Ausreißer. Es gibt aber subtilere Methoden, einflussreiche Datenpunkte zu identifizieren. Typischerweise wird hierbei jeder Datenpunkt reihum weggelassen, die Regression erneut gerechnet, und die Veränderung in den Schätzern oder der residuellen Varianz berechnet. Am Wichtigsten ist dabei *Cook's distance*, die einflussreiche Datenpunkt sehr zuverlässig herausstellt. Die meisten anderen Verfahren haben den Nachteil, dass sie einen einzelnen Extremwert entdecken können, nicht aber zwei (wie in unserem Beispiel).

Cook Distanzen für die 12 Datenpunkte aus Abbildung 9.2 sind unter `cook.d` in folgender Tabelle aufgeführt.

	dfb.1_	dfb.x	dffit	cov.r	cook.d	hat	inf
1	0.39187	-0.24321	0.39230	1.160	7.71e-02	0.1354	
2	0.35068	-0.20420	0.35235	1.175	6.29e-02	0.1255	
3	0.34138	-0.18453	0.34536	1.154	6.02e-02	0.1166	
4	0.01288	-0.00637	0.01317	1.385	9.63e-05	0.1088	
5	-0.00526	0.00234	-0.00546	1.375	1.66e-05	0.1021	
6	-0.07680	0.02993	-0.08145	1.347	3.66e-03	0.0963	
7	-0.11835	0.03888	-0.12902	1.311	9.08e-03	0.0917	
8	-0.25319	0.06594	-0.28587	1.131	4.15e-02	0.0880	
9	-0.18160	0.03343	-0.21418	1.214	2.42e-02	0.0854	

```
10 -0.38797  0.03801 -0.48251 0.819 1.01e-01 0.0839
11  0.54919 -1.57864 -1.70513 1.956 1.31e+00 0.5833   *
12 -0.57682  2.23560  2.52739 0.436 1.66e+00 0.3830   *
```

Was auch immer diese anderen Maße sind, nicht alle weisen 11 *und* 12 (die Werte rechts oben in Abbildung 9.2) als auffällig aus (folgende tun es: `dfb.x`, `cook.d`, `hat`). Für *Cook's distance* bezeichnet man Werte über 1 (Cook & Weisberg 1982) bzw. über $4/n$ (n = Anzahl Datenpunkte) als auffällig (Bollen & Jackman 1990). Für unser Beispiel sind dies also 1 bzw. 0.33. Beide Grenzwerte würden die Punkte 11 und 12 als auffallend einflussreich identifizieren.

Was wir daraus lernen ist, dass die einfache Betrachtung der Daten schwer zu formalisieren ist. *Cook's distance* können wir uns aber als eine vertrauenswürdige Methode merken.

Wenngleich Ausreißer nicht einfach aus den Daten gelöscht werden dürfen, so kann man doch eine vergleichende Analyse ohne sie durchführen und auf Robustheit der gefundenen Ergebnisse testen. Dies muss aber immer *zusätzlich*, nicht anstelle der vollständigen Analyse erfolgen und auch klar so beschrieben werden.

9.1.3 Analyse der Dispersion

Bei vielen Verteilungen stehen Erwartungswert (quasi der Mittelwert einer Verteilung) und Varianz in einem bestimmten Verhältnis (siehe Abschnitt 3.4 auf Seite 53). Zum Beispiel ist bei der Poisson-Verteilung der Erwartungswert *gleich* der Varianz. Oder bei der Binomialverteilung ist der Erwartungswert $\mu = np$ und die Varianz $s^2 = np(1-p) = \mu(1-p)$.

Dispersion quantifiziert, um wieviel mehr (oder weniger) die Variabilität mit dem Erwartungswert zunimmt als vom Modell angenommen. Bei der Normalverteilung ist die Standardabweichung (als Maß der Variabilität) unabhängig vom Mittelwert und die Dispersion wird gefittet (sie ist dort die Varianz). Bei der Poisson-Verteilung nimmt die Varianz 1:1 mit dem Mittelwert zu. Hier ist also die Dispersion = 1. Wenn wir jetzt ein GLM auf Basis der Poisson-Verteilung fitten, dann muss die Varianz im Datensatz also exakt mit dem Faktor 1 mit dem Mittelwert steigen. Steigt sie langsamer, so sind die Daten *underdispersed*, steigt sie stärker (was häufiger ist), dann sind die Daten *overdispersed*. *Under-* und *overdispersion* gibt es entsprechend auch bei anderen Verteilungen, wie der binomial und der negativ binomialen Verteilung, nicht aber bei γ- und Normalverteilung, da hier der Dispersionsparameter mit gefittet wird. Auch für die Bernoulli-Verteilung gibt es keine *under-* oder *overdispersion*.

Wenn wir eine GLM-Regression durchgeführt haben, dann müssen wir eine grobe Abschätzung auf *overdispersion* durchführen. Dazu teilen wir die *residual deviance* des Modells durch die residuellen Freiheitsgrade. Dieser Wert sollte um die 1 liegen. Ist er viel größer (> 2) oder kleiner (< 0.6), dann müssen wir entweder eine andere Verteilung zu Grunde legen, oder mittels *quasi-likelihood* eine abgewandelte *maximum likelihood*-Optimierung durchführen, bei der der Dispersionsparameter mit gefittet wird.

9.1.4 Analyse der Residuen

Als Residuen bezeichnet man die Differenz zwischen beobachteten (y) und modellierten ($\hat{y}$) Daten. Im Falle einer Regression mit normalverteilten Daten (also $\mathbf{y} \sim N(\mu = a\mathbf{x} + b, \sigma)$) sind die Residuen einfach $\mathbf{y} - \hat{\mathbf{y}}$. Diese Residuen nennt man *response residuals*.

Für andere Verteilungen (Poisson, binomial, ...) sind diese *response residuals* nicht wirklich nutzbar, da sich die Varianz mit dem Mittelwert verändert. Entsprechend fallen *response residuals* für große Werte von y höher aus. Deshalb werden die *response residuals* zur Standardisierung durch die Wurzel aus der Varianz geteilt:[1]

$$\mathbf{r}_P = \frac{\mathbf{y} - \hat{\mathbf{y}}}{\sqrt{var(\hat{\mathbf{y}})}} \tag{9.1}$$

$\mathbf{r}_P$ nennt man Pearson Residuen oder standardisierte Residuen. Pearson konstruierte sie so, dass $\sum \mathbf{r}_P = \chi^2$, dass also die Summe der Residuen χ^2-verteilt ist, mit df =Anzahl gefitteter Parameter. Somit bietet sich $\sum \mathbf{r}_P$ auch als ein *goodness-of-fit*-Maß an, mit dem man den Fit der Daten absolut (d. h. ohne Vergleich zum Nullmodell) testen kann (für Details sei z. B. auf Faraway 2006, S. 119 verwiesen).

Alternativ kann man $\mathbf{y} - \hat{\mathbf{y}}$ auch so skalieren, dass die Summe der Residuen die *deviance* ergibt. Diese *deviance residuals* sind so definiert:

$$\mathbf{r}_D = \text{sign}(\mathbf{y} - \hat{\mathbf{y}})\sqrt{\mathbf{d}} \tag{9.2}$$

mit $\mathbf{d}$ (der *deviance* Vektor der Datenpunkte) wie auf S. 121 definiert.[2]

Schließlich gibt es noch die *studentised residuals*, bei denen die *deviance residuals* für den geschätzten Streuungsparameter $\hat{\phi}$ (z. B. Varianz, *scale*) und für die *leverage* $\mathbf{h}$ (d. i. den `hat`-Wert in der Analyse einflussreicher Punkte, S. 154) korrigiert werden:

$$\mathbf{r}_{SD} = \frac{\mathbf{r}_D}{\sqrt{\hat{\phi}(1 - \mathbf{h}_i)}}. \tag{9.3}$$

Deviance und Pearson Residuen sind einander ähnlich und haben deutlich andere Werte sowohl als die *response* Residuen als auch die *studentised* Residuen.

Wir können jetzt also verschiedene Residuen berechnen, doch was können wir nun damit anfangen? Der nützlichste Plot ist der von Residuen (auf der y-Achse) gegen den gefitteten Wert (auf der x-Achse).

---

[1] Wir erinnern uns, dass die Varianz die „falschen" Einheiten hat, während die Wurzel der Varianz die gleichen Einheiten (= Dimensionen) hat wie der Mittelwert. Entsprechend sind die so standardisieren Residuen dimensionslos.

[2] „sign" gibt nur das Vorzeichen, aber nicht den Betrag an.

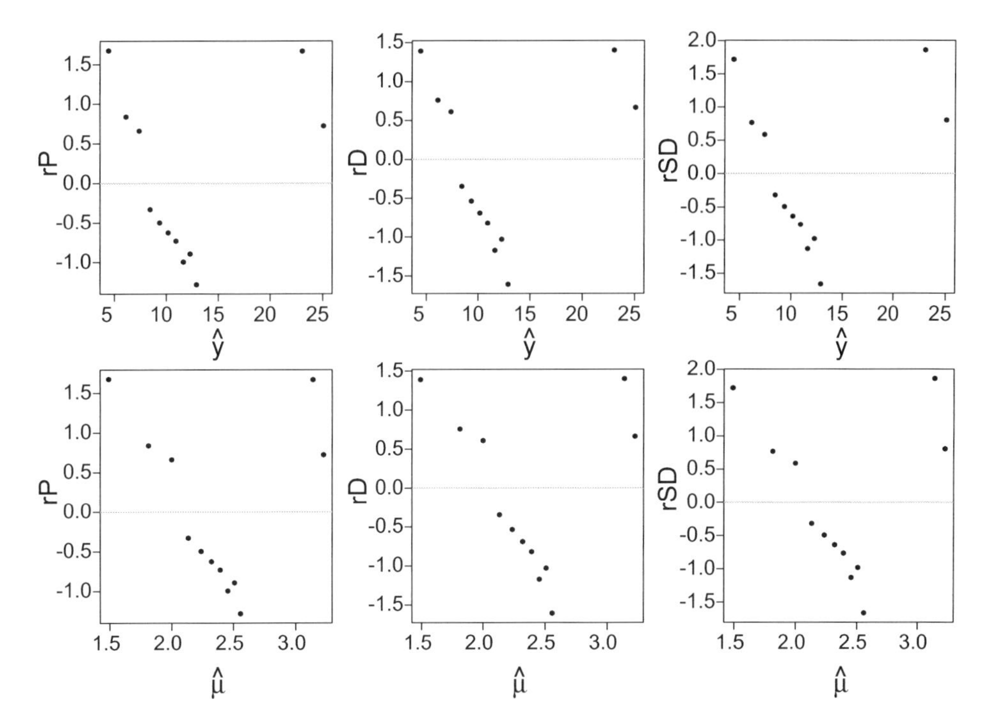

Abb. 9.3: Residuen eines GLMs der Pflanzenartenzahl der Galapagosinseln. Die *oberen Abbildungen* sind auf der *response*-Skala, also Abweichungen zwischen beobachteten und gefitteten Daten $(y - \hat{y})$. Die *unteren Abbildungen* sind auf der *link*-Skala (der Skala des linearen Prädiktors), in diesem Fall also zwischen $\log y$ und $\log \hat{y}$. Die *erste Spalte* enthält Pearson-, die *zweite deviance*- und die *dritte studentised* Residuen

Als Beispiel benutzen wir einen **Poisson**-Datensatz, den auch Faraway (2006) an dieser Stelle einsetzt: Pflanzenartenzahl der 30 Galapagos-Inseln, erklärt durch deren Fläche, Abstand von Santa Cruz, maximale Höhe über NN, Abstand zur nächsten Insel und Fläche der nächsten Insel.[3] Abbildung 9.3 zeigt die drei gerade diskutierten Residuen auf der *response* und der *link*-Skala. Wie wir sehen, sind die Residuen auf der *link*-Skala korrigiert für die mit dem Mittelwert zunehmende Varianz. Diese unteren Abbildungen sollten kein Muster aufweisen, also aussehen „wie Sterne im klaren Nachthimmel", wie es Crawley (2002) formuliert. Die *response*-Skala ist hier wenig aufschlussreich.

Bei **normalverteilten** Daten wurde der Residuenanalyse besonders viel Aufmerksamkeit geschenkt. Hier gelten grundsätzlich die gleichen Prinzipien, nur ha-

[3]Das Problem, dass mehrere dieser Variablen stark miteinander korreliert sind – etwa Höhe und Fläche – ignorieren wir hier, genau wie die Notwendigkeit, einige Variablen vor der Analyse zu transformieren, um Extremwerte einzufangen.

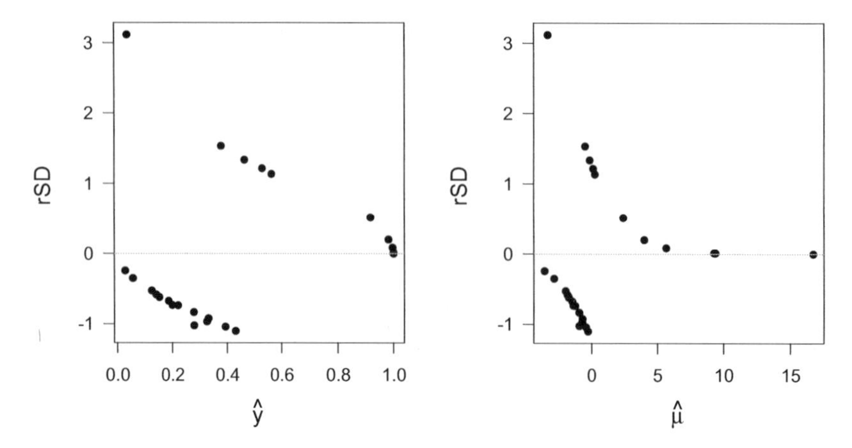

Abb. 9.4: Residuen eines GLMs der Wahrscheinlichkeit, dass eine Mausart (PCALIF) in einem Fragment vorkommt (Bolger et al. 1997). Dargestellt sind nur die *studentised* residuals auf der *response* (*links*) und *link*-Skala (*rechts*). Pearson und *deviance*-Residuen ergeben sehr ähnliche Bilder

ben sie dazu noch spezielle Namen. Da Mittelwert und Varianz bei der Normalverteilung voneinander unabhängig sind, und in einer Regression nur der Mittelwert modelliert wird, sollten die Varianzen für alle Werte von y gleich sein. Diese Forderung nennt man Varianzhomogenität oder Homoskedastizität. Das Gegenteil, also mit dem Mittelwert veränderliche Varianz, nennt man entsprechen Varianzheterogenität oder Heteroskedatizität. Sie stellen eine Verletzung der GLM-Annahmen für normalverteilte Daten dar.

Für eine Regression normalverteilter Daten sind *response* und *link*-Skala identisch (da ja die *link*-Funktion die Identität ist). Entsprechend sollten Residuenplots hier genauso aussehen, wie die *studentised* Residuen auf der *link*-Skala bei Poisson-Daten (Abbildung 9.3 unten rechts). Die „studentisierten" Residuen auf der *link*-Skala (Abbildung 9.3 unten rechts) sind grundsätzlich die empfohlene Residuenform für diese Form der Modelldiagnostik.

Für **Bernoulli-verteilte**-Daten (also 0/1) ist dieser Residuenplot wenig hilfreich (Abbildung 9.4). Hier sind die beobachteten Daten ja entweder 0 oder 1, die Erwartungswerte variierten zwischen 0 und 1. Eine 1, wo das Modell z. B. einen Wert von 0.6 vorhersagt, hat also ein *response*-Residuum ($y - \hat{y}$) von 0.4. Eine 0 bei einem Erwartungswert von 0.7 hat eine *response*-Residuum vom 0.3. Da die gefittete Kurve kontinuierlich ist, sehen wir diese ziemlich kontinuierlich variieren. Da die diskreten Werte 0 und 1 auch auf der *link*-Skala nicht in kontinuierliche Werte transformiert werden können, bleibt dieses Muster erhalten.

Wir lernen: Für manche Verteilungen (normal, Poisson, γ) sind Residuen-Fitted-Plots sinnvoll und lehrreich, um zu überprüfen, ob die Annahmen bezüglich des Zusammenhangs zwischen Varianz und Mittelwert zutreffen. Für andere (Bernoulli) hingegen nicht. Dort steht uns die Residuenanalyse zur Modelldiagnostik nicht zur Verfügung.

Beachte, dass dies nicht nur für kontinuierliche Prädiktoren gilt! Auch die Varianz der *studentised* Residuen unterschiedlicher Faktorlevel muss gleich sein!

9.1.5 Analyse des funktionellen Zusammenhangs von y und x

Wenn wir eine Regression fitten, dann unterstellen wir eine linearen Zusammenhang (im GLM auf der *link*-Skala). Dieser muss aber gar nicht vorliegen. Ob ein angenommener funktioneller Zusammenhang also passt oder nicht, lässt sich allgemein nur durch den Vergleich mit einem weiteren Modell herausfinden.

Einen falschen Zusammenhang zu unterstellen ist die häufigste und folgenreichste Form der Modellmisspezifikation (*model misspecification*). Sie beeinflusst die Form der Residuen, AIC, Extrapolation, usw. Deshalb ist es **sehr wichtig**, dass wir nicht einfach irgendetwas fitten und es für gelungen halten, sondern dass wir alternative Modelle dagegenhalten. Und welche?

Jede „handelsübliche" (mathematisch: stetig differenzierbare) Funktion lässt sich durch ein Polynom ($f(x) = a + bx + bx^2 + cx^3 + dx^4 + \ldots$) annähern (Taylor-Reihe). Da unsere Daten häufig nur „einfach" nicht-linear sind (also nicht wie eine Sinuskurve oder eine Funktion vierten Grades rauf und runter gehen), reicht es meistens aus, neben dem linearen ($f(x) = a + bx$) noch ein quadratisches Modell ($f(x) = a + bx + cx^2$) zu fitten und damit zu vergleichen. Dabei machen wir aus unserer einfachen Regression dann eine Regression mit zwei Prädiktoren, x und x^2. Die tatsächliche Form dieser Kurve hängt dabei stark von der *link*-Funktion ab.

Das Vorgehen ist also wie folgt. Wir nehmen an, dass eine Antwortvariable y von mehreren Prädiktoren $x_1, x_2, x_3, \ldots$ abhängt. In unserem Modell lassen wir aber eine flexible Form dieses Zusammenhangs zu. Für eine Poisson-verteilte Zufallsvariable ergibt sich dann z. B.:

$$\text{Pois}(\lambda = b_0 + b_1x_1 + b_2x_1^2 + b_3x_2 + b_4x_2^2 + b_5x_3 + b_6x_3^2 + \ldots).$$

Wenn jetzt z. B. b_6 kaum von 0 abweicht, dann ist das ein Zeichen dafür, dass wir für die Variable x_3 nur einen linearen Zusammenhang annehmen müssen.

Tatsächlich können, und sollten, wir auch sogenannte „Interaktionen" zwischen Variablen zulassen (siehe hierzu Abschnitt 15.2 auf Seite 270). In diesem Fall nehmen wir das Produkt der Prädiktoren mit ins Modell:

$$\text{Pois}(\lambda = b_0 + b_1x_1 + b_2x_1^2 + b_3x_2 + b_4x_2^2 + b_5x_1x_2 + \ldots).$$

Häufig können wir bei kleinen Datensätzen nicht-lineare Zusammenhänge entdecken, wenn wir die Daten plotten. Bei großen Datensätzen und mehreren Prädiktoren ist das häufig kaum möglich, da sich die Muster der verschiedenen Prädiktoren überlagern. Deshalb ist es wirklich wichtig, dass wir alternative Modellstrukturen vergleichen.

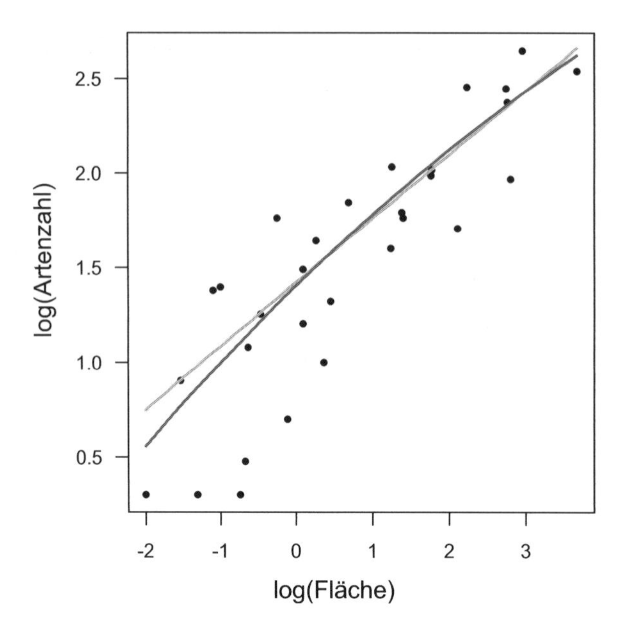

Abb. 9.5: Artenzahl als Funktion der Fläche; beide Variablen wurden $\log_{10}$-transformiert. Die *hellgraue Linie* ist ein lineares Modell (1), die *dunkelgraue* beinhaltet auch eine quadratischen Term (Modell 2)

Schauen wir uns noch einmal den Galapagosdatensatz an. Da die *link*-Funktion für die Poisson-Verteilung der log ist, tragen wir auf der y-Achse log(Anzahl Pflanzenarten) auf. Die Fläche der Inseln ist sehr rechtsschief und wir transformieren diese ebenfalls. Dann konzentrieren wir uns auf die erklärende Variable Fläche und vergleichen zwei Modelle: (1) log(Fläche) als Prädiktor; und (2) log(Fläche) + log(Fläche)^2 als Prädiktoren.

Wir können diesen Vergleich zunächst grafisch vornehmen (Abbildung 9.5). Die beiden Kurven unterscheiden sich nur im unteren Bereich, eine klare Abweichung von der Linearität ist nicht offensichtlich.

Als nächstes schauen wir uns die AICc-Werte dieser Modelle an. Modell (1) hat einen AICc-Wert von 816.9, Modell (2) von 808.9. Anscheinend ist also das quadratische Modell (2) tatsächlich besser (niedrigerer AICc). Für den BIC sind die Schlussfolgerungen analog (BIC 1 = 819.3, BIC 2 = 812.2).

Wir können diesen Modellvergleich auch statistisch festnageln, indem wir die Differenz in der log-*likelihood* (oder das Verhältnis der *likelihoods*) mit einem χ^2-Test testen (*likelihood-ratio test*). Die Idee dahinter ist, dass wir zwei „konkurrierende“ Modelle haben. Der Vergleich ihrer *likelihoods* zeigt uns dann, welches das bessere ist. Tatsächlich ist dann der Logarithmus des Quotienten der *likelihoods*, bzw. die Differenz der log-*likelihoods*, etwa χ^2-verteilt. Die χ^2-Annäherung gilt nur unter bestimmten Bedingungen, vor allem sollten wir den *likelihood-ratio-test* nur anwenden, wenn die beiden verglichenen Modelle „genestet“ sind, also eines eine vereinfachte Form des anderen.[4] In unserem Beispiel ist Modell 1 eine genestete Vereinfachung von Modell 2, die durch Weglassen des quadratischen Terms entsteht.

Das Ergebnis sieht so aus:

```
Analysis of Deviance Table

Model 1: Species ~ log10(Area)
Model 2: Species ~ log10(Area) + log10(Area)^2
  Resid. Df Resid. Dev Df Deviance P(>|Chi|)
1         28     651.67
2         27     641.19  1   10.478  0.001208 **
---
Signif. codes:  0 '***' 0.001 '**' 0.01 '*' 0.05 '.' 0.1 ' ' 1
```

Der Unterschied ist also signifikant. Der zusätzliche Parameter für den quadratischen Term bringt 10.5 *deviance*-Einheiten, und dieser Gewinn ist laut χ^2-Test signifikant ($P < 0.01$). Wir würden den Zusammenhang zwischen Artenzahl und Fläche hier also mit einem quadratischen Polynom fitten.

Neben dem Gesamtvergleich der Modelle erlaubt uns der Blick in die geschätzten Modellparameter auch einen Einblick, ob sich diese beiden Modelle stark unterscheiden. Wenn der zusätzliche quadratische Term in Modell 2 einen geschätzten Wert nahe 0 hat, dann ist der Effekt aus sehr gering. In dem Fall wäre auch der Unterschied zwischen dem linearen Modell 1 und dem quadratischen Modell 2 nur sehr klein. Wir müssen allerdings bedenken, dass im Modell 2 `log10(Area)` im Quadrat eingeht, also auch kleine Werte für diesen Effekt einen großen Effekt haben.

Der Schätzer für `log10(Area)^2` ist -0.0373. Zur groben Korrektur der Tatsache, dass `log10(Area)` ja im Quadrat eingeht, können wir die Wurzel aus dem Betrag ziehen: $\sqrt{0.0373} = 0.192$. Dieser Wert ist immer noch klein relativ zum linearen Effekt der logarithmierten Fläche (0.78). Entsprechend ist die Abweichung von der Geraden des Modells 1 auch nur gering.

Am besten visualisieren wir dies einmal, indem wir die beobachteten Daten gegen die Fits auftragen (Abbildung 9.6). Die beiden Linien entprechen Modell 1 (linear, grau) und 2 (quadratisch, schwarz). Die Unterschiede sind sehr gering.

Wir sollten uns die Auswirkung auf die Residuen anschauen. Dazu berechnen wir *studentised residuals* der beiden Modelle und tragen diese gegen die Fits auf (Abbildung 9.7).

[4]Wir können uns diese Modelle wie russische Babuschkas vorstellen: eines sitzt im anderen. Im Englischen wird das als *nested* bezeichnet, und dieser Ausdruch hat sich auch im Deutschn eingebürgert. Mathematisch korrekter wäre die Formulierung, dass sich das einfachere Modell durch lineare Parameter-Tranformation aus dem anderen herleiten lässt. In unserem Beispiel ist das die Multiplikation des quadratischen Terms mit 0.

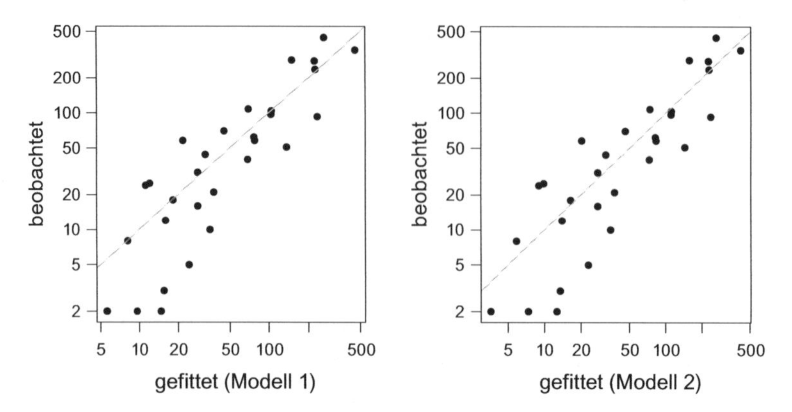

Abb. 9.6: Beobachtete gegen gefittete Daten für Modell 1 (linear) und 2 (quadratisch). Leichte Unterschiede sind im *linken Teil* des Wertebereichs zu sehen. Die *graue Linie* zeigt die ideale 1:1 Entsprechung an

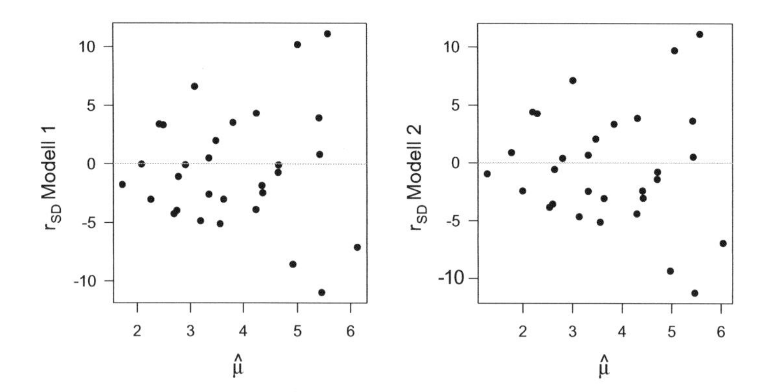

Abb. 9.7: *Studentised residuals* gegen Fits auf der *link*-Skala für Modell 1 (linear) und 2 (quadratisch). Leichte Unterschied sind im *linken Teil* des Wertebereichs zu sehen

Statistisch gesehen ist das quadratische Modell also besser, aber die Unterschiede sind so klein, dass ein lineares Modell auch vertretbar erscheint.[5] Relevant werden die Unterschiede, wenn wir eine Vorhersage jenseits des Wertebereichs machen, also auf Inseln extrapolieren, die kleiner oder größer sind als die beobachteten. Dabei ist eine größere Insel im Galapagos-Archipel nicht zu erwarten, aber es gibt Hunderte Felsen, die als Insel aus dem Wasser ragen. Wir könnten jetzt für einen solchen Felsen eine Vorhersage mit beiden Modellen machen. Wenn sich diese unterscheiden (was nicht sein muss!), dann könnte eine neue Beobachtung helfen zwischen Modell 1 und 2 zu entscheiden.

Die kleinste Insel in diesem Datensatz hat 0.01 km^2, also 10 000 m^2. Wir extrapolieren jetzt etwas über diese Daten hinaus auf eine Inselgröße von nur 1000 m^2

[5]Nichts hält uns davon ab, nun höhere Polynome auszuprobieren!

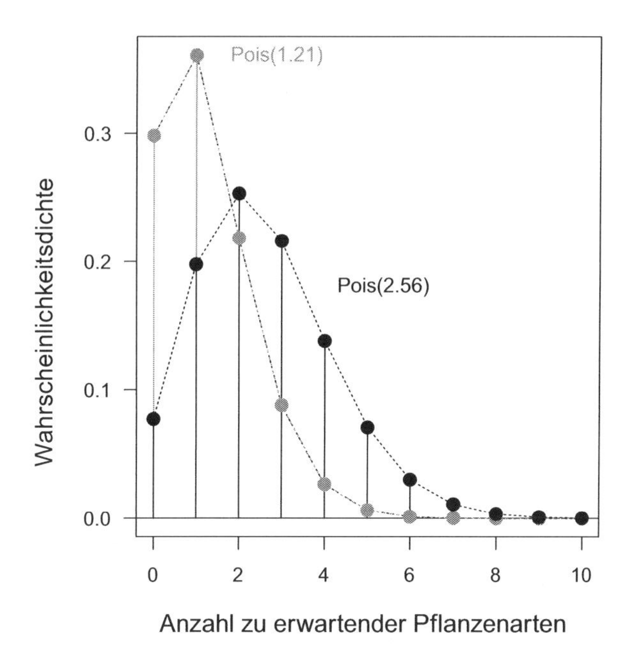

Abb. 9.8: Poisson-Verteilung für die Anzahl Pflanzenarten auf einer 1000 m^2-Insel nach Modell 1 (*grau*) bzw. Modell 2 (*schwarz*). Tatsächlich haben ja beide Parameter noch einen Fehler, so dass sich die Verteilungen im ungünstigsten Fall (unterer Konfidenzbereich von Modell 1: 2.15 gegenüber dem oberen Konfidenzbereich von Modell 2: 2.02) praktisch ununterscheidbar sind

(d. h. ein Wert von -3 auf der x-Achse in Abbildung 9.5). Modell 1 sagt für diese Insel einen Erwartungswert von $\lambda = 2.56$ [2.15, 3.06] (95 % Konfidenzbereich) Arten voraus, Modell 2 $\lambda = 1.21$ [0.72 2.02] Arten.[6] Das bedeutet aber nicht, dass wir nur eine oder zwei Arten auf der Insel zu erwarten haben, sondern dass die Artenzahl auf einer 0.1 ha-Insel auf Galapagos eine Poisson-verteilte Zufallsvariable mit $\lambda = 2.56$ bzw. 1.21 entspricht. Tatsächlich sind selbst hier die Unterschiede noch gering. Von beiden Fällen wird für gut 20 % solcher 1000 m^2-Inseln 2 Pflanzenarten erwartet (Abbildung 9.8).

Dieses Beispiel soll uns lehren, dass es zwar statistisch ein eindeutig besser fittendes Modell geben mag, dass dies aber ökologisch nicht notwendigerweise sehr andere Voraussagen macht als ein einfacheres. Hier ist Augenmaß gefordert: Ist das Ziel der rigorose Test einer (oder mehrerer) Hypothesen, oder wollen wir die Daten grob statistisch vergleichen? Im ersten Fall sollten wir den quadratischen Term

[6] Hier geht es nicht darum, woher diese Werte kommen, sondern dass die Modelle trotz der scheinbar stark unterschiedlichen Vorhersagen aufgrund ihrer Unsicherheit kaum unterscheidbar sind. Die Vorhersage für Modell 1 ($\hat{y}_1$) ergibt sich aus den geschätzten Parametern und der Inselgröße von -3 (entspricht 0.001 km^2) wie folgt: $\hat{y}_1 = e^{3.273+0.78\cdot(-3)} = e^{0.938} = 2.56$. Den Konfidenzbereich ([2.15, 3.06]) berechnen wir einfacher mit einem Statistikprogramm (siehe nächstes Kapitel). Die analoge Rechnung für Modell 2 ist: $\hat{y}_2 = e^{3.323+0.902\cdot(-3)-0.037\cdot(-3)^2} = e^{0.191} = 1.21$.

mitnehmen, im letzteren können wir ihn zugunsten einer vereinfachten Sichtweise fallenlassen.

An dieser Stelle mag sich der Verdacht einschleichen, dass Statistik willkürlich ist. Dem ist nicht so. Die Statistik ist (zumeist) eindeutig, nur die Interpretation ist es leider selten. Da wir nicht primär Statistiker sondern Ökologen, Biologen, Umweltforscher o. ä. sind, interessiert uns die Statistik, als Grundlage unserer Interpretation. Diese sollte solide und handwerklich korrekt sein. Wenn aber, wie im vorliegenden Fall, unsere Analysen ergeben, dass sich das lineare Modell *for all practical purposes* nicht vom quadratischen unterscheidet, dann können wir bei einer linearen Interpretation bleiben.

Später (genauer im Kapitel 15) werden wir uns mit dem systematischen Vergleich vieler Modelle mit mehreren erklärenden Variablen auseinandersetzen müssen. Im Augenblick ist es vor allem wichtig zu sehen, dass wir eine Methode in unserem Werkzeugkasten haben, um auf Nichtlinearität untersuchen zu können.

Kapitel 10

Regression in R – Teil II

It's not easy taking my problems one at a time when they refuse to get in line.
Ashleigh E. Brilliant

Am Ende dieses Kapitels ...

... kannst Du die wichtigsten Schritte der Modelldiagnostik durchführen.

... lässt Du Dich von einem guten Fit allein nicht mehr beeindrucken: auf die Residuen und das Abschneiden alternativer Modellstrukturen kommt es auch an.

... findest Du die grafische Darstellung des gefundenen Zusammenhangs genauso wichtig, wie die Darstellung der Daten selbst.

... weißt Du, weshalb das lineare Modell beliebter ist als das verallgemeinerte lineare Modell (GLM): es macht einem die Modelldiagnostik leichter.

10.1 Modelldiagnostik

Gehen wir die im letzten Kapitel erwähnten fünf Punkte der Modelldiagnostik einfach anhand eines Beispiels durch.

1. Analyse der Prädiktorenverteilung;
2. Analyse einflussreicher Punkte;
3. Analyse der Dispersion;
4. Analyse der Residuen;
5. Analyse des funktionellen Zusammenhangs von y und x.

Als Beispiel dienen uns der Datensatz aus Kapitel 9, Abbildung 9.2 auf Seite 154:

C.F. Dormann, *Parametrische Statistik*, Statistik und ihre Anwendungen,
DOI 10.1007/978-3-642-34786-3_10,

```
> bsp <- read.csv("regressionsbeispiel.csv")
> bsp

    x  y
1   1  9
2   2  9
3   3 10
4   4  7
5   5  7
6   6  7
7   7  7
8   8  6
9   9  7
10 10  5
11 42 33
12 35 40
```

Wir berechnen jetzt zunächst einmal ein GLM unter der Annahme, dass die Daten Poisson-verteilt sind: $\mathbf{y} \sim \text{Pois}(\lambda = a\mathbf{x} + b)$:

```
> fm <- glm(y ~ x, family=poisson, data=bsp)
> summary(fm)

Call:
glm(formula = y ~ x, family = poisson, data = bsp)

Deviance Residuals:
    Min       1Q   Median       3Q      Max
-1.5929  -0.7669  -0.2627   0.9187   1.8961

Coefficients:
            Estimate Std. Error z value Pr(>|z|)
(Intercept) 1.795581   0.133607  13.439   <2e-16 ***
x           0.045078   0.004893   9.213   <2e-16 ***
---
Signif. codes:  0 '***' 0.001 '**' 0.01 '*' 0.05 '.' 0.1 ' ' 1

(Dispersion parameter for poisson family taken to be 1)

    Null deviance: 88.216  on 11  degrees of freedom
Residual deviance: 12.226  on 10  degrees of freedom
AIC: 65.536

Number of Fisher Scoring iterations: 4
```

Soweit das Modell. Jetzt zur Diagnostik.

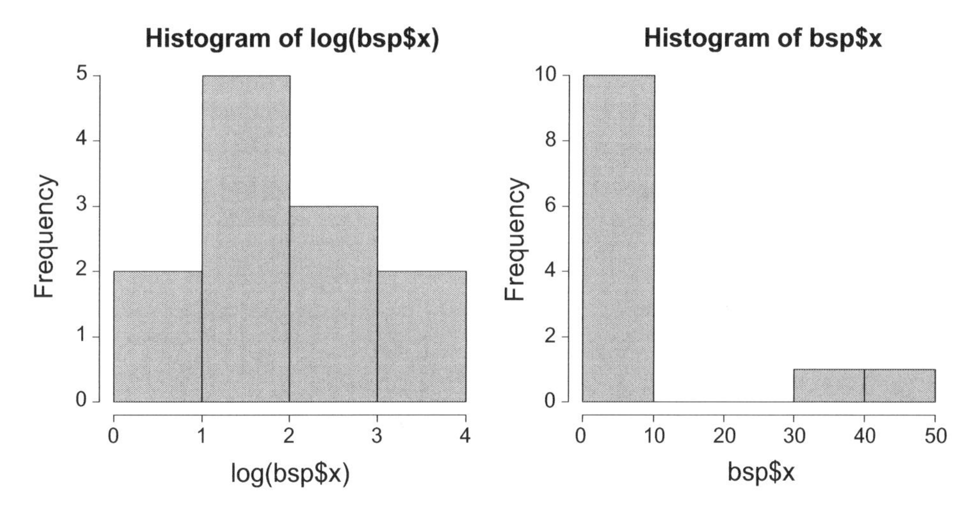

Abb. 10.1: Histogramm des Prädiktors: Rohdaten (*links*) und nach log-Transformation (*rechts*)

10.1.1 Analyse des Prädiktors

Um unseren Prädiktor, x, hinsichtlich seiner Verteilung zu analysieren, greifen wir auf ein Histogramm zurück. Code

```
hist(bsp$x, cex.lab=1.5, col="grey")
```

liefert Abbildung 10.1 links. Ganz offensichtlich ist die Verteilung sehr rechtsschief und weit von einer uniformen Verteilung entfernt. Was uns stören sollte, ist die große Lücke zwischen den beiden Werteclustern (zwischen 10 und 35). Beproben wir hier vielleicht zwei total unterschiedliche Systeme? Ist es angemessen, zwischen diesen beiden Punktehaufen eine gerade Verbindungslinie zu ziehen?

Versuchen wir also, die Abstände zwischen den x-Werten gleichmäßiger aufzuteilen, indem wir die Daten transformieren. Eine in diesem Fall (wenige Ausreißer nach oben) häufig benutzt Transformation ist der Logarithmus. Nach Logarithmieren sieht das Histogramm schon deutlich besser aus (Abbildung 10.1 rechts), die Lücken sind geschlossen.

Natürlich ist in diesem Fall auch nach log-Transformation die Regression weiterhin signifikant:

```
> fm2 <- glm(y ~ log(x), family=poisson, data=bsp)
> summary(fm2)

Call:
glm(formula = y ~ log(x), family = poisson, data = bsp)

Deviance Residuals:
    Min       1Q   Median       3Q      Max
-2.5688  -1.2953  -0.3945   1.4002   2.5892
```

```
Coefficients:
            Estimate Std. Error z value Pr(>|z|)
(Intercept)  1.19004    0.21738   5.474 4.39e-08 ***
log(x)       0.60126    0.08006   7.510 5.92e-14 ***
---
Signif. codes:  0 '***' 0.001 '**' 0.01 '*' 0.05 '.' 0.1 ' ' 1

(Dispersion parameter for poisson family taken to be 1)

    Null deviance: 88.216  on 11  degrees of freedom
Residual deviance: 30.895  on 10  degrees of freedom
AIC: 84.205

Number of Fisher Scoring iterations: 5
```

Die erklärte *deviance* hat sich allerdings deutlich verringert (von $88 - 12 = 76$ auf $88 - 31 = 75$ Einheiten). Das ist die Folge des veränderten Einflusses der beiden Ausreißerpunkte.

Als Ergebnis dieses ersten Schritts betrachten wir jetzt im Weiteren nur noch das Modell mit den logarithmierten x-Werten (`fm2`).

10.1.2 Analyse einflussreicher Punkte

Es gibt verschiedene Maße für den Einfluss eines Datenpunktes. Die beide wichtigsten sind *Cook's distance* und die sogenannten *hat*-Werte.[1] In R werden mit dem Befehl `influence.measures` sechs Maße berechnet, inkl. der beiden gerade erwähnten:

```
> influence.measures(fm2)

Influence measures of
         glm(formula = y ~ log(x), family = poisson, data = bsp) :

    dfb.1_ dfb.lg..   dffit cov.r cook.d     hat inf
1    0.756  -0.6999  0.7564 0.807 1.08084 0.1553   *
2    0.395  -0.3465  0.3982 1.168 0.30478 0.1397
3    0.291  -0.2421  0.2995 1.232 0.16927 0.1248
4   -0.040   0.0314 -0.0426 1.387 0.00303 0.1129
5   -0.102   0.0749 -0.1136 1.345 0.02043 0.1040
6   -0.143   0.0978 -0.1706 1.290 0.04382 0.0978
7   -0.171   0.1061 -0.2202 1.231 0.06957 0.0938
8   -0.241   0.1319 -0.3405 1.070 0.14553 0.0918
9   -0.198   0.0913 -0.3125 1.108 0.12753 0.0916
```

[1] Die *hat*-Matrix $\mathbf{H}$ misst analytisch den Einfluss eines Datenpunktes auf die gefitteten Werte $\hat{y}$: $\mathbf{H} = \mathbf{X}\left(\mathbf{X}^\top\mathbf{X}\right)^{-1}\mathbf{X}^\top$, wobei $\mathbf{X}$ die Matrix der Prädiktoren ist.

```
10 -0.297   0.1063 -0.5331 0.796 0.28421 0.0930
11 -0.124   0.2040  0.2665 2.487 0.12344 0.5111   *
12 -0.527   0.9575  1.3457 1.146 2.66982 0.3841   *
```

(Für das Ergebnis mit den untransformierten x-Werte siehe Ausgabe auf S. 154.)

Cook's distance und die *hat*-Werte kann man auch direkt abfragen:

```
> cooks.distance(fm2)

         1          2          3          4          5          6
1.08083548 0.30477668 0.16927193 0.00303057 0.02043060 0.04382066
         7          8          9         10         11         12
0.06956570 0.14553078 0.12752602 0.28421163 0.12343615 2.66981692

> hatvalues(fm2)

         1          2          3          4          5          6
0.15533992 0.13969170 0.12479343 0.11293215 0.10404443 0.09778637
         7          8          9         10         11         12
0.09381782 0.09184772 0.09163454 0.09297833 0.51105239 0.38408119
```

Auffällig sind nicht nur die beiden hohen Werte (wie in der untransformierten Analyse), sondern jetzt auch Datenpunkt 1. Die Transformation von x hat aber erheblich die Spanne an *Cook's distance*-Werten reduziert, d. h. die Datenpunkte haben jetzt eine ähnlicheren Auswirkung auf die Regressionsschätzer:

```
> range(cooks.distance(fm)); range(cooks.distance(fm2))

[1] 0.0003973005 3.9191471566
[1] 0.00303057 2.66981692
```

Wie im vorherigen Kapitel beschrieben, sind Werte größer als die Schwellenwerte von 1 oder $4/12 = 0.33$ auffällig. Beide Grenzwerte würden die Punkte 1 und 12 als auffallend einflussreich identifizieren (im Gegensatz zu 11 und 12 bei untransformierten x-Werten!).

Was fangen wir jetzt mit diesem Wissen an? Nun, da wir zumeist keinen Grund haben, die Daten als inhaltlich unbegründet zu löschen, können wir nur prüfen, ob der gefundene Zusammenhang auch bei Ausschluss der einflussreichen Punkte vorliegt. In unserem Beispiel würden wir ja erwarten, dass ohne die Punkte 1 und 12 die positive Regression kippt. Probieren wir es aus:[2]

```
> fm3 <- glm(y ~ log(x), family=poisson, data=bsp[-c(1,12),])
> summary(fm3)
```

[2]Dazu eliminieren wir einfach diese beiden Zeilen für die Analyse von unserem Datensatz, in dem wir sie mit einem negativen Index versehen: `bsp[-c(1,12), ]`. Dies bedeutet: lösche Zeilen 1 und 12, aber behalte alle Spalten (Leere hinter dem Komma) von `bsp`.

```
Call:
glm(formula = y ~ log(x), family = poisson, data = bsp[-c(1,
    12), ])

Deviance Residuals:
    Min       1Q   Median       3Q      Max
-2.0576  -1.0261  -0.2989   1.0868   1.9504

Coefficients:
            Estimate Std. Error z value Pr(>|z|)
(Intercept)   1.0638     0.2709   3.927 8.59e-05 ***
log(x)        0.5836     0.1085   5.380 7.43e-08 ***
---
Signif. codes:  0 '***' 0.001 '**' 0.01 '*' 0.05 '.' 0.1 ' ' 1

(Dispersion parameter for poisson family taken to be 1)

    Null deviance: 42.833  on 9  degrees of freedom
Residual deviance: 16.623  on 8  degrees of freedom
AIC: 60.349

Number of Fisher Scoring iterations: 4
```

Das ist nicht der Fall: Selbst ohne Punkt 1 und 12 bleibt der signifikant positive Zusammenhang erhalten.[3] In diesem Fall würden wir in einem Bericht nach der Darstellung des Modells für alle Datenpunkte schreiben: „Die Datenpunkte 1 und 12 wurden von *Cook's distance* als auffällig identifiziert; ihr Ausschluss ändert aber qualitativ nichts am Ergebnis (Schätzer für log(x)=0.58 $\pm$ 0.109, $p < 0.001$)."

Wenn sich das Ergebnis ändern sollte (siehe Fußnote), dann würden wir schreiben: „Nach Ausschluss der einflussreichen Datenpunkte 11 und 12 (Cook's distance > 1: Cook & Weisberg 1982) war der Zusammenhang zwischen x und y nicht mehr signifikant ($p = 0.158$)."

10.1.3 Analyse der Dispersion

Im GLM wird für jede Verteilung (`family`) ein bestimmtes Verhältnis zwischen Mittelwert und Varianz angenommen. Dispersion bezeichnet den Faktor, um den die

[3] Anders sähe das bei den untransformierten x-Werten aus, bei denen 11 und 12 als auffällig identifiziert wurde. Wenn wir diese weglassen ist der Zusammenhang nicht mehr signifikant:

```
> summary(glm(y ~ x, family=poisson, data=bsp[-c(11,12),]))

Coefficients:
            Estimate Std. Error z value Pr(>|z|)
(Intercept)  2.30488    0.23581   9.774   <2e-16 ***
x           -0.05765    0.04081  -1.413    0.158
```

Wir sehen also, dass der 1. Schritt dieser Modelldiagnostik den 2. Schritt beeinflusst!

Varianz größer ist, als angenommen. Für die Normalverteilung sind Mittelwert und Varianz unabhängig von einander, so dass die Dispersion hier „nur" die Varianz selbst beschreibt. Bei der Poisson-Verteilung ist die Varianz gleich dem Mittelwert (siehe Abschnitt 3.4.4 auf Seite 55); der Dispersionparameter beschreibt, ob die Streuung stärker ist als der Mittelwert (*overdispersed*), oder schwächer (*underdispersed*).

Während es für einzelnen Verteilungen R-Funktionen gibt, die diesen Dispersionsparameter berechnen und testen,[4] reicht uns eine einfache Überschlagsrechnung. Dazu teilen wir die *residual deviance*, die uns in der `summary` eines `glm` angegeben wird, durch die residuellen Freiheitsgrade, die direkt dahinter stehen. In unserem Modell `fm2` ist das also $30.9 : 10 = 3.09$, also deutlich *overdispersed*.

Die Konsequenzen von überdispersen Daten ist ein zu gering geschätzter Standardfehler der Modellparameter (McCullough & Nelder 1989). Wenn wir also wie hier eine deutliche Abweichung vom angenommenen Wert von 1 beobachten („`Disperson parameter for the poisson family taken to be 1`"), dann müssen wir das GLM verändern und dieser Abweichung Rechnung tragen. Dies können wir auf zweierlei Art tun. Zum einen können wir eine andere Verteilung wählen, die ein anderes Verhältnis zwischen Mittelwert und Varianz hat, und deshalb für unseren Datensatz möglicherweise nicht fehl-dispers ist. Zum anderen gibt es die Möglichkeit, das Verhältnis zwischen Mittelwert und Varianz mit fitten zu lassen; dabei geben wir die Annahme auf, dass die Daten aus genau dieser Verteilung kommen. Gehen wir beide Möglichkeiten für unser Beispiel kurz durch.

Umgang mit *overdispersion* 1: andere Verteilung annehmen

Anstelle der Poisson-Verteilung können wir eine negative Binomialverteilung fitten (siehe etwa Ver Hoef & Boveng 2007). Auch sie beschreibt Zähldaten, hat aber einen zweiten Parameter, der eine Klumpung der Daten zulässt (also eine veränderte Varianz: Abschnitt 3.4.5 auf Seite 56). Ein negativ-binomiales GLM fittet man am einfachsten mit der Funktion `glm.nb` in **MASS**:[5]

```
> library(MASS)
> fm5 <- glm.nb(y ~ log(x), data=bsp)
> summary(fm5)

Call:
glm.nb(formula = y ~ log(x), data = bsp, init.theta = 6.618929543,
    link = log)

Deviance Residuals:
    Min       1Q   Median       3Q      Max
-1.6045  -0.8696  -0.4380   0.6885   1.4020
```

[4]Etwa `dispersiontest` in **AER** für Poisson-GLMs.

[5]Oder, alternativ, mit `vglm` in **VGAM**: `summary(vglm(y ~ log(x), data=bsp, family=negbinomial))`

```
Coefficients:
            Estimate Std. Error z value Pr(>|z|)
(Intercept)   1.4900     0.3234   4.607 4.08e-06 ***
log(x)        0.4633     0.1417   3.270  0.00108 **
---
Signif. codes:  0 '***' 0.001 '**' 0.01 '*' 0.05 '.' 0.1 ' ' 1

(Dispersion parameter for Negative Binomial(6.6189) family taken to be 1)

    Null deviance: 26.963  on 11  degrees of freedom
Residual deviance: 11.833  on 10  degrees of freedom
AIC: 78.513

Number of Fisher Scoring iterations: 1

              Theta:  6.62
          Std. Err.:  4.24

 2 x log-likelihood:  -72.513
```

Gegenüber unserem Poisson-Modell (`fm2`) haben sich die Parameterschätzer verändert; der Effekt von `log(x)` ist jetzt schwächer (0.46 gegenüber 0.60; beide sind direkt vergleichbar, da beide als *link*-Funktion den log haben). Außerdem hat sich der Standardfehler dieser Variablen fast verdoppelt (von 0.08 auf 0.14). Entsprechend hat das Modell etwas an Signifikanz eingebüst.

Auch bei diesem Ansatz müssen wir jetzt natürlich auf *overdispersion* kontrollieren: $11.8 : 10 = 1.18$, das ist in Ordnung. Den Klumpungsparameter der negativen Binomialverteilung (bei uns „r": S. 56) nennt `glm.nb` θ (theta) und er wird hier auf 6.62 geschätzt (siehe in der Ausgabe: `Theta: 6.62`). Für $\theta \to \infty$ ergibt sich die Poisson-Verteilung; je kleiner also der Wert von θ, desto unangemessener ist ein Poisson-GLM.

Wir haben jetzt mit der negativ Binomialen Verteilung ein bzgl. der Dispersion akzeptables Modell gefunden.

Umgang mit *overdispersion* 2: quasi-Verteilungen

Der zweite Weg, mit der *overdispersion* umzugehen, ist eine Modifikation der Poisson-Verteilung zu einer quasi-Poisson-Verteilung. Dabei wird eben das Verhältnis von Mittelwert und Varianz mitgefittet. Da dies aber für die Poisson-Verteilung nicht möglich ist, es also keine Poisson-*likelihood* für diesen Fall gibt, wird eine veränderte *quasi-likelihood* definiert und gefittet. Quasi-Funktionen gibt es spezifisch für Poisson und binomiale Verteilungen (`quasipoisson` und `quasibinomial`), aber auch allgemeiner für eine andere Verteilung, deren Mittelwert-zu-Varianz-Funktion durch `quasi` spezifiziert wird. Wir fitten eine quasi-Poisson-Verteilung im `glm` so:

```
> fm6 <- glm(y ~ log(x), family=quasipoisson, data=bsp)
> summary(fm6)

Call:
glm(formula = y ~ log(x), family = quasipoisson, data = bsp)

Deviance Residuals:
    Min       1Q   Median       3Q      Max
-2.5688  -1.2953  -0.3945   1.4002   2.5892

Coefficients:
            Estimate Std. Error t value Pr(>|t|)
(Intercept)   1.1900     0.3941   3.019   0.0129 *
log(x)        0.6013     0.1452   4.142   0.0020 **
---
Signif. codes:  0 '***' 0.001 '**' 0.01 '*' 0.05 '.' 0.1 ' ' 1

(Dispersion parameter for quasipoisson family taken to be 3.286975)

    Null deviance: 88.216  on 11  degrees of freedom
Residual deviance: 30.895  on 10  degrees of freedom
AIC: NA

Number of Fisher Scoring iterations: 5
```

Der *dispersion parameter* von 3.27 ist in etwa das Verhältnis von *residual deviance* und *residual degrees of freedom*. Die Schätzer für *y*-Achsenabschnitt und `log(x)`-Steigung sind identisch zu Modell `fm2`, aber die Standardfehler sind wie im negativ binomialen Modell etwa doppelt so groß.

Da der Fit auf einer quasi-*likelihood* fußt, kann kein AIC-Wert berechnet werden. Für den Vergleich von Modellen sind wir hier also schlecht ausgerüstet.[6]

In jedem Fall stellen wir fest, dass beide Korrekturen für *overdispersion* schwächere Signifikanzen produziert haben, aber in beiden Fällen bleibt ein deutlicher, positiver Zusammenhang erhalten. Ver Hoef & Boveng (2007) empfehlen Methode 1, solange diese verfügbar ist und nicht selbst *overdispersion* aufweist.

10.1.4 Analyse der Residuen

Um die Residuen zu analysieren, müssen wir sie zunächst berechnen. Wir erinnern uns, dass es drei nützliche Varianten von Residuen gab: Pearson, *deviance*, *studentized*. Für das inzwischen von uns favorisierte negativ binomiale Modell `fm5` berechnen sich diese wie folgt, zusammen mit den gefitteten Werten auf der Ebene des linearen Modells ($\hat{\mu}$) sowie auf der Ebene der Antwortvariablen ($\hat{y}$):

[6] qAIC-Werte existieren zwar auch (z. B. `qaic` im Paket **bbmle**), führen aber hier zu weit ab vom Thema.

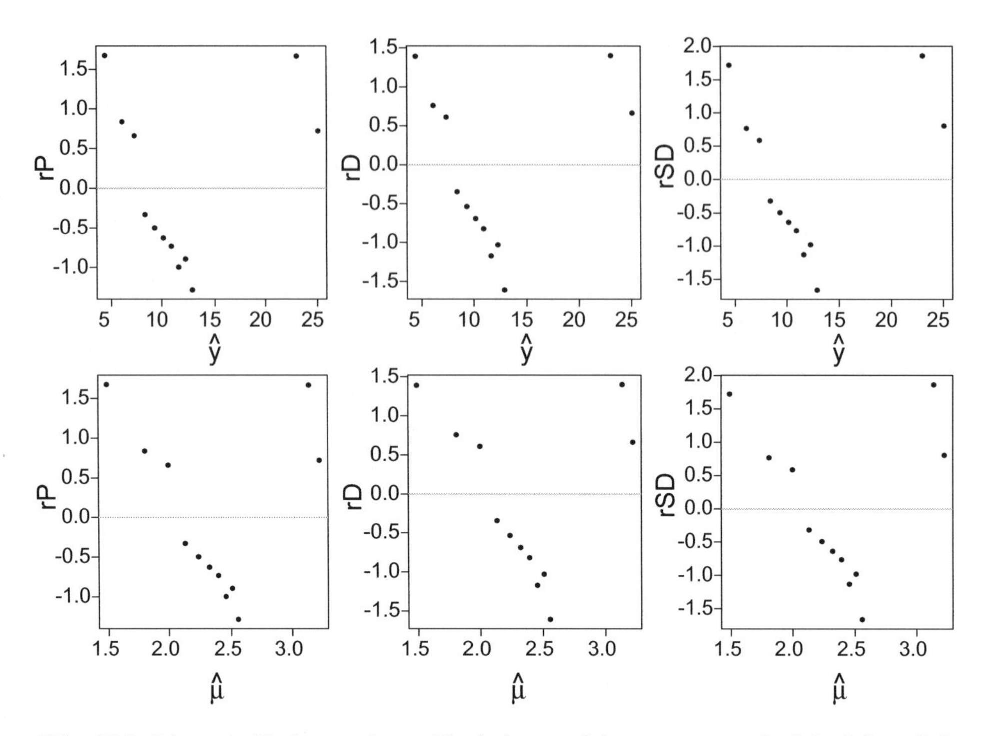

Abb. 10.2: Die sechs Varianten der *residual plots*: auf der response scale (*oben*) bzw. link scale (*unten*), mit jeweils Pearson, *deviance* und *studentized residuals*

```
> rP <- residuals(fm5, type="pearson")
> rD <- residuals(fm5) #  type="deviance" = default
> rSD <- rstudent(fm5)
> muhat <- predict(fm5, type="link")
> yhat <- predict(fm5, type="response")
```

Wir können jetzt alle sechs Varianten plotten (Abbildung 10.2), auch wenn sie in diesem Fall so ähnlich sind, dass wir uns nur die *studentized residuals* auf der *link scale* anzuschauen bräuchten (unten rechts):

```
> par(mfrow=c(2,3), mar=c(4,5,1,1))
> plot(rP ~ yhat, pch=16, las=1, cex.lab=1.5, xlab=expression(hat(y)))
>         abline(h=0, col="grey")
> plot(rD ~ yhat, pch=16, las=1, cex.lab=1.5, xlab=expression(hat(y)))
>         abline(h=0, col="grey")
> plot(rSD ~ yhat, pch=16, las=1, cex.lab=1.5, xlab=expression(hat(y)))
>         abline(h=0, col="grey")
> # link scale
> plot(rP ~ muhat, pch=16, las=1, cex.lab=1.5, xlab=expression(hat(mu)))
>         abline(h=0, col="grey")
```

```
> plot(rD ~ muhat, pch=16, las=1, cex.lab=1.5, xlab=expression(hat(mu)))
>          abline(h=0, col="grey")
> plot(rSD ~ muhat, pch=16, las=1, cex.lab=1.5, xlab=expression(hat(mu)))
>          abline(h=0, col="grey")
```

Das Muster der ersten zehn Residuen ist schon sehr auffällig. Hier müssen wir stutzig werden: So eine gerade Linie, wo doch diese Residuen kein offensichtliches Muster aufweisen sollen?

So, wir sind jetzt stutzig. Und nun?

Ziel der Modelldiagnostik ist es, mögliche Fehler und Schwächen in unserer Analyse aufzudecken. Das ist genau hiermit geschehen. Wir stellen unseren gesamten Auswertungsansatz in Frage! Offensichtlich ist $\log(x)$ doch nicht ausreichend, um das Muster der Daten gut zu beschreiben. Die gegenläufigen Tendenzen der ersten 10 Datenpunkten gegen den Trend über alle Datenpunkte hinweg wird so nicht erfasst. Wir brauchen offensichtlich eine angemesseneren funktionellen Zusammenhang zwischen y und x!

10.1.5 Analyse des funktionellen Zusammenhangs von y und x

Den modellierten funktionellen Zusammenhang sollte man am besten als Linie in die Daten einzeichnen, oder zumindest für sich plotten (manchmal geben die Daten keinen sinnvollen Hintergrund ab, vor allem wenn wir mehrere Prädiktoren gleichzeitig betrachten). Dazu bilden wir einfach den gefitteten Zusammenhang als Funktion ab. Hier nochmal explizit das von uns gefittete Modell:

$$\mathbf{y} \sim \text{NegBin}(\mu = e^{a \cdot \log(\mathbf{x}) + b}, r = \theta)$$

Für eine Linie, die nur die Erwartungswerte plottet, ist r (bzw. θ) irrelevant; sie beschreiben die Streuung um diese Linie. Also müssen wir nur die Funktion $e^{a \cdot \log(x) + b} = e^{0.4633 \log(x) + 1.49}$ plotten. Der Vollständigkeit halber können wir unser früheres Modell (`fm2`) gleich auch noch mit einzeichnen (Abbildung 10.3):

```
> plot(bsp$x, bsp$y, pch=16, cex=1.5, las=1, ylab="y", xlab="log(x)")
> curve(exp(coef(fm2)[2]*log(x)+coef(fm2)[1]), from=1, to=42, add=T,
+          col="lightgrey", lwd=3)
> curve(exp(0.4633*log(x)+1.49), from=1, to=42, add=T, col="darkgrey",
+          lwd=3)
```

Zunächst einmal sehen wir, dass aus dem linearen $a \log(x) + b$ auf der *response scale* ein nicht-linearer Zusammenhang wird (weil ja die Funktion $e^{a \log(x) + b}$ modelliert wurde). Wenn wir jetzt die *x*-Achse noch ent-logarithmieren, so erhalten wir wieder ein vollständig anderes Bild!

Eine Darstellung des 95 %-Konfidenzintervalls um die Regressionskurve ist mittels `curve` nicht möglich. Dafür müssen wir einen aufwändigeren Weg gehen: Neue x-Werte definieren, für diese die Erwartungswerte des Modells nebst Standardabweichung[7] berechnen (`se.fit=T`), Letztere dann plotten (Abbildung 10.4):

[7] Bzw. besser der 95 %-Konfidenzintervalle, also ± 2 Standardabweichungen.

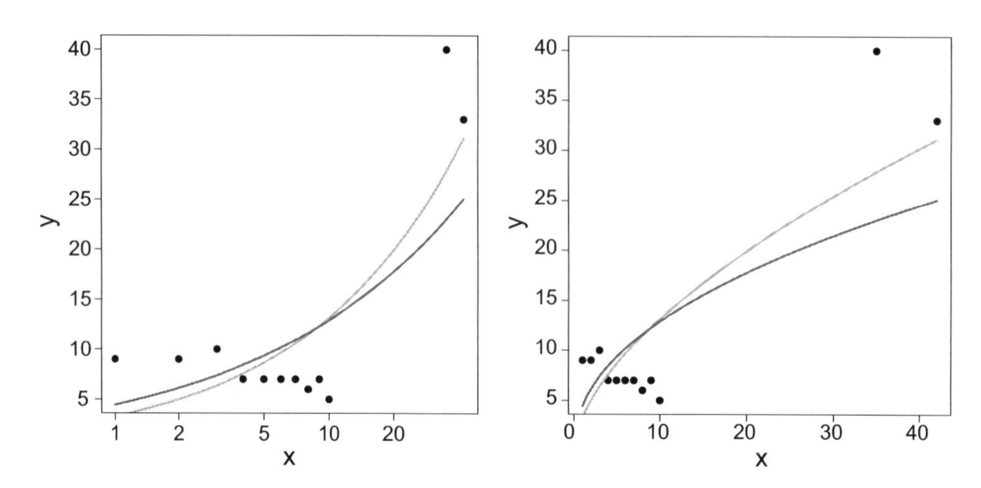

Abb. 10.3: Daten und der Fit unserer Modelle: Poisson (*hellgrau*) bzw. negativ binomial (*dunkelgrau*). Poisson und quasi-Poisson-Modelle machen die gleichen Voraussagen bzgl. des Erwartungswerts (dargestellt) und unterscheiden sich nur im Konfidenzintervall. Beachte, dass die x-Achse *links* logarithmiert dargestellt ist, *rechts* hingegen linear. Logarithmieren der y-Achse würde unsere *Kurve links* in eine Gerade verwandeln

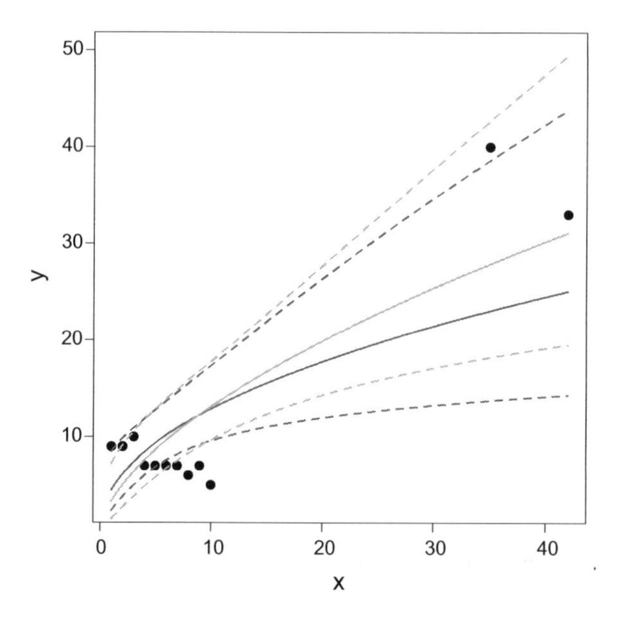

Abb. 10.4: Daten und der Fit unserer Modelle (negativ binomial, `fm5`, *dunkelgrau*; und quasipoisson, `fm6`, *hellgrau*) mit 95 % Konfidenzintervall

```
> newx <- seq(min(bsp$x), max(bsp$x), len=100)
> nbpreds <- predict(fm5, newdata=list(x=newx), se.fit=T)
> qppreds <- predict(fm6, newdata=list(x=newx), se.fit=T)
> #Datenpunkte:
> plot(bsp$x, bsp$y, pch=16, cex=1.5, las=1, ylab="y", xlab="x",
+        cex.lab=1.5)
> #neg.bin. Kurven:
> matlines(newx, exp(cbind(nbpreds$fit, nbpreds$fit-2*nbpreds$se.fit,
+        nbpreds$fit+2*nbpreds$se.fit)), lwd=2, col="grey30", lty=c(1,2,2))
> #quasipois. Kurven:
> matlines(newx, exp(cbind(qppreds$fit, qppreds$fit-2*qppreds$se.fit,
+        qppreds$fit+2*qppreds$se.fit)), lwd=2, col="grey70", lty=c(1,2,2))
```

Ob der großen Konfidenzintervalle ab x-Werten von 20 können wir die beiden Modelle getrost als sehr ähnlich bezeichnen, selbst wenn das negativ binomale Modell dort konsistent niedriger liegt als das quasi-Poisson-Modell.

So, damit haben wir noch nichts geschafft. Wir kennen jetzt nur die genaue Form der Modelle, die wir gefittet haben. Wir wollen aber in diesem Abschnitt alternative Modelle formulieren, die den auffälligen Residuen Rechnung tragen. Dazu gibt es wiederum grundsätzlich zwei Strategien:

1. Durch ein Polynom nicht-lineare Beziehungen auf der *link scale* zulassen.
2. Durch einen Schwellenwert zwei verschiedene Zusammenhänge für unterschiedliche Teilbereiche fitten (stückweise Regression, *piecewise regression*).

Der Effekt der zweiten Option erscheint sehr vorhersagbar: Werte < 12 werden eine eigene, lineare und möglicherweise nicht-signifikante Regression bekommen, und die Werte > 30 ebenfalls, hier aber auf jeden Fall nicht signifikant (da nur zwei Datenpunkte für die zwei Parameter Achsenabschnitt und Steigung zur Verfügung stehen). Weil die stückweise Regression[8] ein relativ selten gebrauchtes Mittel ist, sei hier darauf verzichtet. Stattdessen schauen wir, ob wir mit dem Polynom etwas erreichen können.

Jetzt wird es spannend!

Wir erweitern das negativ binomiale Modell (`fm5`) um einen quadratischen Term.[9] Korrekterweise geschieht dies in R mit der Funktion `poly`[10] wie folgt:

[8] Der interessierte Leser sei auf Toms & Lesperance (2003) und das Paket **segmented** verwiesen.

[9] Wir können auch ein Polynom 3. Grades benutzen, aber das bringt keine Verbesserung.

[10] Leider wird es wieder Zeit für eine Fußnote. `poly(x, n)` produziert orthogonale Polynome der n-ten Ordnung für die Variable `x`. Leider sind orthogonale Polynome nicht so einfach wie $a + bx + cx^2$, da hier b und c hoch korreliert wären. Stattdessen werden neue Variablen x' und x'' definiert, die mit x und x^2 perfekt korreliert sind, aber untereinander perfekt unkorreliert (= orthogonal). Wir müssen nicht verstehen, wie das funktioniert, aber wir müssen wissen, dass wir die geschätzen Parameter nicht einfach in die Gleichung $a + bx + cx^2$ einsetzen dürfen! Um einen Plot zu machen, **müssen** wir jetzt auf die `predict`-Funktion zurückgreifen. Viele R-Nutzer umgehen das Problem, indem sie das Polynom explizit formulieren: `y ~ x +I(x^2)`. Dann kann man zwar die Koeffizienten direkt benutzen und als b und c von $a + bx + cx^2$ interpretieren, aber die beiden Terme `x` und `I(x^2)` sind nicht orthogonal

```
> fm5.2 <- glm.nb(y ~ poly(log(x), 2), data=bsp)
> summary(fm5.2)

Call:
glm.nb(formula = y ~ poly(log(x), 2), data = bsp, init.theta = 196.8712563,
    link = log)

Deviance Residuals:
     Min        1Q    Median        3Q       Max
-1.33281  -0.63102  -0.02742   0.30764   1.51271

Coefficients:
                 Estimate Std. Error z value Pr(>|z|)
(Intercept)        2.2788     0.1003  22.717  < 2e-16 ***
poly(log(x), 2)1   1.4427     0.2621   5.505 3.70e-08 ***
poly(log(x), 2)2   1.4462     0.2981   4.852 1.22e-06 ***
---
Signif. codes:  0 '***' 0.001 '**' 0.01 '*' 0.05 '.' 0.1 ' ' 1

(Dispersion parameter for Negative Binomial(196.8713) family taken to be 1)

    Null deviance: 81.4593  on 11  degrees of freedom
Residual deviance:  8.0258  on  9  degrees of freedom
AIC: 66.046

Number of Fisher Scoring iterations: 1

              Theta:  197
          Std. Err.:  873

 2 x log-likelihood:  -58.046
```

Zu unserem Erstaunen sehen wir, dass nicht nur dieses Modell etwas besser ist als `fm5` (die *residual deviance* beträgt nur noch 8.03 statt bislang 11.83), sondern der Schätzer für θ ist von 6.22 auf 197 gesprungen! Das bedeutet, dass er jetzt

und ihre Standardfehler deshalb nicht korrekt. Vergleiche die relevanten Teile des folgenden Modells mit dem im Haupttext (konkret den `Std. Error` des quadratischen Terms):

```
> fm5.2b <- glm.nb(y ~ log(x) + I(log(x)^2), data=bsp)
> summary(fm5.2b)
Coefficients:
            Estimate Std. Error z value Pr(>|z|)
(Intercept)  2.41323    0.27685   8.717  < 2e-16 ***
log(x)      -0.83080    0.28787  -2.886   0.0039 **
I(log(x)^2)  0.31320    0.06455   4.852 1.22e-06 ***
```

Weil sich leider kaum jemand an diese Erkenntnis hält, taucht diese m. E. wichtige Information auch nur in einer (langen) Fußnote auf.

deutlich auf dem Weg nach Unendlich ist, und die negativ binomiale Verteilung somit praktisch eine Poisson-Verteilung ist.

Probieren wir also eine Poisson-Verteilung mit quadratischem Polynom:

```
> fm2.2 <- glm(y ~ poly(log(x), 2), data=bsp, family=poisson)
> summary(fm2.2)

Call:
glm(formula = y ~ poly(log(x), 2), family = poisson, data = bsp)

Deviance Residuals:
     Min        1Q    Median        3Q       Max
-1.36588  -0.64422  -0.03574   0.31085   1.64201

Coefficients:
                 Estimate Std. Error z value Pr(>|z|)
(Intercept)        2.2795     0.0981  23.236  < 2e-16 ***
poly(log(x), 2)1   1.4457     0.2523   5.730 1.00e-08 ***
poly(log(x), 2)2   1.4362     0.2893   4.965 6.86e-07 ***
---
Signif. codes:  0 '***' 0.001 '**' 0.01 '*' 0.05 '.' 0.1 ' ' 1

(Dispersion parameter for poisson family taken to be 1)

    Null deviance: 88.2162  on 11  degrees of freedom
Residual deviance:  8.7953  on  9  degrees of freedom
AIC: 64.106

Number of Fisher Scoring iterations: 4
```

Tatsächlich finden wir jetzt keine *overdispersion* mehr im Poisson-Modell ($8.80 : 9 \approx 1$). Und die *residual deviance* ist praktisch identisch zu der im negativ binomialen Modell.

Wir können diese beiden Modelle auch formal testen, um zu sehen, ob der quadratische Term im Modell auch tatsächlich eine signifikante Verbesserung darstellt:

```
> anova(fm2, fm2.2, test="Chisq")

Analysis of Deviance Table

Model 1: y ~ log(x)
Model 2: y ~ poly(log(x), 2)
  Resid. Df Resid. Dev Df Deviance P(>|Chi|)
1        10    30.8947
2         9     8.7953  1   22.099 2.589e-06 ***
---
Signif. codes:  0 '***' 0.001 '**' 0.01 '*' 0.05 '.' 0.1 ' ' 1
```

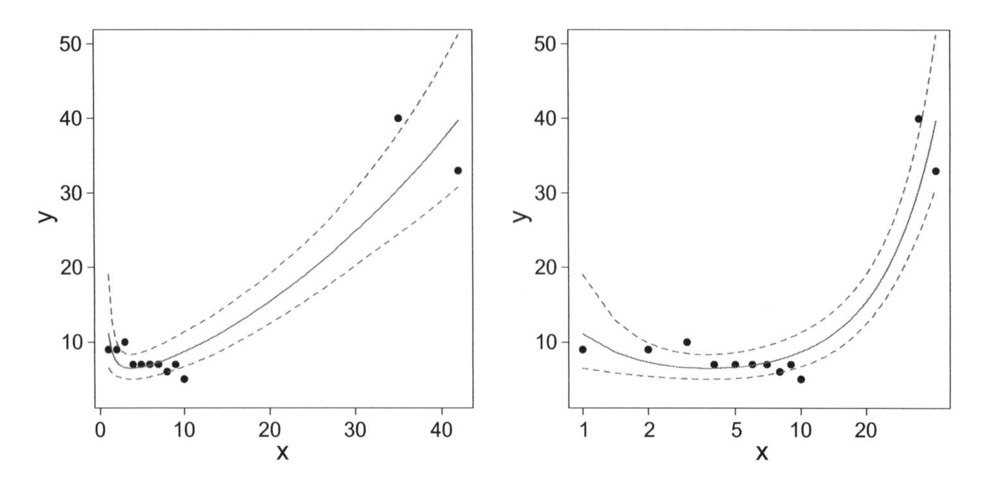

Abb. 10.5: Daten und der Fit unseres Poisson-Modells mit quadratischem Term (`fm2.2`). Beachte, dass die x-Achse *links* logarithmiert, *rechts* hingegen linear dargestellt ist

Die Verbesserung von linear auf quadratisch ist also hoch-signifikant.

Schauen wir uns jetzt den funktionellen Zusammenhang mit dem neuen Modell an (Abbildung 10.5). Mit der Option `log="x"` können wir unproblematisch die x-Achse logarithmieren:

```
> ppreds <- predict(fm2.2, newdata=list(x=newx), se.fit=T)
> plot(bsp$x, bsp$y, pch=16, cex=1.5, las=1, ylab="y", xlab="x",
+        cex.lab=1.5, ylim=c(3,50), log="x")
> matlines(newx, exp(cbind(ppreds$fit, ppreds$fit-2*ppreds$se.fit,
+        ppreds$fit+2*ppreds$se.fit)), lwd=2, col="grey30", lty=c(1,2,2))
```

Oder, für die lineare x-Achse:

```
> ppreds <- predict(fm2.2, newdata=list(x=newx), se.fit=T)
> plot(bsp$x, bsp$y, pch=16, cex=1.5, las=1, ylab="y", xlab="x",
+        cex.lab=1.5, ylim=c(3,50))
> matlines(newx, exp(cbind(ppreds$fit, ppreds$fit-2*ppreds$se.fit,
+        ppreds$fit+2*ppreds$se.fit)), lwd=2, col="grey30", lty=c(1,2,2))
```

Dieser Zusammenhang erlaubt einen leicht negativen Zusammenhang im Bereich $x < 10$ und trotzdem einen positiven über den gesamten Wertebereich. Nur in der logarithmieren Darstellung (links) mag man dies akzeptieren. In der linearen wirken die beiden Werte rechts wie nicht dazugehörige Ausreißer.

Der Hauptpunkt ist aber, dass wir jetzt eine Funktion gefunden haben, die im *gesamten* Bereich den Daten näher anliegt und für uns somit deutlich glaubwürdiger ist!

Ein schneller Blick auf die Residuen (*studentized* auf der *link scale*: Abbildung 10.6 links) bestätigt uns in unserer Modellfindung.

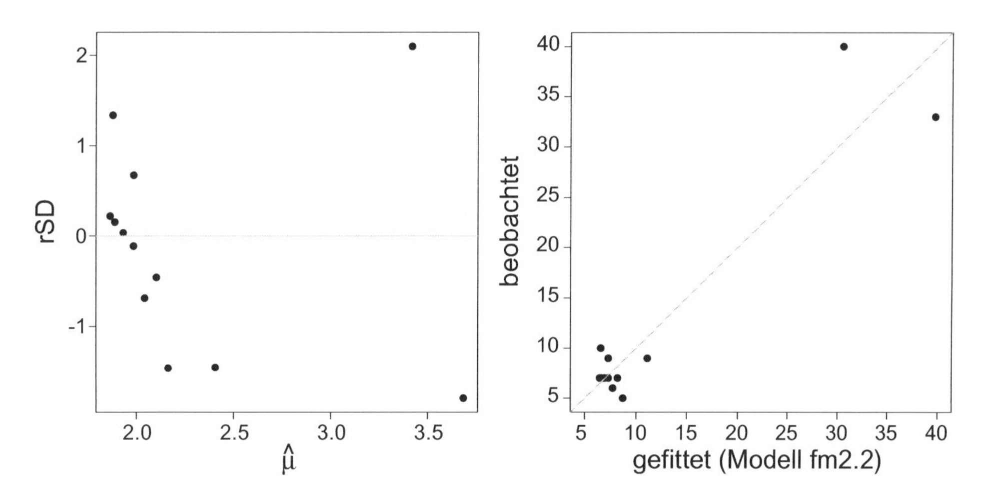

Abb. 10.6: *Studentized residuals* des Modells `fm2.2` (*links*) und 1:1-Plot der beobachteten gegen die gefitteten Daten (*rechts*). Vgl. *links* mit Abbildung 10.2, um die deutliche Verbesserung (= Zunahme an Musterlosigkeit) zu sehen

```
> rSD <- rstudent(fm2.2)
> muhat <- predict(fm2.2, type="link")
> plot(rSD ~ muhat, pch=16, las=1, cex.lab=1.5, xlab=expression(hat(mu)),
+        cex=1.5)
> abline(h=0, col="grey")
```

Auch der 1:1-Plot zwischen beobachteten Daten und Modellfits ist jetzt befriedigend (Abbildung 10.6 rechts):

```
> yhat <- predict(fm2.2, type="response")
> plot(yhat, bsp$y, las=1, xlab="gefittet (Modell fm2.2)",
+         ylab="beobachtet", pch=16, cex=1.5, cex.lab=1.5,xlim=c(5,40),
+         ylim=c(5,40))
> abline(0,1, col="grey")
```

Was haben wir aus diesem Abschnitt gelernt? Mehrere Dinge!

1. Ein unvollständiges oder falsch spezifiziertes Modell verbiegt uns verschiedene Modelldiagnostiken, vor allem aber Residuenverteilung und Dispersion.

2. Eine andere Verteilung sollte vergleichend ausprobiert werden, wenn der Modellfit zu wünschen übrig lässt.

3. Eine Abbildung des funktionellen Zusammenhangs, idealerweise mit Konfidenzintervall, eignet sich sehr gut, um zu visualisieren, ob unterschiedliche Modelle auch tatsächlich unterschiedlich sind.

4. Eine Veränderung an einer „Schraube" des Modells (Verteilungsannahme, Transformation des Prädiktors, Variation des funktionellen Zusammenhangs) zieht Veränderungen in anderen Bereichen nach sich!

Exkurs: Lineare Regression unter Normalverteilung analytisch
Für das lineare Modell gibt es eine analytische Lösung, während das `glm` durchoptimiert werden muss (siehe Abschnitt 7.1 auf Seite 105). So berechnen sich die Parameter einer linearen Regression für normalverteilte Daten ($\mathbf{y} \sim N(\mu = \beta_0 + \beta_1 \mathbf{x})$) wie folgt (siehe etwa Crawley 2002, S. 226):

$$\beta_0 = \frac{\left(\sum_{i=1}^n x_i^2\right)\left(\sum_{i=1}^n y_i\right) - \left(\sum_{i=1}^n x_i\right)\left(\sum_{i=1}^n x_i y_i\right)}{n\sum_{i=1}^n x_i^2 - \left(\sum_{i=1}^n x_i\right)^2} \tag{10.1}$$

und

$$\beta_1 = \frac{n\sum_{i=1}^n x_i y_i - \left(\sum_{i=1}^n x_i\right)\left(\sum_{i=1}^n y_i\right)}{n\sum_{i=1}^n x_i^2 - \left(\sum_{i=1}^n x_i\right)^2} \tag{10.2}$$

D. h. man kann aus den Summen der x-Werte, den Summen der y-Werte, den Summen der quadrierten x-Werte und der Summe des Produkts der x- und y-Werte Steigung und Achsenabschnitt berechnen.
Jede Gerade im linearen Modell geht durch den Mittelwert (den Schwerpunkt) von **x** und **y**, bezeichnet als $(\bar{x}, \bar{y})$. Wenn man diese Werte vorher berechnet, dann vereinfachen sich obige Formeln:

$$\beta_1 = \frac{\sum_{i=1}^n ((x_i - \bar{x})(y_i - \bar{y}))}{\sum_{i=1}^n (x_i - \bar{x})^2} \quad \text{mit} \quad se_{\beta_1} = \sqrt{\frac{\sum_{i=1}^n (y_i - \bar{y})^2}{(n-2)\sum_{i=1}^n (x_i - \bar{x})^2}} \tag{10.3}$$

$$\beta_0 = \bar{y} - \beta_1 x_i \quad \text{mit} \quad se_{\beta_0} = \sqrt{\frac{\sum_{i=1}^n (y_i - \bar{y})^2}{n-2}\left(\frac{1}{n} + \frac{\bar{x}^2}{\sum_{i=1}^n (x_i - \bar{x})^2}\right)} \tag{10.4}$$

Es sind jeweils auch die Formeln zur Berechnung des Standardfehlers des Koeffizienten angegeben.
Die Nähe zur Korrelation zeigt sich an der Formel, die den Korrelationskoeffizienten (Pearsons r) von x und y mit β_1 verbindet:

$$\beta_1 = r\frac{s_y}{s_x} \tag{10.5}$$

wobei s_y und s_x die Standardabweichungen von y und x sind.

10.2 Regressionsdiagnostik im linearen Modell (lm)

Nun ist der gesamte Text bis hierher so konstruiert, dass die Normalverteilung nur eine von vielen möglichen Verteilungen ist. Hier muss diese Verallgemeinerung leider fallen, denn das lineare Modell hat (nicht nur in R) doch ein paar andere Züge als das Verallgemeinerte Lineare Modell. Das GLM ist grundsätzlich richtig, aber für das LM gibt es ein paar substantielle Vereinfachungen (siehe Box Seite 182).

In R fittet man eine Regression für Zufallsvariablen aus einer Normalverteilung mit der Funktion `lm`. Der Syntax ist identisch zum `glm`, nur dass es keines

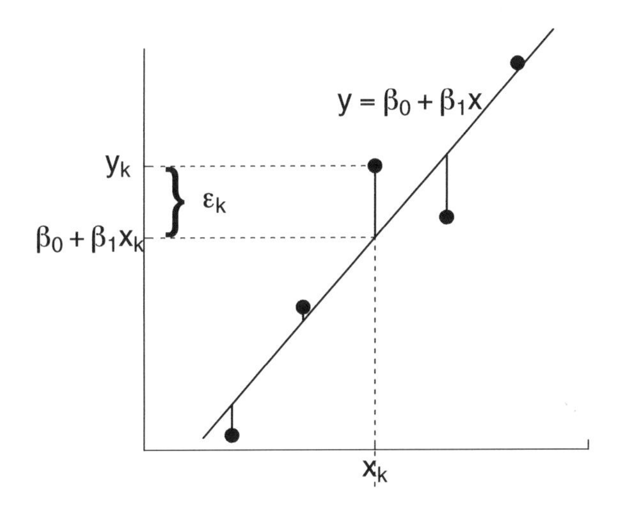

Abb. 10.7: Ein Regression durch fünf Datenpunkte. Die Linien zwischen der Regressionsgeraden und den Messpunkten stellen die Abweichung des Modells von den Daten dar. Für einen Wert x_k kann entsprechend ein Abweichungswert ϵ_k berechnet werden, als Differenz zwischen y_k und dem Regressionswert $\beta_0 + \beta_1 x_k$

`family`-Argumentes bedarf. Die Ausgabe ist leicht anders. Gehen wir diese an einem Beispiel durch, z. B. mit den Daten aus Abbildung 10.7.

```
> x <- c(1, 2, 3, 4, 5)
> y <- c(4, 14, 25, 21, 33)
> fm <- lm(y ~ x)
> summary(fm)

Call:
lm(formula = y ~ x)

Residuals:
   1    2    3    4    5
-2.4  1.1  5.6 -4.9  0.6

Coefficients:
            Estimate Std. Error t value Pr(>|t|)
(Intercept)   -0.100      4.795  -0.021   0.9847
x              6.500      1.446   4.496   0.0205 *
---
Signif. codes:  0 '***' 0.001 '**' 0.01 '*' 0.05 '.' 0.1 ' ' 1

Residual standard error: 4.572 on 3 degrees of freedom
Multiple R-Squared: 0.8708,       Adjusted R-squared: 0.8277
F-statistic: 20.22 on 1 and 3 DF,  p-value: 0.02054
```

```
> anova(fm)
Analysis of Variance Table

Response: y
          Df Sum Sq Mean Sq F value  Pr(>F)
x          1  422.5   422.5  20.215 0.02054 *
Residuals  3   62.7    20.9
---
Signif. codes:  0 '***' 0.001 '**' 0.01 '*' 0.05 '.' 0.1 ' ' 1
```

Zunächst gibt uns R die Abweichungen zwischen beobachteten und berechneten y-Werten (*residuals*). Dann erhalten wir die Koeffizientenberechnungen. R nennt β_0 den y-Achsenabschnitt (*intercept*) und β_1 wird durch den Namen der erklärenden Variablen, hier x, kodiert. Die Parameterberechnung ist eine Schätzung der „wahren" Parameter des zugrundeliegende Modells, deshalb nennt R die Parameter *estimate*. Neben dem Parameterwert erhalten wir dessen Standardfehler und die Ergebnisse eines t-Tests, ob dieser Wert ungleich 0 ist. In unserem Fall ist der y-Achsenabschnitt nicht signifikant von 0 unterschiedlich, aber die Steigung schon. Die Sternchen hinter den p-Werten sind in der dann folgenden Zeile erklärt. Bis hierher sieht das `lm` aus wie ein `glm`.

Die letzten Zeilen fassen die Regression zusammen: Von der ursprünglichen Gesamtvarianz von y sind noch 4.57 übrig, berechnet mit 3 Freiheitgraden (n – Anzahl geschätzter Parameter). Die Regression reduziert damit die Varianz in y um 0.87 oder (bei einer Berechnung, die die Anzahl berechneter Parameter mit einbezieht: *adjusted*) 0.83. Während also im GLM die Devianz angegeben wird, erhalten wir hier direkt die Angabe der erklärten Devianz (die im Fall normalverteilter Daten gleich den Abweichungsquadraten ist: siehe Fußnote S. 121). Der F-Test in der letzten Zeile gibt an, ob die Regression signifikant ist. Da wir nur einen Faktor (x) haben, ist dieser Test identisch mit dem t-Test der Steigung.[11]

Jetzt zur Ausgabe der Funktion `anova`.[12] Diese Art von Tabelle nennt man eine ANOVA-Tabelle (siehe Abschnitt 11.2 auf Seite 191), denn in ihr werden die Abweichungsquadrate (*sum of squares* = SS) für die einzelnen Effekte im Modell angegeben und mit den unerklärten Abweichungsquadraten verglichen. Entsprechend enthält die erste Zeile den Namen der Variablen, `x`, die Freiheitsgrade (`Df`) des Effekts, die Abweichungsquadrate (`Sum Sq`) für den Effekt, die mittleren Abweichungsquadrate (MSS = `Mean Sq` = `Sum Sq` / `Df`), den F-Wert (`F-value` = `Mean Sq` des Effekts / `Mean Sq` der Residuen) und ihre Signifikanz (`Pr(>F)`). In der nächsten Zeile sehen wir die entsprechenden Angaben für die Residuen, natürlich ohne Test auf Signifikanz.

[11] Tatsächlich ist in diesem Fall (nur ein Prädiktor) sogar $F = t^2$.

[12] Mit der Option `test="Chisq"` oder `test="F"` (siehe `?anova.lm`) im `anova`-Aufruf können wir wählen, welchen Test wir für die Signifikanzwerte wählen wollen. Dabei entspricht für linearen Modelle das Verhältnis von Faktor- und Residuen-MSS einer F-Verteilung. Für nicht-normalverteilte Daten (GLM) nimmt man allgemeiner eine χ^2-Verteilung an. Auf normalverteilte Daten angewandt ist diese etwas konservativer, aber meistens sehr ähnlich.

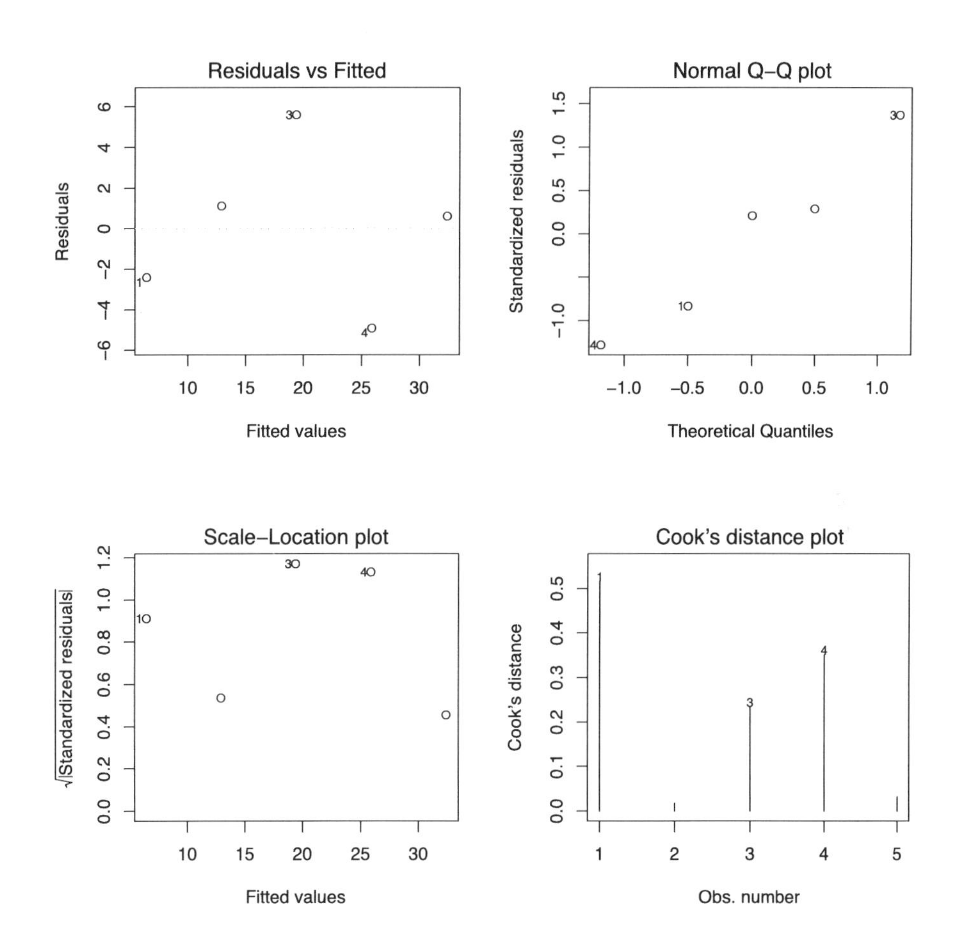

Abb. 10.8: Diagnostischer Standardplot für lineare Modelle in R. Siehe Text für Erklärungen

Nur für Modelle mit einer erklärenden Variablen sind die *P*-Werte des `summary` und `anova`-Befehl identisch. Grundsätzlich ist der `anova`-Befehl der richtige zur Extraktion der Signifikanz, und der `summary`-Befehl vor allem für die Werte der Koeffizienten und ihrer Fehler nützlich.

Für mittels `lm` durchgeführte Regression bietet R eine komfortablere Lösung zur Modelldiagnostik an. Mittels des Befehls `plot(fm)` können wir verschiedene diagnostische Darstellungen der Regressionsanalyse ausgeben lassen (Abbildung 10.8).

```
> par(mfrow = c(2, 2))
> plot(fm)
```

Die Ausgabe des letzten Befehls sind vier *plots* unterschiedlicher Aussage. Im ersten werden schlicht die Residuen (im `lm` sind die *raw* = Pearson Residuen) über die vorhergesagten Werte aufgetragen. Wir suchen nach einer systematisch größeren Streuung am rechten Ende, die natürlich bei so wenigen Datenpunkten nicht auffallen würde.

Der zweite *plot* (oben rechts) ist eine Variante des `qqnorm`-*plots*. Dabei wurden die Werte standardisiert und dann der Größe nach sortiert und aufsummiert (y-Achse). Diese Werte werden dann gegen die aufgrund einer Normalverteilung erwarteten Werte (x-Achse) aufgetragen. Die Qs stehen für „Quantile": empirische Quantilen auf der y-, theoretische Quantilen auf der x-Achse. Idealerweise liegen die Punkte auf der 1:1-Linie.

Die dritte Abbildung zeigt ähnlich der ersten die (hier *studentized*) Residuen gegen vorhergesagte Werte (siehe Abschnitt 9.1.4).

Und schließlich zeigt die letzte Abbildung den Einfluss jeder Beobachtung für das Regressionsergebnis (*Cook's distance*). Je größer der Wert, desto wichtiger ist diese Beobachtung; kritische Grenzen liegen bei 1 bzw. $4/n$ (siehe Abschnitt 9.1.2 auf Seite 154).

Für ein `lm` ist also die Modelldiagnostik durch R deutlich besser unterstützt als für das `glm`.

10.3 Übungen

- Wiederhole die Übungen zur Regression, Teil 1. Führe nach jedem Modell eine Diagnostik durch!

- Im Datensatz `Eier.txt` (Dank an Martin Schaefer, Uni Freiburg!) wird für eine Vogelart (der El Oro Sittich) untersucht, ob sich die Anwesenheit von Helfern (`Anzahl_Helfer`; zumeist eigenen Jungvögel aus früheren Jahren) auf die Anzahl Eier auswirkt (`Eier_gesamt`). Analysiere diesen Zusammenhang. Achte dabei besonders auf die Art der Verteilung (probiere verschiedene aus) und die *overdispersion*. Benutze z. B. auch ein GLM mit Normalverteilung und untersuche, wie die Schlussfolgerungen für die Rolle der Helfer von der Modellstruktur abhängt.

Kapitel 11

Das Lineare Modell: t-Test und ANOVA

If you give people a linear model function you give them something dangerous.
John Fox (`fortunes(49)`)

Am Ende dieses (langen) Kapitels ...

... kennst Du den t-Test in seinen vielen Varianten.

... hast Du verstanden, dass der Gedanke der Varianzanalyse die Aufteilung der Gesamtvarianz in erklärbare und unerklärte Varianz ist.

... kennst Du den F-Test zur Berechnung der Signifikanz einer Varianzanalyse.

... verstehst Du den engen Zusammenhang zwischen ANOVA und Regression.

In diesem Kapitel verlassen wir (leider) kurz die Verfahren, die für alle Verteilungen mittels der *maximum likelihood* zur Verfügung stehen und betrachten **ausschließlich normalverteilte Antwortvariablen y** in einer funktionellen Abhängigkeit von einem (oder mehreren) Prädiktor **X**: $\mathbf{y} \sim N(\mu = f(\mathbf{X}), \sigma)$.[1] Wir betrachten also nur das LM (lineare Modell), nicht das GLM (generalisiertes lineare Modell, wobei die Generalisierung das LM auf andere Verteilungen verallgemeinert).

Für die Analyse normalverteilte Antwortvariablen sind drei Ansätze wichtig, die historisch unterschiedliche Ursprünge haben, aber im Grund alle eine Form des (G)LMs sind: die Regression, der t-Test und die Varianzanalyse (*analysis of variance*: ANOVA). Die Regression kennen wir schon aus den vorigen Kapiteln und behandeln sie hier nicht mehr separat.

Im folgenden wollen wir uns zunächst den t-Test, dann die ANOVA anschauen. Danach werden wir beide mit dem linearen Modell zusammenführen.

[1] Wir betrachten auch kurz den Fall, dass σ von **X** abhängig ist, aber im Allgemeinen wird das beim linearen Modell ausgeblendet. Die Schreibweise `f(.)` weist darauf hin, dass auch nicht-lineare Funktionen betrachtet werden könnten. Das werden wir aber hier nicht tun.

C.F. Dormann, *Parametrische Statistik*, Statistik und ihre Anwendungen,
DOI 10.1007/978-3-642-34786-3_11,

11.1 Der t-Test

Der t-Test (auch *Student's* t-Test genannt[2]) ist eine Regression für eine normalverteilte Zufallsvariable mit einem kategorialen Prädiktor (x) mit (einem oder) zwei Leveln ($\mathbf{x}_A$ und $\mathbf{x}_B$: $\mathbf{y} \sim N(\mu = a\mathbf{x}_A + b\mathbf{x}_B, \sigma)$. Es ist praktisch der einfachste Fall eines GLM überhaupt.

Der Kerngedanke des t-Tests ist schlicht und genial: Wir vergleichen einen Schätzwert mit seinem Standardfehler. Wenn der Wert groß ist im Verhältnis zum Standardfehler, dann ist er signifikant. Ein *Schätzwert* kann dabei der Mittelwert einer Stichprobe sein, die Differenz zwischen zwei Stichproben oder eine andere Statistik, solange sie nur normalverteilt ist.[3] Die t-Verteilung beschreibt die Signifikanz dieses Unterschiedes in Abhängigkeit der Anzahl Datenpunkte. Sie sieht aus wie ein etwas abgeplattete Normalverteilung und wird auch zu einer, wenn der Stichprobenumfang gegen Unendlich geht.

11.1.1 Statistik mit nur einer Stichprobe (*one sample test*)

Nehmen wir an, wir haben nur eine Stichprobe, etwa die Schuhgröße von 100 Personen, und wir wollen wissen, ob sie von einem erwarteten Wert abweicht (z. B. vom „wahren“ deutschen Schuhgrößenmittelwert von 40.2). Nehmen wir weiterhin an, dass die Daten normalverteilt sind, dann kann man den t-Test benutzen, um diesen Vergleich zu testen. Es ist dann

$$t = \frac{\bar{x} - A}{SE_{\bar{x}}} = \frac{\bar{x} - A}{sd_x/\sqrt{n}} \tag{11.1}$$

mit $\bar{x}$ gleich dem Mittelwert der Stichprobe, A einer Konstanten, gegen deren Wert getestet werden soll (für uns also 40.2) und $SE_{\bar{x}}$ dem Standardfehler auf dem Mittelwert der Stichprobe (im rechten Teil der Gleichung aufgelöst als Standardabweichung geteilt durch die Wurzel aus dem Stichprobenumfang).

Kritische t-Werte wurden früher im Anhang von Statistikbüchern tabelliert (z. B. Zar 1984). Heute ist die t-Verteilung als Wahrscheinlichkeitsdichtefunktion in allen Statistikprogrammen integriert und sogar in den meisten Tabellenprogrammen.[4] Wie bereits erwähnt ist die t-Verteilung ähnlich einer abgeflachten Normalverteilung (Abbildung 11.1). Sie ist flacher, je weniger Datenpunkte wir haben, was

[2]An dieser Stelle ist der Hinweis obligatorisch, dass „Student“ das Pseudonym von W.S. Gosset war, als er, für die Guinness-Brauerei arbeitend, den t-Test veröffentlichte. Sein Arbeitgeber betrachtete es als ein Betriebsgeheimnis, das Guiness zur Qualitätssicherung Statistik einsetzte. Gossets Mathematikerkollegen kannten aber sein Pseudonym.

[3]Der Zentrale Grenzwertsatz stellt sicher, dass Parameterschätzer normalverteilt sind, selbst wenn die betrachtete Variablen *nicht* normalverteilt ist. Wenn wir also zum Beispiel den Median einer Stichprobe schätzen, so ist dieser Schätzwert mit einem gewissen Fehler versehen, da wir ja nur eine Stichprobe betrachten. Der Fehler dieses Medians ist normalverteilt, obwohl unsere Stichprobe krumm und schief sein kann!

[4]In Libre/OpenOffice Calc etwa in der Funktion TDIST oder in Microsoft Excel in der Funktion T.VERT (auf Deutsch). Weshalb wir aber trotzdem MS Excel nicht zu statistischen Berechnungen nutzen sollten legen McCullough & Heiser (2008) seit Jahren immer wieder offen.

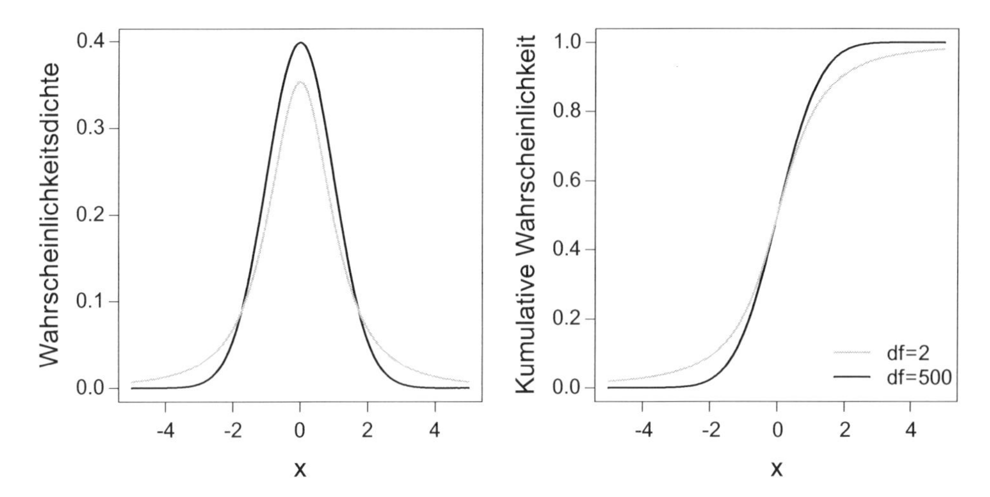

Abb. 11.1: Die Dichtefunktion und kumulative Dichte der t-Verteilung, auch Student-Verteilung genannt. Sie hat nur einen Parameter, df, der die Anzahl Freiheitsgrade angibt. Für hohe Werte von df (*schwarze Linie*) ist sie von der Standardnormalverteilung nicht zu unterscheiden. (Als Daumenregel sind t-Werte, deren Betrag > 2 ist, signifikant, wenn wir über 20 Datenpunkte je Gruppe hatten)

der Tatsache Rechnung trägt, dass wir die Statistik einer Stichprobe und nicht die Grundgesamtheit betrachten. Wenn wir in diese Abbildung eine Standardnormalverteilung einzeichneten, so wäre diese praktisch identisch mit der df=500 Kurve.[5] Relevant ist, ob der t-Wert unserer Daten sehr weit links oder rechts liegt, ob also nur ein sehr geringer Teil der Verteilung größer oder kleiner ist. Uns interessiert also nicht das Vorzeichen (was nur sagt, ob der größte Teil der t-Verteilung größer oder kleiner ist), sondern vielmehr der Betrag.

Für 14 gemessene Schuhgrößen (41, 40, 37, 45, 41, 39, 38, 20, 43, 44, 44, 36, 41, 42) ergeben sich $\bar{x} = 39.36$, $se = sd_{\bar{x}}\sqrt{n} = 6.18/3.74 = 1.65$ und somit $t = 39.36/1.65 = 23.81$. Dieser sehr hohe Wert zeigt an, dass die gemessenen Werte sich deutlich ($p < 0.001$) von 0 unterscheiden (das ist sozusagen der Wert, gegen den der t-Test in der Grundeinstellung testet).

Uns interessiert aber vielmehr der Vergleich mit dem erwarteten Wert von 40.2. Dafür ziehen wir diesen Wert von 39.36 ab und teilen dann durch se: $t = -0.843/3.74 = -0.510$. Das sieht nicht signifikant aus:

```
One Sample t-test
t = -0.5099, df = 13, p-value = 0.6186
alternative hypothesis: true mean is not equal to 40.2
```

[5] Tatsächlich ist auch die Normalverteilung in der rechten Abbildung eingezeichnet, aber eben ununterscheidbar von der t-Verteilung mit df=500.

```
95 percent confidence interval:
 35.78636 42.92793
```

Das Ergebnis würde man etwa so in einen Bericht schreiben: „Die gemessenen Schuhgrößen ($\bar{x} = 39.4$, $s = 6.18$) unterscheiden sich nicht signifikant vom erwarteten Wert von 40.2 ($t_{13} = -0.510$, $p = 0.619$)." Der negative t-Wert zeigt an, dass die Stichprobe unter dem erwarteten Wert liegt. Die tiefgestellte Zahl 13 am t-Wert gibt die Anzahl Freiheitsgrade an (in der obigen Textausgabe als `df`, *degrees of freedom*, ausgewiesen). Freiheitsgrade werden uns in Abschnitt 11.3.2 auf Seite 204 noch ausführlicher beschäftigen.

11.1.2 Vergleich zweier gepaarter Stichproben (*paired sample test*)

Wenn zwei **gepaarte Stichproben** vorliegen, d. h. jedem iten Wert x_{1i} der einen Stichprobe (x_1) ist eindeutig der ite Wert x_{2i} der anderen Stichprobe (x_2) zugeordnet, so unterscheidet sich die Analyse nur wenig von dem Vergleich einer Stichprobe mit einem konstanten Wert (Gleichung 11.1). Statt der Konstanten A wird jetzt der gepaarte x_{2i}-Wert subtrahiert. Der *Wert,* der hier dem t-Test unterworfen wird, ist also die Differenz der Stichproben.

Die t-Test-Gleichung sieht jetzt so aus:

$$t = \frac{\sum_{i=1}^{n}(x_{1i} - x_{2i})}{SE_{x_{1i}-x_{2i}}} \quad (11.2)$$

Hierbei wird angenommen, dass beide Stichproben Normalverteilungen mit der gleichen Standardabweichung entstammen. Sonst müsste der Nenner angepasst werden (s. u.).

Diese gepaarten Stichproben tauchen sowohl bei einfachen experimentellen Anordnungen auf (z. B. Behandlung und Kontrolle in einem Block), als auch bei deskriptiven Untersuchungen, etwa der Anzahl von Moosarten auf der südlichen (5, 8, 7, 9, 9) und nördlichen (12, 23, 15, 18, 20) Seite mehrerer Bäume.

Was wir hier tun, ist, die beiden Datensätze in *einen* Datensatz umzurechnen und dafür dann den *one-sample t*-Test wie oben durchzuführen. Wir berechnen zunächst die Differenz Nord–Süd als (7 15 8 9 11). Deren Mittelwert ist genau 10, die Standardabweichung beträgt 3.16. Der Stichprobenumfang ist jetzt nicht etwa 10, sondern nur noch 5. Somit ist $t = 10/(3.16/\sqrt{5}) = 7.07$. Dieser Wert ist signifikant ($p = 0.002$). Im Bericht stünde also: „Trotz des geringen Stichprobenumfanges waren die Nordseiten signifikant artenreicher als die Südseiten der gleichen Bäume (gepaarter t-Test, $t_4 = 7.07$, $p < 0.01$)."

Eine typische Ausgabe einer Statistiksoftware wäre:

```
Paired t-test

data:  arten.nord and arten.sued
t = 7.0711, df = 4, p-value = 0.002111
```

```
alternative hypothesis: true difference in means is not equal to 0
95 percent confidence interval:
 6.073514 13.926486
```

11.1.3 Vergleich zweier ungepaarter Stichproben (*two sample test*)

Liegen **ungepaarte Stichproben** vor, d. h. der erste Wert von $\mathbf{x}_1$ hat keinen Bezug zum ersten Wert von $\mathbf{x}_2$, so berechnet sich der t-Test wie folgt:

$$t = \frac{\text{Differenz der Mittelwerte}}{\text{Standardfehler der Differenzen}} = \frac{\bar{x}_1 - \bar{x}_2}{SE_{\text{Differenzen}}}, \tag{11.3}$$

$$\text{wobei } SE_{\text{Differenzen}} = \sqrt{\frac{s_1^2}{n_1} + \frac{s_2^2}{n_2}}$$

Auch hier ist der zu testende Wert die Differenz der Stichproben, nur die Berechnung des Standardfehlers ist ob der unterschiedlichen Varianzen (und möglicherweise Stichprobenumfänge) ein klein wenig aufwändiger.

Dies ist der t-Test in seiner allgemeinen Form. Wie zu sehen ist, müssen die beiden Stichproben nicht die gleiche Varianz haben: sie gehen als s_1^2 bzw. s_2^2 in die Formel ein.

Hätten wir also die Anzahl Moosarten nicht auf den gleichen Bäumen bestimmt sondern auf unterschiedlichen, so ergäbe sich folgender Test: $t = 10/\sqrt{(18.3/5 + 2.8/5)} = 4.87$. Auch dieser Wert ist statistisch signifikant ($p < 0.01$). Wir sehen, dass sich das Signifikanzniveau gegenüber dem gepaarten Test verschlechtert hat, da ja nun weniger Informationen genutzt wurden. Diese Variante des t-Tests, in dem die Stichproben unterschiedliche Varianzen haben können, heißt Welchs Zwei-Stichprobentest.

```
Welch Two Sample t-test

data:  arten.nord and arten.sued
t = 4.8679, df = 5.196, p-value = 0.00415
alternative hypothesis: true difference in means is not equal to 0
95 percent confidence interval:
 4.778713 15.221287
```

11.2 Varianzanalyse (ANOVA): Die Analyse auf signifikante Unterschiede

Die Varianzanalyse, auch im deutschen zumeist ANOVA genannt, sucht primär nach Unterschieden zwischen Gruppen und testet, ob das Aufteilen der Daten in unterschiedliche Gruppen die unerklärte Variabilität reduziert. Formalisiert wurde sie

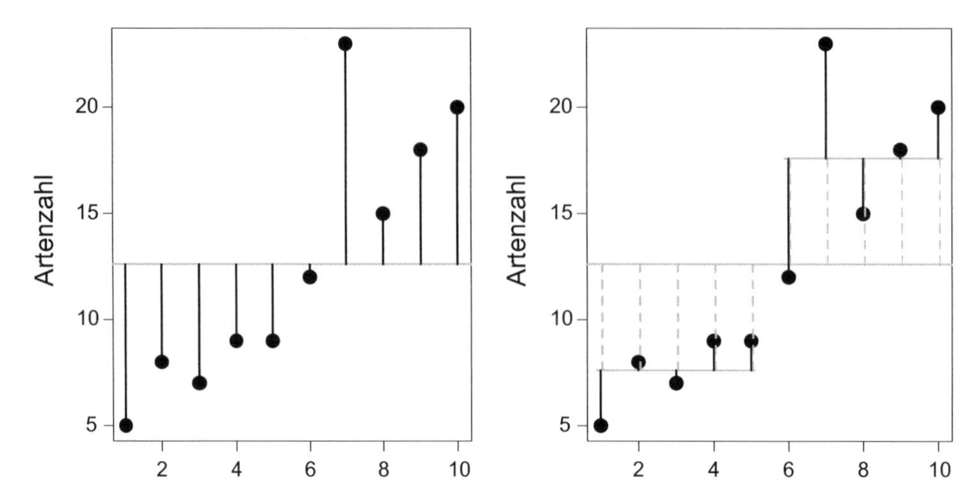

Abb. 11.2: Varianzanalyse (ANOVA) visualisiert. *Links*: Ohne erklärende Variable sind die Abweichungquadrate die quadrierten Abstände zum Mittelwert. Aus Gründen der Übersichtlichkeit sind nur die Abstände, nicht deren Quadrate, dargestellt. *Rechts*: Zusätzlich sind jetzt die Mittelwerte je Gruppe dargestellt. Die Residuen (*schwarz*) werden nur noch innerhalb der Gruppen berechnet, während die von den Gruppenunterschieden erklärte Varianz in *gestricheltem Grau* dargestellt ist

von Fisher (1918, 1925), ein erstes umfassendes Standardwerk dazu ist Mann (1949) bzw. aktueller und für Ökologen zugänglicher Underwood (1997).

Arbeiten wir uns einmal durch ein Beispiel. Abbildung 11.2 macht den ANOVA-Gedanken für den gerade mittels t-Test analysierten Datensatz deutlich. Wenn wir beginnen, haben wir einfach nur 10 Werte, wild durcheinandergewürfelt. Wir können daraus die Varianz des Datensatzes berechnen, wie in Kapitel 1 beschrieben: $\sigma^2 = \frac{\sum_{i=1}^{n}(y_i - \bar{y})^2}{n-1}$. Die Varianz beträgt in diesem Beispiel $\sigma^2 = 37.15$. Das ist die **Gesamtvarianz** unseres Datensatzes. Um es uns etwas einfacher zu machen, berechnen wir ab jetzt nur noch den Zähler dieses Bruchs, da $n-1$ ja für alle Berechnungen gleich ist. Den Zähler nennt man die Summe der Abweichungsquadrate (*sum of squares*, SS). Die SS der Gesamtvarianz heißen entsprechend SS_{total} und sie sind $SS_{total} = \sigma^2(n-1) = 37.13 \cdot 9 = 334.4$.

Jetzt kommt der Kerngedanke der Varianzanalyse: Können wir diese Gesamtvarianz in zwei Teile teilen, nämlich die, die durch meinen Prädiktor erklärt wird, und die übrigbleibende, unerklärte Varianz? Oder, in der Schreibweise mit den Abweichungsquadraten: Können wir SS_{total} zerlegen in einen erklärbaren Teil, genannt SS_{Faktor} oder auch SS_{Effekt}, und einen unerklärbaren Teil, genannt SS_{error} oder $SS_{residual}$?

Wichtiger Hinweis: Auch wenn wir hier die ANOVA über kategoriale Prädiktoren einführen, so gilt die Idee auch für kontinuierliche Variablen! Aber dazu später mehr, wenn wir das Prinzip verstanden haben (siehe Abschnitt 11.3).

Für unser Beispiel fragen wir in der ANOVA, ob eine Aufteilung in zwei Gruppen, Nordseiten und Südseiten, die unerklärte Varianz (bzw. die SS_{residual}) reduzieren kann (Abbildung 11.2 rechts). Die Idee ist, dass die gesamte Varianz (bzw. SS_{total}) aufgeteilt werden kann in die Varianz *innerhalb* der Gruppen und die *zwischen* den Gruppen (engl.: *within vs. between groups*). Die SS innerhalb der Gruppen ist ja weiterhin unerklärt und somit unsere SS_{residual}, während die SS zwischen den Gruppen ja durch unsere Faktorlevel „Nord" und „Süd" erklärt wird: SS_{Effekt}.

Wir teilen also unsere Daten in zwei Gruppen, die ersten fünf Datenpunkte aus den Südseiten, die zweiten aus den Nordseiten, und berechnen *jeweils* einen Gruppenmittelwert (dieser liegt bei $\bar{y}_{\text{Süd}} = 7.6$ und $\bar{y}_{\text{Nord}} = 17.6$, respektive). Wie Abbildung 11.2 rechts illustriert, können wir jetzt von jedem Punkt aus eine Linie zum Gruppenmittelwert ziehen (schwarz). Dies sind die unerklärten Residuen, aus denen wir durch Quadrieren und Summieren die unerklärten Abweichungsquadrate SS_{residual} berechnen:

$$SS_{\text{residual}} = (y_1 - \bar{y}_{\text{Nord}})^2 + (y_2 - \bar{y}_{\text{Nord}})^2 + \ldots + (y_6 - \bar{y}_{\text{Süd}})^2 + (y_7 - \bar{y}_{\text{Süd}})^2 + \ldots$$

In unserem Fall ist $SS_{\text{residual}} = 84.4$.

SS_{Effekt} berechnet sich aus dem Unterschied zwischen Gruppenmittelwert und Gesamtmittelwert (grau gestrichelte Linien in Abbildung 11.2 rechts):

$$SS_{\text{Effekt}} = n_{\text{Nord}}(\bar{y}_{\text{Nord}} - \bar{y})^2 + n_{\text{Süd}}(\bar{y}_{\text{Süd}} - \bar{y})^2,$$

wobei $\bar{y}$ der Gesamtmittelwert und n_{Nord} die Anzahl Datenpunkte in der Nord-Gruppe ist (analog für Süd). Der Wert von $SS_{\text{Effekt}} = 250$.

Und tatsächlich ist

$$SS_{\text{total}} = SS_{\text{Effekt}} + SS_{\text{resid}} = 250 + 84.4 = 334.4$$

Gut, wir haben jetzt also gezeigt, dass man die Varianz bzw. die Abweichungsquadrate aufteilen kann in den Teil „vom Prädiktor erklärt" und „immer noch unerklärt". Was haben wir davon? Nun, ähnlich wie beim t-Test, der einen Wert mit seinem Standardfehler vergleicht, vergleichen wir in in einer ANOVA den Anteil erklärbarer Varianz mit der unerklärbarer. Je größer der Anteil erklärer Varianz, desto wahrscheinlicher ist es, dass die Gruppeneinteilung ein nicht-zufälliger Prädiktor für unsere Antwortvariable ist.

Oder, kürzer: Je mehr wir durch einen Effekt erklären, desto signifikanter ist der Effekt.

Quantifiziert wird dies durch den F-Test. Dabei berechnen wir das Verhältnis von mittlerer Prädiktorvarianz und mittlerer Residuenvarianz:

$$F = \frac{MS_{\text{Effekt}}}{MS_{\text{resid}}} = \frac{\frac{SS_{\text{Effekt}}}{df_{\text{Effekt}}}}{\frac{SS_{\text{resid}}}{df_{\text{resid}}}} \tag{11.4}$$

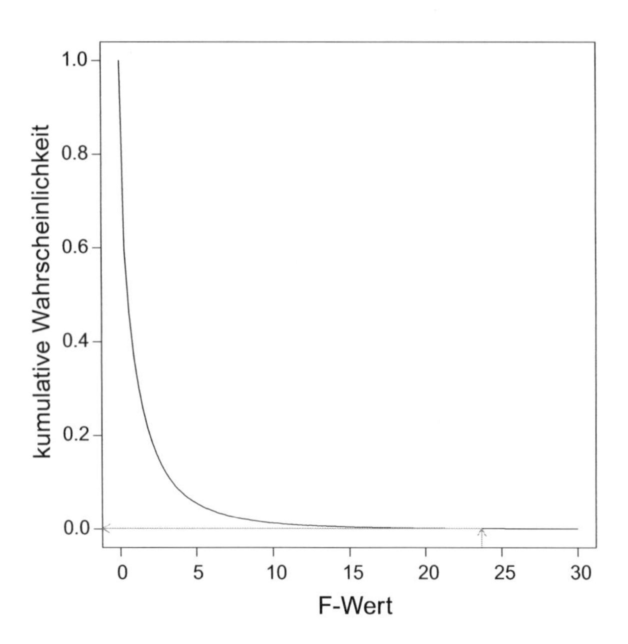

Abb. 11.3: Dekumulative (von 1 beginnend hinunter auf 0) F-Verteilung für die Parameterwerte df1 = 1 und df2 = 8. Der F-Wert aus dem Beispiel (23.7) ist in *grau* abgetragen und in einen P-Wert übersetzt (0.00124; *graue Pfeile*). (Da wir an dem Anteil der Verteilung interessiert sind, der *größer* ist als unser F-Wert, habe ich kurzerhand die kumulative Verteilung „umgedreht")

Die Freiheitsgrade[6] (df) berechnen sich für den Effekt als Anzahl Faktorlevel −1 und für die Residuen als Anzahl Datenpunkte − Effektfreiheitsgrade − 1.

Für unser Beispiel ist also

$$F = \frac{250/(2-1)}{84.4/(10-1-1)} = \frac{250}{10.6} = 23.7.$$

Wir berechnen das Signifikanzniveau dieses Wertes mittels der kumulativen F-Verteilung (Fisher-Verteilung), oder lesen ihn in einer entsprechenden Tabelle nach. Wir interessieren uns dafür, welcher Anteil der F-Verteilung *größer* ist als unser Messwert. Abbildung 11.3 zeigt die dekumulative F-Verteilung für 1 und 8 Freiheitsgrade sowie den F-Wert und seinen P-Wert. Wir haben jetzt mit der Varianzanalyse ein neues und alternatives Verfahren kennengelernt, um auf einen signifikanten Unterschied zwischen zwei Gruppen zu testen. Das Ergebnis ist das gleiche wie beim t-Test. Mehr noch: Die Ergebnisse einer einfaktoriellen Varianzanalyse

[6]Siehe Abschnitt 11.3.2 auf Seite 204 für eine ausführlichere Herleitung. Für den Augenblick stellen wir sie uns am besten als ein Maß dafür vor, wieviel Aufwand wir bei der Berechnung von Mittelwerten betrieben haben: je mehr Klassen, desto mehr Freiheitsgrade „verbrauchen" wir. Ein vernünftige Erklärung muss leider warten, bis wir ANOVA und Regression nachher als zwei Seiten einer Medaille betrachten.

(*one-way ANOVA*) und eines t-Tests sind identisch, *wenn die beiden Stichproben die gleiche Varianz haben*. Mit dem t-Test können wir aber sogar unterschiedliche Varianzen in den beiden Stichproben untersuchen, was mit der ANOVA nicht geht. Wieso also überhaupt ANOVA?

Zwei Punkte zeichnen die ANOVA gegenüber dem t-Test aus: Erstens verallgemeinert sich die ANOVA auch auf einen Faktor mit *mehreren* Leveln. Und zweitens verallgemeinert sich die ANOVA auch auf *mehrere* Prädiktoren, ja sogar Mischungen aus kontinuierlichen und kategorialen Prädiktoren! Während der t-Test also als *one-sample-test* sein Dasein fristet, ist die ANOVA **das** statistische Werkzeug der 80er und 90er Jahre geworden und selbst das heute üblichere GLM wird meist noch als ANOVA präsentiert (dazu später mehr).

Schließlich erlaubt es die ANOVA, die „erklärte Varianz" zu berechnen. Der Anteil der Gesamtvarianz, den wir dem Prädiktor zuschreiben können, ist die erklärte Varianz. Er wird als R^2 bezeichnet, ob seiner engen Verwandschaft zu Pearsons Korrelationskoeffizient r.[7] Es ist $R^2 = \frac{SS_{Effekt}}{SS_{total}} \cdot 100$.

Es ist üblich, die Ergebnisse einer Varianzanalyse in einer ANOVA-Tabelle darzustellen. Diese hat folgende Form, wobei die letzte Zeile häufig weggelassen wird:

Quelle	df	SS	MS	F	P
Effekt	$k-1$	SS_{Effekt}	$\frac{SS_{Effekt}}{k-1}$	$\frac{MS_{Effekt}}{MS_{Residuen}}$	n.s., *, **, ***
Residuen	$n-k$	$SS_{Residuen}$	$\frac{SS_{Residuen}}{n-k}$		
Gesamt	$n-1$	SS_{gesamt}			

k verschiedene Level bei einem Gesamtprobenumfang von n

Diese Tabelle enthält viele, zum Teil redundante (also doppelt-gemoppelte) Informationen. Die erste Spalte gibt an, wo die Varianz steckt: im Effekt und in den Residuen, möglicherweise noch zusätzlich die Angabe der Gesamtabweichungsquadrate. Die zweite Spalte gibt die jeweiligen Freiheitsgrade an, die dritte die Zahlenwerte für die Abweichungsquadrate. Die Spalte MS (*mean sum of squares*) gibt die mittleren Abweichungsquadrate an, aus denen dann auch der F-Wert berechnet wird. Abgeschlossen wir das Ganze durch das Signifikanzniveau des F-Werts, möglicherweise mit Sternchen zur visuellen Aufbereitung.

Hier konkret die ANOVA-Tabelle unserer Analyse, wie sie von R produziert wird:

```
           Df Sum Sq Mean Sq F value   Pr(>F)
Effekt      1  250.0  250.00  23.697 0.001243 **
Residuals   8   84.4   10.55
---
Signif. codes:  0 '***' 0.001 '**' 0.01 '*' 0.05 '.' 0.1 ' ' 1
```

[7] Der quadrierte Korrelationskoeffizient zwischen $\mathbf{y}$ und Modellfit $\hat{\mathbf{y}}$ ist nämlich genau R^2. Man findet sowohl die Schreibweise r^2 als auch R^2 in der Literatur.

Zunächst fällt auf, dass R auf die Zeile mit den Gesamt-SS verzichtet. Sie können wir durch aufsummieren der SS-Spalte errechnen, wenn wir wollten. Wir untersuchen 10 Datenpunkte, also ist $df_{\text{Gesamt}} = 10 - 1 = 9$. Unsere erklärende Variable, hier als „Effekt" bezeichnet, hat 2 Level, so dass $k = 2$ ist und $df_{\text{Effekt}} = 2 - 1 = 1$.[8] Die SS-Werte haben wir ja bereits berechnet, und hier sind sie versammelt. Die *MS*-Werte ergeben sich durch Division der SS-Werte durch die df-Werte. So ist also $84.4 : 8 = 10.55$. Der F-Wert ist das Verhältnis von MS_{Effekt} und MS_{Residuen} und ist in diesem Fall 23.7. Das entspricht einem P-Wert (Signifikanzniveau) von 0.0012, wofür die Software zwei Sternchen verteilt, wie unter der Tabelle erklärt ist.

An der ANOVA-Tabelle kann man gut ablesen, wodurch ein Effekt signifikant wird:

1. entweder durch große Unterschiede zwischen Gesamtmittelwert und Gruppenmittelwerten (was zu einem hohen SS_{Effekt} führt);
2. oder durch möglichst geringes Rauschen innerhalb der Gruppen (was zu niedrigen SS_{Residuen} führt);
3. oder durch viele Replikate (was über einen hohen Wert der Freiheitsgrade zu niedrigen MS_{Residuen} führt);
4. oder, etwas subtiler, durch möglichst wenige Level des Prädiktors (weil viele Level ja zu einem niedrigerem MS_{Effekt} führen).

Kurzum: Starke Effekte, homogene Gruppen, viele Messungen und möglichst wenige Level für die erklärende Variable bescheren uns deutliche Signifikanzen.

11.2.1 ANOVA mit kontinuierlichem Prädiktor: ein Beispiel

Nur der Vollständigkeit halber wollen wir uns kurz eine ANOVA anschauen, bei der der Prädiktor kontinuierlich ist. Dann können wir natürlich nicht von Gruppenunterschieden sprechen, und die obigen Berechnungen sind so nicht möglich. Aber wenn wir eine Regression durchführen, dann können wir die Streuung um die Regressionslinie ($= SS_{\text{Residuen}}$) mit der durch die Regressionslinie erklärten Varianz (SS_{Effekt}) vergleichen, genau wie bei einer ANOVA mit kategorialem Prädiktor.

Nehmen wir unser Beispiel der Eichgerade von Kirschbaumdurchmesser und Holzvolumen von Seite 124. Diese Daten in eine ANOVA gefüttert liefert uns:

```
          Df Sum Sq Mean Sq F value    Pr(>F)
Girth      1 7581.8  7581.8  419.36 < 2.2e-16 ***
Residuals 29  524.3    18.1
---
Signif. codes:  0 '***' 0.001 '**' 0.01 '*' 0.05 '.' 0.1 ' ' 1
```

[8] Es gibt übrigens unterschiedliche Arten, die Freiheitsgrade zu berechnen. Häufig wird z. B. davon ausgegangen, dass alle Gruppen die gleiche Anzahl Datenpunkte enthalten (sog. *balanced design*), was aber *in realitas* leider selten vorkommt. Deshalb wählen wir hier eine allgemeingültige Berechnung, die uns auch weiter unten nützlich ist, wenn wir ANOVA und Regression verbinden wollen.

Die Ausgabe ist formal identisch mit der für kategoriale Prädiktoren, und wir können anhand dieser Daten auch das R^2 berechnen: $7581.8/(7581.8 + 524.3) = 0.935$. Dies soll nur kurz zeigen, dass es grundsätzlich keine Rolle spielt, ob die Prädiktoren kontinuierlich oder kategorial sind.[9]

11.2.2 Annahmen der ANOVA

Genau wie bei der Regression müssen wir auch bei der ANOVA Modelldiagnostik betreiben. Dazu plotten wir die Residuen gegen die gefitteten Werte. (Welche Residuen? Das macht bei normalverteilten Daten kaum einen Unterschied, und eine *link*-Skala gibt es auch nicht.)

Uns interessierten vor allem zwei Dinge:

1. Sind die Varianzen in allen Leveln gleich (Varianzhomogenität oder Homoskedastizität)?
2. Sind die Residuen normalverteilt (Normalverteilungsannahme)?

Häufig lesen wir in Artikeln, dass die Daten normalverteilt waren. Das ist aber viel weniger relevant, als dass die Varianzen konstant sind. Ein formeller Test auf Varianzhomogenität ist – Überraschung! – der F-Test.[10] Das ist einfach der Quotient der Varianzen der beiden Gruppen, etwa: $F = \frac{s^2_{\text{Nord}}}{s^2_{\text{Süd}}}$. (Für unser Beispiel ist $F = \frac{2.8}{18.3} = 0.153$, was einem P-Wert von 0.048 entspricht. Beachte hierbei, dass je nachdem ob Nord oder Süd im Nenner steht, das recht oder linke Ende der F-Verteilung betrachtet werden muss. Die Varianzen sind also signifikant unterschiedlich, die Homoskedastizitätsannahme somit verletzt!)

Neben dem F-Test kommen für ANOVAs auch noch Cochrans, Bartletts oder Levenes Test in Frage. Der Grund weshalb die meisten Lehrbücher und Anwender auf diese formellen Tests verzichten (siehe etwa Crawley 2002; Dalgaard 2002; Quinn & Keough 2002) ist, dass diese Tests sehr empfindlich von der Anzahl der Datenpunkte abhängen. Bei großen Stichprobenumfang kann deshalb immer ein Varianzunterschied festgestellt werden, obwohl er praktisch irrelevant sein mag. Umgekehrt können bei geringem Stichprobenumfang auch gravierende Varianzunterschiede nicht als solche erkannt werden. Deshalb argumentieren obige Autoren für eine grafische Darstellung und rein visuelle Entscheidung (etwa Boxplots innerhalb jeder Gruppe) oder, besser, den Residuen-*fitted values*-Plot (Abbildung 11.4).

Die verschiedenen Tests auf Normalverteilung haben wir ja bereits kennengelernt (Box S. 64 und Abschnitt 4.4 auf Seite 82) und brauchen sie hier nicht zu wiederholen. Auch für sie gilt: grafische Diagnostik. Darum also hier der Residuen-gegen-gefittete Werte-Plot (Abbildung 11.4). Was wir mit fünf Datenpunkten wirk-

[9] Dies ist vor allem für den Abgleich mit anderer Literatur wichtig. Dort wird die ANOVA häufig nur für kategoriale Prädiktoren vorgestellt. Wie wir hier sehen, ist diese Darstellung doch etwas engstirnig.

[10] Nun, eigentlich sollte uns das nicht überraschen. Schließlich benutzen wir in diesem Kapitel die ganze Zeit schon den F-Wert, um zu testen, ob der Prädiktor die Varianzen signifikant beeinflusst.

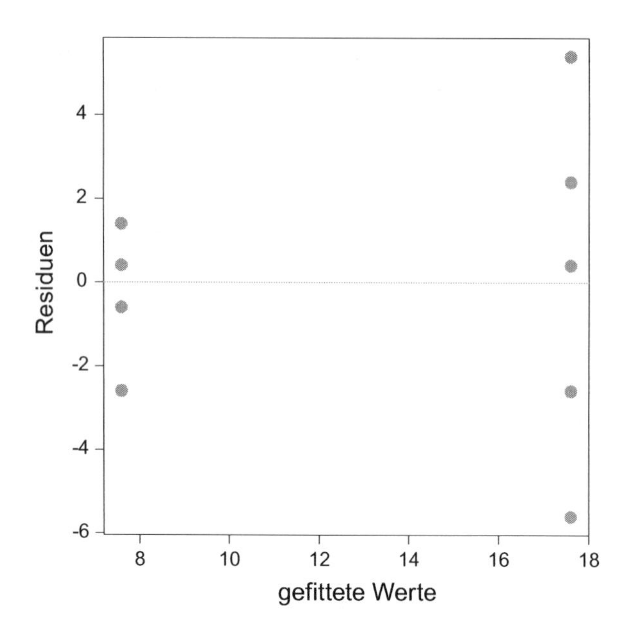

Abb. 11.4: Diagnostikplot für unsere ANOVA der Moosdiversität auf jeweils fünf Süd- und Nordbaumseiten. Der *leicht dunklere Punkt links oben* enthält zwei Datenpunkte. Dass die Streuung für diese beiden Gruppen (*links* die Südseite) ungleich ist, fällt sofort auf

lich nicht erkennen können ist, ob die Daten normalverteilt sind. Dazu bedarf es schon einiger Punkte mehr![11]

11.2.3 Nicht-normalverteilte Daten ANOVA-fähig machen

Wie im vorhin erwähnten Underwood (1997) ausführlich dargelegt, kann man versuchen, durch Transformation der Antwortvariablen diese in eine nahezu normalverteilte Form zu bringen. Das muss nicht gelingen! Binäre Daten bleiben nichtnormal, während Poisson-Daten häufig durch eine Logarithmierung entsprechend massiert werden können.[12]

Eine vernünftige und häufig gebrauchte Variante ist der **Kruskal-Wallis-Test**. Dafür werden die Daten Rang-transformiert und danach mit einer ANOVA analysiert (Underwood 1997). Wenn die Daten zu häufig den gleichen Wert haben (sog. „*ties*") kann auch dieser Test nicht angewandt werden, da dann ebenfalls die Gefahr besteht, dass die Varianzen heterogen sind.

[11] Übrigens führt R für diesen Datensatz auch nicht den obigen F-Test durch (in Funktion `var.test`), sondern gibt als Fehler: zu wenige Datenpunkte!

[12] Und was wird aus den 0-Werten? Tja, da gibt es dann auch Tricks (etwa die Hälfte des kleinsten Wertes > 0 addieren), aber besser ist es, *nicht* die ANOVA zu benutzen, sondern beim GLM zu bleiben. Dazu später mehr.

Der Kruskal-Wallis-Test ist also eine nicht-parametrische Variante der ANOVA, genau wie die Spearman-Korrelation (ebenfalls auf rang-transformierten Daten) eine nicht-parametrische Variante der Pearson-Korrelation ist. Schauen wir uns das Ergebnis in Form einer ANOVA-Tabelle für unseren Nord/Süd-Datensatz an:

```
          Df Sum Sq Mean Sq F value    Pr(>F)
Effekt     1   62.5  62.500  25.641 0.0009726 ***
Residuals  8   19.5   2.437
---
Signif. codes:  0 '***' 0.001 '**' 0.01 '*' 0.05 '.' 0.1 ' ' 1
```

Durch die Rang-Transformation sind die Absolutwerte niedriger, entsprechend auch die SS-Werte. In diesem (durchaus nicht typischen) Fall ist die Signifikanz sogar höher als in der Standard-ANOVA.

Häufig benutzen wir den Kruskal-Wallis-Test, wenn die Normalverteilungs- oder die Varianzhomogenitätsannahme für die ANOVA verletzt ist und wir prüfen wollen, ob das Ergebnis dadurch verfälscht wurde. In diesem Fall hatten wir gesehen, dass die Varianz in „Nord" viel höher ist als in „Süd", so dass die ANOVA eigentlich nicht hätte durchgeführt werden dürfen. In diesem speziellen Fall ist das aber qualitativ folgenlos.

11.2.4 ANOVA für mehr als 2 Level

Der Vollständigkeit halber sei hier kurz darauf hingewiesen, dass ein Effekt in der ANOVA nicht nur zwei Level haben kann, sondern mehrere. Die ANOVA-Tabelle verändert sich dadurch kaum, nur die Anzahl Freiheitsgrade wird natürlich angepasst. Die Regressionsausgabe hingegen wird deutlich länger, da wir für $k-1$ Level die Abweichung (Steigung) zum Referenzlevel angegeben bekommen.

Untersuchen wir das typische Gewicht von 4 Hunderassen: Afghane, Boxer, Collie und Dobermann (Abbildung 11.5). Das Ergebnis einer ANOVA dieser Daten sieht so aus:

```
          Df Sum Sq Mean Sq F value    Pr(>F)
Rasse      3 2167.4  722.46  22.608 2.102e-08 ***
Residuals 36 1150.4   31.96
```

Und das der Regression (mittels GLM) so:

```
Coefficients:
               Estimate Std. Error t value Pr(>|t|)
(Intercept)      24.056      1.788  13.457 1.29e-15 ***
RasseBoxer        4.843      2.528   1.916   0.0634 .
RasseCollie      -5.580      2.528  -2.207   0.0338 *
RasseDobermann   14.466      2.528   5.722 1.63e-06 ***
---
Signif. codes:  0 '***' 0.001 '**' 0.01 '*' 0.05 '.' 0.1 ' ' 1
```

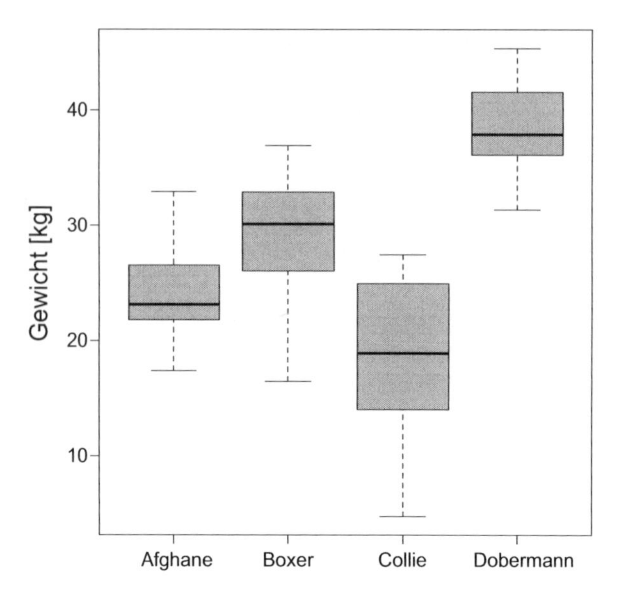

Abb. 11.5: Boxplot für 4 Hunderassen, jeweils 10 Messungen

```
(Dispersion parameter for gaussian family taken to be 31.95625)

    Null deviance: 3317.8  on 39  degrees of freedom
Residual deviance: 1150.4  on 36  degrees of freedom
AIC: 257.88
```

Die ANOVA-Tabelle gibt uns an, dass die Aufteilung der Daten in die 4 Level (mit $k-1=3$ Freiheitsgraden) signifikant ist. Der Regressionsausgabe entnehmen wir, dass der Afghane im Mittel (als alphanumerisch erster Level zur Referenz geworden) 24 kg wiegt, der Boxer 4.8 kg mehr, der Collie 5.6 kg weniger und der Dobermann 14.5 kg mehr als der Afghane. Die statistischen Tests der *Unterschiede zum Referenzwert* sind als t-Test hinter dem jeweiligen Schätzer angegeben. Der erste Unterschied (Afghane – Boxer) scheint nicht signifikant zu sein, da der Schätzwert (die „Steigung" von Afghane zu Boxer) nicht signifikant von 0 verschieden ist.

Bei der ANOVA ist also nicht erkennbar, woher der signifikante Effekt genau kommt, bei der Regression nicht, ob die gefundenen Steigungen zu einem *signifikanten* Hunderasseneffekt werden. Erst zusammen ergeben sich hier die Informationen.

11.2.5 *Post-hoc* Vergleiche

Nach einer ANOVA mit einem Prädiktor, der mehrere Level hat, wissen wir also nicht, welche Level denn nun voneinander signifikant verschieden sind. Wir wissen nur, dass die Aufteilung in die k Level die residuelle Varianz signifikant reduziert.

Um Unterschiede zwischen Leveln zu testen benutzen wir *post-hoc* Tests. *Post hoc* bedeutet, dass wir sie erst nach der ANOVA durchführen. Wenn ein Prädiktor nicht signifikant ist, dann ist auch nicht üblich, dafür *post-hoc*-Tests durchzuführen.

Es entsteht nun aber folgendes Problem. Sagen wir mal, unser Prädiktor hätte 100 verschiedene Level (so viele Hundereassen gibt es sicherlich). Wenn wir jetzt paarweise alle $100 \cdot (100-1)/2 = 4950$ Vergleiche durchtesten, dann sind sicherlich einige rein zufällig signifikant. *Per definitionem* sind bei einer Irrtumswahrscheinlichkeit von 5 % auch 5 % der 4950 (also 247) Vergleiche fehlerhaft signifikant. Dieses Problem nennt man das „Problem der multiplen Tests“ (*multiple comparison problem*).

Post-hoc-Vergleiche und multiple Tests sollten also mit viel Hirnschmalz durchgeführt werden! Bevor man überhaupt einen solchen Test macht, sollten wir uns fragen, ob wir ihn nicht umgehen können. Hilft uns die Information wirklich weiter? Dass Hunde unterschiedlich schwer sind ist doch Aussage genug; brauchen wir tatsächlich die Signifikanz zwischen den Rassen als Aussage?

Wenn wir aber partout eine *post-hoc*-Test durchführen wollen, dann müssen wir zumindst für die Anzahl Vergleiche korrigieren, um so tatsächlich bei 5 % Irrtumswahrscheinlichkeit zu bleiben (Day & Quinn 1989, stellen ein hervorragende Übersicht zur Verfügung). Dazu sind zwei Ansätze verbreitet: die Bonferroni-Korrektur und Tukey’s *honest significant difference* Test. Desweiteren sei darauf hingewiesen, dass es noch viele weitere *post-hoc*-Verfahren gibt, die uns aber hier nicht weiter belasten sollen.[13]

Bonferroni Korrektur

In Schritt 1 berechnen wir alle paarweisen t-Tests:

```
Pairwise comparisons using t tests with pooled SD
          Afghane Boxer   Collie
Boxer     0.06337 -       -
Collie    0.03375 0.00021 -
Dobermann 1.6e-06 0.00053 2.1e-09
```

Die hier angegebenen Werte sind die P-Werte des t-Tests. In diesem Fall sind also alle Vergleiche signifikant, bis auf den zwischen Afghane und Boxer.

[13]Zum Beispiel: Duncan’s *new multiple range*-Test, Dunnett Test, Friedman-Test (nicht-parametrisch, deshalb auch für den Kruskal-Wallis-Test einsetzbar), die Scheffé-Methode, Holm-Korrektur, *false discovery rate*-Korrektur.
Bei manchen dieser Tests (etwa dem Newman-Keuls-Test) werden die Vergleich zunächst nach der Differenz der Mittelwerte sortiert und dann einer nach dem anderen getestet. Sobald ein Unterschied nicht mehr signifikant ist, können wir abbrechen, da die Unterschiede danach noch geringer sind (und die Varianz ja überall gleich, siehe Annahme der ANOVA). Somit kommen wir mit weniger Vergleichen aus, was zu weniger konservativen Aussagen führt als die Bonferroni-Korrektur.
Bei der häufig benutzen Holm-Korrektur werden zwar alle Vergleiche durchgeführt, aber dann die P-Werte sortiert und der erste Vergleich korrigiert wie bei Bonferroni, der zweite aber nur mit $k-1$ multipliziert, der dritte mit $k-2$ usw. Dadurch ist die Holm- weniger konservativ als die Bonferroni-Korrektur.

In Schritt 2 multiplizieren wir die erhaltenen Wert mit der Anzahl durchgeführter Vergleiche (6), um so den korrigierten P-Wert zu erhalten:

```
          Afghane Boxer   Collie
Boxer     0.38022 -       -
Collie    0.20251 0.00126 -
Dobermann 0.00001 0.00317 1.2e-08
```

Jetzt erkennen wir, dass zusätzlich der Unterschied zwischen Afghane und Collie zu gering ist, um bei 5 % Irrtumswahrscheinlichkeit im *post-hoc*-Test signifikant zu sein.

In einem Bericht schrieben wir etwa: „Wir fanden signifikante Unterschiede zwischen den vier Hunderassen ($F_{3,36} = 22.6, P < 0.001$). Dabei waren Boxer und Collie nicht signifikant vom Afghanen zu unterscheiden (*post-hoc* t-Test mit Bonferroni-Korrektur, $P > 0.05$).“

Tukey's *Honest Significant Difference* Test

Tukey's HSD ist noch strikter in der Korrektur der paarweisen Vergleiche. Er ist sozusagen der akzeptiere Maximalstandard. Wenn *post-hoc*-Vergleiche im Tukey's HSD immer noch signifikant sind, dann gibt es daran nichts zu rütteln.

Technisch gesehen ist Tukey's HSD eine Variante des paarweisen t-Tests, nur wird statt der t-Verteilung eine *studentised range distribution* benutzt, weshalb der Test auch als *Tukey's range test* bezeichnet wird.

Im Ergebnis sieht das dann so aus:

```
  Tukey multiple comparisons of means
    95% family-wise confidence level

                        diff        lwr       upr     p adj
Boxer-Afghane       4.843094  -1.965632 11.651820 0.2395867
Collie-Afghane     -5.580291 -12.389018  1.228435 0.1405829
Dobermann-Afghane  14.465957   7.657231 21.274684 0.0000095
Collie-Boxer      -10.423385 -17.232112 -3.614659 0.0011562
Dobermann-Boxer     9.622863   2.814137 16.431590 0.0028456
Dobermann-Collie   20.046249  13.237522 26.854975 0.0000000
```

In diesem Fall liefert er qualitativ das gleiche Ergebnis wie die Bonferroni-Korrektur.

A priori spezifizierte Vergleiche

Wenn wir von Anfang an speziellen Vergleiche interessiert sind, dann brauchen wir ja die ANOVA gar nicht. Wenn wir nur die im vorhinein – *a priori* – spezifizierten Vergleiche durchführen, dann ist unsere Fehlerrate natürlich geringer. Hierfür bietet sich trotzdem die Bonferroni-Korrektur an.

Für die faszinierenden Möglichkeiten der Kontraste für *post-hoc*-Tests, die z. B. Level kombinieren und gegen einen anderen Level testen können und für das Zusammenlegen (*pooling*) von Leveln sei auf Crawley (2007) und Zuur et al. (2009) verwiesen.

11.3 Von der Regression zur ANOVA

In diesem Abschnitt wollen wir den Bogen von der ANOVA zurück zur Regression schlagen. Im Kapitel 7 haben wir ja auch schon eine Regression mit einem kategorialen Prädiktor gerechnet, was die Frage aufwirft, worin sich denn die Ergebnisse von Regression à la GLM und ANOVA unterscheiden.

Die grundsätzliche Antwort ist: gar nicht. ANOVA und Regression sind zwei Versionen des gleichen Prinzips. Während bei der Regression der Fokus auf der Schätzung der Parameter des Modells liegt, interessiert uns bei der ANOVA vor allem, ob ein Prädiktor signifikant zur Reduktion der Varianz beiträgt.

Beiden Ansätzen liegt eine gemeinsame Berechnung zugrunde, nämlich die Schätzung der Parameter mittels *maximum likelihood*, die für normalverteilte Daten analytisch lösbar ist.

Wir wollen uns der Kongruenz von ANOVA und Regression auf zwei Weisen nähern, einmal durch den Vergleich der Ergebnisse, dann durch die Berechnung der Freiheitsgrade und ihrer Grundlage in der Regression.

11.3.1 ANOVA und Regression: Ein Ergebnisvergleich

Nehmen wir wieder das Beispiel der Nord/Süd-Artenzahlen. Eine ANOVA-Ausgabe sieht so aus:

```
           Df Sum Sq Mean Sq F value   Pr(>F)
x           1  250.0  250.00  23.697 0.001243 **
Residuals   8   84.4   10.55
```

Ein Regressionsergebnis (eines GLMs) sieht so aus:

```
Coefficients:
           Estimate Std. Error t value Pr(>|t|)
(Intercept)  17.600      1.453  12.116 1.99e-06 ***
EffektSüd   -10.000      2.054  -4.868  0.00124 **
---
Signif. codes:  0 ‘***’ 0.001 ‘**’ 0.01 ‘*’ 0.05 ‘.’ 0.1 ‘ ’ 1
(Dispersion parameter for gaussian family taken to be 10.55)

    Null deviance: 334.4  on 9  degrees of freedom
Residual deviance:  84.4  on 8  degrees of freedom
AIC: 55.709
```

Auf den ersten Blick haben die beiden nicht miteinander zu tun. Doch bei sehr genauem Hinsehen bemerken wir:

- Der P-Wert für `x` in der ANOVA ist identisch mit dem P-Wert für `xSüd` in der Regression (0.001243).
- Der `dispersion parameter` der Regression (10.55) ist identisch mit den `Mean Sq` der ANOVA.
- Die Anzahl Freiheitsgrade des `residual standard errors` in der Regression sind identisch mit denen der `Residuals` in der ANOVA (8).
- Die letzten Zeilen der Regressionsausgabe enthält viele Daten der ANOVA (speziell sehen wir dort mit 333.4 die SS_{gesamt} und mit 84.4 die SS_{Effekt}, sowie deren Freiheitsgrade 9 und 8).

Das kann kein Zufall sein. Tatsächlich wird hier deutlich, dass ANOVA und Regression einfach auf unterschiedliche Aspekte des Modells abzielen. In der ANOVA werden die Aufteilungen der Varianzen beschrieben, 250 erklärt, 84.4 unerklärt. In der Regression werden die Unterschiede zwischen den Gruppen beschrieben, 17.6 für „Nord", $7.6 - 10 = 7.6$ für „Süd".

Je größer der Unterschied zwischen „Nord" und „Süd", desto größer die erklärte Varianz in der ANOVA und desto größer die Steigung in der Regression. Und tatsächlich beschreiben somit der t-Test der Regression und der F-Test der ANOVA den gleichen Sachverhalt, nämlich den Unterschied zwischen den Gruppen. Abbildung 11.6 visualisiert dies: Die Boxplots beschreiben die Sicht der ANOVA, die Regressionslinie die Sicht der Regression.

Fazit: Je nachdem, für welche Information wir uns interessieren, wählen wir die Darstellung der gleichen Analyse entweder als ANOVA-Tabelle oder als Regression. Mit der ANOVA stellen wir dar, ob ein Faktor signifikant ist oder nicht. Mit der Regression quantifizieren wir den Unterschied zwischen den Mittelwerten der Level. Wenn wir also wissen wollen, ob z. B. ein Veränderung des pH-Werts sich auf das Überleben von Fischen in experimentellen Teichen auswirkt, dann nehmen wir die ANOVA. Wenn wir aber wissen wollen, um wieviel das Überleben in niedrig-pH-Teichen abnimmt, dann wählen wir die Regression. Beide Information sind ineinander überführbar, da hinter beiden das gleiche Modell steckt.

11.3.2 Freiheitsgrade der ANOVA und ihre Erklärung durch die Regression

Freiheitsgrade sind immer etwas schwierig zu verstehen und zu berechnen. Sie stellen für uns aber so etwas wie eine Kontrollrechnung dar, ob denn unser Modell auch das berechnet, was wir wollen. Wenn die Freiheitsgrade nicht stimmen, dann stimmt auch das Modell nicht. Es ist wie die Dimensionsanalyse[14] in der Physik:

[14] Analyse, ob die Einheiten auf der linken Seite der Gleichung identisch denen auf der rechten sind.

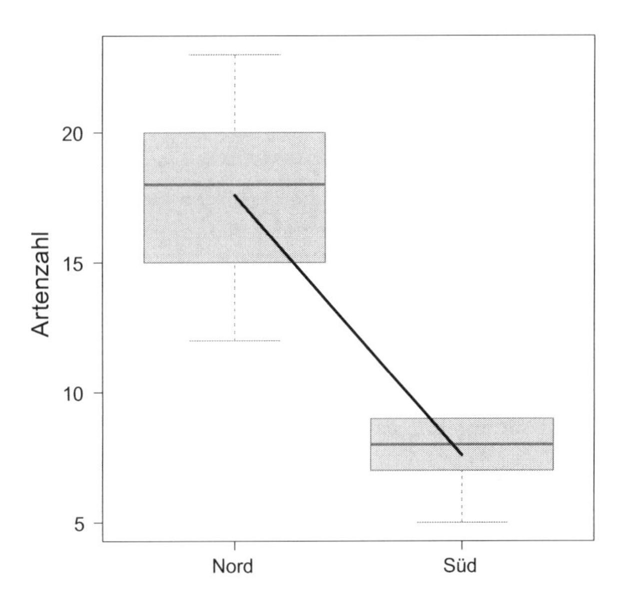

Abb. 11.6: Boxplot und Regressionslinie für die Beispieldaten. Während der Boxplot die Unterschiede zwischen den beiden Leveln abbildet, deutet die Regressionslinie diesen als Steigung an. Die Information ist praktisch identisch, nur mit anderem Schwerpunkt. (Beachte, dass die Linie die Mittelwerte verbindet, die hier in beiden Fällen etwas niedriger liegen als die Mediane der Boxplots)

stimmen die Einheiten einer Rechnung nicht, dann kann auch die Rechnung nicht stimmen.

In unserem obigen Beispiel haben wir zwei Gruppen, die Nord- und Südseite von Bäumen. Wenn wir in der Sprache der Regression hier ein Modell fitten, so machen wir den alphanumerisch ersten Level zur Referenz (dem Achsenabschnitt) und den zweiten zur *dummy*-Variablen mit Wert 1. Somit ist das Regressionsmodell: $\mathbf{y} = \mathrm{N}(\mu = a + b \cdot \mathbf{Süd}, \sigma)$. Wir fitten also drei Parameter: a, b und σ mittels *maximum likelihood*.

Was bedeutet das für die Freiheitsgrade? Nun, zunächst können wir σ außer Acht lassen, denn die Schätzer für a und b werden durch den Wert von σ nicht beeinflusst: Der erwartete Wert für Nord oder Süd wird allein durch a und b bestimmt, während σ die Streuung der Messwerte um diesen Erwartungswert quantifiziert. Entsprechen haben wir zwei Parameter gefittet, um unsere Werte zu erklären. Da wir mit 10 Datenpunkten beginnen und 2 Parameter berechnen, bleiben nur noch acht frei wählbare Datenwerte übrig. Diese Zahl, $10 - 2 = 8$, sind die Freiheitsgrade für die Modellresiduen.

In unserer ANOVA findet ein Test des Unterschiedes zwischen zwei Leveln statt. Nur scheinbar ist dies aber ein Parameter. In Wirklichkeit müssen wir für jede Gruppe den Mittelwert berechnen, damit man deren Unterschiede berechnen kann. Also verbrauchen wir auch hier zwei Freiheitsgrade.

Bei mehr als zwei Leveln eines Effekts verbrauchen wir einen Freiheitsgrad je Level, sowohl für ANOVA als auch für die Regression. Bei der ANOVA berechnen wir bei k Leveln auch k Mittelwerte; in der Regression berechnen wir einen Referenzmittelwert und $k-1$ Unterschiede (= Steigungen). So wie so bleiben nur $n-k$ Freiheitsgrade übrig.

Anhand der Freiheitsgrade sehen wir also, dass Regression und ANOVA einander seelenverwandt sind. Für Details der Umrechnung sei auf das nächste Kapitel verwiesen.

11.4 ANOVAs für GLMs

Kommen wir in diesem letzten Abschnitt des Kapitels wieder zurück zu nicht-normalverteilten Daten. Auch hier interessieren uns die gleichen Fragen wie in der ANOVA. Können wir nicht irgendetwas daraus benutzen, obwohl unsere Daten binomial oder Poisson-verteilt sind?

Ja, das können wir in der Tat. Zentral für die ANOVA sind die Abweichungsquadrate, SS. Wer aufmerksam die Fußnoten studiert hat (konkret die auf Seite 121), wird wissen, dass diese Abweichungsquadrate unter Freunden des GLM auch *deviance* genannt werden. Und genauso gibt es *deviances* für die anderen Verteilungen (definiert in nämlicher Fußnote).

Wenn wir eine „ANOVA"-Tabelle für nicht-normalverteilte Daten haben wollen, dann müssen wir zwei Dinge tun:

1. Ein GLM fitten.

2. Die *deviances* aus dem GLM in eine Art ANOVA umrechnen.

Gesagt, getan. Als Beispiel nehmen wir einfach den uns vertrauten Schnäpper-Datensatz (z. B. S. 7.3) und behandeln die Attraktivität nicht als kontinuierliche, sondern als kategoriale Variable mit fünf Leveln. Das GLM liefert dann:

```
Coefficients:
            Estimate Std. Error z value Pr(>|z|)
(Intercept)   1.5261     0.2085   7.319  2.5e-13 ***
attrakt2      0.3909     0.2700   1.448   0.1477
attrakt3      0.2657     0.2771   0.959   0.3377
attrakt4      0.6257     0.2583   2.422   0.0154 *
attrakt5      0.6487     0.2573   2.521   0.0117 *
---
Signif. codes:  0 '***' 0.001 '**' 0.01 '*' 0.05 '.' 0.1 ' ' 1

(Dispersion parameter for poisson family taken to be 1)

    Null deviance: 25.829  on 24  degrees of freedom
Residual deviance: 16.527  on 20  degrees of freedom
AIC: 119.62
```

Die ANOVA-Tabelle (in R) dazu sieht so aus:

```
        Df Deviance Resid. Df Resid. Dev P(>|Chi|)
NULL                       24     25.829
attrakt  4   9.3021        20     16.527   0.05398 .
---
Signif. codes:  0 '***' 0.001 '**' 0.01 '*' 0.05 '.' 0.1 ' ' 1
```

Nicht ganz so hübsch wie das Original, aber es enthält alle Informationen, um die mini-ANOVA-Tabelle daraus zu formen:

Quelle	df	*deviance*	$P(> X^2)$
Attraktivität	4	9.302	0.05398
Residuen	20	16.527	

An die Stelle der SS tritt die *deviance*. Die `null deviance` entspricht SS_{gesamt}, die `residual deviance` den SS_{Residuen} und die unter `deviance` aufgeführte Zahl entspricht den SS_{Effekt}.

An die Stelle des F-Tests tritt der χ^2-Test. Zudem wird nicht das Verhältnis von mittleren `deviances` oder so berechnet, sondern die absolute Reduktion in `deviance` (hier 9.3021) aufgrund des Prädiktors. Dieser Wert wird mit der χ^2-Verteilung bei $k - 1 = 4$ Freiheitsgraden getestet – und ist ganz knapp nicht signifikant.

Insgesamt ist die ANOVA-Tabelle für nicht-normalverteilte Daten also möglich, enthält aber weniger Zahlen und beruht auf einem anderen Test.

Und wieso ist das Ergebnis nicht signifikant, wo wir doch die ganze Zeit hier einen signifikanten Effekt gesehen haben? Das liegt daran, dass wir den Prädiktor (aus didaktischen Gründen) in einzelne Kategorien zerhackt haben, statt ihn (vernünftigerweise) kontinuierlich zu lassen. Mit kontinierlichen Attraktivitätswerten sieht die ANOVA-Tabelle des GLMs so aus:

Quelle	df	*deviance*	$P(> X^2)$
Attraktivität	1	7.509	0.00614
Residuen	23	18.320	

Soweit haben wir nur die Möglichkeiten betrachtet, aber was ist denn nun richtig? Nun, zum einen sollten wir immer überlegen, aus welcher Verteilung unsere Antwortvariablen kommen. Wenn mehrere in Betracht kommen, dann müssen wir diese verschiedenen Möglichkeiten parallel ausprobieren und die Modelle anhand von AICc oder BIC vergleichen (wie im Kapitel 3 für den Fit von Daten an unterschiedliche Verteilungen oder in Kapitel 9 für zwei unterschiedliche Modelle vorgeführt).

Bezüglich der Behandlung von Prädiktoren, also kontinuierliche oder kategoriale Variablen, gibt es eine Grundregel: *Kontinuierliche Prädiktoren nicht kategorisieren*![15] Hauptgrund ist, dass wir sonst unnötig Freiheitsgrade verbrauchen, da wir viele Mittelwert schätzen, statt einer gemeinsamen Steigung. Der Umkehrschluss ist aber nicht zulässig: Wenn der Prädiktor kategorial ist (Farben, Marken, Nationalitäten, Tiergruppen), dann kann man ihn nicht in eine kontinuierliche Variable umwandeln (aber vielleicht durch eine kontinuierliche Alternative repräsentieren: Helligkeit, Preis, BIP, phylogenetische Distanz).

In der rauen Wirklichkeit kommen natürlich häufig Grenzfälle vor. So gibt es viele Prädiktoren, die in drei bis fünf Stufen gemessen wird (etwa die Güte eines Baumes oder das Abdominalprofil einer Wildgans). Sollen diese wenigen Stufen dann durch eine kontinuierliche oder eine kategoriale Variable repräsentiert werden? Im Allgemeinen zeigt sich in der Abbildung, ob die Datenpunkte so entlang der x-Achse verteilt sind, dass sie eine kontinuierliche Kodierung rechtfertigen (wie in unserem Beispiel die Attraktivität der Halsbandschnäpper). Im Zweifelsfall sollten wir einfach Beides probieren und misstrauisch werden, wenn sich die Ergebnisse deutlich unterscheiden.[16] Wenige Kategorien (so bis etwa fünf) sollten wir auch als Kategorien kodieren. Ab sieben Stufen können wir ziemlich sicher auf eine Kategorisierung verzichten.

[15] Auf der Homepage des Statistikprofessors Frank Harrell (Vanderbilt University, Nashville, Tennessee) steht dieser Tip unter *Philosophy of Biostatistics* als dritter Punkt. Die Anderen sind auch sehr lesenswert: http://biostat.mc.vanderbilt.edu/wiki/Main/FrankHarrell.

[16] Ein möglicher Grund ist, dass der Zusammenhang nicht linear ist, und wir einen quadratischen Term einfügen sollten: Punkt 4 auf Harrells Liste.

Kapitel 12

Das Lineare Modell: t-Test und ANOVA in R

You know my methods. Apply them.
Arthur C. Doyle: Sherlock Holmes in the Sign of Four

Am Ende dieses Kapitels ...

- ... kannst Du mir R-eigenen Mitteln die verschiedenen t-Test Varianten durchrechnen.
- ... kannst Du einfache ANOVAs in R rechnen.
- ... kannst Du zwischen `glm` und `aov` hin- und herwechseln und Dir jeweils die Informationen herausholen, die Dich interessieren.
- ... kannst Du für F-Werte die entsprechenden P-Werte berechnen.
- ... kennst Du ein paar wichtige *post-hoc*-Testfunktionen für ANOVA und GLM in R.

12.1 t-Test und Varianten in R

Der t-Test ist in R in der überraschend benannten Funktion `t.test` implementiert. Diese hat zwei wichtige Argumente neben den zu vergleichenden Variablen: `paired` und `var.equal`. Mit `paired=T` führt man gepaarte Tests durch, d. h. man blockt zusammengehörige Werte. Dafür müssen die beiden Datensätze so aufgebaut sein, dass zusammengehörige Werte auch nebeneinanderstehen. Mit `var.equal=F` lassen wir unterschiedliche Varianzen für die beiden Datensätze zu.

Bevor wir uns diesen beiden wichtigen Argumenten widmen, nur kurz den *one-sample t*-Test sowie den Vergleich eines Datensatzes mit einem festen Wert. Unser Beispieldatensatz ist wieder die Körpergröße von 50 Männer und 50 Frauen.

```
> GG <- read.csv("GroesseGeschlecht.csv")
> t.test(GG$Groesse)
```

C.F. Dormann, *Parametrische Statistik*, Statistik und ihre Anwendungen,
DOI 10.1007/978-3-642-34786-3_12,

```
        One Sample t-test

data:  GG$Groesse
t = 155.1644, df = 99, p-value < 2.2e-16
alternative hypothesis: true mean is not equal to 0
95 percent confidence interval:
 177.2934 181.8866
sample estimates:
mean of x
   179.59
```

Das war trivial. Testen wir jetzt zum Spaß, ob die Probanden im Schnitt signifikant kleiner sind als 182:

```
> t.test(GG$Groesse, mu=182)

        One Sample t-test

data:  GG$Groesse
t = -2.0822, df = 99, p-value = 0.0399
alternative hypothesis: true mean is not equal to 182
95 percent confidence interval:
 177.2934 181.8866
sample estimates:
mean of x
   179.59
```

Die Stichprobe liegt also tatsächlich signifikant unterhalb von 182 cm. Das ist auch schon alles, was man mit t-Tests für einen Datensatz so macht.

Widmen wir uns also lieber dem Vergleich zweier Datensätze. Diese müssen dazu das in meinen Augen ungewöhnliche Format haben, dass die Daten in zwei Spalten stehen. Das ist bei `GG` nicht der Fall, wir müssen diesen Datensatz also erst umformen. Das geht in diesem Fall sehr leicht mit der Funktion `unstack`. Dann vergleichen wir die beiden Datensätze unter der Annahme gleicher Varianz:

```
> head(GG)

  Groesse Geschlecht
1     184       Mann
2     212       Mann
3     170       Mann
4     187       Mann
5     176       Mann
6     199       Mann

> newGG <- unstack(GG)
> head(newGG)
```

```
  Frau Mann
1  171  184
2  175  212
3  180  170
4  168  187
5  169  176
6  173  199
```

```
> t.test(newGG$Frau, newGG$Mann, var.equal=T)

        Two Sample t-test

data:  newGG$Frau and newGG$Mann
t = -6.6928, df = 98, p-value = 1.372e-09
alternative hypothesis: true difference in means is not equal to 0
95 percent confidence interval:
 -16.724969  -9.075031
sample estimates:
mean of x mean of y
   173.14    186.04
```

Der Unterschied in der Körpergröße ist also ganz klar hochsignifikant. Beachte, dass sich das 95 %-Konfidenzintervall auf den *Unterschied* der beiden Datensätze bezieht.

Wenn wir jetzt *unterschiedliche* Varianzen zulassen (die Grundeinstellung = *default* von `t.test`) erhalten wir:

```
> t.test(newGG$Frau, newGG$Mann, var.equal=F)

        Welch Two Sample t-test

data:  newGG$Frau and newGG$Mann
t = -6.6928, df = 96.175, p-value = 1.458e-09
alternative hypothesis: true difference in means is not equal to 0
95 percent confidence interval:
 -16.725877  -9.074123
sample estimates:
mean of x mean of y
   173.14    186.04
```

In diesem Beispiel macht das also kaum einen Unterschied. Die Varianzen sind nicht dramatisch unterschiedlich:

```
> apply(newGG, 2, var)

     Frau      Mann
 80.08204 105.67184
```

Nehmen wir das Beispiel aus dem vorigen Kapitel auf: Moosartenzahlen auf Nord- und Südseiten von fünf Bäumen. Hier nochmal der Vergleich t-Test mit und ohne gleiche Varianzen:

```
> nord <- c(12, 23, 15, 18, 20)
> sued <- c(5, 8, 7, 9, 9)
> t.test(nord, sued, var.equal=T)

        Two Sample t-test

data:  nord and sued
t = 4.8679, df = 8, p-value = 0.001243
alternative hypothesis: true difference in means is not equal to 0
95 percent confidence interval:
  5.262859 14.737141
sample estimates:
mean of x mean of y
     17.6       7.6

> t.test(nord, sued, var.equal=F)

        Welch Two Sample t-test

data:  nord and sued
t = 4.8679, df = 5.196, p-value = 0.00415
alternative hypothesis: true difference in means is not equal to 0
95 percent confidence interval:
  4.778713 15.221287
sample estimates:
mean of x mean of y
     17.6       7.6
```

Obwohl die Anzahl effektiver Freiheitsgrade von 8 auf etwas über 5 heruntergeht und der p-Wert sich fast vervierfacht, bleibt der Unterschied weiterhin signifikant. Für diesen Datensatz ist die Annahme der Varianzgleichheit (= Varianzhomogenität = Homoskedastizität) sicherlich nicht zutreffend (siehe Berechungen im Abschnitt 11.1). Die Varianz für die Südseite nur $s^2_{\text{Süd}}$ = `var(sued)` = 2.8, während s^2_{Nord} = `var(nord)` = 18.3. Homogene Varianzen sehen anders aus!

12.2 ANOVA in R

Der R-Befehl für die ANOVA lautet `aov`, *analysis of variance*. Er wird benutzt wie die `glm`-Funktion:

```
> y <- c(5, 8, 7, 9, 9, 12, 23, 15, 18, 20)
> x <- factor(rep(c("Nord", "Süd"), each=5))
> fm <- aov(y ~ x)
> summary(fm)
```

```
            Df Sum Sq Mean Sq F value   Pr(>F)
x            1  250.0  250.00  23.697 0.001243 **
Residuals    8   84.4   10.55
---
Signif. codes:  0 '***' 0.001 '**' 0.01 '*' 0.05 '.' 0.1 ' ' 1
```

Für das Beispiel mit der kontinuierlichen Variablen haben wir entsprechend:

```
> data(trees)
> summary(aov(Volume ~ Girth, data=trees))

            Df Sum Sq Mean Sq F value    Pr(>F)
Girth        1 7581.8  7581.8  419.36 < 2.2e-16 ***
Residuals   29  524.3    18.1
---
Signif. codes:  0 '***' 0.001 '**' 0.01 '*' 0.05 '.' 0.1 ' ' 1
```

Und schließlich noch für das Beispiel mit mehreren Leveln:

```
> Hunde <- read.csv("Hunde.csv")
> summary(aov(Gewicht ~ Rasse, data=Hunde))

            Df Sum Sq Mean Sq F value    Pr(>F)
Rasse        3 2171.3  723.77   22.58 2.132e-08 ***
Residuals   36 1153.9   32.05
---
Signif. codes:  0 '***' 0.001 '**' 0.01 '*' 0.05 '.' 0.1 ' ' 1
```

Wir sehen, eine ANOVA in R zu rechnen ist sehr einfach.

Auch die Diagnostik ist sehr einfach abrufbar. Der `plot`-Befehl, angewendet auf ein `aov`-Objekt, generiert eine Reihe von diagnostischen Plots, von denen uns vor allem der erste interessiert:

```
> plot(fm, 1)
```

liefert den diagnostischen Plot für das Datenbeispiel der Anzahl Moosarten auf Baumnord- und südseiten (Abbildung 12.1).

12.2.1 Test auf Varianzhomogenität

Eine der wichtigsten Annahmen der Varianzanalyse ist die der Varianzhomogenität oder Homoskedastizität. Um zu testen, ob zwei Stichproben $\mathbf{y}_1$ und $\mathbf{y}_2$ die gleich Varianz haben, benutzt man den F-Test. Wir berechnen die Varianz (s^2) der jeweiligen Stichprobe, s_1^2 und s_2^2, und teilen *den größeren Wert durch den kleineren*: $F = s_1^2/s_2^2$.

Es ist wichtig den größeren durch den kleineren zu teilen, weil sonst das falsche Ende der F-Verteilung zur Berechnung genommen wird. D. h., wenn der F-Wert kleiner ist als 1 muss man den linken Teil der F-Verteilung betrachten (siehe nächsten Abschnitt für Details).

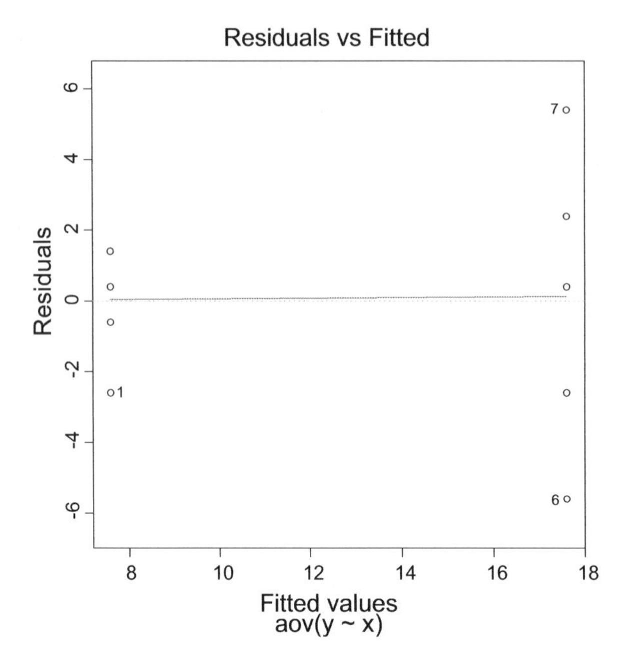

Abb. 12.1: Residuen-gefittete Werte Plot als diagnostischer Plot der ANOVA. Offensichtlich ist die Streuung bei der *rechten* Gruppe („Süd") deutlich größer. Einflussreiche Datenpunkte sind numeriert

Kritische F-Werte können mittels der F-Verteilung ausgerechnet werden, bzw. der P-Wert für einen bestimmten F-Verhältnis kann mit der Wahrscheinlichkeitsfunktion der F-Verteilung berechnet werden: `pf(F-Wert, n_1-1, n_2-1, lower.tail=F)`. Dabei ist zu beachten, dass wir durch die Entscheidung, immer die größere Varianz durch die kleinere zu teilen, einen nur scheinbar einseitigen Test gemacht haben! In Wirklichkeit interessiert uns, ob s_1^2 und s_2^2 unterschiedlich sind, nicht ob s_1^2 größer als s_2^2 ist. D. h., wir würden die Varianzen als heterogen bezeichnen, wenn die Abweichungen groß sind, egal in welcher Richtung. Das genau ist aber ein zweiseitiger Test. Unsere 5 % Irrtumswahrscheinlichkeit müssen wir also auf die rechte und linke Seite der Verteilung aufteilen. Für unseren F-Test bedeutet das, dass wir nicht einen $P \leqslant 0.05$ sondern $P \leqslant 0.025$ als signifikante Varianzheterogenenität akzeptieren.

In unseren Nord/Süd-Beispiel ist die Varianz der Norddaten:

```
> var(ySued)/var(yNord)
> pf(6.536, 4, 4, lower.tail=F)

[1] 0.04815187
```

Dieser Wert ist höher als unsere 0.025 und wir akzeptieren, zähneknirschend, diesen großen Varianzunterschied als nicht signifikant.

Wenn wir wissen wollten, wie groß der F-Wert hätte sein müssen, damit der Unterschied signifikant ist, benutzen wir die Quantilenfunktion der F-Verteilung:

```
> qf(0.025, 4, 4, lower.tail=F)

[1] 9.60453
```

Also erst ab einem Varianzverhältnis von 9.6 wären unsere jeweils fünf Datenpunkte heteroskedastisch. Das ist natürlich eine Funktion des Stichprobenumfangs. Bei jeweils 20 Datenpunkten (mit 19 Freiheitsgraden) erhielten wir:

```
> qf(0.025, 19, 19, lower.tail=F)

[1] 2.526451
```

Schließlich gibt es eine spezielle R-Funktion, die für uns den Varianzhomogenitätstest durchführt, `var.test`:

```
> var.test(yNord, ySued)

        F test to compare two variances

data:  yNord and ySued
F = 0.153, num df = 4, denom df = 4, p-value = 0.09631
alternative hypothesis: true ratio of variances is not equal to 1
95 percent confidence interval:
 0.01593055 1.46954556
sample estimates:
ratio of variances
         0.1530055
```

Hier wird das Verhältnis in der Reihenfolge der eingegebenen Werte berechnet und die entsprechende Seite der F-Verteilung benutzt, um den P-Wert zu berechnen. Dieser beträgt mit 0.096 genau das Doppelte unseres „einseitigen" P-Werts von 0.048. Wie man an dem 95 %-Konfidenzintervall schön sehen kann, sind unsere wenigen Datenpunkte nicht geeignet, ein klare Aussage über das Varianzverhältnis zu machen.

Neben dem gerade besprochenen F-Test werden weiterhin Bartletts und Levenes Test häufig benutzt. Bartletts Test ist empfindlich gegenüber Abweichungen von der Normalverteilung und wird deshalb meistens durch den diesbezüglicher robusteren Levene Test ersetzt. Dieser benutzt absolute Abweichungen vom Gruppenmittel statt Varianzen. In einer Variante des Levene Test (dem Brown-Forsythe-Test) werden statt der Gruppenmittel die Gruppenmediane benutzt.

Die Umsetzung in R ist trivial. Bartletts Test ist so verfügbar, für Levenes Test und seine Brown-Forsythe-Variante benötigen wir das Paket **car**.[1]

[1] Levenes Test ist auch im Paket **lawstat** in der Funktion `levene.test` implementiert.

```
> bartlett.test(y, x)

        Bartlett test of homogeneity of variances

data:  y and x
Bartlett's K-squared = 2.7582, df = 1, p-value = 0.09676
```

Hier der originale Levene Test, mit Mittelwert der Gruppen als Referenz:

```
> library(car)
> leveneTest(y, x, center=mean)

Levene's Test for Homogeneity of Variance (center = mean)
      Df F value  Pr(>F)
group  1  3.5689 0.09555 .
       8
---
Signif. codes:  0 '***' 0.001 '**' 0.01 '*' 0.05 '.' 0.1 ' ' 1
```

Und die Brown-Forsythe-Variante des Levene-Tests (die in R die Grundeinstellung ist, wenn man also das Argument `center=...` weglässt):

```
> leveneTest(y, x, center=median)

Levene's Test for Homogeneity of Variance (center = median)
      Df F value Pr(>F)
group  1  2.8986 0.1271
       8
```

Bei einem kontinuierlichem Prädiktor (vulgo: Regression) können wir den `var.test` nicht benutzen; dort hilft der diagnostische Plot, wie wir ihn in Abschnitt 10.2 auf Seite 182 und Abbildung 10.8 auf Seite 185 kennengelernt haben.

12.2.2 Aus F-Werten die Signifikanz berechnen

F-, χ^2- und t-Verteilungen bezeichnet man als Testverteilungen, da diese Werte einfach bei statistischen Tests auftauchen (darüberhinaus gibt es natürlich noch viele andere). D. h., wir berechnen irgendwie, z. B. durch die ANOVA oder auch zu Fuß, einen F-Wert und können dann in der F-Verteilung nachschlagen, welchen P-Wert ein gegebener F-Wert hat.

Das ist nützlich, in R aber etwas verwirrend anzuwenden. Zunächst einmal eine Darstellung der kumulativen F-Verteilung als Einstieg (Abbildung 12.2):[2]

```
> par(mar=c(5,5,1,1), mfrow=c(1,2))
> curve(df(x, 1, 20), from=0.0, to=15, ylab="Wahrscheinlichkeitsdichte",
+        ylim=c(0, 1), xlab="F-Wert", las=1, lwd=2, cex.lab=1.5, col="grey")
```

[2]Da die F-Verteilung bei 0 gegen Unendlich geht müssen wir den abgebildeten Wertebereich durch das Argument `ylim` manuell beschränken.

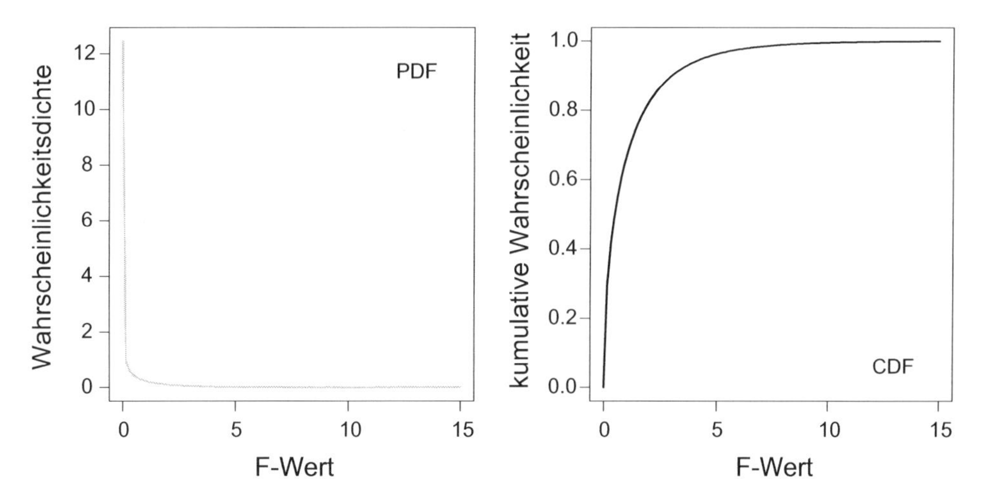

Abb. 12.2: Dichtefunktion (*links*, *grau*) und kumulative Dichte (*rechts*, *schwarz*) der F-Verteilung mit Parametern df1 = 1 und df2 = 20

```
> legend("topright", bty="n", legend="PDF", cex=2)
> curve(pf(x, 1, 20), from=0, to=15, ylab="kumulative Wahrscheinlichkeit",
+        xlab="F-Wert", las=1, lwd=2, cex.lab=1.5)
> legend("bottomright", bty="n", legend="CDF", cex=2)
```

Wenn wir diese Verteilung benutzen wollen, um das Signifikanzniveau eines F-Wertes zu berechnen, so interessiert uns, welcher Anteil der Verteilung so groß wie unser F-Wert ist oder größer. D. h., wir interessieren uns für den Teil *rechts* des F-Wertes, im flachen Teil der PDF.

Nehmen wir an, wir hätten einen F-Wert von 5 berechnet. Dann wollen wir wissen, welcher Anteil der Fläche unter der PDF *rechts* von 5 liegt. Wie in Abbildung 12.2 rechts gut zu sehen, ist das nur ein Bruchteil der Verteilung. Wenn wir aber an der CDF diesen Wert ablesen, erhalten wir die Information, welcher Anteil *links* von 5 liegt. Die CDF kumuliert ja die Fläche bis zum jeweiligen F-Wert.

Mathematisch können wir die CDF als bestimmtes Integral von 0 (d. h. der linke Definitionsgrenze der F-Verteilung) bis X berechnen:

$$P(F \leqslant X) = \int_0^X F(x)dx. \quad (12.1)$$

Was uns aber interessiert, ist das bestimmte Integral für Werte $\geqslant X$:

$$P(F \geqslant X) = \int_X^\infty F(x)dx. \quad (12.2)$$

Abbildung 12.2 rechts visualisiert Gleichung 12.1. Für Gleichung 12.2 bräuchten wir genau das Gegenteil, eine „dekumulative“ Wahrscheinlichkeit, die geringer wird, je größer der Wert von X. Diese ist in Abbildung 11.3 auf Seite 194 dargestellt.

In R haben die `p...`-Funktionen eine Option `lower.tail` (mit Grundeinstellung ist `lower.tail=TRUE`). In der Grundeinstellung wird das bestimmte Integral von „links bis X" (Gleichung 12.1) ausgegeben. Mit der Einstellung `lower.tail=FALSE` erhalten das bestimmte Integral von „X nach rechts" (Gleichung 12.2), also das, was wir hier suchen.

```
> pf(5, 1, 20, lower.tail=T)

[1] 0.9630952

> pf(5, 1, 20, lower.tail=F)

[1] 0.03690484
```

Der gesuchte P-Wert für unseren F-Wert von 5 ist also 0.0369!

Wenn wir also das Signifikanzniveau eines bestimmten F-Wertes bestimmen wollen, dann müssen wir die Option `lower.tail=FALSE` wählen!

Die „dekumulative F-Verteilung" in Abbildung 11.3 auf Seite 194 entstand übrigens mit folgendem R-Code:

```
> curve(pf(x, 1, 8, lower.tail=F), from=0, to=30, las=1, cex.lab=1.5,
+       xlab="F-Wert", ylab="dekumulative Wahrscheinlichkeit")
```

12.2.3 *Post-hoc* Vergleiche mit R

Die im vorigen Kapitel vorgestellten *post-hoc*-Tests (Bonferroni und Tukey's HSD) sind in R einfach abzurufen. Darüberhinaus bietet das Paket **multcomp** verschiedene Möglichkeiten, *post-hoc*-Tests für GLMs zu rechnen sowie für kompliziertere Modelle mit mehreren Prädiktoren. Vor allem auf die Funktion `glht` sei dafür hingewiesen.

Der einfache, unkorrigierte paarweise t-Test wird in R so durchgeführt:

```
> pairwise.t.test(Hunde$Gewicht, Hunde$Rasse, p.adjust.method="none")

        Pairwise comparisons using t tests with pooled SD

data:  Hunde$Gewicht and Hunde$Rasse

          Afghane Boxer   Collie
Boxer     0.06288 -       -
Collie    0.03432 0.00021 -
Dobermann 1.6e-06 0.00053 2.1e-09

P value adjustment method: none
```

Die letzte Zeile weist uns darauf hin, dass wir keine Korrektur für multiple Vergleiche durchgeführt haben. Entweder können wir dies zu Fuß tun[3] oder wir benutzen die Option `p.adjust`:

[3] `6*(pairwise.t.test(Hunde$Gewicht, Hunde$Rasse, p.adjust.method="none")$p.value)`

```
> pairwise.t.test(Hunde$Gewicht, Hunde$Rasse, p.adjust.method="bonferroni")

        Pairwise comparisons using t tests with pooled SD

data:  Hunde$Gewicht and Hunde$Rasse

          Afghane Boxer  Collie
Boxer     0.3773  -      -
Collie    0.2059  0.0013 -
Dobermann 9.8e-06 0.0032 1.3e-08

P value adjustment method: bonferroni
```

Tukey's *Honest Significant Difference*-Test ist mittels der Funktion `TukeyHSD` abrufbar. Sie wird auf ein `aov`-Objekt angewendet:

```
> TukeyHSD(fm.aov)

  Tukey multiple comparisons of means
    95% family-wise confidence level

Fit: aov(formula = Gewicht ~ Rasse, data = Hunde)

$Rasse
                    diff        lwr       upr     p adj
Boxer-Afghane       4.86  -1.959079 11.679079 0.2380529
Collie-Afghane     -5.57 -12.389079  1.249079 0.1426264
Dobermann-Afghane  14.49   7.670921 21.309079 0.0000095
Collie-Boxer      -10.43 -17.249079 -3.610921 0.0011685
Dobermann-Boxer     9.63   2.810921 16.449079 0.0028693
Dobermann-Collie   20.06  13.240921 26.879079 0.0000000
```

12.3 ANOVA zur Regression und zurück

Wenn wir statt der Funktion `aov` die Funktion `glm` (oder `lm`) benutzt haben, um eine lineare Regression zu fitten, dann können wir trotzdem mit `aov` daraus ein ANOVA-Objekt machen:

```
> fm.glm <- glm(Gewicht ~ Rasse, data=Hunde)
> summary(aov(fm.glm))

            Df Sum Sq Mean Sq F value    Pr(>F)
Rasse        3 2171.3  723.77   22.58 2.132e-08 ***
Residuals   36 1153.9   32.05
---
Signif. codes:  0 '***' 0.001 '**' 0.01 '*' 0.05 '.' 0.1 ' ' 1
```

Genauso funktioniert es anders herum. Wenn wir zunächst eine ANOVA rechnen und dann aber an den Koeffizienten oder anderen (g)`lm` Informationen interessiert sind, so können wir aus dem `aov`-Objekt ein (g)`lm`-Objekt machen:

```
> fm.aov <- aov(Gewicht ~ Rasse, data=Hunde)
> summary(lm(fm.aov))

Call:
lm(formula = fm.aov)

Residuals:
    Min      1Q  Median      3Q     Max
-13.770  -2.547  -0.105   3.625   9.030

Coefficients:
               Estimate Std. Error t value Pr(>|t|)
(Intercept)      24.040      1.790  13.428 1.38e-15 ***
RasseBoxer        4.860      2.532   1.919   0.0629 .
RasseCollie      -5.570      2.532  -2.200   0.0343 *
RasseDobermann   14.490      2.532   5.723 1.63e-06 ***
---
Signif. codes:  0 '***' 0.001 '**' 0.01 '*' 0.05 '.' 0.1 ' ' 1

Residual standard error: 5.662 on 36 degrees of freedom
Multiple R-squared: 0.653,       Adjusted R-squared: 0.6241
F-statistic: 22.58 on 3 and 36 DF,  p-value: 2.132e-08
```

Wir können sogar direkt aus dem `aov`-Objekt die Koeffizienten abfragen, genau wie im `glm` oder `lm`:

```
> coef(fm.aov)

   (Intercept)     RasseBoxer    RasseCollie RasseDobermann
         24.04           4.86          -5.57          14.49
```

Die Ausgabe unterscheiden sich zwischen einem `lm` (lineares Modell, nur für normalverteilte Daten) und einem `glm` (auch andere Verteilungen spezifizierbar):

```
> summary(glm(fm.aov))

Call:
glm(formula = fm.aov)

Deviance Residuals:
    Min       1Q   Median       3Q      Max
-13.770   -2.547   -0.105    3.625    9.030

Coefficients:
               Estimate Std. Error t value Pr(>|t|)
```

```
(Intercept)       24.040      1.790  13.428 1.38e-15 ***
RasseBoxer         4.860      2.532   1.919   0.0629 .
RasseCollie       -5.570      2.532  -2.200   0.0343 *
RasseDobermann    14.490      2.532   5.723 1.63e-06 ***
---
Signif. codes:  0 '***' 0.001 '**' 0.01 '*' 0.05 '.' 0.1 ' ' 1

(Dispersion parameter for gaussian family taken to be 32.0535)

    Null deviance: 3325.3  on 39  degrees of freedom
Residual deviance: 1153.9  on 36  degrees of freedom
AIC: 258
```

Die Ausgabe des `glm` ist sozusagen in seiner Form für die anderen Verteilungen genauso gültig, während die `lm`-Ausgabe nur für normalverteilte Daten Sinn hat. So sind z. B. R^2, F-Test und SS nur hier angebracht, nicht bei Poisson- oder γ-verteilten Daten.

12.4 ANOVAs für GLM

Wie oben gesehen, können wir aus einem (G)LM für normalverteilte Daten mittels `summary(aov(.))` auch eine ANOVA-Tabelle erstellen. Hier geht es aber darum, auch für GLMs mit nicht-normalverteilten Daten eine ANOVA-artige Tabelle zu extrahieren. Die dafür wichtige Funktion ist `anova`, die auf ein mit `glm` produziertes Objekt angewendet wird.

Fitten wir also mittels GLM ein Modell für den Effekt der Buchungsklasse auf das Überleben der Titanic-Passagiere und extrahieren wir daraus eine ANOVA-artige Tabelle:

```
> data(Titanic)
> fm.tita <- glm(survived ~ passengerClass, data=Titanic, family=binomial)
> anova(fm.tita, test="Chisq")

Analysis of Deviance Table

Model: binomial, link: logit

Response: survived

Terms added sequentially (first to last)


               Df Deviance Resid. Df Resid. Dev P(>|Chi|)
NULL                            1308     1741.0
passengerClass  2   127.77      1306     1613.3 < 2.2e-16 ***
---
Signif. codes:  0 '***' 0.001 '**' 0.01 '*' 0,05 '.' 0.1 ' ' 1
```

Die Art des Tests muss man spezifizieren, sonst erhält man die letzte Spalte nicht. Für alle Verteilungen außer der Normalverteilung wählt man `test="Chisq"` oder man erhält eine Warnung. Nur für normalverteilte Daten ist `test="F"` eine zulässige Option.

Der Vollständigkeit halber hier noch kurz die Durchführung eines *post-hoc*-Tests für GLMs. Leider kenne ich „nur" drei Optionen für *post-hoc* nach GLM: Dunnett, Sequen(tial) und Tukey. Alle sind über das Paket **multcomp** wie folgt verfügbar (das Argument müssen wir entsprechend anpassen, hier gezeigt für "`Tukey`".):

```
> library(multcomp)
> summary(glht(fm.tita, mcp(passengerClass="Tukey")))

         Simultaneous Tests for General Linear Hypotheses

Multiple Comparisons of Means: Tukey Contrasts

Fit: glm(formula = survived ~ passengerClass, family = binomial, data = Titanic)

Linear Hypotheses:
               Estimate Std. Error z value Pr(>|z|)
2nd - 1st == 0  -0,7696     0,1669  -4,611   <1e-04 ***
3rd - 1st == 0  -1,5567     0,1433 -10,860   <1e-04 ***
3rd - 2nd == 0  -0,7871     0,1488  -5,289   <1e-04 ***
---
Signif. codes:  0 '***' 0,001 '**' 0,01 '*' 0,05 '.' 0,1 ' ' 1
(Adjusted p values reported~--~single-step method)
```

12.5 Übungen

- Der Datensatz `kormoran.txt` beinhaltet Tauchzeiten (`Tauchzeit`) von zwei Unterarten des Kormorans *Phalocrocorax carbo* (subspecies *carbo* and *sinensis*), `Unterart` kodiert als `C` und `S`.

  1. Führe für diese Daten ein t-Test durch.
  2. Führe für diese Daten eine ANOVA durch.
  3. Rechne für diese Daten ein GLM.

  Der gleiche Datensatz beinhaltet Tauchzeiten für die vier Jahreszeiten (`Jahreszeit` mit Level `"F", SS", "H", "W"`).

  1. Führe für diese Daten paarweise t-Test durch: ohne und mit Bonferroni-Korrektur.
  2. Führe für diese Daten eine ANOVA durch. Danach schließ einen Tukey's HSD `post-hoc`-Test an.

- Der Datensatz `ancova.data.txt` beinhaltet Daten zu einem Experiment, in dem Bakterienzellen mit und ohne Glukosezusatz kultiviert wurden (`glucose no` oder `yes`). Die Variable `diameter` beschreibt den Zelldurchmesser in µm.

1. Führe für diese Daten ein t-Test durch.
2. Führe für diese Daten eine ANOVA durch.
3. Rechne für diese Daten ein GLM.

- Implementiere einen t-Tests für ungleiche Varianzen als Optimierungsaufgabe. Dies ist eine relativ einfache Erweiterung des Hyänenbeispiels aus Abschnitt 8.4 auf Seite 144. Die Zahlen zu Größe und Geschlecht mögen als Datenmaterial dienen.

Kapitel 13
Hypothesen und Tests

Errors using inadequate data are much less than those using no data at all.
Charles Babbage

Am Ende dieses Kapitels ...

... hast Du eine Vorstellung von der Rolle, die Hypothesen in der naturwissenschaftlichen Forschung spielen.

... weißt Du, dass man Hypothesen nicht verifzieren kann, sondern nur falsifizieren, und dass deshalb die falsifizierte Nullhypothese eine zentrale Position bei statistischen Hypothesentests hat.

... kennst Du Fehler 1. und 2. Art und die Bedeutung des Ausdrucks „Teststärke".

... weißt Du, dass ein nicht-signifikantes Ergebnis nicht das Gleiche wie „kein Zusammenhang" ist.

Dem Forschen in den naturwissenschaftlichen Disziplinen steht ein philosophisches Gebäude zur Seite, das unserem Tun eine Grundlage gibt. Dies ist kein Philosophiebuch und der Autor auf diesem Gebiet inkompetent, aber ein paar begleitende Worte sind vielleicht ganz hilfreich, bevor wir uns mit dem Thema Hypothesen und ihren Tests auseinandersetzen.

Wenn wir naturwissenschaftliche Forschung betreiben, so tun wir das in der Annahme, dass wir durch Messen, Denken und Rechnen die Prozesse der Welt erkennen können. Wir nehmen an, dass es ein Regelwerk gibt, dem alle beobachtbaren Prozesse folgen.[1] Dieses Regelwerk mag so kompliziert sein, dass wir es niemals werden verstehen können. Aber das, was wir messen, ist eine Folge dieser Regeln. Diese Einstellung („Philosophie") nennt man „Realismus".

[1] Ich bin mir bewusst, dass dies philosophisch verimintes Gelände ist. Ich will mit diesen Sätzen das m. E. vorherrschende „realistische" Weltsicht erläutern. Ich persönlich erachte z. B. den Postmodernismus als unlogisch, weitgehend durch die extreme Reproduzierbarkeit von Ergebnissen widerlegt und als Basis für wissenschaftliches Forschen ungeeignet (Sokal 2008).

C.F. Dormann, *Parametrische Statistik*, Statistik und ihre Anwendungen,
DOI 10.1007/978-3-642-34786-3_13, © Springer-Verlag Berlin Heidelberg 2013

Grob gesagt: Wer nicht überzeugt ist, dass wir uns durch Messen, Denken und Rechnen der Wahrheit annähern können, für den sehe ich keine Basis für wissenschaftliche Forschung. Wer sich an die Wahrheit heranfühlen will oder sie durch Meditation und Glauben zu finden sucht, für den haben die hier behandelten statistischen Werkzeuge keinen Nutzen. Ich will mich über diesen Ansatz nicht erheben, nur klar machen, dass er fundamental inkompatibel mit einer statistischen Herangehensweise ist.

13.1 Wissenschaftliche Methodik: Beobachtungen, Ideen, Modellvorstellungen, Hypothesen, Experimente, Tests und wieder von vorn

Die meisten Umweltforscher hat die Faszination an der Natur in dieses Berufsfeld getrieben. Unser täglicher Umgang mit einer extrem vielfältigen und komplizierten Welt stellt den Reiz dar, die Prozesse und Muster der lebenden Umwelt zu verstehen ist die Herausforderung. Über lange Jahrzehnte haben wir der Natur auf die Finger geschaut, sie nachgebaut, nachgemessen, manipuliert oder mathematisch-simplifiziert beschrieben. Der typische, iterative Gang eines wissenschaftlichen Erkenntnisprozesses sei hier kurz nachgezeichnet, um die Rolle der Statistik darin besser zu verstehen.

Es beginnt mit einer Beobachtung; uns fällt ein Muster auf, eine Regelmäßigkeit im sonstigen Durcheinander. Nach etwas Nachdenken kann es sein, dass wir eine Idee entwickeln, wodurch dieses Muster entstanden sein könnte. Wir entwickeln also eine Modellvorstellung, wie dieser kleine Teil der Welt zusammensitzt. Von hier ist es nur ein kurzer Schritt, sich **Hypothesen** zu überlegen, denen man mit geeigneten Experimenten nachspüren könnte. Wir führen das Experiment oder die entsprechende Beobachtung durch, und können nun die gewonnenen Daten auf die Konsistenz mit unseren Vorstellungen, unserer Hypothese, **testen**. Wenn der Test positiv ausfällt, können wir uns mit einem „Aha!" in den Sessel fallen lassen, oder uns neuen Themen zuwenden. Wenn der Test negativ ausfällt, dann vermuten wir, dass es *in diesem Fall* nicht der von uns verdächtigte Mechanismus war. Dann können wir nach neuen Wegen Ausschau halten, und das Spielchen beginnt von vorne.

Was hier so lax dargestellt ist, stellt den Alltag und Lebensinhalt vieler Forscher dar. Entsprechend hat sich dieses System auch recht weit entwickelt. Es gibt eine wissenschafts-philosophische Grundlage, die unterschiedliche Forschungsansätze einander gegenüberstellt (Stichworte „induktiv" und „deduktiv"). Induktive Forschung geht davon aus, dass sich durch Beobachtungen kleiner Phänomene auf einen größeren Zusammenhang schließen lässt (vom Speziellen zum Allgemeinen). Dies war vor allem eine im antiken Griechenland vorherrschende Meinung. Inzwischen hat sich in der Naturwissenschaft der hypothetisch-deduktive Ansatz durchgesetzt. Er stellt eine allgemein-gültige Hypothese auf und versucht in speziellen Beobachtungen und Experimenten dafür Belege zu finden (vom Allgemeinen zum Speziellen).

Ein wichtiger Punkt ist die *Kausalität*. Nur weil ein Zusammenhang besteht, bedeutet das nicht, dass er auch ursächlich ist. Tatsächlich können wir nur auf eine einzige Art Kausalität nachweisen: durch manipulative Experimente. Nur indem wir einen Prozess experimentell ausschalten oder verstärken und die Reaktion des Systems betrachten, erhalten wir zweifelsfreie Beweise für Ursächlichkeit.[2,3] Da bei manipulativen Experimenten aber auch Artefakte entstehen, ist das Design solcher Experimente nicht trivial (siehe nächstes Kapitel).

13.2 Das Testen von Hypothesen

Statistik ist eine Methode der Entscheidungshilfe; ihr obliegt nicht die Entscheidung selbst. Ein Element der Statistik ist die Hypothesenprüfung. Wenn wir Daten gesammelt haben wissen wir noch nicht, ob diese Daten nicht rein zufällig zustande gekommen sind. Auch nach einer statistischen Analyse wissen wir dies noch nicht! Was die Statistik aber für uns leistet, ist eine Abschätzung der *Wahrscheinlichkeit*, dass diese Zahlen zufällig zustande gekommen sind. Um die genaue Rolle der Statistik wertschätzen zu können, müssen wir uns zunächst ein Kochrezept für den Test von Hypothesen anschauen.

13.2.1 Kochrezept für den Test von Hypothesen

Am Anfang steht eine Frage: „Sind alle Schwäne weiß?", „Können Eisbären länger schwimmen als Pinguine?" oder „Folgt die Enzymkinetik der Esterase X der Michaelis-Menton-Gleichung?" Diese Frage formulieren wir dann so um, dass sie eine Arbeitshypothese darstellt: „Alle Schwäne sind weiß.", „Eisbären können länger schwimmen als Pinguine." und „Die Esterase X folgt der MM-Kinetik". Nun stellen wir fest, dass wir diese Arbeitshypothesen schlecht „beweisen" (verifizieren) können. Wir müssten alle Schwäne anschauen, die Ausdauer aller Eisbären und Pinguine messen und unsere Esterase X unter allen Umweltbedingungen und Substratkonzentrationen reagieren lassen. Da wir realistisch nur einen kleinen Teil

---

[2]Allerdings finden wir nicht notwendigerweise etwas Relevantes heraus. Ich konnte den Ursprung eines Zitats nicht wiederfinden, der diesen Gedanken auf den Punkt bringt: „*[Manipulative] experiments force Nature to give answers even to ill-posed question.*"

[3]In der Klimaforschung werden Computerexperimente ebenso benutzt. Dort wird dann z. B. die ozeanische Zirkulation abgestellt und der Effekt aufs Klima beobachtet. Die Information, die man dadurch erhält ist, ob *das benutzte Modell* kausal Zirkulation und Klima verbindet. Wir erhalten (leider) keinerlei Information über die Effekte der Zirkulation in der wahren Welt! Bei Informatikern und manchen Klimaforschern verschwimmt leider diese Unterscheidung. Ihnen kommt ihr Modell so gut vor, dass sie es für ein wahres Abbild der Welt halten. Wir müssen aber auch den Wert solcher Simulationsexperimente sehen, denn da wir die Erde nicht in einem vernünftigen Design manipulieren können (mangels Replikate und Kontrolle), sind Hypothesen aus Computersimulationen sehr wichtige Bausteine zur Interpretation von deskriptiven Messungen des Erdsystems (Edwards 2010).

dieser Messungen durchführen können, gilt unsere Schlussfolgerung immer nur auf Widerruf, bis weitere Daten sie möglicherweise widerlegen.[4]

Seit den 1950er Jahren hat sich eine im Wesentlichen auf den Philosophen Karl Popper zurückgehende Wissenschaftsphilosophie etabliert (etwa Popper 1993). Popper argumentierte, dass wir eine Hypothese nicht beweisen, sondern nur widerlegen können. Deshalb schlug er vor, jeder Arbeitshypothese (H_1) eine komplementäre Nullhypothese (H_0) zur Seite zu stellen, und diese stattdessen zu untersuchen. Wenn wir die Nullhypothese widerlegen können, so ist damit die Arbeitshypothese bis auf weiteres angenommen. Entsprechend Beispiele wären: „Es gibt nicht-weiße Schwäne.“, „Pinguine schwimmen mindestens genauso lange wie Eisbären.“ und „Die Esterase X zeigt keine MM-Kinetik.“

Jetzt führen wir unsere Messungen und Experimente durch: Wir suchen 100 Schwäne und schreiben auf, welche Farbe sie haben; wir fahren mit dem Schlauchboot neben Eisbären und Pinguinen und messen ihre Schwimmdauer; wir pipettieren unterschiedliche Substratkonzentrationen zu unsere Esterase und messen deren Produktionsrate.

Endlich schlägt die Stunde der Statistik! Wenn alle Schwäne weiß sind, so weisen wir die Nullhypothese, dass es nämlich andersfarbige Schwäne gibt, zurück. Ein einzelner grüner, blauer oder schwarzer Schwan hingegen bestätigt die Null- und widerlegt die Arbeitshypothese. Das war einfach. Bei den Pinguinen und Eisbären wird es schon schwieriger. Manche Individuen sind nur kurz schwimmen gewesen, manchmal waren die Pinguine länger im Wasser, manchmal die Eisbären. Wie geht's hier weiter? Nun, stellen wir uns vor, Pinguine und Eisbären wären gleich ausdauernd. Dies bedeutet, dass ihre Daten*verteilungen* sich nicht unterscheiden dürften, sie also aus der gleichen statistischen Grundgesamtheit stammen. Die genauen sich anschließenden statistischen Tests tun hier nichts zur Sache. Die Wahrscheinlichkeit dafür kann man mittels statistischer Methoden berechnen. Und schließlich zur Esterase. Den Messungen der Reaktionsgeschwindigkeit je Substratkonzentration können wir eine Regressionslinie anpassen. Je besser der Fit (die Anpassung), desto wahrscheinlicher ist, dass die Esterase X tatsächlich einer MM-Kinetik folgt. Ergeben andere Enzymkinetikmodelle einen besseren Fit, dann müssen wir u. U. unsere Nullhypothese annehmen.

13.2.2 Testfehler

Wir können bei unserer Entscheidung für oder gegen die Arbeitshypothese vier Situationen unterscheiden (Tabelle 13.1): Abhängig vom wahren Zustand (Spalten

[4] Das bedeutet *nicht*, dass alle Hypothesen irgendwann überholt sind! In vielen Bereichen der Naturwissenschaften festigen sich über Jahrzehnte Erkenntnisse und eine 1000-fach geprüfte Theorie wird sinnvollerweise nicht von einer einzigen (und damit möglicherweise fehlerhaften) Messung umgeworfen. Ein Beispiel ist Einsteins Spezielle Relativitätstheorie, die mit der Lichtgeschwindigkeit eine Obergrenze für Geschwindigkeiten festlegt. Seit knapp 100 Jahren wurde sie hundertfach bestätigt – ausschließlich bestätigt! Doch jetzt haben Forscher angeblich überlichtgeschwindigkeitsschnelle Neutrions detektiert (Adam et al. 2011). Ist das das Ende der Speziellen Relativitätstheorie? So leicht lässt sich ein so extrem gut getestetes System nicht abschreiben. Meines Erachtens war es wohl doch eher ein Messfehler – und die Widerlegung ließ nicht lange auf sich warten (Antonello et al. 2012).

Tab. 13.1: Fehler 1. und 2. Art, je nachdem, ob wir eine Arbeitshypothese fälschlicherweise annehmen (1. Art) oder fälschlicherweise ablehnen (2. Art)

	Nullhypothese wahr	Arbeitshypothese wahr
Nullhypothese angenommen	richtig; $P = 1 - \alpha$	falsch; Fehler 2. Art $P = \beta$
Arbeitshypothese angenommen	falsch; Fehler 1. Art $P = \alpha$	richtig; $P = 1 - \beta$

2–3) können wir aufgrund unserer statistischen Analyse zu Annahme der Nullhypothese oder Arbeitshypothese kommen (Zeilen 2 bzw. 3). Wenn wir die *Arbeitshypothese* annehmen, obwohl sie falsch ist, begehen wir einen Fehler 1. Art (unten links). Wenn wir hingegen die *Nullhypothese* annehmen, obwohl sie falsch ist, begehen wir einen Fehler 2. Art (rechts oben). Die bei einer statistischen Analyse berechneten Wahrscheinlichkeiten (P) geben den Fehler 1. Art an (α). Der Fehler 2. Art (β) wird selten berechnet. Die Teststärke (*power*) eines Test ($1 - \beta$) hingegen wird bei nicht-signifikanten Effekten gelegentlich berichtet.

Sollten wir uns für unsere Arbeitshypothese entscheiden (fälschlicherweise, denn es gibt ja schwarze Schwäne), so begehen wir einen Fehler 1. Art. Wenn unsere Enzymkinetikdaten nicht mit der MM-Kinetik in Einklang stehen (obwohl das Enzym der MM-Kinetik folgt), so begehen wir einen Fehler 2. Art.

Der kritische Wert für P ist 0.05. In Worten lehnen wir also eine Nullhypothese ab, wenn die Wahrscheinlichkeit eines Fehlers 1. Art (häufig etwas unspezifisch als „Irrtumswahrscheinlichkeit" bezeichnet) unter 5 % liegt.[5] In der wissenschaftlichen Literatur gibt dieser P-Wert eine wichtige Orientierung. Wenn bei einer statistischen Analyse ein Test einen Wert von $P < 0.05$ liefert, dann bezeichnen wir das als „statistisch signifikant". Besser als 5 % sind natürlich Fehlerraten von 1 % oder nur 0.1 %. In Veröffentlichungen (und bei R) werden diese drei Irrtumswahrscheinlichkeiten häufig mit Sternchen ausgewiesen: $P < 0.05$ erhält ein Sternchen (*), $P < 0.01$ zwei (**) und $P < 0.001$ drei (***). Werte größer 0.05 werden als „nicht signifikant" bezeichnet (*n.s.*).[6]

Für β, den Fehler 2. Art, gibt es keine solchen harten Konventionen. Ein häufig auftauchender Wert ist $\beta = 0.2$ (Cohen 1969), was also deutlich weniger streng ist als der Fehler 1. Art. Gelegentlich wird argumentiert, dass eine Fehler 2. Art

[5] Hier kann man beliebig lange in historische und statistische Details gehen. So ist die 5 %-Regel eine Konvention, und keine herleitbare Größe. Ronald A. Fisher (1925) schlug sie vor, und von dort aus hat sie sich verselbstständigt und ist zum Dogma geworden. Es gibt viele gute wissenschaftliche Artikel, die sich mit dem Sinn und Unsinn von Hypothesentests anhand eines $p < 0.05$ auseinandersetzen (Cohen 1994; Gill 1999; Johnson 1999; Gliner et al. 2002; Hobbs & Hilborn 2006; Stephens et al. 2007). Ich halte es ein wenig mit Simberloff (1983), der rät, die Konventionen erst zu verletzen, wenn man sie beherrscht.

[6] Gelegentlich sieht man den Ausdruck „fast signifikant" oder „*marginally significant*". Damit werden P-Werte zwischen 0.05 und 0.1 bezeichnet und gelegentlich mit einem Kreuz (†, engl.: *dagger*, bzw. in R mit einem „.") ausgewiesen.

nicht so schlimm ist. So einfach ist das aber nicht; Fehler 2. Art können erhebliche Folgen haben: Stellen wir uns vor, dass wir eine Bohrgenehmigung nach Gas in der Nordsee auf ihre Umweltverträglichkeit prüfen sollen (etwa auf die Zerstörung von Lebensraum durch Absinken des Wattenmeerbodens). Wir finden bei unseren Untersuchungen keinen signfikanten Effekt bisheriger Bohrungen ($P > 0.05$). Können wir deshalb darauf schließen, dass die Gasbohrungen keine Bodenabsenkung herbeiführen werden? Die Nullhypothese („Macht nichts.") anzunehmen *kann* also die Zerstörung ganzer Ökosysteme bedeuten![7]

Was wir aus dieser Sichtweise lernen sollen sind vor allem zwei Dinge:

1. Wenn eine Arbeitshypothese nicht bestätigt werden konnte ($P > 0.05$) so bedeutet dies nicht, dass die Nullhypothese richtig ist! Es kann genauso gut sein, dass einfach das Rauschen so groß ist, dass wir eine wahre Arbeitshypothese mit unseren Daten nicht hätten erkennen können. Dieser Fehler 2. Art ist sehr menschlich, sehr häufig und sehr falsch! Wenn wir z. B. bei einer Regression keinen signifikanten Zusammenhang zwischen **x** und **y** finden konnten, so bedeutet das **nicht**, das kein Zusammenhang existiert. Leider wird das aber häufig daraus geschlussfolgert. Ein etwas brutales Beispiel: Wenn wir in einer Kohorte Jugendlicher die Rauchen bzw. nicht Rauchen innerhalb der nächsten 10 Jahre keinen Todesfall aufgrund von Lungenkrebs finden ($P > 0.05$), so dürfen wir daraus nicht schließen, dass Rauchen nicht zu Lungenkrebs führt.

2. Es gibt auch die Möglichkeit, aus nicht-signifikanten Ergebnissen Rückschlüsse darauf zu ziehen, dass die Nullhypothese richtig ist. Wir können zwar aus dem α-Wert keinen Rückschluss ziehen, wohl aber aus dem β. Wir haben ja aufgrund des Tests die Arbeitshypothese abgelehnt (obere Zeile von Tabelle 13.1) und wollen jetzt behaupten, dass die Nullhypothese wahr ist.[8] Die Teststärke ist $= 1 - \beta$, wobei β das tolerierbare Niveau eines Fehlers 2. Art ist. β sollte (laut Cohen 1969, S. 56) maximal das Vierfache von α betragen, typischerweise also 0.2, damit wir behaupten können, dass die Nullhypothese wahr ist.[9]

[7]Die Problematik der fehlenden wissenschaftlichen Nachweisbarkeit führt direkt zur Ethik des „Vorsorgeprinzips" (engl.: *precautionary principle*). Dieses besagt, dass ein Eingriff unterbleiben sollte, solange nicht klar gezeigt wurde, dass er folgenfrei ist. In unserer Nomenklatur bedeutete dies, dass bei einem Test auf Effekt eines Eingriffs nicht nur $P > 0.05$, sondern auch $\beta < 0.2$ sein sollte. Aus ökonomischer Sicht ist das Vorsorgeprinzip problematisch, da unter seiner Herrschaft eine neue Technik erst eingeführt werden könnte, wenn ihre Unbedenklichkeit bewiesen wäre. Damit würden Innovationsprozesse dramatisch verlangsamt. Tatsächlich findet das Vorsorgeprinzip, und damit der Fehler 2. Art, in der Politik keine Anwendung.

[8]Die Wahrscheinlichkeit, dass die Nullhypothese war ist, hat zunächst einmal nichts zu tun mit der Wahrscheinlichkeit die Arbeitshypothese abzulehnen. Sie muss separat berechnet werden. Dies geschieht, indem man die Teststärke (*power*) eines Tests berechnet. Selbst ein P-Wert von 0.99 kann aber eine geringe Teststärke von 0.90 haben!

[9]Diese 0.2 ist genau so eine Konvention wie die 0.05 für P. Weil sie aber nicht seit 60 Jahren in der Literatur verankert ist, und sowieso der Fehler 2. Art wenig Beachtung findet, taucht die 0.2 selten in der statistischen Literatur auf. Cohens Buch wird zwar viel zitiert, aber selten für diesen Wert.

Zur Verdeutlichung ein kleines Beispiel. Folgender Datensatz wird auf einen Unterschied zwischen **A** und **B** untersucht: **A** ist bis auf zwei Fälle (Wertepaare 4 und 7) immer kleiner als **B**. Das fänden wir wahrscheinlich einen ziemlich konsistenten Unterschied. Oder?

```
  [,1] [,2] [,3] [,4] [,5] [,6] [,7] [,8] [,9] [,10]
A  8.7 10.4  8.3 13.2 10.7  8.4   11 11.5 11.2   9.4
B 13.0 10.8  8.8  5.6 12.2  9.9   10 11.9 11.6  11.2
```

Ein t-Test liefert die Erkenntnis, dass die beiden Gruppen nicht signifikant voneinander unterschiedlich sind:

```
        Welch Two Sample t-test

data:  A and B
t = -0.2636, df = 16.615, p-value = 0.7953
alternative hypothesis: true difference in means is not equal to 0
95 percent confidence interval:
 -1.984051  1.544051
sample estimates:
mean of x mean of y
    10.28     10.50
```

Können wir daraus schließen, dass die Gruppen gleich sind? Dazu berechnen wir die Teststärke[10] und erhalten:

```
Two-sample t test power calculation

              n = 10
          delta = 0.22
             sd = 1.866309
      sig.level = 0.05
          power = 0.04362753
    alternative = two.sided

 NOTE: n is number in *each* group
```

Unsere akzeptierte Irrtumswahrscheinlichkeit β für diese Teststärke wäre 0.2, die Teststärke selbst als $power = 1 - \beta = 0.8$. Wie wir an der Ausgabe sehen, ist der *power*-Wert 0.04, weit entfernt von einer erhofften Teststärke von 0.8! Aufgrund dieser Analyse können wir **nicht** sagen, dass die beiden Gruppen gleich sind. Um die erwünschte Teststärke von 0.8 zu erreichen, bräuchten wir Gruppengrößen von über 1000 (bei einem Unterschied zwischen den Gruppenmitteln von 0.22 und einer Standardabweichung von 1.87).[11]

[10] Da wir diese Berechnungen nicht weiter vertiefen wollen, hier kurz der R-Code für diese Berechnung:
`power.t.test(n=10, delta=0.22, sd=sqrt((sd(A)^2+sd(B)^2)/2), sig.level=0.05)`

[11] `power.t.test(power=0.8, delta=0.22, sd=1.866, sig.level=0.05)`

```
     Two-sample t test power calculation

              n = 1130.652
          delta = 0.22
             sd = 1.866309
      sig.level = 0.05
          power = 0.8
    alternative = two.sided

NOTE: n is number in *each* group
```

Wir sehen: *Ein nicht-signifikanter Unterschied ist noch lange kein Zeichen für Gleichheit!* Damit mag der t-Test unseren ersten Eindruck der Unterschiedlichkeit nicht unterstützen, aber zumindest können wir nicht behaupten, die beiden Datensätze seien gleich.

13.3 Tests

An den Beispielen wird deutlich, dass der Stichprobenumfang, d. h. die Anzahl der Messungen, einen Einfluss auf unsere Entscheidung haben wird. Irgendwann laufen wir in einem Park dem schwarzen Trauerschwan (*Cygnus atratus*) aus Australien über den Weg, und unsere H_1 ist hinfällig.

Neben dem Stichprobenumfang gibt es andere Faktoren, die einen Einfluss auf die Teststärke (also eine wahre Arbeitshypothese als wahr zu erkennen) haben. Je größer der Unterschied zwischen den Daten der Nullhypothese und der Arbeitshypothese, desto wahrscheinlicher werden wir diesen Unterschied auch finden. Ähnlich verursachen stark streuende Daten natürlich auch eine Reduktion der Teststärke.

Grundsätzlich finden wir also, dass ein möglicher Unterschied zwischen Arbeits- und Nullhypothese umso eher detektierbar ist, je größer der wahre Unterschied, je geringer die Streuung der Daten und je größer der Stichprobenumfang ist.[12]

13.3.1 Weitere Begriffe zum Thema Tests

Ein Test gilt als *einseitiger Test* (*one-tailed*), wenn eine gerichtete Hypothese getestet wird: Schneehuhnmännchen sind größer als Schneehuhnweibchen. Soll nur getestet werden, ob überhaupt ein Größenunterschied besteht (egal in welcher Richtung), so müssen wir einen *zweiseitigen* (*two-tailed*) Test benutzen. (Bei den Testverteilungen geschieht dies einfach durch Verdopplung des P-Wertes.) Die meisten Statistikprogramme sind automatisch auf den weitaus häufiger genutzten zweiseitigen Test eingestellt.

Allen Tests liegen **Annahmen** zugrunde. Welche Annahmen dies im speziellen sind, müssen wir in der Dokumentation des speziellen Tests nachschlagen. Grund-

[12] Genau diese Daten werden bei der Berechnung der Teststärke in den vorigen Fußnoten benötigt.

sätzlich gilt für alle Tests, dass die Daten **unabhängig** voneinander sein müssen. Wenn wir bei einem Jungen und einem Mädchen jeweils 17 Mal das Gewicht messen, so gibt uns dies keine Aufschluss über den Unterschied zwischen Jungen und Mädchen, sondern nur zwischen *diesem* Jungem und *diesem* Mädchen. Die einfachste Art und Weise Unabhängigkeit zu erzeugen ist die zufällige Auswahl der Stichprobe. Zufälligkeit an sich ist aber kein statistisches Muss, denn auch regelmäßige („jeder fünfte") Auswahl kann unabhängige Daten generieren. Wichtig ist, dass jedes Objekt die gleiche Chance hat, gewählt zu werden.

Ein Problem taucht auf, wenn wir an Objekten viele Messungen machen (etwa an 50 Menschen jeweils Schuhgröße, Nasenlänge, Spannweite, Schrittlänge, Ohrlänge usw.) und nachher auf Unterschiede zwischen Objekten testen (etwa zwischen den Geschlechtern). Einfach aus purem Zufall werden wir einen signifikanten Unterschied finden; je mehr Vergleiche wir machen, desto mehr Unterschiede werden signifikant sein. Dann nehmen wir die Hypothese an, obwohl sie verkehrt ist. Dieses Phänomen der **multiplen Tests** nennt sich Fehlerinflation (*inflation of type 1 error*). Es gibt verschiedene Wege dafür zu korrigieren (etwa den erhaltenen P-Wert durch die Anzahl durchgeführter Vergleiche teilen: Bonferroni-Korrektur (Abschn. 11.2.5 auf Seite 200); gleichzeitiges Testen aller Messgrößen etwa in einer MANOVA). Wichtig ist, sich des Problems bewusst zu werden.

Schließlich taucht bei parametrischen wie nicht-parametrischen Tests gelegentlich das Problem der **Datenbindung** auf (*ties*). Dabei gibt es einen oder mehrere Messwerte mehrfach. Besonders bei nicht-parametrischen Tests kann dies zu Verzerrungen der Ergebnisse führen. Während Alternativen existieren (Permutationstest sind weniger anfällig für Datenbindung), so ist doch das Wissen um dieses Problem das Wichtigste.

13.3.2 Schlussbemerkungen zu Tests

Der magische P-Wert von üblicherweise 0.05 (oder 5 % Irrtumswahrscheinlichkeit) ist eine Konvention und somit willkürlich (als Richtgröße, nicht als starre Marke vorgeschlagen von Fisher 1956). Manchem mag diese Irrtumswahrscheinlichkeit zu hoch, anderen zu niedrig sein. Die Fixierung auf Signifikanztest ist vielfach (zu Recht) kritisiert worden (siehe etwa Shaver 1993; Johnson 1999; Hobbs & Hilborn 2006; Stephens et al. 2007), aber derzeit noch immer das Paradigma (Oakes 1986; Ford 2000; Gibbons et al. 2007). Vor allem: erst wer diese klassische Form des Signifikanztests beherrscht sollte sich daran machen, die kritischen P-Werte zu modifizieren (Simberloff 1983).

Eine Versuchung, der viele Menschen erliegen, ist das **Extrapolieren**. Während es durchaus verständlich erscheint, dass wir Werte, die zwischen den von uns gemessenen liegen, interpolieren, so ist es ebenso problematisch, auf Werte außerhalb des Messbereichs zu schließen. Wenn wir eine Regression der metabolischen Grundumsatzrate gegen das Körpergewicht machen (Kleiber-Funktion), so können wir nicht auf den Grundumsatz eines 0.1 g schweren Tieres extrapolieren, oder den eines Säugetieres von der Größe unseres Planeten. Hier spielen u. U. ganz andere Faktoren eine limitierende Rolle als für die im Datensatz vorliegenden Körpergewichte. Mindestens aber müssen wir solche Vorhersagen mit vielen begleitenden Worten und mit einer Fehlerabschätzung machen.

13.4 Übungen

Da die multiplen Vergleiche (im Abschn. 11.2.5 unter „*post-hoc*-Tests“) behandelt werden, und die Fehler auf Vorhersagen im Abschn. 8.1 vorkommen, hier nur Übungen zur Teststärke.

1. Die `power.t.test`-Funktion berechnet jeweils den fünften Wert, wenn die anderen vier Argumente gegeben sind. Berechne entsprechend für verschiedene Werte von *power* die nötigen `n`-Werte. Fertige daraus eine Abbildung an, die *power* auf der y- und `n` auf der x-Achse zeigt (vielleicht 10 verschiedene Werte). Hinweis: Für `sig.level` nimm 0.05, für `delta` vielleicht 1 und für `sd` vielleicht 2 an. Solange diese Werte nicht total absurd sind, sollten alle eine ähnliche Abbildung ergeben (mit natürlich unterschiedlichen Absolutwerten).

2. Was passiert, wenn wir einen größeren Gruppenunterschied wählen (z. B. `delta` = 2)? Liegt die Kurve dann höher oder niedriger als bisher? Wieso?

3. Ein namhafter kanadischer Forstbetrieb führt einen großen Managementvergleich durch: Nach einem *clear-cut* werden in der Hälfte der 200 Plots neue Bäumchen gepflanzt, in der anderen Hälfte werden die Plots der Naturverjüngung anvertraut. Nach 20 Jahren wird die Grundfläche (*basal area*) in jedem Plot gemessen und zwischen den Behandlungen verglichen. Ein t-Test sagt, dass der Unterschied von 7.3 m^2/ha nicht signifikant ist ($P > 0.05$). Die beiden Behandlungen haben ein gemittelte Varianz (!) von 321.44. Mit welchem Brustton der Überzeugung (= Teststärke) dürfen wir behaupten, dass die Behandlungen gleich sind?

4. In einer Re-Analyse stellt sich heraus, dass die Grundfläche falsch berechnet worden war: es war ein Faktor 2 irgendwo vergessen worden. Der Unterschied beträgt jetzt 14.6 m^2/ha und die gemittelte Varianz 1286. Was ändert das an der Teststärke?

Kapitel 14
Experimentelles Design

To consult the statistician after an experiment is finished is often merely to ask him to conduct a post mortem examination. He can perhaps say what the experiment died of.

Ronald A. Fisher

Am Ende dieses Kapitels ...

... kennst Du die Grundlagen der Versuchsplanung.

... hast Du die wichtigsten Versuchdesigns kennengelernt.

... haben für Dich die Begriffe „Pseudoreplikation“, „Kontrolle“ und „Zufallseffekt“ eine Bedeutung.

... weist Du, dass Du die Publikation von Stuart Hurlbert aus dem Jahre 1984 unbedingt lesen musst.

Grundsätzlich gibt es für alle Formen der Beprobung ein paar grundsätzliche Dinge zu beachten. Die folgende Aufstellung ist ein kurzer Abriss des gesunden Menschenverstandes beim experimentellen Design. Wir wählen diese wenig prosaische Darstellung, damit die Chance, dass diese Merksätze im Gedächtnis bleiben, möglichst hoch ist.

i Ziel, Hypothesen und die Sinnhaftigkeit des Ansatzes müssen klar sein, bevor man sich Gedanken über die konkrete Ausarbeitung des Versuchsdesigns macht.

ii Für ein vernünftiges Design sollte man über die Art der zu erhebenden Daten und *ihre Analyse* nachgedacht haben.

iii Experimentelle Einheiten auf Ähnlichkeit auszuwählen ist nur dann erlaubt, wenn nachher die Behandlungen zufällig diesen Einheiten zugewiesen werden. Bei deskriptiven Studien (z. B. vegetationskundliche Erhebungen) ist sonst die Annahme der Unabhängigkeit der Versuchseinheiten verletzt.

C.F. Dormann, *Parametrische Statistik*, Statistik und ihre Anwendungen,
DOI 10.1007/978-3-642-34786-3_14, © Springer-Verlag Berlin Heidelberg 2013

Tab. 14.1: Mögliche Ursachen für Verwirrung in einem Experiment, und wie man sie minimiert (nach Hurlbert 1984)

	Verwirrungsursache	Merkmal des Designs, die diese Verwirrung reduzieren
1.	zeitliche Veränderung	Kontrollbehandlung
2.	Behandlungsartefakte	Kontrollbehandlung
3.	Voreingenommenheit des Forschers	zufällige Zuweisung der Behandlung zu den Versuchseinheiten Randomisierung bei allen möglichen Prozessen „Blindprozeduren“ (für sehr subjektive Messungen)
4.	Forscher-induzierte Variabilität (zufälliger Fehler)	Replikation
5.	Initiale oder inhärente Variabilität zwischen Versuchseinheiten	Replikation; Durchmischen der Einheiten; Begleitbeobachtungen
6.	Nichtdämonische Einflüsse (Zufall)	Replikation; Durchmischung
7.	Dämonische Eingriffe	Ewige Wachsamkeit, Geisteraustreibung, Menschenopfer

1 Die Bible des experimentellen Designs ist Hurlbert (1984) (siehe Tabelle 14.1). Dieser (lange) Artikel ist auch nach über 20 Jahren noch ein MUSS!

2 Daten werden entweder deskriptiv oder experimentell gewonnen. In jedem Fall sind Vorstudien (Pilotexperimente) sinnvoll, um Methodik und Relevanz abzuschätzen, bevor man ein gigantisches Experiment aufbaut.

3 Die drei zentralen Konzepte beim experimentelle Design sind **Unabhängigkeit**, **Durchmischung** und **Replikation**.

4 Randomisierung ist die häufigste und einfachste Art und Weise Unabhängigkeit zu erreichen. Trotzdem muss man das Ergebnis der Randomisierung immer überprüfen. Sechs Würfelwürfe können zu der Sequenz 6 5 4 3 2 1 führen, was zwar zufällig, aber in einem experimentellen Design **nicht akzeptierbar** ist: so ein Gradient kann jede Datenaufnahme ruinieren. Die Lösung heißt nochmaliges Randomisieren.

5 Ob man die Versuchseinheiten systematisch oder randomisiert anordnet ist fallabhängig. Kein System ist *per se* besser, auch wenn Sokal & Rohlf (1995) das behaupten (siehe Box auf Seite 237).

6 Ein Erfassen relevanter Umweltparameter (Kovariaten) kann die Teststärke ebenfalls dramatisch verbessern.

Exkurs: Zufällige oder systematische Beprobung?
In den allermeisten statistischen Lehrbüchern stehen Sätze wie „Nur bei Zufallsauswahlen sind streng genommen die Methoden der induktiven Statistik anwendbar.“ (http://de.wikipedia.org/wiki/Stichprobe, 1.11.2011). Das suggeriert, dass wir die Objekte unsere Beprobung zufällig wählen müssen. Das ist nicht so. *Eine Zufallsauswahl stellt sicher, dass jedes Objekt mit der gleichen Wahrscheinlichkeit gezogen werden kann.* Jedes Verfahren, dass dies sicherstellt, ist akzeptabel. Die Auswahl muss nicht zufällig geschehen, sie kann auch systematisch erfolgen (z. B. jeder zehnte Besucher eines Rockkonzerts wird auf Drogen untersucht; bei welchem begonnen wird muss allerdings unbedingt zufällig bestimmt werden).
Zwei Größen der Statistik, William S. Gosset (der Erfinder der t-Verteilung und des t-Tests, beide veröffentlicht unter dem Pseudonym „Student“) und Ronald A. Fisher (der wahrscheinlich bedeutendste Statistiker des 20. Jahrhunderts und Begründer vieler Standardverfahren der Statistik: *maximum likelihood*, ANOVA), stritten Zeit ihres Lebens über dieses Thema. Der ältere Gosset unterlag vor allem weil er früher starb (1937, Fisher erst 1962). Diese 25 Jahre führten zu einer Betonierung der Randomisierung in der Versuchsplanung, obwohl Gossets Argumente für eine systematische Beprobung von Fisher nicht widerlegt werden konnten (für weitere Details dieses historisch sehr interessanten Disputs siehe Hurlbert 1984, S. 196ff., der „Gosset“ fälschlicherweise mit zwei „t“ schreibt).
Um es ganz klar zu machen: Ziel der Beprobung ist, dass jede Probeeinheit (*experimental unit*) die gleiche Wahrscheinlichkeit hat, beprobt zu werden! Wenn dies auch durch systematische Beprobung sichergestellt werden kann, dann ist das auch in Ordnung.

A Von allen statistischen Erwägungen abgesehen sollte ökologisches Verständnis das Design leiten. So hängt z. B. der sinnvolle Mindestabstand zweier Versuchsflächen von den Zielorganismen und Behandlungen ab. Klonale Pflanzen transportieren Nährstoffe über mehrere Meter, Bestäuber interferieren mit plots Dutzende Meter entfernt. Als Daumenregel sollte der Abstand zwischen zwei Flächen das 2–3-Fache der Plotgröße betragen (also mindestens 2 m zwischen Plots von 1×1 m).

B Finanzielle, räumliche, logistische oder zeitliche Beschränkungen werden immer das „ ideale“ Design zu Kompromissen zwingen. Erwähne diese Beschränkungen und ihren möglichen Effekt auf die Ergebnisse beim Zusammenschreiben des Versuchs.

Mit Ausnahme der klassischen Test sind viele statistischen Verfahren selbst bei Fachleuten Gegenstand der Diskussion (Quinn & Keough 2002). D. h. es gibt keine “wahre” oder “beste” Analyse. Wir müssen ehrlich und selbstkritisch sein und unseren gesunden Menschenverstand benutzen. Wir müssen den Annahmen der unterschiedlichen Tests Rechnung tragen, und finden hoffentlich Bücher, die uns

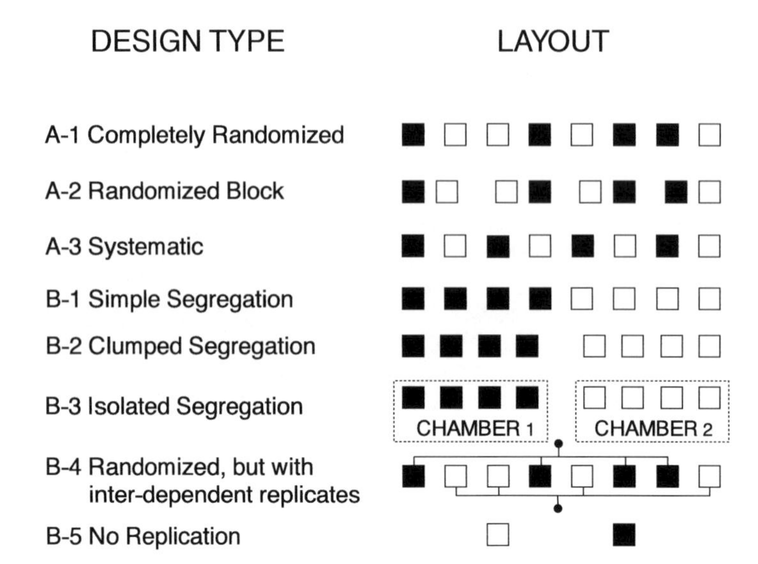

Abb. 14.1: Schema akzeptabler Designs (A), wie man Replikate (*Kästchen*) zweier Behandlungen (*weiß* und *schwarz*) durchmischt, und verschiedene Designs, bei denen das Durchmischungsprinzip verletzt wurde (B). (Nach Hurlbert 1984)

Tips geben, welche Annahmen wir ohne großen Schaden verletzen können, und welche absolut essentiell sind (z. B. Varianzhomogenität).

14.1 Manipulative Experimente

Bei manipulativen Experimenten (oder häufig auch einfach nur als „Experimente" bezeichnet, implizierend, dass eine Behandlung vorgenommen werden muss, damit ein Experiment überhaupt ein Experiment ist) verändert der Experimentator etwas an der experimentellen Einheit. Das kann eine Erhöhung der Umgebungstemperatur einer Pflanzengemeinschaft durch Infrarotstrahler sein, das Ausschalten eines biochemischen *pathways* in *knock-out*-Mäusen, oder die Veränderung der Durchforstung eines Waldstücks. Im Gegensatz zu rein deskriptiven Studien ist in manipulativen Experimenten der Vergleich mit einer (oder mehrerer) Referenzbehandlung(en) (Kontrolle) essentiell.

Für diese Art von Experimenten müssen wir unseren obigen Katalog um ein paar Punkte erweitern:

7 Eine Kontrolle ist unerlässlich. Diese muss mit der Behandlung durchmischt sein (Abbildung 14.1).

8 Eine Kenntnis des Zustandes der Versuchseinheit *vor* dem Versuch (*initial condition*) erhöht die statistische Teststärke.

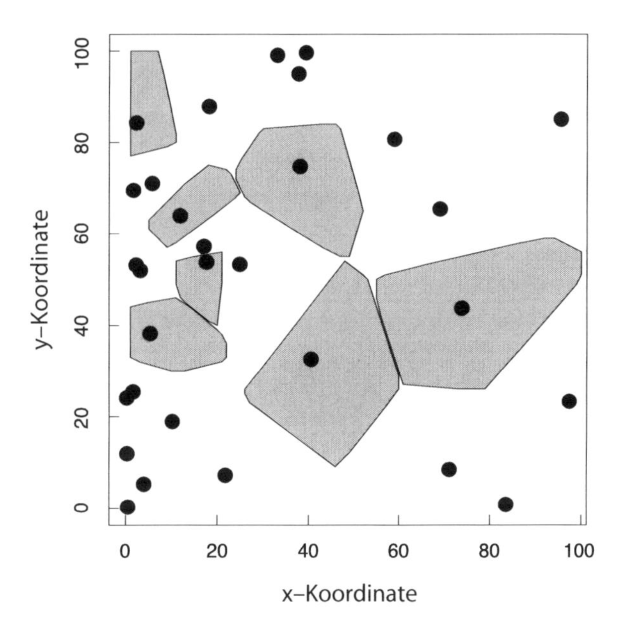

Abb. 14.2: Wenn wir x und y-Koordinaten zufällig wählen, und dann den nächsten Baum als Untersuchungsobjekt benutzen, so ist dies *nicht* zufällig. Auf Bäume, die weiter auseinanderstehen, beziehen sich mehr (x,y)-Paare (*graue Fläche* um Baumpunkt), als auf solche die enger stehen. (Verändert nach Crawley 1993)

9 Die Kontrolle soll nur dem Behandlungseffekt gegenüberstehen. Wenn man also z. B. den Effekt von Steinen im Boden auf das Pflanzenwachstum erforschen will, und dafür die Steine aus dem Boden aussiebt, während die Kontrolle die Steine behält, so muss die Kontrolle doch genauso gesiebt werden, nur dass die Steine wieder zurückkommen. Sonst hätte die Bodenlockerung und -durchlüftung möglicherweise positive Effekte, die aber nichts mit den Steinen zu tun hätten.

10 Das Nämliche gilt für Behandlungen an sich, die, wenn irgend möglich, mit einer Behandlungsartefaktkontrolle verglichen werden sollte. Wenn man z. B. Motten durch kleine Stoffsäckchen von Blättern fernhält, so reduziert man gleichzeitig die Windgeschwindigkeit an der Blattoberfläche. Eine Behandlungsartefaktkontrolle wäre hier ein offener Stoffsack, der die Motten ans Blatt lässt, aber den Wind nicht. Das gibt dann eine Abschätzung über den Windeffekt, der hier mit dem Mottenfraß verquickt ist.

14.1.1 Randomisierung im Feld

Im Feld lassen einen die obigen Erwägungen bisweilen schnell im Stich. Wer 200 zufällige Pflanzen ausgraben soll, der wird kaum 10 000 Pflanzen mit kleinen Nummern versehen und dann eine Zufallszahlentabelle bemühen. Stattdessen wird ein Taschenmesser über die Schulter geworfen oder alle 5 Minuten bei einem Spaziergang der Kescher geschwenkt. Natürlich sind dies nicht zufällige Stichproben. Sie nehmen an, dass unsere Willkür unvoreingenommen ist, und somit die gleiche Zufälligkeit besitzt, wie eine wirklich zufällige Stichprobe. Zumeist wird dies in Ordnung sein, aber wir müssen uns der Problematik immer bewusst sein!

Ein beinah klassisches Beispiel, wo diese Willkür schief gehen kann, ist in Abbildung 14.2 dargestellt. Wenn die Abnahme der Baumdichte einen ökologischen Grund hat, so werden wir mit der beschriebenen Art der Baumauswahl möglicherweise diesem Gradienten aufsitzen, und unsere Daten werden von ihm überlagert, so dass die zu untersuchenden Effekte verschwinden.

14.2 Designs für manipulative Experimente

Um die folgenden wichtigsten Designs zu verstehen, brauchen wir noch zwei wichtige Konzepte: Orthogonalität und Zufallseffekte. Häufig interessiert uns nicht nur ein einzelner Einflussfaktor, sondern mehrere. So mag die Reaktion von Pflanzen auf Stickstoffdüngung von der Phosphatverfügbarkeit abhängen. Wir könnten jetzt drei Behandlungen etablieren: eine Kontrolle (0), mit Stickstoff (N) und mit Stickstoff und Phosphor (NP). Leider können wir den NP-Effekt jetzt nicht klar interpretieren, da wir nicht wissen, wie die Reaktion nur auf Phophor gewesen wäre (P). Ist der NP-Effekt jetzt einfach die Summe von N- und P-Effekt? Agieren die beiden Düngerformen synergistisch, oder gar antagonistisch? Nur ein faktorielles Design, bei dem *alle Level der einen Behandlung mit allen Leveln der anderen Behandlung(en) kombiniert* werden, erlaubt eine vollständige Interpretation. In unserem Fall bräuchten wir also ein 2×2 faktorielles Design mit den Behandlungen 0, N, P, NP. Jetzt sind N und P auch unabhängig voneinander, oder, wie der Statistiker sagt, orthogonal. **Orthogonalität** bedeutet also, dass die erklärenden Variablen in der Analyse (= die manipulierten Effekte im Design) voneinander unabhängig sind. Im Design erreicht man dies nur durch faktorielle Kombination der Behandlungen.[1]

Manchmal legen wir Untersuchungsflächen zu Blöcken zusammen (s. u.) oder wir messen an einem zufällig gewählten Objekt mehrere Dinge. Dann unterscheiden sich Blöcke bzw. Objekte voneinander, aber wir sind daran nicht wirklich interessiert. Nichtsdestotrotz müssen wir diese Effekte mit in die statistische Analyse einbeziehen. Effekte, die uns interessieren, nennen wir *fixed effects* (z. B. die Stickstoffdüngung im obigen Beispiel oder das Geschlecht in der Analyse der Titanicdaten). Solche, die wir zwar mitnehmen, aber für die wir uns eigentlich nicht

[1] Faktoriell heist es, weil sich die Anzahl Level je Behandlung aufmultiplizieren, also Faktoren sind, die die Zahl Versuchsvarianten berechnet. Zwei Behandlungen mit jeweils 4 Leveln ergeben also $4 \times 4 = 16$ Varianten in einem faktoriellen Design. Um die besondere Qualität herauszustreichen, schreibt man häufig im Englischen auch *full factorial design*, bei dem also keine Variante fehlt.

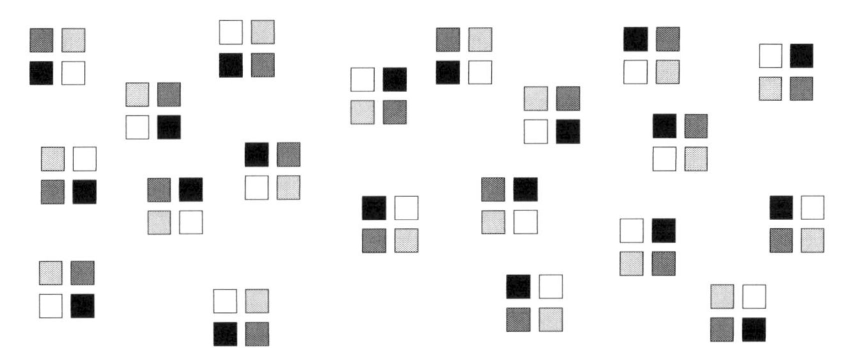

Abb. 14.3: Ein 20-fach repliziertes, randomisiertes Blockdesign

interessieren, heißen *random effects*. Beispiele sind die Nummer des Blocks, in dem die Flächen liegen, der Name des Bergs, auf dem wir unsere 3 Behandlungen repliziert haben usw. Ob etwas ein zufälliger oder fester Effekt ist entscheidet sich an der Frage, ob wir aus seiner Berechnung etwas Wichtiges für unsere Hypothese lernen. Wenn ja, dann ist es ein fester Effekt, sonst ein Zufallseffekt. Statistische Analysen, in denen *fixed* und *random effects* vorkommen, nennt man gemischte Modelle (*mixed effects models*). Sie sind ein fortgeschrittenes Thema (siehe etwa Pinheiro & Bates 2000; Zuur et al. 2009), tauchen aber bei der Analyse weiter unten kurz auf.

14.2.1 Vollständig randomisiertes Blockdesign (*fully randomised block design*)

1. Definition Die Behandlungsflächen aller Behandlungskombinationen werden in einem Block zusammengefasst. Dieser Block wird dann repliziert. Die Behandlungen werden den Flächen innerhalb des Blocks zufällig zugewiesen.

2. Beispiel Wir wollen den Effekt von Nematoden auf Konkurrenz untersuchen. Untersucht werden soll, ob die Konkurrenz von *Festuca* auf *Artemisia* abhängig ist von Nematodenfraß. Wir haben dabei folgende Behandlungen: *Festuca rubra* in Konkurrenz mit *Artemisia maritima* (F+); *Artemisia maritima* in Monokultur (F−); unbehandelter Boden mit Nematoden (N+); Nematicidebehandleter Boden ohne Nematoden (N−). Damit erhält man in einem faktoriellen Experiment vier Behandlungskombinationen (F+N+, F+N−, F−N+, F−N−), die in einem Block zusammengefasst, der, sagen wir, 20-fach repliziert wird. Damit sieht in einem Vollständig Randomisierten Blockdesign das Ergebnis etwa so aus wie Abbildung 14.3.

3. Details Dieses Design ist das häufigste, wichtigste und intellektuell befriedigenste Versuchsdesign. Es hat zwei Kernelemente: (1) Randomisiere was immer Du kannst. Und (2) Tue alle Behandlungskombinationen in einen Block, der dann repliziert wird. Die statistische Analyse ist unkompliziert, da keine Abhängigkeiten der Behandlungen oder Blöcke vorliegen. Die gängige Auswertungsmethode ist (bei normalverteilten Daten) die ANOVA. Da wir nicht wirklich am Unterschied zwischen Blöcken interessiert sind, wird die Blocknummer als Zufallsvariable mit ins Modell hereingenommen.

4. **Stärken & Schwächen** Das Randomisieren kann recht viel Zeit in Anspruch nehmen (obwohl wir dies auch schon im Vorraus und im Sessel machen können). Wenn wir um die Existenz eines Gradienten im Untersuchungsgebieten wissen, der unser Experiment beeinflussen kann, so müssten wir dies sowohl bei der räumlichen Verteilung der Blöcke als auch der der Behandlungsflächen innerhalb der Blöcke berücksichtigen. Dies ist bei einem randomisierten Design natürlich nicht möglich, sondern Einflüsse dieser Art müssen über eine Erhöhung der Stichprobenzahl kompensiert werden. D. h. wir müssen mehr Replikate anlegen, als ohne diesen Gradienten notwendig wäre.

5. **Literatur** Hurlbert (1984); Mead (1990); Underwood (1997); Potvin (2001); Crawley (2002)

6. **Rechenbeispiel** Im folgenden schauen wir uns eine typische Analyse an. Sie ist deshalb typisch, weil manche der Replikate verloren gegangen sind und das Design dadurch unausgewogen (*unbalanced*) ist. Wenn zudem noch eine ganze Kombination fehlte (etwa alle schwarzen Felder in Abbildung 14.3), dann müssten wir von einem Design mit *missing cells* sprechen.

   Wir bleiben bei dem Beispiel mit den Nematoden und der Konkurrenz von *Festuca* auf *Artemisia*. Unser Datensatz ist etwas *unbalanced*, da für die Monokulturen nur 11 Replikate benutzt wurden und für die Konkurrenz 16. Zudem sind die Pflanzen in zwei Töpfen gestorben. Aber dies nur am Rande. Zunächst lesen wir die Daten ein, kodieren die Faktoren als Faktoren und lassen uns die Mittelwerte für die Behandlungskombinationen ausgeben. Dann rechnen wir eine ANOVA, in der wir dem Modell sagen, dass wir geblockt haben.

```
> nema <- read.table("nematode.txt", header = T)
> nema$comp <- as.factor(nema$comp)
> nema$block <- as.factor(nema$block)
> nema$nematodes <- as.factor(nema$nematodes)
> attach(nema)
> names(nema)

[1] "pot"       "comp"      "nematodes" "block"     "Artemisia"

> tapply(Artemisia, list(comp, nematodes), mean, na.rm = T)
```

Wir führen jetzt zunächst eine „normale“ ANOVA durch, in der `block` ein *fixed effect* ist. Das ist zwar nicht ganz richtig, aber einfacher zu verstehen:

```
> summary(aov(Artemisia ~ block + nematodes * comp))

                Df  Sum Sq Mean Sq  F value  Pr(>F)
block           15  159.64   10.64   1.6581 0.11253
nematodes        1   20.74   20.74   3.2313 0.08169 .
comp             1 1896.81 1896.81 295.5305 < 2e-16 ***
nematodes:comp   1    2.08    2.08   0.3236 0.57344
Residuals       32  205.39    6.42
---
Signif. codes:  0 ‘***’ 0.001 ‘**’ 0.01 ‘*’ 0.05 ‘.’ 0.1 ‘ ’ 1
2 observations deleted due to missingness
```

Wenngleich erst im nächsten Kapitel multiple Regressionen erklärt werden, ist die Ausgabe ganz gut zu verstehen: `block` mit 16 Leveln, erklärt 160 SS-Einheiten und ist nicht signifikant, während `comp` 1900 SS-Einheiten erklärt und hochsignifikant ist. Weder `nematodes` noch die Interaktion zwischen `nematodes` und `comp` ist signifikant.

Wenn wir den `block`-Effekt wegliesen, dann würden die von ihm erklärten 160 SS den Residuen zufallen und damit die F-Werte kleiner werden. So hilft uns der `block`, die Sensitivität der Analyse zu erhöhen.

Jetzt der R-Syntax, der dem Design gerecht wird, indem er den *random effect* `block` auch als solchen deklariert:

```
          0         1
0 15.216455 14.339500
1  2.069063  2.116063

> fm <- aov(Artemisia ~ nematodes * comp + Error(block))
> summary(fm)

Error: block
          Df  Sum Sq Mean Sq F value Pr(>F)
nematodes  1   0.018   0.018  0.0017 0.9678
comp       1  25.197  25.197  2.4368 0.1425
Residuals 13 134.422  10.340

Error: Within
                Df  Sum Sq Mean Sq  F value  Pr(>F)
nematodes        1   20.74   20.74   3.2313 0.08169 .
comp             1 1896.81 1896.81 295.5305 < 2e-16 ***
nematodes:comp   1    2.08    2.08   0.3236 0.57344
Residuals       32  205.39    6.42
---
Signif. codes:  0 '***' 0.001 '**' 0.01 '*' 0.05 '.' 0.1 ' ' 1
```

Bevor wir uns im Detail mit der Ausgabe auseinandersetzen, kurz ein vergleichende Blick auf dieses und das vorige Modell: Die SS-Werte für `nematodes`, `comp` und ihre Interaktion sind exakt identisch. Die SS für `block` fehlen hier (weil wir ja nicht wirklich an `block` interessiert sind). Ist es also egal, ob wir einen *random effect* als solchen deklarieren? Kurze Antwort: Wenn wir nur *einen random effect* haben, dann ja. Sobald aber der *random effect* nicht wie hier orthogonal zu den Behandlungen ist (z. B. im weiter unten diskutierten *split-plot* und im *nested* Design) unterscheiden sich die Ergebnisse! Jetzt zur einer detaillierten Betrachtung der Ausgabe.

Durch den Aufruf des Modells (`fm`) erhalten wir eine wichtige Zusatzinformation: Im Stratum 1 ist einer der drei Effekte nicht berechenbar. Dies ist die Interaktion der beiden Behandlungen. Sie fehlt in obigem *output*. Der Grund für ihr Fehlen liegt darin, dass das Design unausgewogen (*unbalanced*) ist und somit nicht für alle Blocks genug Daten zur Berechnung des Interaktionseffekt bereitstehen (nur Blocks 2, 3, 4, 6 und 8: `table(block)`).

Der obere Teil der Ausgabe bezieht sich auf das obere Stratum: die Blöcke. Innerhalb jedes Blocks wird nur ein Wert für die jeweilige Behandlung berechnet, also durch Mitteln über die andere Behandlung. Damit stehen insgesamt 16 Werte je Behandlung zur Verfügung (einer je Block). Die Aussage der nicht-signifikanten Behandlungen hier ist also: Wenn wir nur die Mittelwerte je Block vergleichen, so sehen wir keinen Unterschied zwischen den Behandlungen. Im zweiten Stratum hingegen werden alle Daten benutzt, entsprechend haben wir mehr Freiheitsgrade für die Residuen. Beachte, dass die Freiheitsgrade der Residuen aus dem 1. Stratum von denen im 2. Stratum abgezogen werden. Die Aussage hier ist dann: Wenn wir den Blockeffekt aus jedem einzelnen Messwert herausrechnen, dann finden wir einen signifikanten Effekt der Konkurrenz, und einen ganz leichten Nematodeneffekt.

Die Ausgabe für das erste Stratum beinhaltet nur dann die Behandlungen selbst, wenn das Design unausgewogen ist, d. h. Behandlungskombinationen in einem oder mehreren Blöcken fehlen. Grund ist, dass natürlich bei fehlenden Kombinationen der Blockeffekt nicht sauber geschätzt werden kann. Fehlt beispielsweise ein Konkurrenztopf, so liegt der Mittelwert ja höher (konkurrenzfreie *Artemisia* sind schwerer). Ist das Design ausgewogen (*balanced*), so kann der Blockeffekt unabhängig von den Behandlungseffekten berechnet und vom 2. Stratum abgezogen werden.

Wir müssen noch darauf achten, ob durch das unbalancierte Design ein systematischer Fehler entsteht. Dies sehen wir daran, dass Stratum 1 signifikante Effekte enthält. Dann können wir auch Stratum nicht unabhängig interpretieren.

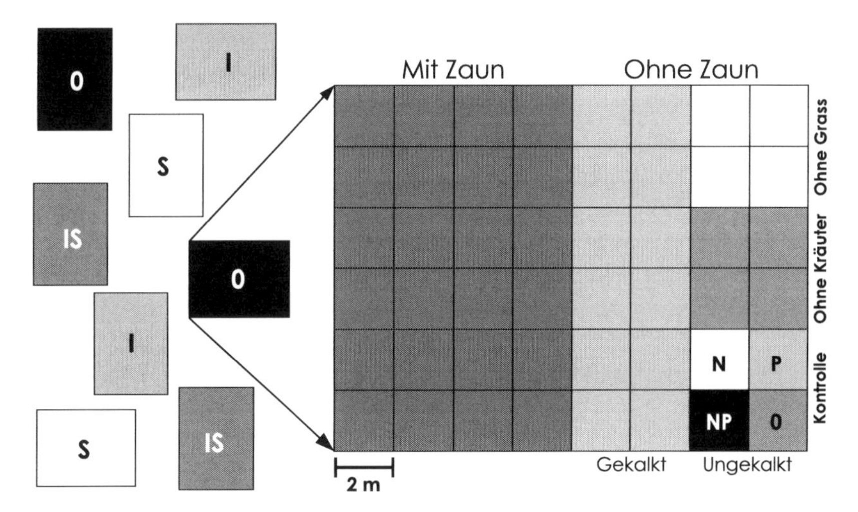

Abb. 14.4: Beispiel eines *split-split-split-split-plot* Designs. Auf der Ebene des gesamten 12 × 16 m großen plots 2 Behandlungen mit je zwei Leveln wurden faktoriell angewandt: Schneckengift (0/1) und Insektengift (0/1). Jeder *plot* wurde dann wiederholt geteilt: Zunächst wird eine Hälfte eingezäunt/nicht eingezäunt; die eine Hälfte darin wurde gekalkt (oder nicht). In diesem *split-split-plot* wurden dann drei Artenzusammensetzungen realisiert (ohne Grass, ohne Kräuter, Kontrolle), und in jedem dieser *subplots* wurde faktoriell mit Stickstoff und Phosphor gedüngt. Damit gibt es hier 384 *plots* von vier Quadratmeter Größe. Der Erdenker dieses Experiments, M.C. Crawley, Imperial College London ist berüchtigt für diese Art effizienter Resourcennutzung, wenngleich dieses Beispiel von ihm frei erfunden wurde. (Verändert nach Crawley 2002)

14.2.2 Split-plot Design

1. Definition Die verschiedenen Level einer Behandlung werden innerhalb jedes Levels einer anderen Behandlung appliziert.

2. Beispiel Wir wollen den Effekt von Düngung und Beweidung untersuchen. Dazu errichten wir Ausschlusskäfige (*exclosures*), innerhalb derer wir dann die beiden Düngelevel mit/ohne applizieren. Dass dies ein *split-plot* Design ist erkennen wir leicht daran, dass die beiden Behandlungen auf zwei unterschiedlichen Flächengrößen appliziert werden: Der Weidegängerausschluss auf der gesamten Fläche des *exclosures*, aber die der Düngung nur auf der Hälfte dieser Fläche.

3. Details *Split-plot* Designs werden zumeist aus praktischen Gründen benutzt. Im obigen Beispiel brauchen wir dann bei 10-facher Replikation eben nur 10 *exclosures*, und nicht 20, wie bei einem nicht-gesplitteten Design. Ein illustratives, wenngleich extremes Beispiel ist in Abbildung 14.4 dargestellt.

4. Stärken & Schwächen Die praktischen Vorteile werden mit zwei Nachteilen erkauft: (1) Die Statistik wird komplizierter, da wir die *split-plot*-Struktur mit einbeziehen müssen. Dies führt dazu, dass im obigen Beispiel zunächst der *exclosure*-Effekt analysiert wird, und dann *exclosure* und Düngung zusammen. (2) Wir wenden unsere Behandlungen auf unterschiedlichen Flächengrößen an. Wenn aber nun z. B. die Wirkung von Konkurrenz auf eine Einzelpflanze nur auf 1/2 m^2 untersucht wird, Düngung aber auf 2 m^2, dann unterscheidet sich entsprechend auch die Einflusssphäre der einzelnen Pflanze: Bei der Düngung können viel mehr Arten und Individuen an der Nutzung des Düngers teilnehmen, als bei der Konkurrenz. Praktisch wird dies oft wenig ausmachen, aber dieses Problem sollten wir trotzdem im Hinterkopf haben.

5. Literatur Crawley (2002); Quinn & Keough (2002)

6. Beispielrechnung Anstelle der Reproduktion des gesamten *split-split-…-plot* Designs von Crawley werden wir uns nur die obersten Level anschauen. Das Experiment sieht wie folgt aus (siehe Abbildung 14.4): Eine Behandlung mit Insektizid wird mit einer mit Molluskizid faktoriell kombiniert und zweifach repliziert. Dies sind die Behandlugen auf der gesamten Fläche eines *plots* (linke Hälfte der Abbildung). Jetzt wird in jedem Plot eine Hälfte durch einen Zaun gegen Kaninchen umgeben. Jeder dieser *sub-plots* wird wiederum in zwei Hälften geteilt, die gekalkt werden (oder nicht). Somit haben wir einen *split-split-plot*-Versuch. Wir laden zunächst die Daten, mitteln dann die Werte über die ignorierten, niedrigeren Level und generieren so einen neuen Datensatz, den wir dann analysieren.[2] Beachte vor allem wie die *splits* in der Formel kodiert werden!

```
> crawley <- read.table("splitplot.txt", header = T)
> attach(crawley)
> splitplot <- aggregate(Biomass, list(Block, Insect, Mollusc,
+     Rabbit, Lime), mean)
> colnames(splitplot) <- colnames(crawley)[c(1:5, 8)]
> fm <- aov(Biomass ~ Insect * Mollusc * Rabbit * Lime +
+     Error(Block/Rabbit/Lime), data = splitplot)
> summary(fm)

Error: Block
               Df Sum Sq Mean Sq F value   Pr(>F)
Insect          1 34.551  34.551 34.2712 0.004248 **
Mollusc         1  0.729   0.729  0.7229 0.443088
Insect:Mollusc  1  0.921   0.921  0.9139 0.393209
```

[2]Wir können auch einfach das unten definiert Modell mit Crawleys vollem Datensatz rechnen. R gibt uns dann zusätzlich zum aufgeführten *output* auch noch eine Angabe über die Varianz, die in den restlichen Strata steckt. Unser reduziertes Modell liefert die identischen Aussagen wie Crawleys vollständiges (siehe Crawley 2002, S.354 ff). Allerdings sind unsere SS und MS-Werte andere, da wir ja weniger Daten insgesamt betrachten.

```
Residuals        4  4.033   1.008
---
Signif. codes:  0 '***' 0.001 '**' 0.01 '*' 0.05 '.' 0.1 ' ' 1

Error: Block:Rabbit
                      Df Sum Sq Mean Sq   F value    Pr(>F)
Rabbit                 1 32.399  32.399 4563.5924 2.877e-07 ***
Insect:Rabbit          1  0.033   0.033    4.6985   0.09607 .
Mollusc:Rabbit         1  0.001   0.001    0.1600   0.70963
Insect:Mollusc:Rabbit  1  0.021   0.021    2.9078   0.16335
Residuals              4  0.028   0.007
---
Signif. codes:  0 '***' 0.001 '**' 0.01 '*' 0.05 '.' 0.1 ' ' 1

Error: Block:Rabbit:Lime
                           Df Sum Sq Mean Sq   F value    Pr(>F)
Lime                        1 7.2198  7.2198 1918.2643 8.148e-11 ***
Insect:Lime                 1 0.0028  0.0028    0.7556   0.41001
Mollusc:Lime                1 0.0102  0.0102    2.7005   0.13894
Rabbit:Lime                 1 0.0122  0.0122    3.2284   0.11010
Insect:Mollusc:Lime         1 0.0043  0.0043    1.1425   0.31631
Insect:Rabbit:Lime          1 0.0003  0.0003    0.0794   0.78529
Mollusc:Rabbit:Lime         1 0.0075  0.0075    2.0043   0.19458
Insect:Mollusc:Rabbit:Lime  1 0.0389  0.0389   10.3353   0.01233 *
Residuals                   8 0.0301  0.0038
---
Signif. codes:  0 '***' 0.001 '**' 0.01 '*' 0.05 '.' 0.1 ' ' 1
```

In einem gemischten Modell werden für jedes Level eines Zufallseffekts ein eigener Achsenabschnitt gefittet. Wenn wir diesen angezeigt haben wollen, dann können wir dies über `summary(fme, verbose=T)` erreichen. Die Ausgabe ist recht voluminös und deshalb hier weggelassen.

Zur Interpretation müssen wir uns durch die einzelnen Strata arbeiten. Auf der obersten Ebene, der des gesamten *plots*, haben wir nur Molluskizid und Insektizid als Behandlungen. Ihre Effekte werden zuerst dargestellt. Es gibt 8 Versuchseinheiten, jede Behandlung und die Interaktion haben einen Freiheitsgrad, so dass $8 - 1 - 1 - 1 = 5$ Freiheitgrade übrig bleiben (somit haben die Residuen $5 - 1$ Freiheitsgrade). In diesem obersten Stratum ist der Effekt des Insektizids signifikant.

Im nächsten Stratum kommt der Effekt des Kaninchenausschlusses hinzu. Zunächst können wir diesen Effekt direkt bewerten (und er ist signifikant). Sodann können wir die Interaktionen mit *allen* Faktorenkombinationen des vorigen Stratums analysieren. Für die Analyse stehen uns jetzt je *plot* zwei Werte zur Verfügung (also 16). Davon ziehen wir für die Berechnung der Freiheitsgrade zunächst die Summe aller Freiheitsgrade der vorigen Strata ab (16 − 7 = 9). Die Verbleibenden werden auf die Effekte verteilt (jeweils einer), und es bleiben 5 − 1 für die Residuen dieses Stratums übrig. Noch ein Wort zur Interpretation: In diesem zweiten Stratum tauchen die Behandlungen des ersten Stratums nicht als Haupteffekte auf. Wollten wir etwa den Effekt des Molluskizids bestimmen, so müssten wir ja über die Kaninchenflächen mitteln, um Pseudoreplikation zu vermeiden. Genau dies wird aber im ersten Stratum gemacht.

Im dritten Stratum kommt wie im zweiten der neue Faktor Kalkung (`Lime`) dazu, nebst allen Interaktionen mit den Effekten des Stratums darüber. Die Freiheitsgrade berechnen sich wie gehabt: $32-7-8=17$ für dieses Stratum, davon 8 für die Effekte, bleiben $9-1=8$ für die Residuen. Die Signifikanz der 4-Wege-Interaktion muss hier genauso interpretiert werden wie in einem konventionellen Design: Der Effekt jeder Behandlung ist abhängig von dem Level jeder anderen Behandlung.

An dieser Stelle muss sich ein wenig Modellkritik anschließen. Die maximale Interaktion ist mit $P < 0.05$ signifikant. Andererseits führen wir ja mehrfache Behandlungstests durch, da die Effekte der höheren Ebene immer auf der tieferen wiederum in Interaktionen mitgetestet werden. Es bietet sich deshalb an, denjenigen p-Wert, den wir als signifikant anerkennen, von 0.05 herabzusetzen, je nach Anzahl der „*splits*", z. B. auf 0.01 oder 0.005 (hierfür gibt es keine feste Regel). Wenn wir entsprechend das Modell vereinfachen (durch manuelles Löschen nicht-signifikanter Interaktionen in den verschiedenen Leveln), so bleiben nur unsere Haupteffekte (`Insect`, `Rabbit`, `Lime`) auf ihrer jeweiligen Flächengröße=Stratum signifikant.

Es gibt auch mindestens zwei spezielle Pakete um gemischte Modelle zu analysieren, **nlme** und **lme4**. Die Benutzung von `lme` (*linear mixed effects*) ist immer wieder eine Herausforderung, aber in diesem Fall ist es einfach. Kernunterschied zum `aov` ist, dass wir die Zufallseffekte auch als solche Deklarieren und das *splitting* und *nesting* entsprechend kodieren:

```
> library(nlme)
> fme <- lme(Biomass ~ Insect * Mollusc * Rabbit * Lime, random = ~1 |
+     Block/Rabbit/Lime, data = splitplot)
> anova(fme)

                            numDF denDF  F-value p-value
(Intercept)                     1     8  922.328  <.0001
Insect                          1     4   34.271  0.0042
Mollusc                         1     4    0.723  0.4431
Rabbit                          1     4 4563.592  <.0001
Lime                            1     8 1918.264  <.0001
Insect:Mollusc                  1     4    0.914  0.3932
Insect:Rabbit                   1     4    4.698  0.0961
Mollusc:Rabbit                  1     4    0.160  0.7096
```

```
Insect:Lime                        1    8    0.756  0.4100
Mollusc:Lime                       1    8    2.701  0.1389
Rabbit:Lime                        1    8    3.228  0.1101
Insect:Mollusc:Rabbit              1    4    2.908  0.1634
Insect:Mollusc:Lime                1    8    1.143  0.3163
Insect:Rabbit:Lime                 1    8    0.079  0.7853
Mollusc:Rabbit:Lime                1    8    2.004  0.1946
Insect:Mollusc:Rabbit:Lime         1    8   10.335  0.0123
```

Wir sehen, dass die Werte alle identisch sind, wenngleich anders geordnet. Bei gemischten Modellen wird neben den Freiheitsgraden des Effekts (`numDF` = *numerator degrees of freedom* = Zählerfreiheitsgrade) auch die angegeben, gegen die getestet wird (`denDF` = *denominator degrees of freedom* = Nennerfreiheitsgrade). Wenn die Nennerfreiheitsgrade nicht stimmen, ist das Modell falsch kodiert!

Zur Vollständigkeit noch die gleiche Analyse mit **lme4**. Die Funktion `lmer` liefert keine Signifikanzwerte, so dass nach dem Fitten des Modells erst ein sogenanntes *Markov chain Monte Carlo-*(= MCMC-)*sampling* der Lösungsregion stattfinden muss, aus dem dann die 95 %-Konfidenzbereiche entwickelt werden.[3]

```
> library(lme4)
> fmer <- lmer(Biomass ~ Insect * Mollusc * Rabbit * Lime +
+         (1 | Block/Rabbit/Lime), data = splitplot)
> fmer.mcmc <- mcmcsamp(fmer, n=1000)
> HPDinterval(fmer.mcmc)

$fixef
                                                   lower      upper
(Intercept)                                     6.589723  8.9538284
InsectUnsprayed                                -3.604146 -0.2541615
MolluscSlugs                                   -1.169552  2.2681292
RabbitGrazed                                   -3.530500 -0.7618960
LimeUnlimed                                    -2.228018  0.2098114
InsectUnsprayed:MolluscSlugs                   -2.647017  1.9903012
InsectUnsprayed:RabbitGrazed                   -1.450737  2.1668807
MolluscSlugs:RabbitGrazed                      -1.762735  2.0109878
InsectUnsprayed:LimeUnlimed                    -1.693175  2.0280858
MolluscSlugs:LimeUnlimed                       -1.569626  1.9219908
RabbitGrazed:LimeUnlimed                       -1.645180  1.8312861
InsectUnsprayed:MolluscSlugs:RabbitGrazed      -3.328531  1.8520532
InsectUnsprayed:MolluscSlugs:LimeUnlimed       -2.905330  2.2168200
InsectUnsprayed:RabbitGrazed:LimeUnlimed       -2.858563  2.2064098
MolluscSlugs:RabbitGrazed:LimeUnlimed          -2.570934  2.2993337
InsectUnsprayed:MolluscSlugs:RabbitGrazed:LimeUnlimed -2.730493  4.4331063
attr(,"Probability")
[1] 0.95
...
```

[3]Die Funktion `pvals.fnc` in **languageR** stellt einen wrapper zur Verfügung, der diese zwei Zeilen in einem durchführt bzw. auf Wunsch auch P-Werte berechnet

Wenn ein Konfidenzintervall 0 umfasst, ist es nicht signifikant. Im Vergleich mit den Signifikanzwert des `lme` zeigt sich, dass sowohl die 4-fach-Interaktion als auch der Kalkungseffekt im `lmer` *nicht* signifikant sind. Liegt das vielleicht daran, dass die beiden Modelle unterschiedliche Parameterwerte schätzen? Dazu vergleichen wir die Parameter:

```
> summary(fme)

...
                                                        Value Std.Error  DF   t-value p-value
(Intercept)                                          7.658921 0.5189223 352 14.759284  0.0000
InsectUnsprayed                                     -1.922129 0.7338669   4 -2.619179  0.0589
MolluscSlugs                                         0.504468 0.7338669   4  0.687411  0.5296
RabbitGrazed                                        -2.109841 0.6180847   4 -3.413514  0.0269
LimeUnlimed                                         -0.983897 0.6180847   8 -1.591848  0.1501
InsectUnsprayed:MolluscSlugs                        -0.391318 1.0378446   4 -0.377049  0.7253
InsectUnsprayed:RabbitGrazed                         0.357982 0.8741037   4  0.409541  0.7031
MolluscSlugs:RabbitGrazed                            0.155814 0.8741037   4  0.178256  0.8672
InsectUnsprayed:LimeUnlimed                          0.135898 0.8741037   8  0.155471  0.8803
MolluscSlugs:LimeUnlimed                             0.195702 0.8741037   8  0.223889  0.8285
RabbitGrazed:LimeUnlimed                            -0.012120 0.8741037   8 -0.013866  0.9893
InsectUnsprayed:MolluscSlugs:RabbitGrazed           -0.482117 1.2361694   4 -0.390009  0.7164
InsectUnsprayed:MolluscSlugs:LimeUnlimed            -0.371659 1.2361694   8 -0.300654  0.7713
InsectUnsprayed:RabbitGrazed:LimeUnlimed            -0.254478 1.2361694   8 -0.205860  0.8420
MolluscSlugs:RabbitGrazed:LimeUnlimed               -0.156092 1.2361694   8 -0.126271  0.9026
InsectUnsprayed:MolluscSlugs:RabbitGrazed:LimeUnlimed 0.557845 1.7482075  8  0.319096  0.7578
...
```

```
> summary(fmer)

...
                                                      Estimate Std. Error t value
(Intercept)                                            7.65892    0.51887  14.761
InsectUnsprayed                                       -1.92213    0.73379  -2.619
MolluscSlugs                                           0.50447    0.73379   0.687
RabbitGrazed                                          -2.10984    0.61808  -3.414
LimeUnlimed                                           -0.98390    0.61808  -1.592
InsectUnsprayed:MolluscSlugs                          -0.39132    1.03774  -0.377
InsectUnsprayed:RabbitGrazed                           0.35798    0.87410   0.410
MolluscSlugs:RabbitGrazed                              0.15581    0.87410   0.178
InsectUnsprayed:LimeUnlimed                            0.13590    0.87410   0.155
MolluscSlugs:LimeUnlimed                               0.19570    0.87410   0.224
RabbitGrazed:LimeUnlimed                              -0.01212    0.87410  -0.014
InsectUnsprayed:MolluscSlugs:RabbitGrazed             -0.48212    1.23617  -0.390
InsectUnsprayed:MolluscSlugs:LimeUnlimed              -0.37166    1.23617  -0.301
InsectUnsprayed:RabbitGrazed:LimeUnlimed              -0.25448    1.23617  -0.206
MolluscSlugs:RabbitGrazed:LimeUnlimed                 -0.15609    1.23617  -0.126
InsectUnsprayed:MolluscSlugs:RabbitGrazed:LimeUnlimed  0.55785    1.74821   0.319
...
```

Der Vergleich der Parameterschätzer zwischen `lme` und `lmer` zeigt, dass beide die gleichen Werte liefern. Der Unterschied in der Signifikanz ist tatsächlich dadurch bedingt, dass lme und lmer unterschiedliche Philosophien zur statistischen Signifikanz verfolgen. In `lme` wird jedem gefitteten Zufallseffekt ein Freiheitsgrad zugeordnet und entsprechend können nachher F-Tests durchgeführt werden. `lmer` stellt diese Freiheitsgradzuteilung in Frage, fittet das Modell nur, und benutzt dann eine Analyse des Parameterraums um die optimalen Parameter, um deren Signifikanz abzuschätzen.[4]

[4]Wer dazu mehr wissen möchte, der sei auf die rege und ausführliche Diskussion von und mit Douglas Bates (dem statistischen Hirn hinter beiden Ansätzen!) in verschiedenen R-Wiki und

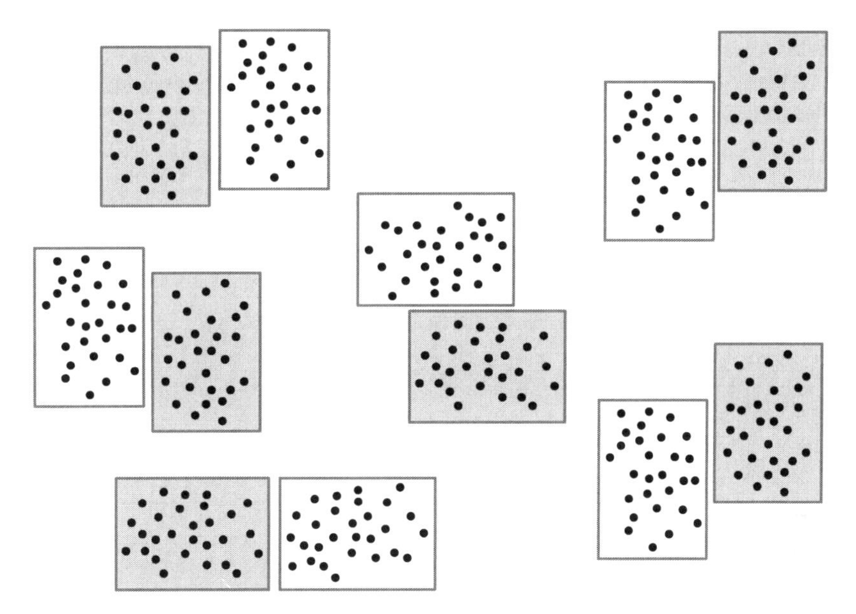

Abb. 14.5: Beispiel eines geblockten *nested* Designs. Die Beprobungseinheit sind die 12 Flächen der zwei Behandlungen (*grau* und *weiß*). Diese sind jeweils als Paare geblockt. In jedem Plot wurden dann 28 *subsamples* (*schwarze Punkte*) erhoben. Da diese innerhalb der Behandlung nicht unabhängig sind (sie liegen alle im gleichen Plot), stellen sie keine Replikate dar

14.2.3 Nested design

1. Definition Innerhalb einer Behandlungseinheit (*experimental unit*) werden mehrere Messungen durchgeführt, entweder parallel (mehrere Objekte nebeneinander gemessen: Abbildung 14.5) oder zeitlich sequentiell (*repeated measurements*).

2. Beispiel Wir wollen untersuchen, ob der Ausschluss von Weidegängern sich auf das Geschlechterverhältnis einer Weidenart auswirkt. Dazu errichten wir n Zäune und Kontrollen, warten zehn Jahre und erfassen dann auf jeder dieser $2n$ Flächen das Geschlechterverhältnis, indem wir z. B. 28 Quadrate zufällig platzieren, und das Geschlecht der darin vorkommenden Weidenpflanzen notieren. Das *nesting* entsteht dadurch, dass die 28 Quadrate innerhalb der Behandlungseinheit liegen, und somit keine Replikate sondern Unterproben (*subsamples*) sind. Das Gleiche gilt, wenn wir statt zehn Jahre zu warten jedes

-mailing-Listen sowie den im Paket **lme4** mitgelieferten pdf-Dokumenten (sog. Vignetten) verwiesen (http://glmm.wikidot.com/faq, https://stat.ethz.ch/pipermail/r-help/2006-May/094765.html, http://rwiki.sciviews.org/doku.php?id=guides:lmer-tests).

Jahr in einem Quadrat (oder der Gesamtfläche) das Geschlechterverhältnis erfassen. Diese Datenpunkte sind natürlich nicht unabhängig, sondern genested in den Käfigen bzw. Kontrollen.

3. **Details** Die Auswertung genesteter Designs ist nicht ohne. Insbesondere wenn wir zeitliches *nesting* praktizieren, muss der Faktor `Zeit` sich ja nicht notwendigerweise linear auf die Antwortvariable auswirken. Entsprechend müssen wir die Struktur dieser Korrelation mit in das Modell einspeisen.

4. **Stärken & Schwächen** Das *Nesting* muss berücksichtigt werden. Dies ist statistisch möglich, so dass wir unsere zehn Messungen innerhalb einer Behandlungseinheit nicht vor der Analyse zu mitteln brauchen. Die Nutzung dieser *subsamples* oder *repeats* ist sicherlich die große Stärke des *nesting*. Gleichzeitig ist die Analyse nicht mehr so selbstverständlich.

5. **Literatur** Pinheiro & Bates (2000); Bolker et al. (2009); Zuur et al. (2009)

6. **Beispielrechnung** Schauen wir uns das oben erwähnte Beispiel an. Ein 10×30 m großer Ausschlusskäfig verhindert die Beweidung eines Stücks arktischer Tundra durch Rentiere. Daneben liegt eine ebenso große Kontrollfläche. Dieser Arrangement (`block`) wird 6 Mal repliziert. Nach sechs Jahren bestimmen wir das Geschlecht von 10 zufällig ausgewählten Weidenpflanzen je Behandlungseinheit (Dormann & Skarpe 2002). Damit ist jede Pflanze ein *subsample* oder Pseudoreplikat, also genested innerhalb der Behandlung `exclosure`. Dem GLM müssen wir darob mitteilen, dass `block` ein Zufallseffekt (*random effect*) ist, der uns nicht wirklich interessiert, und dass alle Messungen der `subsamples` im Behandlungseffekt `excl` genested sind (Struktur steht hinter dem senkrechten Strich, beginnend mit der größten Einheit). Der Syntax im entsprechenden gemischten verallgemeinerten linearen Modell (GLMM) in R sieht so aus:

```
> willowsex <- read.table("willowsex.txt", header = T)
> library(MASS)
> summary(glmmPQL(fixed = female ~ excl, random = ~1 | block/excl,
+     family = binomial, data = willowsex))

iteration 1
Linear mixed-effects model fit by maximum likelihood
 Data: willowsex
  AIC BIC logLik
   NA  NA     NA

Random effects:
 Formula: ~1 | block
        (Intercept)
StdDev: 9.199434e-05
```

```
 Formula: ~1 | excl %in% block
         (Intercept)  Residual
StdDev: 3.397999e-05 0.9999998

Variance function:
 Structure: fixed weights
 Formula: ~invwt
Fixed effects: female ~ excl
                 Value Std.Error  DF    t-value p-value
(Intercept)  0.2006707 0.2616895 108  0.7668274  0.4449
excl        -0.9698038 0.3831561   5 -2.5310931  0.0525
 Correlation:
     (Intr)
excl -0.683

Standardized Within-Group Residuals:
       Min         Q1        Med         Q3        Max
-1.1055418 -0.6807455 -0.6807455  0.9045342  1.4689772

Number of Observations: 120
Number of Groups:
          block excl %in% block
              6              12
```

Die Interpretation ist etwas umständlich. Das Ergebnis, an dem wir interessiert sind, nämlich ob durch die *exclosure* das Geschlechterverhältnis in den Weiden verschoben wird, erfahren wir mitten in der Ausgabe, unter der Überschrift `Fixed effects: female` $\sim$ `excl`: Der Effekt `excl` ist an der Grenze zur Signifikanz. Hier ist auch zu sehen, ob die Modellstruktur korrekt implementiert ist. Für den Effect `excl` stehen 5 Freiheitsgrade zur Verfügung, also Anzahl *exclosure* -1. Das ist korrekt. Ebenfalls interessant ist die ganz unten aufgeführte Anzahl der Gruppen: 6 für `block`, 12 für `excl within block`, ebenfalls korrekt.

Kommen wir jetzt zum oberen Teil des *outputs*. Zunächst wird der Modellfit quantifiziert: `AIC` und `BIC` stehen für *Akaike* und *Bayes' Information Criterion*, `logLik` für log-*likelihood*. Diese Angaben wären für Modellselektion von Interesse, sind aber für die benutzte *quasi-likelihood* nicht definiert, also: `NA`. Danach werden die Zufallseffekte gefittet, und zwar für jedes Stratum einzeln. An den Standardabweichungen sehen wir, dass etwas mehr Variabilität zwischen den *exclosures* im Block besteht, als zwischen den Blöcken an sich. Da der *exclosure*-Effekt signifikant ist, ist dies nicht verwunderlich.

Wenn wir die erhaltenen Parameter für den Anteil weiblicher Pflanzen zurückrechnen (sie sind ja bei binomialverteilten Daten standardmäßig logit-transformiert), so erhalten wir für die Kontrollen einen Wert von $\frac{e^{0.2}}{1+e^{0.2}} \approx$

0.55 und für die *exclosure* einen Wert von $\frac{e^{0.2-0.97}}{1+e^{0.2-0.97}} \approx 0.32$. Gar nicht schlecht für wahre Werte von 0.6 und 0.4, respektive.
Es sei noch erwähnt, dass wir zwar mittels `anova.lme(.)` auch eine ANOVA-artige Tabelle erzwingen können, diese aber inkorrekt ist, und sei es nur, weil statt des X^2- unveränderlich ein F-Test benutzt wird.

14.3 Stichprobendesigns für deskriptive Studien (*survey designs*)

Survey Design ist ein Bereich auf einem Kontinuum an möglichen Beprobungsdesigns, um Erkenntnisse über etwas zu gewinnen. Besonders im Bereich des Monitorings, also der dauerhaften Beobachtung von Umweltveränderungen, gibt es viele anekdotische Beobachtungen, aber auch wohl-replizierte manipulative Experimente (Elzinga et al. 1998, S. 4).

In den allermeisten Fällen können wir nicht alle Ereignisse beobachten, die uns interessieren (die sogenannte Grundgesamtheit), sondern müssen eine Stichprobe ziehen. Wenn wir wissen wollen, wie viele Laufkäfer auf einem Hektar Weizenacker leben, dann können wir nicht den ganzen Hektar absammeln. Stattdessen ziehen wir mehrere kleinere Stichproben (etwa von jeweils 1 m^2) und rechnen von dort aus auf den Hektar hoch. Etwas schwieriger ist es, wenn wir z. B. den Holzvorrat eines Waldgebietes von 244 ha wissen wollen. Dann müssen wir nämlich sowohl die Anzahl Bäume schätzen, als auch das durchschnittliche Holzvolumen pro Baum. Dies sind typische Fragen für deskriptive Beprobungen, die ein Stichprobendesign erfordern.

Die Ziele eines Stichprobendesigns sind die gleichen wie bei manipulativen Experimenten: **Unabhängigkeit**, **Durchmischung**, **Replikation**. Unabhängigkeit der Datenpunkte ist Voraussetzung, um sie statistisch auswerten zu können. Durchmischung ist notwendig, um zu verhindern, dass übersehene Gradienten (etwa Licht im Gewächshaus, Bodenfeuchte am Hang, Nährstoffverfügbarkeit auf einem geologisch wechselhaften Untergrund) zu einem systematischen Fehler führen. Replikation ist nötig, um neben dem Mittelwert auch ein Maß für die Variabilität der Ergebnisse berechnen zu können. Nur so können wir erfahren, ob unser Wert auch relevant ist.[5]

Die Vielfalt an möglichen *survey designs* macht eine systematische Beschreibung schwierig. Es wird zunächst danach unterschieden, ob alle Untersuchungseinheiten die gleiche Wahrscheinlichkeit haben, ausgewählt zu werden (*simple random sampling* im Gegensatz etwa zum *stratified sampling*). Weiterhin kann man danach

[5]Das erinnert mich an einen Kollegen, der in zwei Tiefen im Indischen Ozean Wasserproben zog und Eisenkonzentrationen bestimmte. Der eine Wert war 0.01 nMol, der andere 0.03 nMol. Ist dieser Unterschied signifikant? Ohne eine Bestimmung der Variabilität *pro Wassertiefe* kann man diese Frage nicht beantworten!

unterscheiden, ob pro Untersuchungseinheit ein oder mehrere Werte beprobt werden.

Um die Verwirrung zu maximieren hat sich die Auswertung von Stichprobendesigns in zwei unterschiedliche Richtungen entwickelt: *survey*-Statistik bzw. gemischte Modelle. Die ältere Methodik der *survey*-Statistik, vor allem der Forstwirtschaft und Fischerei entstammend und inzwischen typischerweise auch in den Sozialwissenschaften verbreitet, hat für jedes Design einen ausführliche Statistik entwickelt. In diesem Ansatz gibt es für *jedes* der Dutzenden Stichprobenverfahren eine Formel für den Gesamtwertschätzer[6] und seine Varianz. In den Forstwissenschaften erfassen wir zum Beispiel Baumvolumen in Stichproben, um daraus das Holzvolumen des gesamten Forstes zu berechnen. Deshalb interessiert uns eigentlich nur der Schätzer für das Gesamtvolumen und dessen Varianz.

Ähnlich verhält es sich bei Konsumentenbefragungen zu einem neuen Produkt in Fussgängerzonen. Hier interessiert eine Abschätzung des potenziellen Marktes, also ebenfalls eine Hochrechnung von einigen Befragten auf die gesamte Bevölkerung.

Wer auf diesen Gebieten tätig ist kommt nicht um diese Werkzeuge der Zunft herum. Für die Umweltwissenschaften (mit Schwerpunkt auf Forst und terrestrische Stichproben) ist dies etwa das extrem solide und vollständige Buch von Gregoire & Valentine (2008); für die Sozialwissenschaften ist die Entsprechung Lohr (2009); für eine Umsetzung in R siehe Lumley (2010).

Der andere Zweig zur Analyse von Stichprobendesigns fokussiert nicht auf die Hochrechnung auf Gesamtwerte, sondern auf die Analyse des Zusammenhangs zwischen den gemessenen Werten und Umweltfaktoren (Klima, Boden, Management), d. h. vor allem auf den Mittelwert. Daraus kann man durch Multiplikation mit der Größe der Grundgesamtheit natürlich auch den Gesamtwert schätzen.

Das Hauptwerkzeug, um mit komplexen Designs zurechtzukommen, sind gemischte Modelle (Pinheiro & Bates 2000; Bolker et al. 2009; Zuur et al. 2009). Im Extremfall sind die Analysten hier überhaupt nicht an den Absolutwerten interessiert, sondern nur an den Zusammenhängen mit den treibenden Kräften. Diese Art von Analyse erwächst logisch aus der Regression, wird aber durch Beprobungsdesigns (stark) verkompliziert. Da diese Art von Analysen identisch ist zu denen, die für manipulative Experimente eingesetzt werden, schauen wir uns im *folgenden* Abschnitt nur die Auswertung von Stichprobendesigns gemäß der *survey*-Statistikgruppe an.

14.3.1 Einstufige Stichprobeverfahren: *simple random sampling*

Die **einfache Zufallsstichprobe** (*simple random sampling*, SRS[7]) ist der einfachste Fall des Stichprobendesigns. Wir wählen zufällig (oder systematisch mit zufälligem

[6] Ich karikiere hier etwas. Auch für die *surveys* gibt es natürlich Mittelwertschätzer.

[7] Wenn jeder Baum nur einmal gezogen werden kann bezeichnet man das als Zufallsstichprobe ohne Zurücklegen (SRS *without replacement*). Das ist der übliche Fall. SRS *mit* Zurücklegen werden wir hier ignorieren.

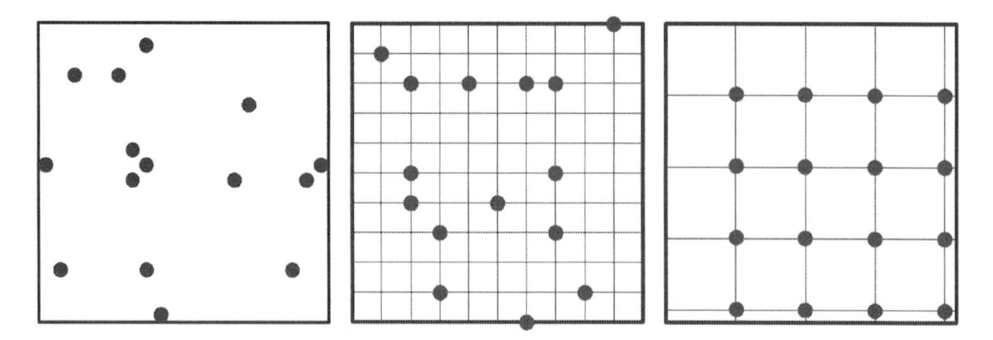

Abb. 14.6: Zufällige (*links*), eingeschränkt zufällige (*Mitte*) und zufällig-systematische (*rechts*) Auswahl von 15 Beprobungspunkten in einem quadratischen Untersuchungsgebiet (SRS). Die Beschränkung auf die Gitterpunkte (*Mitte*) stellt einen Mindestabstand der Beprobungsflächen und damit eine gewisse Durchmischung sicher. Damit ein systematisches Sampling (*rechts*) statistisch akzeptabel ist, muss der erste Punkt zufällig gewählt werden. Deshalb liegen in diesem Beispiel die Linien auch nicht äquidistant zum Rand des Untersuchungsgebiets

Beginn: siehe Abbildung 14.6 und Box S. 237) n Einheiten (z. B. Bäume im Wald) aus. Da alle N Einheiten die *gleiche Wahrscheinlichkeit* haben ausgewählt zu werden (nämlich n/N), bezeichnet man dies als uneingeschränkte Wahrscheinlichkeit (*equal probability sampling*).

Die Auswahlwahrscheinlichkeit wird oft als π bezeichnet. Wir folgen hier der Nomenklatur von Gregoire & Valentine (2008). In Fall des SRS ist $\pi = n/N$. Wenn im Wald also 10 000 Bäume stehen, und wir beproben 20, dann ist die Wahrscheinlichkeit eines jeden Baumes beprobt zu werden 20/10 000.

Wenn wir also für unsere 20 Bäume einen durchschnittlichen Wert von $\hat{y} = 4\,\mathrm{m}^3$ Holzvolumen ermessen, dann wäre der Holzvorrat des Waldes $10\,000 \cdot 4\ \mathrm{m}^3 = 40\,000\ \mathrm{m}^3$. Eine alternative Sichtweise ist, dass unsere 20 Probebäume zusammen $\hat{\tau}_y = 80\ \mathrm{m}^3$ Holzvolumen haben. Da $\pi = n/N = 20/10\,000$ ist, berechnet sich das Waldholzvolumen als

$$\hat{\tau}_y/\pi = \frac{80}{20/10\,000}\ \mathrm{m}^3 = \frac{80 \cdot 10\,000}{20}\ \mathrm{m}^3 = 40\,000\ \mathrm{m}^3\,.$$

Diese Berechung nennt man den Horvitz-Thompson Schätzer. In seiner allgemeinen Form ist der HT-Schätzer so definiert:

$$\hat{y}_{HT} = \frac{1}{N}\sum_{i=1}^{n}\frac{y_i}{\pi_i}\,, \quad \text{für den Mittelwert}\,. \tag{14.1}$$

bzw.

$$\hat{\tau}_{HT} = N\hat{y}_{HT} = \sum_{i=1}^{n}\frac{y_i}{\pi_i}\,, \quad \text{für den Gesamtwert}\,; \tag{14.2}$$

Exkurs: Korrektur bei fast-vollständiger Beprobung
In den allermeisten Fällen beproben wir nur einen winzigen Teil der tatsächlichen Grundgesamtheit (engl: *population*).
Wenn wir jedoch einen substantiellen Teil der Grundgesamtheit beproben, sagen wir ein Viertel aller Bäume in unserem Wald messen, dann überschätzen wir den Standardfehler des Mittelwerts (und Gesamtwerts) unserer Stichprobe. Im Extremfall der Vollbeprobung erhielten wir ja immer noch einen Wert für den Standardfehler des Mittelwerts ($s/\sqrt{n}$), obwohl wir ja alle Einheiten gemessen haben und unser Mittelwert deshalb fehlerfrei ist!
Das Problem taucht auf, weil unsere Grundgesamtheit nicht unendlich ist, sonder endlich. Für Beprobungen solcher endlichen Grundgesamtenheiten bedarf der Standardfehler also einer Korrektur (*finite population correction*):

$$\text{FPC} = \sqrt{\frac{N-n}{N}}$$

Dieser Korrekturterm wird relevant, wenn wir *mehr* als ein Zwanzigstel (5 %) der Gesamtpopulation beproben (dann ist $\text{FPC} = \sqrt{(N-0.05N)/N} = \sqrt{1-0.05} = 0.97$). Bei einer Beprobung von 25 % ist $\text{FPC} = \sqrt{(N-0.25N)/N} = \sqrt{0.75} = 0.87$; wir überschätzen also den Standardfehler um 13 %.
Wenn wir also umgekehrt weniger als 5 % der Gesamtpopulation beproben wird der Korrekturterm FPC vernachlässigbar.
Wir haben diesen FPC schon kennengelernt: Er steht in Gleichung 14.3, allerdings umgeformt und im Quadrat: $(1-n/N) = (N-n)/N$.
(*Nota bene*: Wenn wir ein SRS mit Zurücklegen (*with replacement*: SRSwR) durchführten, was zugegebenermaßen sehr selten ist, dann wäre die Korrektur überflüssig (ja schlicht falsch), da unsere Gesamtpopulation durch das Zurücklegen faktisch unendlich groß ist.)

Im SRS ist π_i für alle Einheiten gleich, so dass das Subskript hier wegfällt. Wenn in anderen Designs aber die Einheiten unterschiedliche Auswahlwahrscheinlichkeiten haben ($\pi_i \neq$ konstant), dann gelten diese Formeln immer noch. Soweit ist das ziemlich trivial. Wichtig wird jetzt die Abschätzung der Varianz des Mittelwerts bzw. des Gesamtwerts.

$$var(\hat{\tau}) = N^2 var(\hat{y}) = N^2\left(1-\frac{n}{N}\right)\frac{s_y^2}{n}, \tag{14.3}$$

wobei sich die Standardabweichung berechnet als $s_y = 1/(n-1)\sum(y_i-\bar{y})^2$. DenUrsprung des Terms $(1-n/N)$ erläutert die Box S. 257.[8]

[8]Der Unterschied zwischen $\hat{y}$ (dem HT-Schätzer für den Mittelwert) und $\bar{y}$ (dem Mittelwert der Stichprobe) ist in dieser Berechnung irrelevant. Bei anderen Stichprobeverfahren unterscheiden sich diese Werte aber.

Wenn also ein Förster im Wald Daten erhebt, so tut er das um 1. das Holzvolumen eines typischen Baumes zu bestimmen (y_i) und 2. herauszubekommen, wie viele Bäume im Wald stehen (N, bzw. N/Waldfläche = Bäume pro Hektar).

14.3.2 Mehrstufige Stichprobeverfahren

Bei mehrstufigen Stichprobeverfahren erfolgt eine Gruppierung der Stichproben als Teil des *sampling designs* vor der Erhebung.[9]

Stratifizierte Stichprobe (*stratified sampling*)

Ein Nachteil des SRS ist, dass wir ineffektiv beproben. Wenn wir z. B. drei Bewirtschaftungsformen in unserem Wald haben (A, B, C), und zwei davon (B und C) relativ wenig Fläche einnehmen, dann werden wir für A sehr viele Stichproben ziehen, für B und C aber sehr wenige. D. h. wir schätzen unsere Varianz für A sehr genau, die für B und C aber sehr ungenau. Wäre es da nicht besser, wenn wir *je Bewirtschaftungsform* eine Mindestanzahl ziehen würden? Oder wenn wir unsere 90 Beprobungen gleichmäßig auf A, B und C verteilen?

Das ist die Idee der Stratifizierung: wir zerlegen unsere Grundgesamtheit anhand eines (oder mehrerer Merkmale) in verschiedene Gruppen und beproben jede davon separat und effizient.[10] Die Stratifizierung kann anhand von Bewirtschaftungsformen, Höhenlagen, Verwaltungsbezirken, Baumarten usw. erfolgen (siehe Abbildung 14.7).

Wie sollen wir unsere n Probepunkte denn auf die Strata verteilen? Grundsätzlich gibt es drei Möglichkeiten:

1. **Gleich**. Jedes Stratum erhält die gleiche Anzahl, bei k Straten und n Probepunkten also:
$$n_i = n/k$$
2. **Proportional** zur Fläche A (oder Größe der Population, Dauer der Zeit, ...). Große Straten erhalten mehr Probepunkte:
$$n_i = n\frac{A_i}{A_{\text{total}}}$$
3. **Varianz-optimal** (auch „Neyman Zuordnung"). Dafür müssen wir die Variabilität (z. B. Standardabweichung s_i) in den verschiedenen Straten i kennen. Je variabler die Messungen aus einem Stratum, desto mehr Stichproben sollten wir dorthin allozieren. Genauer: der Anteil an der Gesamtvarianz be-

---

[9]Oder danach. *Post-hoc*-Stratifikation soll uns hier aber nicht beschäftigen. Siehe dazu Gregoire & Valentine (2008).

[10]Jedes Stratum kann dabei auf eine andere Weise beprobt werden. Die Designs sind je Stratum unabhängig voneinander.

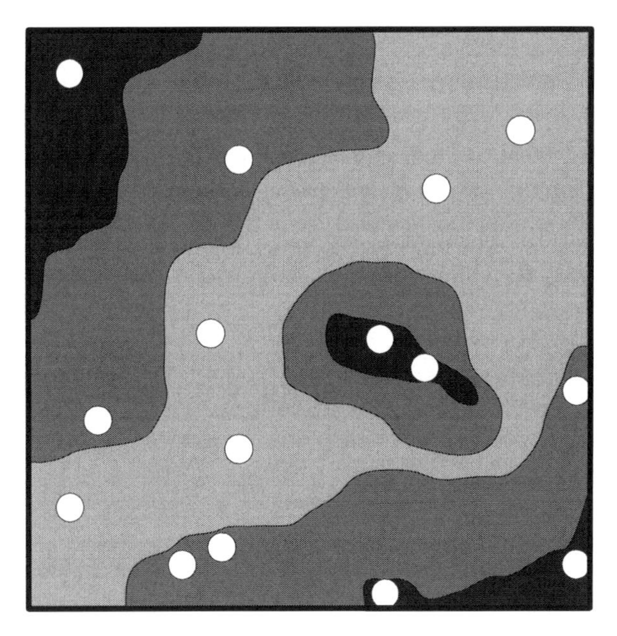

Abb. 14.7: Stratifizierte Beprobung von drei Hanglagen (Tal, Hang, Hochebene). In diesem Fall wurden die Fläche alle mit der gleichen Anzahl Fächen beprobt (5)

stimmt die Anzahl Probepunkte:[11]

$$n_i = n \frac{A_i s_i}{\sum_{i=1}^{k} A_i s_i}$$

Da logistische und praktische Abwägungen extrem wichtig sind (leichte Auffindbarkeit der Probepunkte, einfaches, kommunizierbares Design), sind die Optionen 1 und 2 die häufigsten.

In der statistischen Auswertung ist die wichtige Veränderung gegenüber dem SRS, dass wir je Stratum einen anderen π-Wert erhalten, da die Strata ja meistens unterschiedlich groß sind. D. h. die Wahrscheinlichkeit, dass eine Fläche oder ein Individuum beprobt wird, ist nicht mehr gleich für alle Untersuchungseinheiten, sondern variiert mit dem Stratum. Entsprechend bleibt beim Horvitz-Thompson Schätzer (Formeln 14.1 und 14.2) das Subskript i erhalten. Der Gesamtwert aller k Strata ist natürlich einfach die Summe der Gesamtwerte jedes Stratums: $\hat{\tau_G} = \hat{\tau}_1 + \hat{\tau}_x \cdots + \hat{\tau}_k = \sum_{h=1}^{k} \hat{\tau}_h$.

[11] Wenn die Kosten für Datenerhebung (κ_i in Euro, zeitlichem oder personellem Aufwand) zwischen den Straten unterschiedlich sind, dann kann man dies als Korrekturterm mit einrechnen:

$$n_i = n \frac{A_i s_i / \sqrt{\kappa_i}}{\sum_{j=1}^{k} A_j s_j / \sqrt{\kappa_j}}$$

Die Varianz des Gesamtwerts einer stratifizierten Stichprobe berechnet sich als schlicht als Summe der Varianzen der Gesamtwerte je Stratum:

$$var(\hat{\tau}_G) = \sum_{h=1}^{k} var(\hat{\tau}_h) \tag{14.4}$$

Faktisch bedeutet dies, dass sich unsere Unsicherheiten addieren und in keiner Weise wegmitteln!

Wenn wir das Analogon im experimentellen Design suchen wollten, so entspräche die stratifizierte Stichprobe einem vollständig randomisierten Design mit dem Stratum als zusätzlichen Faktor.

Ein Beispiel Wir haben in drei Waldtypen (Fichte, Buche, Mischbestand) Derbholzvolumen bestimmt. Die drei Waldtypen hatten unterschiedliche große Bestände, deshalb fallen unsere Messungen wie folgt aus:

Waldtyp	Bäume (N)	n_i	$\bar{y}_{\text{Derbholz}}$	s^2_{Derbholz}
Fichte (F)	333	10	12	9.2
Buche (B)	420	12	16	8.4
Mischbestand (M)	121	5	14	15.2

Das geschätzte gesamte Derbholzvolumen $\hat{\tau}_D$ beträgt zunächst einfach die Summe der Volumina der einzelnen Strata:

$$\hat{\tau}_D = \sum_{i=1}^{3} N_i \bar{y}_i = 333 \cdot 12 + 420 \cdot 16 + 121 \cdot 14 = 12\,410.$$

Die Varianz von $\hat{\tau}_D$ berechnet sich nach Gleichung 14.4 als die Summe der Varianzen der einzelnen Strata. Diese wird für jedes einzelne Stratum berechnet nach Gleichung 14.3.[12]

$$var(\hat{\tau}_F) = N_F^2 \left(1 - \frac{n_F}{N_F}\right) \frac{s^2_{y_F}}{n_F} = 333^2(1 - 10/333)\frac{9.2}{10} = 98\,954$$

und entsprechend für B and M:

$$var(\hat{\tau}_B) = 420^2(1 - 12/420)\frac{8.4}{12} = 119\,952 \quad \text{und}$$
$$var(\hat{\tau}_M) = 121^2(1 - 5/121)\frac{15.2}{5} = 42\,669$$

Die Varianz des Gesamtschätzers ist also $var(\hat{\tau}_G) = 98\,954 + 119\,952 + 42\,669 = 261\,575$, die Standardabweichung entsprechend $\sqrt{261\,575} = 511$. Davon ausgehend, dass diese Daten normalverteilt sind, sieht die Verteilung des geschätzten Gesamtvolumens aus wie in Abbildung 14.8.

[12] Da wir weniger als 10 % des Bestandes beproben, verzichten wir hier aus Gründen der Übersichtlichkeit auf die Berechnung des Korrekturfaktors $(1 - \frac{n_i}{N_i})$.

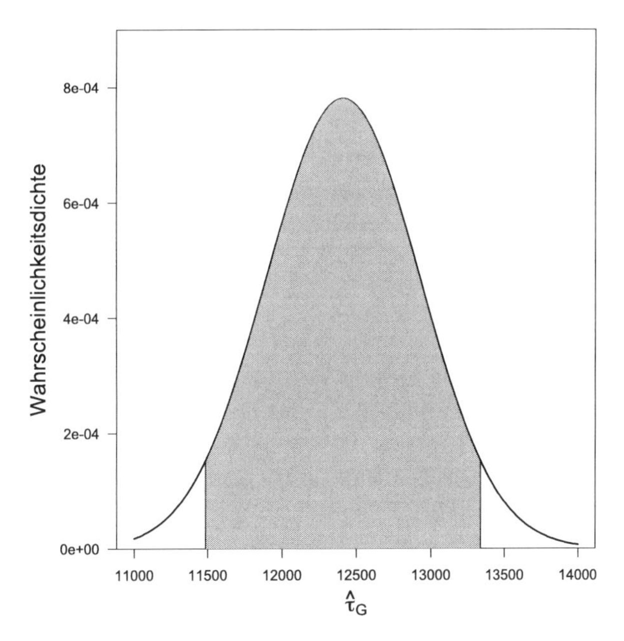

Abb. 14.8: Geschätztes Gesamtderbholzvolumen ($\hat{\tau}_G$) der drei Waldgebiete aus Tabelle Seite 260 als Wahrscheinlichkeitsdichte. Der *graue Bereich* umfasst das 95 % Konfidenzintervall. Trotz der riesigen Varianz ist der Schätzwert doch sehr gut (Varianzkoeffizient $= \sqrt{var(\hat{\tau}_G)}/\hat{\tau}_G = 511/12410 = 0.041$, also 4 %)

Cluster sampling

Die stratifizierte Stichprobe erfordert immer noch das Erheben von vielen unabhängigen Datenpunkten. Dies ist logistisch sehr aufwändig. Wenn wir nun weniger Stichproben erheben würden, dort aber jeweils mehrere Werte messen könnten, wäre das nicht zeit- und geldsparend?

Beim *cluster sampling* versucht man, durch das Gruppieren (*clustern*) von Stichproben eine logistische Vereinfachung zu erhalten. So suchen wir also nicht 90 Probeflächen in unserem Wald auf, sondern nur 10, dort beproben wir aber jeweils 12 Bäume. Wir bilden also 10 *cluster* à 12 Untereinheiten (*subplots*). Nun sind die *subplot* eines *clusters* natürlich nicht unabhängig voneinander und wir können deshalb die Daten nur auf Ebene der *cluster* auswerten, nicht auf Ebene der einzelnen Datenpunkte!

Wenn die Elemente eines *clusters* stark variieren, dann ist *cluster sampling* effizient: Wir erhalten schon mit wenigen *clustern* eine gute Abschätzung der Variabilität der Messung. Sind hingegen die Elemente eines *clusters* sehr ähnlich, dann haben wir nichts gewonnen, da wir nur die Variabilität zwischen den *clustern*, nicht aber die innerhalb der *cluster* effizient beproben.

Für jeden *cluster* i berechnet sich sein Gesamtwert aus seinen Elementen (also den n Bäumen des *clusters*):

$$\tau_i = \sum_{i=1}^{n} y_i = N_i \bar{y}_i \quad (14.5)$$

Der Gesamtwert über alle K *cluster* hinweg ist natürlich deren Summe, gewichtet für die Wahrscheinlichkeit, *cluster* i in der Stichprobe zu haben:

$$\hat{\tau}_G = \sum_{k=1}^{K} \frac{\bar{y}_k}{\pi_k} \quad (14.6)$$

Diese Formel kennen wir auch schon: es ist der HT-Schätzer für ein SRS, nur diesmal auf der Ebene der *cluster*, nicht der einzelnen Elemente.

Die Varianz teilt sich auf in einen Teil zwischen den *clustern*, V_1, und einen innerhalb der *cluster*, V_2. Die Formeln hierfür sind lang und hässlich, da sie die Wahrscheinlichkeit, dass ein *cluster* ausgewählt wurde, mit den Wahrscheinlichkeiten, dass ein Baum innerhalb eines *clusters* ausgewählt wurde kombiniert.

Für *cluster sampling* im engeren Sinne vereinfacht sich das Problem, *wenn alle Elemente des clusters beprobt werden*! Dann ist die Varianz innerhalb der *cluster* = 0, und die zwischen den *clustern* wird wie im SRS berechnet. Während ein vollständiges Beproben mit Bäumen machbar ist, ist es in den Sozialwissenschaften die Ausnahme: selbst innerhalb eines Hauses können selten alle Bewohner befragt werden.

Das *cluster sampling* findet im experimentellen Ansatz sein Analogon im genesteten Design. Untereinheiten (*subplots*) dienen „nur" der genaueren Beschreibung des Werts der Untersuchungseinheiten (*plots*).

Multi-stage sampling

Beim *multi-stage sampling* wählt man zunächst Einheiten zur Erfassung aus, innerhalb dieser wird dann aber (möglicherweise nach anderen Kriterien) nochmals ausgewählt. Das *cluster sampling* ist ein Beispiel für *two-stage sampling* (erst die *cluster*, dann bei unvollständiger Beprobung Einheiten innerhalb der *clusters*).

Die Auswahl auf der nächsten Ebene (2., 3., 4.) hängt z. B. von der Umwelt ab: Auf einer Karte wählen wir 20 Waldgebiete aus, um dort nach Waldkäuzen zu suchen. In einem Waldgebiet angekommen stellen wir fest, dass die Bäume alle unter 30 cm dick sind und somit für den Waldkauz nicht als Habitatbaum taugen. Oder wir haben Bäume, die dick genug sind, und beproben dann nur die über 30 cm. Oder wir beproben nur die Nadelbäume über 30 cm, usw.

Wie beim *cluster sampling* entsteht dadurch das Problem, dass wir mehrere Auswahlwahrscheinlichkeiten kombinieren müssen: die des Waldstücks, die der Baumart, die des Umfangs. Um also unsere Waldkauzhabitatbäume auf die gesamte Waldfläche hochrechnen zu können, müssen wir wissen, wie wahrscheinlich war es, dass wir dieses Waldstück ausgewählt haben. Sodann müssen wir wissen, wie viel Prozent der Bäume über 30 cm dick sind.

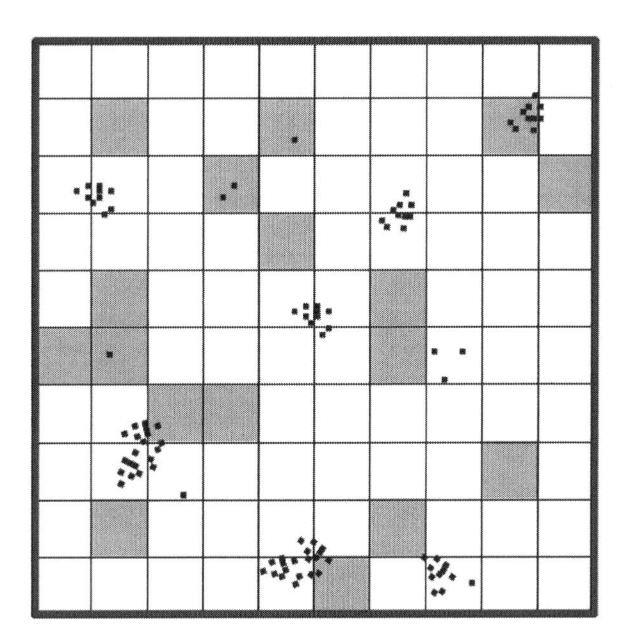

Abb. 14.9: Eine stark geklumpte Verteilung der Objekte kann durch ein zufälliges (oder systematisches) Beproben nicht effektiv abgedeckt werden. Wenn wir z. B. nur diejenigen Punkte vermessen würden, die gerade auf die Gitterpunkte fallen, dann hätten wir nur drei Werte gemessen. Stattdessen wählen wir zufällig Zellen aus (*grau*) und erfassen dort alle Punkte (*cluster sampling*) oder proportional zur Größe des Punktehaufens. In diesem Fall sind die Zellen zu klein, denn keine einzige umfasst einen kompletten Punktehaufen (10 von 17 sind leer)

Der große Vorteil des *multi-stage samplings* ist seine Effizienz; wir beproben nur, was uns noch neue Erkenntnisse liefert. Dafür müssen wir für die Auswertung ein dickeres Buch in die Hand nehmen (etwa Gregoire & Valentine 2008, S. 373 ff).

Eine Waldinventuren mittels der Bitterlichschen Winkelzählprobe ist ein Beispiel für *cluster sampling* in einem systematischen Design: Jeder Probepunkt (der *cluster*) liegt auf einem Gitterpunkt (siehe Abbildung 14.6 Mitte). Dort erheben wir Daten zu mehreren Bäumen. Da die Anzahl der erfassten Bäume stark variieren, handelt es sich um ein *variable area cluster sampling*. Bei festen Probekreisgrößen hätten wir zwar ein *fixed area sampling*, aber weiterhin eine sehr variable Anzahl Bäume.

Multi-stage sampling ist besonders gut geeignet, wenn die zu erfassenden Objekte stark geklumpt vorliegen. Dann ist es sinnvoll, zunächst eine große Zelle zufällig auszuwählen, und dann dort proportional zur Anzahl vorhandener Objekte zu beproben (also große *cluster* intensiver als kleine). Faktisch beproben wir damit zwei unterschiedliche Fragestellungen: 1. Wie viele Zellen enthalten einen cluster? 2. Wenn ein *cluster* vorliegt, welche Werte haben dann seine Objekte? Wie Abbildung 14.9 zeigt, ist dann aber auch eine gute Planung für die Größe der Zellen gefordert, damit man die Objekte der Begierde auch antrifft.

Transekte und Linientransekte

Auf diese Verfahren sei hier nur hingewiesen. Da sie sowohl in der Anwendung als auch in der Berechnung aufwändig sind, können wir ihnen hier nicht adäquat Rechnung tragen.

Bei **Transekten** wird entlang einer (nicht notwendigerweise geraden) Linie beprobt. Alle Objekte in der Nähe dieser Linie werden erfasst. Ein wichtiges Beispiel sind Schmetterlingstransekte. Hier werden etwa 2 m rechts und links des Transekts alle Schmetterlinge notiert. In Afrika erfolgt das Gleiche mit Elefanten und um Australien mit Walzählungen – beides mit etwas größeren Abständen.

Da man Objekte leichter übersieht, je weiter sie weg sind, muss man für die Erfassungswahrscheinlichkeit in Abhängigkeit der Distanz korrigieren. Dieses Thema nennt man *distance sampling* (Buckland et al. 1993).

Bei **Linientransekten** (*line intersect method*) werden nur Objekte erfasst, die genau von der Linie geschnitten werden. Stellen wir uns also eine eindimensionale Linie durch einen Wald vor, entlang der wir Totholz erfassen. Dann messen wir typischerweise nur den Durchmesser an genau der Stelle, wo die Linie den umgefallenen Baum schneidet. (Wenn wir auch die Stümpfe und Äste rechts und links der Linie erfassen, dann sind wir wieder beim Transsekt!) Linientransekte sind in der Praxis schwierig (wie will man im Wald eine perfekt gerade Linie halten?), aber theoretisch gut beschrieben.

Kapitel 15
Multiple Regression: mehrere Prädiktoren

The combination of some data and an aching desire for an answer does not ensure that a reasonable answer can be extracted from a given body of data.
John Tukey
The American Statistician: *Sunset salvo* (1986)

Am Ende dieses Kapitels ...

... hast Du begriffen, weshalb ein faktorielles Design zu einer höheren Sensitivität in der Analyse führt als zwei separate Experimente.

... kannst Du eine *twoway*-ANOVA notfalls auch per Hand rechnen.

... weißt Du, was eine statistische Interaktion ist und wie Du sie interpretieren musst.

... hast Du die Hauptkomponentenanalyse (PCA) und die *Cluster*-Analyse als Methoden kennengelernt, mit kollinearen Prädiktoren umzugehen.

... verstehst Du, weshalb man AICc und BIC zur Modellvereinfachung benutzen kann.

Der nächste Schritt auf unserem Weg ist die Erweiterung der statistischen Analyse auf mehr als einen Prädiktor. Im Kontext der Regression bezeichnen wir dies als „multiple Regression".[1]

Grundsätzlich kommt bei der multiplen Regression „nur" ein weiterer Prädiktor hinzu.[2] Das sollte keine prinzipiellen Schwierigkeiten bereiten. So wird aus einem Modell mit einem Prädiktor für eine negativ binomiale Regression einfach ein Mo-

[1] Manchmal wird dies leider auch unter der Überschrift Multivariate Statistik verkauft. Das ist verwirrend und irreführend. Die multivariate Statistik beschäftigt sich mit mehrdimensionalen *Antwortvariablen*. Demgegenüber stellen wir hier praktisch ausschließlich die „univariate" Statistik vor, also mit einer Antwortvariablen.

[2] Bzw. mehrere, was nichts am vorgestellten Prinzip ändert.

C.F. Dormann, *Parametrische Statistik*, Statistik und ihre Anwendungen,
DOI 10.1007/978-3-642-34786-3_15, © Springer-Verlag Berlin Heidelberg 2013

dell mit zweien:

$$\mathbf{y} \sim \text{NegBin}(mean = a + b\mathbf{x}_1 + c\mathbf{x}_2, size = \mathbf{d})$$

Das bedeutet, wir müssen mehrere Parameter (a bis d) mittels der *maximum likelihood* bestimmen. Das Ergebnis solch einer multiplen Regression sieht dann z. B. so aus (am Beispiel der Titanic-Überlebenden):

```
Coefficients:
             Estimate Std. Error z value Pr(>|z|)
(Intercept)  1.235414   0.192032   6.433 1.25e-10 ***
age         -0.004254   0.005207  -0.817    0.414
sexmale     -2.460689   0.152315 -16.155  < 2e-16 ***
---
Signif. codes:  0 '***' 0.001 '**' 0.01 '*' 0.05 '.' 0.1 ' ' 1
```

Wir erhalten für jeden der beiden Prädiktoren, `age` und `sex`, den entsprechenden ML-Schätzer. Bis auf eine weitere Zeile ändert sich also nichts?

Oh, doch! Mit der Erweiterung von einer auf zwei oder mehr erklärende Variablen kommen folgende Punkte verkomplizierend hinzu:

1. Visualisierung von mehreren Prädiktoren.
2. Interaktionen zwischen Prädiktoren;
3. Kollinearität der Prädiktoren;
4. Modellvereinfachung/Variablenselektion;

Wir werden diese jetzt nacheinander betrachten.

15.1 Visualisierung von mehreren Prädiktoren

Grundsätzlich können wir nicht mehr als drei Dimensionen in einer Abbildung darstellen, d. h. zwei erklärende und eine Antwortvariable. Aber wir können natürlich einfach weitere Abbildungen dieser Art hinzufügen, eine für jede weitere Dimension. Dadurch entstehen sog. *panel plots*.

15.1.1 Visualisierung bei zwei kategorialen Prädiktoren

Beginnen wir mit zwei kategorialen Prädiktoren, wie z. B. in dem Kormoran Datensatz. Wir wollen wissen, ob die beiden europäischen Unterarten des Kormoran (*Phalacrocorax carbo sinensis* und *P. c. carbo*) unterschiedlich lange nach Nahrung tauchen, und zwar je nach Jahreszeit. Unsere Antwortvariable (`Tauchzeit`) soll also erklärt werden durch die kategorialen Variablen `Unterart` (Werte `S` und `C`) und `Jahreszeit` (F, S, H, W). Schauen wir uns erst einmal die Daten an (Abbildung 15.1):

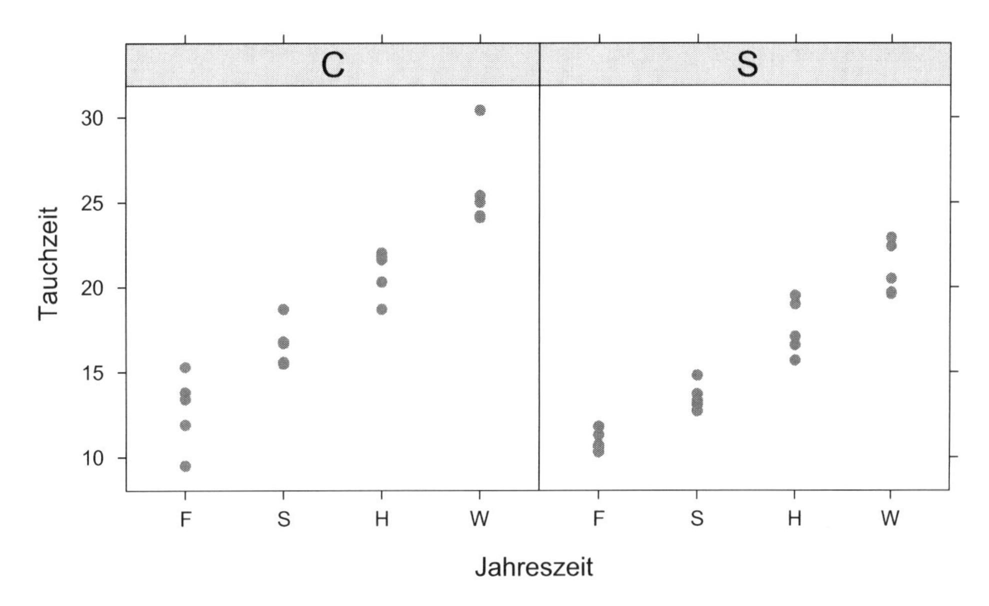

Abb. 15.1: *Panel*-plot der Kormorandaten. *Links* die Unterart „C“, *rechts* „S“. Die Jahreszeiten sind in jedem der beiden Panels nacheinander aufgetragen

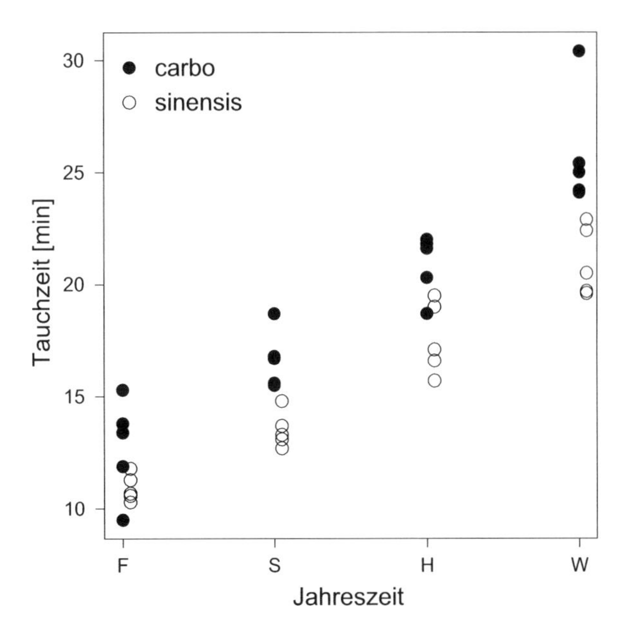

Abb. 15.2: *Scatterplot* der Kormorandaten. Zur Klarheit sind die Daten für „S“ etwas nach rechts verschoben

Wir können z. B. die Daten nach Unterarten in zwei Panels aufteilen (Abbildung 15.1). Alternativ stellen wir alle Punkte in einer Abbildung dar, aber dafür mit unterschiedlichen Symbolen (Abbildung 15.2). *Panel plots* sind hervorragend geeignet, einen schnellen Überblick über die Daten zu erhalten. *All-in-one-plots* erfordern viel mehr Aufwand und grafisches Geschick, verbrauchen dafür aber weniger Platz auf der Seite (ein höheres Daten-Tinte-Verhältnis in den Worten von Tufte 1983).

Was wir in beiden Darstellungsformen klar sehen ist, dass die Tauchzeit übers Jahr zunimmt und dass die (kleinere) Unterart *sinensis* etwas kürzere Tauchzeiten hat.

15.1.2 Visualisierung bei einem kategorialen und einem kontinuierlichen Prädiktor

Bei einem kategorialen und einem kontinuierlichen Prädiktor können wir auch für jedes Level des kategorialen Prädiktors ein eigenes Panel machen, was zu einer Abbildung wie 15.1 führt, nur mit der x-Achse jetzt als kontinuierliche. Auch die Abbildung 15.2 können wir natürlich genauso für eine kontinuierliche Variable statt der kategorialen Jahreszeit erstellen.

Schwieriger wird es, wenn unsere Daten binär sind, wie das Überleben bei der Titanic-Katastrophe. Hier ist der *panel plot* (wie auch der *scatterplot*) nicht akzeptabel (Abbildung 15.3). Offensichtlich müssen wir hier erst eine Aufbereitung der Daten durchführen, damit dann für jedes Alter die Überlebenschance ablesbar wird. Dies geschieht elegant, indem wir einen gleitenden Mittelwert berechnen und diesen auftragen. Abbildung 15.4 verdeutlicht, was ein gleitender Mittelwert ist: Für jeden x-Wert wird hier ein Bereich („Fenster") nach rechts und links definiert, für den dann der Mittelwert alle Punkte berechnet wird.[3] Die Größe dieses Fensters ist verantwortlich dafür, wieviel Glättung entsteht. Ein weites Fenster (Spanne = 1) umfasst z. B. immer alle Datenpunkte und führt zu sehr glatten Linien. Ein schmales Fenster zeichnet die Daten stärker nach und ist kurviger (meist werden Spannen zwischen 0.2 und 0.5 benutzt, bei großen Datenmengen auch 0.67 oder 0.75).

Analog zu den vorigen Abbildungen können wir auch diese beiden *panels* wieder zur Deckung bringen und alle Informationen in einer Abbildung vereinen (Abbildung 15.5). Eine neuere Alternative ist eine Darstellung mittels *supersmoother*, der die Spanne aus der Variabilität der Daten für jedes Fenster selbst berechnet und kontinuierlich verändert (Abbildung 15.5 rechts).

---

[3]Genauer gesagt wird ein gewichteter Mittelwert berechnet, bei dem Punkte in der Mitte des Fensters voll, die zum Rand hin immer weniger gewichtet werden. Die hier dargestellte und häufigste Form ist der LOESS oder LOWESS (*locally weighted scatterplot smoothing*). Mathematisch passiert da einiges: So wird innerhalb des Fensters ein quadratische Funktion durch die Daten gelegt, wobei das Gewicht der Daten mit der dritten Potenz zum Rand hin abnimmt. Von diesem Fit wird aber nur der Mittelpunkt benutzt, dann wird das Fenster eine Einheit weiter bewegt und nachher alle Punkte durch gerade Linien verbunden. Spannend wie es ist, dient es uns hier doch nur zur Visualisierung und die Berechnungen sind nachrangig.

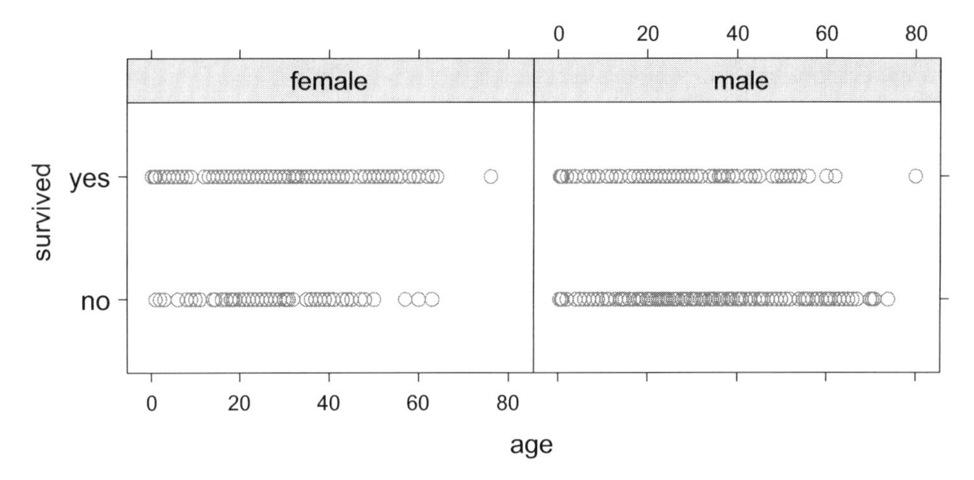

Abb. 15.3: *Panel plot* binärer Daten: so erkennen wir bestimmt kein Muster im Überleben der Titanic-Passagiere!

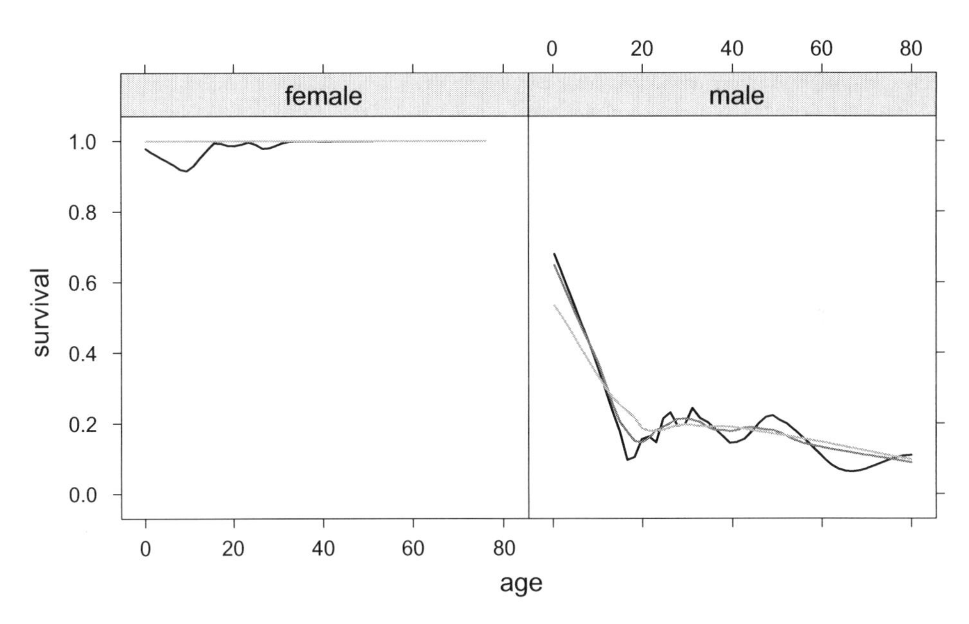

Abb. 15.4: *Panel plot* binärer Daten mit gleitendem Mittelwert (LOESS mit Spanne = 0.2 (*schwarz*), 0.5 (*mittelgrau*) und 0.75 (*hellgrau*))

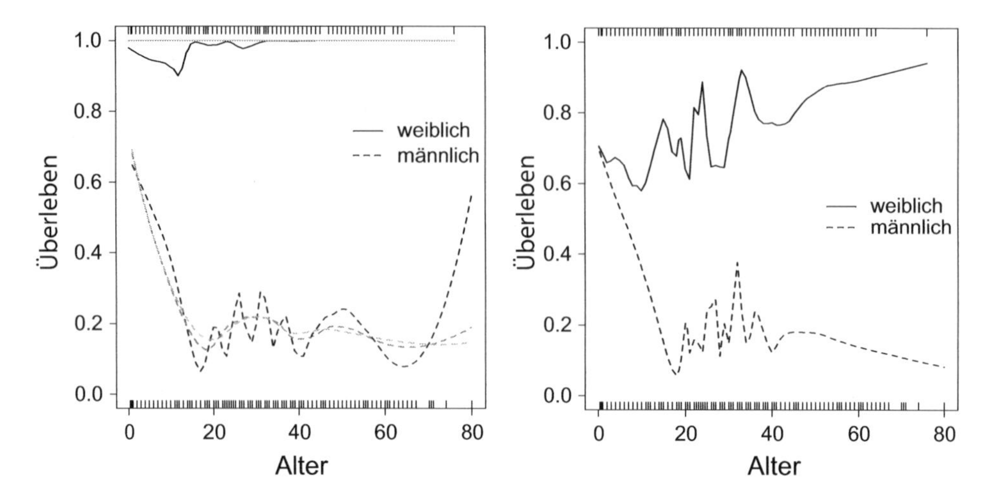

Abb. 15.5: LOESS-Plot (*links*) bzw. *supersmoother* Plot (*rechts*) der Überlebensdaten der Titanic nach Geschlecht getrennt (*durchgezogene Linie* weiblich, *gestrichelt* männlich). Wie in Abbildung 15.4 stellen die Grautöne unterschiedliche Spannen dar (0.2, 0.5 und 0.75). Die *Strichlein* (*rug*) stellen jeweils einen Datenpunkt da, oben für Frauen, unten für Männer. Der *supersmoother* ist eine neuere Variante des gleitenden Durchschnitts, der die Spanne der Anzahl Datenpunkte im Fenster anpasst. Während also eine Spanne von 0.2 links eine hohen Wert für 80-jährige Männer anzeigt, fällt dieser Wert bei allen anderen Varianten unter den Tisch, da es in dieser Alterklasse nur einen Datenpunkt gibt

15.2 Interaktionen zwischen Prädiktoren

Wir sprechen von der statistischen Interaktion (Wechselwirkung) zweier Prädiktoren, wenn der Effekt einer Variable von dem Wert der anderen abhängt. Das kann man leicht an einem Beispiel erklären. Was braucht eine Pflanze zum Wachsen? Wasser und Licht. Wenn wir einer Pflanze mehr Licht geben, dann wächst sie auch besser. Aber nur, wenn sie genug Wasser hat: ohne Wasser kein Lichteffekt. Und umgekehrt: Wir können eine Pflanze in Wasser ertränken und sie wächst doch nur, wenn sie auch Licht bekommt.

In den Feuchttropen wachsen die Bäume so gut, weil es Regen *und* Wärme in idealer Kombination gibt. Wenn der Regen abnimmt, dann kann es noch so viel Sonne geben, die Trockenheit limitiert das Wachstum. Statistisch würde sich dies in einer Interaktion von Temperatur und Niederschlag ausdrücken.

Wir haben bereits eine solche Interaktion kennengelernt, nämlich zwischen Alter und Geschlecht der Titanic-Passagiere. Bei Frauen war die Überlebensrate ziemlich gleichmäßig hoch, bei Männer war sie stark altersabhängig. Hier liegt eine Interaktion vor, weil der Effekt des Alters vom Geschlecht abhängig ist (oder umgekehrt).

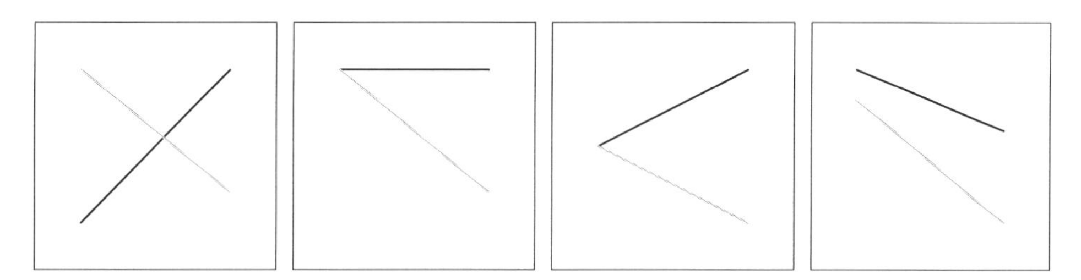

Abb. 15.6: Typische Interaktionsplots. Prädiktor 1 (auf der x-Achse) hängt in seiner Auswirkung vom Level des zweiten Prädiktors (*grau/schwarz*) ab. Alle *Linien* haben hier unterschiedliche Steigungen. Wenn keine Interaktion vorläge, wären die *graue* und die *schwarze Linie* parallel

In einer Abbildung kann man eine statistische Interaktion daran erkennen, dass die Linien, die Werte eines Prädiktors verbinden, für andere Werte des zweiten Prädiktors eine andere Steigung haben (Abbildung 15.6).

Wir erkennen wir aber solch eine statistische Interaktion in unserer Analyse?

Bleiben wir bei dem Titanic Beispiel. Wenn wir einfach nur die beiden Prädiktoren, *age* und *sex*, ins Modell geben, so fitten wir folgendes Modell:

$$\mathbf{y} \sim \text{Bern}\left(p = \frac{e^{a+b\,\mathbf{age}+c\,\mathbf{sex}}}{1+e^{a+b\,\mathbf{age}+c\,\mathbf{sex}}}\right)$$

(Die Bernoulli-Verteilung hat nur einen Parameter, p, und die *link*-Funktion ist der logit.) Als Ausgabe erhalten wir:

```
Coefficients:
             Estimate Std. Error z value Pr(>|z|)
(Intercept)  1.235414   0.192032   6.433 1.25e-10 ***
age         -0.004254   0.005207  -0.817    0.414
sexmale     -2.460689   0.152315 -16.155  < 2e-16 ***
---
Signif. codes:  0 '***' 0.001 '**' 0.01 '*' 0.05 '.' 0.1 ' ' 1
```

Hier setzen wir die beiden Prädiktoren als voneinander unabhängig voraus, d. h. ihre Effekte im Modell sind rein additiv. Für einen beliebigen Fall, sagen wir einen 42-jährigen Mann, bräuchten wir nur die Effekte für `age` und `sexmale` zum Achsenabschnitt zu addieren und erhalten nach Rücktransformation unseren Erwartungswert:

$$\text{logit}^{-1}(1.235 - 0.00425 \cdot 42 - 2.46) = \frac{e^{-1.404}}{1+e^{-1.404}} = 0.197$$

Hier interagieren Alter und Geschlecht also offensichtlich nicht miteinander – jeder Effekt ist einfach zusätzlich (additiv) zum jeweils anderen.

Was also ist eine statistische Interaktion, wenn wir sie als Modell hinschreiben? Was wir wollen ist doch, dass für eines der Geschlechter ein *zusätzlicher* Effekt entsteht. Wenn wir z. B. mit dem Modell die Frauenüberlebenswahrscheinlichkeit modellieren, dann wollen wir den Männereffekt addieren und zusätzlich noch, wie sich der Mann-Frau-Unterschied mit dem Alter verändert. Der statistische Trick ist, hier einfach eine neue Variable zu generieren, nämlich die Interaktion, indem wir die beiden interagierenden Terme multiplizieren!

Schauen wir uns das einmal im Detail an: „Frau" wird durch „0", „Mann" durch „1" repräsentiert (da sie als *dummy* kodiert sind: siehe Abschnitt 7.2.2 auf Seite 115). Wenn wir jetzt das Alter einer Person mit diesen *dummy*-Werten multiplizieren, dann erhalten wir „0" für alle Frauen und das jeweilige Alter für alle Männer:[4]

```
                                       sex     age sex by age
Allen, Miss. Elisabeth Walton       female 29.0000     0.0000
Allison, Master. Hudson Trevor        male  0.9167     0.9167
Allison, Miss. Helen Loraine        female  2.0000     0.0000
Allison, Mr. Hudson Joshua Crei       male 30.0000    30.0000
Allison, Mrs. Hudson J C (Bessi female 25.0000     0.0000
Anderson, Mr. Harry                   male 48.0000    48.0000
...
```

Wenn wir jetzt also den Prädiktor `sex by age` noch mit ins Modell nehmen, dann repräsentiert dieser einen Effekt von Alter, der *ausschließlich* die Männer betrifft. Das ist genau was wir suchen! (Das „by" wird meistens als „×" oder „:" in der Ausgabe abgekürzt.)

Wenn die beiden Prädiktoren kontinuierlich sind, läuft das Verfahren genauso. Die Interaktion wird dann als Produkt der Werte berechnet und mit ins Modell genommen.[5] Das führt dazu, dass synergistische (positive Schätzer für die Interaktion) und antagonistische Effekte (negative Schätzer) zwischen den Prädiktoren abbildbar werden. Das wird an einem späteren Beispiel (Abschnitt 16.1.3 auf Seite 307) hoffentlich klarer.

Bleiben wir zunächst bei unseren Titanicüberlebenden und nehmen die Interaktion mit ins Modell. Tatsächlich müssen wir diese nicht erst vorher berechnen, sondern spezifizieren im Modell einen Interaktionsterm. Wir erhalten dann:

```
Coefficients:
             Estimate Std. Error z value Pr(>|z|)
(Intercept)  0.493381   0.254188   1.941 0.052257 .
age          0.022516   0.008535   2.638 0.008342 **
sexmale     -1.154139   0.339337  -3.401 0.000671 ***
age:sexmale -0.046276   0.011216  -4.126 3.69e-05 ***
---
Signif. codes:  0 '***' 0.001 '**' 0.01 '*' 0.05 '.' 0.1 ' ' 1
```

[4]Das 11 Monate alte Kind auf vier Dezimalstellen genau in Jahren anzugeben erscheint etwas übertrieben. Den Datensatz habe ich so aus einem R-Paket übernommen (siehe nächstes Kapitel), was aber nur eine schwache Entschuldigung ist.

[5]Die Prädiktoren sollten dafür standardisiert werden, damit die Interaktion nicht durch den numerisch größeren Prädiktor dominiert wird. Eine Standardisierung erfolgt, indem man den Mittelwert von allen Prädiktorwerten abzieht und dann durch die Standardabweichung des Prädiktors teilt. Das Ergebnis sind dann Werte, die einen Mittelwert von 0 und eine Standardabweichung von 1 haben.

Wie wir sehen, ist in diesem Fall der Schätzer für die Interaktion `age:sexmale`[6] hochsignifikant von 0 verschieden. D. h., wie sich das Alter auswirkt ist stark vom Geschlecht abhängig (wie wir aus den Abbildungen ja bereits erahnt hatten), oder umgekehrt: wie sich das Geschlecht auswirkt, hängt vom Alter ab (was das Gleiche bedeutet).

Den Wert für unseren 42-jährigen Mann berechnen wir jetzt so:

$$\text{logit}^{-1}(0.493 + 0.0225 \cdot 42 - 1.154 - 0.046 \cdot 42 \cdot 1) = \frac{e^{-2.09}}{1 + e^{-2.09}} = 0.110$$

Da es sich um einen Mann handelt, multiplizieren wir das Alter für die Interaktion mit 1. Für eine Frau wäre der `sexmale`-Wert wie auch der Interaktionswert 0, d. h. wir könnten beide auch weglassen:

$$\text{logit}^{-1}(0.493 + 0.0225 \cdot 42 - 1.154 \cdot 0 - 0.046 \cdot 42 \cdot 0) = \frac{e^{0.994}}{1 + e^{0.994}} = 0.730$$

Abschließend noch die ANOVA-Tabelle zu diesem Modell, in der die Interaktion wie ein „normaler" Effekt auftaucht:

```
Terms added sequentially (first to last)
        Df Deviance Resid. Df Resid. Dev P(>|Chi|)
NULL                     1045     1414.6
age      1    3.238      1044     1411.4   0.07196 .
sex      1  310.044      1043     1101.3 < 2.2e-16 ***
age:sex  1   17.903      1042     1083.4 2.324e-05 ***
---
Signif. codes:  0 '***' 0.001 '**' 0.01 '*' 0.05 '.' 0.1 ' ' 1
```

Es ist verführend, die erklärte *deviance* zu benutzen, um zu beurteilen, wie wichtig die Interaktion ist. Aber Achtung: Dass die Interaktion mehr *deviance* erklärt als das Alter ist irreführend! Wenn eine Interaktion vorliegt, dann müssen wir immer diese erklären, nicht die Haupteffekte, weil sie ja die Haupteffekte beinhaltet. Ja mehr noch: die Signifikanz der Interaktion (in der ANOVA) ist ja ein Beweis, dass die Haupteffekte *per se* nicht ausreichend das Muster erklären. In unserem Beispiel unterscheiden sich die beiden Geschlechter zwar stark, aber nicht im Kleinkindalter (Abbildung 15.5 rechts). Zu behaupten, dass männliche Reisende immer weniger Überlebenschancen hatten ist also nicht die ganze Wahrheit. Wegen der Interaktion wissen wir, dass *je nach Alter* die Überlebenschancen zwischen den Geschlechtern stark variieren.

Im nächsten Kapitel betrachten wir ein weiteres Beispiel für Interaktionen (Abschnitt 16.1.2 auf Seite 300).

[6] `age:sexmale` ist identisch zu `sex by age` weiter oben. Die Reihenfolge ist einfach nur alphanumerisch, so dass `age` vor `sexmale` kommt.

15.3 Kollinearität

Kollinearität beschreibt das Phänomen, dass Prädiktoren miteinander korreliert sind. Wir haben im Kapitel 5 ja schon multiple Korrelationen betrachtet, hier werden sie nun wichtig. Kollinearität führt zu zwei Arten von Problemen: Zum einen können wir nicht sagen, welche Variable wichtig ist, wenn es zwei sehr ähnliche gibt. Neben diesem interpretatorischen Problem führen kollineare Prädiktoren auch zu „instabilen Schätzern". Das bedeutet, dass unser Optimierungsalgorithmus in der Regression mehr Schwierigkeiten hat, das Optimum zu finden. Das liegt daran, dass es ja sozusagen einen Alternative gibt. Stellen wir uns vor, dass die Prädiktoren **A** und **B** hoch korreliert sind. Dann können wir ja unsere Beobachtungen **y** sowohl als Funktion von **A**, als auch von **B**, als auch von beiden darstellen. Wenn etwa $\mathbf{B} = 2\mathbf{A}$ ist, und $\mathbf{y} = 5 + 4\mathbf{A}$, dann können wir alternativ auch schreiben $\mathbf{y} = 5 + 2\mathbf{B}$ oder $\mathbf{y} = 5 + 2\mathbf{A} + \mathbf{B}$ oder viele andere Möglichkeiten. Wenn das GLM jetzt versucht, die Konstanten von **A** und **B** zu schätzen, findet es kein Optimum (weil es ja unendlich viele Kombinationen gibt).

In Wirklichkeit ist es nicht ganz so dramatisch, weil **A** und **B** selten perfekt zusammenhängen. Aber je höher die Korrelation, desto schwieriger das Schätzen der Parameter und desto größer der Standardfehler, der uns im GLM mitgeteilt wird.[7] Diesen Effekt, die Vergrößerung der Fehler wegen Kollinearität, nennt man **Varianzinflation** (*variance inflation*). Sie wird mittels des *variance inflation factors* (VIF) quantifiziert. Wenn sein Wert über 10 liegt, dann indiziert dies ein Problem mit unserem Regressionsmodell (Dormann et al. 2012). Wir müssen dann herausfinden, welche Variablen so hoch korreliert sind und eine davon aus dem Modell herausnehmen.

Sinnvollerweise führen wir schon vor der Regression eine Untersuchung der Kollinearität durch, etwa indem wir eine multiple Korrelation berechnen und von hoch korrelierten Werten nur einen als Prädiktor zulassen. Leider finden sich in der Literatur unterschiedliche Werte dafür, was „hoch korreliert" bedeutet. Der gegenwärtige Konsens scheint ein R^2 zwischen 0.5 und 0.7 zu sein (Dormann et al. 2012). Wenn alle Korrelationen unter den Prädiktoren geringer sind als 0.5 sollte man auf der sicheren Seite sein.

15.3.1 Hauptkomponentenanalyse

Eine gängige Art, Korrelationen vieler Variablen darzustellen ist die Hauptkomponentenanalyse (engl.: *principal component analysis*, PCA). Sie versucht in das Durcheinander von mehr oder weniger korrelierten Variablen Ordnung zu bringen. Mathematisch gesehen ist sie eine sog. „Eigenwertzerlegung" der Korrelationsma-

[7] Tatsächlich ist das Problem unlösbar, wenn **A** perfekt mit **B** korreliert ist. Das GLM würde dann nie konvergieren und eine Fehlermeldung produzieren (außer in Microsoft Excel: McCullough & Heiser 2008).

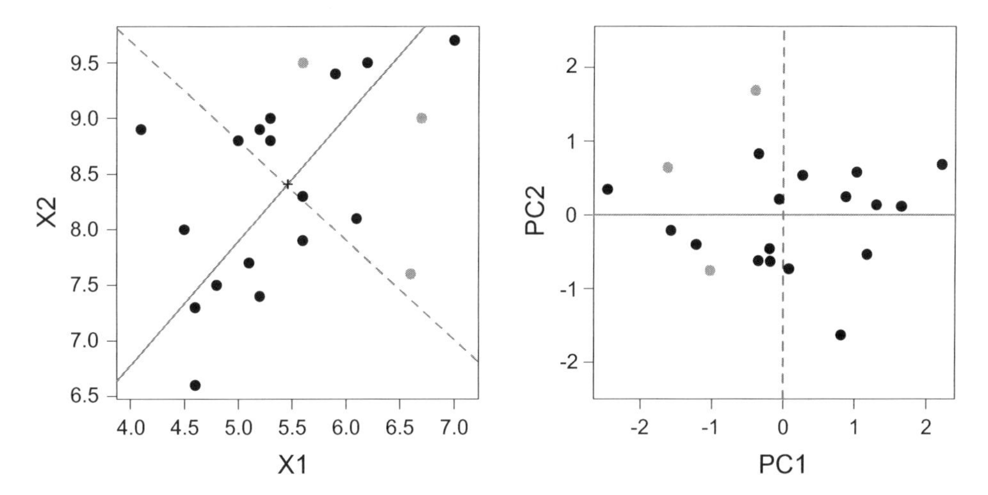

Abb. 15.7: Die Hauptkomponentenanalyse legt orthogonale Achsen durch die Datenwolke der Beispielvariablen $\mathbf{X}_1$ und $\mathbf{X}_2$ (*links*). Hauptkomponente 1 (*durchgezogene graue Linie*) liegt durch die längste Erstreckung der Datenwolke, Komponente 2 senkrecht dazu (*gestrichelt*). Wir können jetzt alle Datenpunkte umprojizieren, also das Hauptkomponentenbasierte Koordinatensystem benutzen. Dazu drehen wir praktisch die Datenwolke (in diesem Fall gegen den Uhrzeigersinn) so, dass die 1. Hauptkomponente horizontal liegt (*rechts*). Das Punktmuster bleibt erhalten, wie die relative Lage der zur Verdeutlichung *grau eingefärbten Punkte* zeigt

trix **R**.[8] **R** kennen wir bereits aus Abschnitt 5.1.3 auf Seite 90; es ist einfach eine symmetrische Matrix, in der die Korrelation jeder Variablen mit jeder anderen aufgeführt ist. Typischerweise wird dafür Pearsons Korrelationskoeffizient berechnet, da es auch Pearson (1901) war, der die PCA erfunden hat.

Die Idee der PCA ist recht intuitiv: Jede Variable unseres Datensatzes hat ja viele verschiedene Werte. Wenn wir also zwei Variablen gegeneinander plotten, dann erhalten wir eine mehr oder weniger gerichtete Punktewolke. Sind die Variablen korreliert, so erkennen wir ein Muster, sind sie es nicht, so ist es einfach unser „sternklare Nachthimmel".[9] Eine PCA legt jetzt eine Gerade so durch diese Punktewolke, dass die längste Ausdehnung von ihr geschnitten wird. Diese Gerade bezeichnet man als erste Hauptkomponente (*first principal component*), weil sie die meiste Varianz der Datenwolke beschreibt.[10] Bei k Variablen gibt es auch k Hauptkomponenten, die alle senkrecht aufeinander stehen. Abbildung 15.7 zeigt den Fall

[8] Wir erinnern uns, dass die Korrelation eine standardisierte Form der Kovarianz ist. Tatsächlich wird für die PCA zumeist der Datensatz „wie er ist" benutzt. Daraus wird dann die Kovarianzmatrix berechnet, und aus der die PCA. Das ist schlecht, weil dann die PC 1 schlicht die Variable mit den größten Werten nachzeichnet! Stattdessen sollten wir immer die Daten standardisieren, bzw. die PCA auf der Korrelationsmatrix durchführen. Dadurch stellen wir sicher, dass die Prädiktoren auch vergleichbar sind.

[9] Ich finde diese Metapher von Michael J. Crawley so schön, dass ich sie kopiere, obwohl sie falsch ist: Unser Nachthimmel ist natürlich durch die Milchstraße dominiert und nicht vollkommen zufällig.

[10] Mathematisch: Der Eigenvektor mit dem größten realen Eigenwert.

für zwei Variablen $\mathbf{X}_1$ und $\mathbf{X}_2$ und die beiden durch sie liegenden Hauptkomponenten (links).

Wir machen uns die Tatsache zu Nutze, dass diese Hauptkomponenten senkrecht stehen (orthogonal sind): Wenn wir korrelierte Variablen haben, dann können wir diese durch eine PCA in einen unkorrelierten (orthogonalen) Zustand versetzen. Dazu führen wir die PCA durch und „drehen" (projizieren) die ursprünglichen Variablenwerte nun in den orthogonalen PCA-Raum (Abbildung 15.7 rechts). Die Lage der Punkte zueinander ist unverändert, wenngleich im Zuge der PCA die Werte standardisiert wurden.[11]

Wir können jetzt die Hauptkomponenten anstelle der ursprünglichen Variablen benutzen: sie sind unkorreliert und somit ist unser Kollinearitätsproblem gelöst! Details zur Berechnung der PCA werden im nächsten Kapitel behandelt. Wichtig ist hier noch der Hinweis, dass die PCA nur für kontinuierliche Variablen verfügbar ist, streng genommen sogar nur für multivariat-normalverteilte Variablen.[12]

An einem Beispiel wird das hoffentlich klarer. Auf 20 Untersuchungsflächen in einem Wald in den Appalachen (USA) wurden Vegetationsaufnahmen gemacht und die Diversität der Pflanzen in einen Index umgerechnet (Shannons H[13]). Gleichzeitig wurden Bodenproben entnommen, die auf ihre Nährstoffe und andere Bodeneigenschaften untersucht wurden (Bondell & Reich 2007). Abbildung 15.8 zeigt an, wie diese Bodenvariablen miteinander zusammenhängen.

Wir sehen, dass es z. T. sehr hohe Korrelationen gibt, etwa zwischen Ca und Mg oder Dichte und pH. In einem sogenannten *biplot* können wir alle Variablen relativ zueinander nach einer PCA darstellen. (Der *biplot* heißt so, weil er zwei Informationen in eine Abbildung bringt: die Lage der Datenpunkte und die Ladung der Variablen.) Wir führen also zunächst eine PCA durch, bilden die Werte der 20 Punkte für die beiden ersten Hauptkomponenten ab, und fügen dann noch durch Pfeile hinzu, wie wichtig welche Variable für diese beiden Hauptkomponenten ist. Das Ergebnis (Abbildung 15.9) ist zunächst etwas verwirrend, aber mit etwas Übung kann man sich da hineinschauen.

Die Hauptkomponentenanalyse ist ein weites Feld (Joliffe 2002; Fahrmeir et al. 2009), und wir können hier nur die Oberfläche kratzen. Wenn z. B. zwei Pfeile

---

[11] Leider ist das nicht immer die Grundeinstellung in der Statistiksoftware. Nur standardisierte Daten sind aber vergleichbar. Mathematisch entspricht eine PCA mit Standardisierung der Eigenvektorberechnung der Korrelationsmatrix, während die PCA der Rohdaten den Eigenvektoren der Kovarianzmatrix entspricht.

[12] Die multivariate Normalverteilung ($\mathcal{MVN}$) ist eine Verkomplizierung der Normalverteilung für mehr als eine Antwortvariable. In unserem Fall haben wir zwei Variablen, $\mathbf{X}_1$ und $\mathbf{X}_2$, die jeweils normalverteilt sind und zudem noch korreliert. Die $\mathcal{MVN}$ hat als Parameter die Mittelwerte für jede Variable sowie eine symmetrische (Kovarianz-)Matrix, auf deren Diagonale die Varianzen und in den anderen Zellen die Kovarianzen zwischen $\mathbf{X}_1$ und $\mathbf{X}_2$ stehen. Dies wird z. B. so geschrieben: $\text{MVN}\left(\mu = \begin{pmatrix} 5 \\ 8 \end{pmatrix}, \sigma = \begin{pmatrix} 1.2 & 0.5 \\ 0.5 & 0.9 \end{pmatrix}\right)$. 5 und 8 sind die Mittelwerte von $\mathbf{X}_1$ und $\mathbf{X}_2$; 1.2 und 0.9 sind dann die Varianzen von $\mathbf{X}_1$ und $\mathbf{X}_2$, respektive, während die Kovarianz 0.5 beträgt.

[13] Shannons $H = -\sum_{i=1}^{N} p_i \ln p_i$, wobei p_i der Deckungsanteil der Art i ist, N die Anzahl der Arten, und $\sum p_i = 1$. Je größer H, desto artenreicher ist die Fläche bzw. desto gleichwertiger sind die Deckungsanteile der Arten.

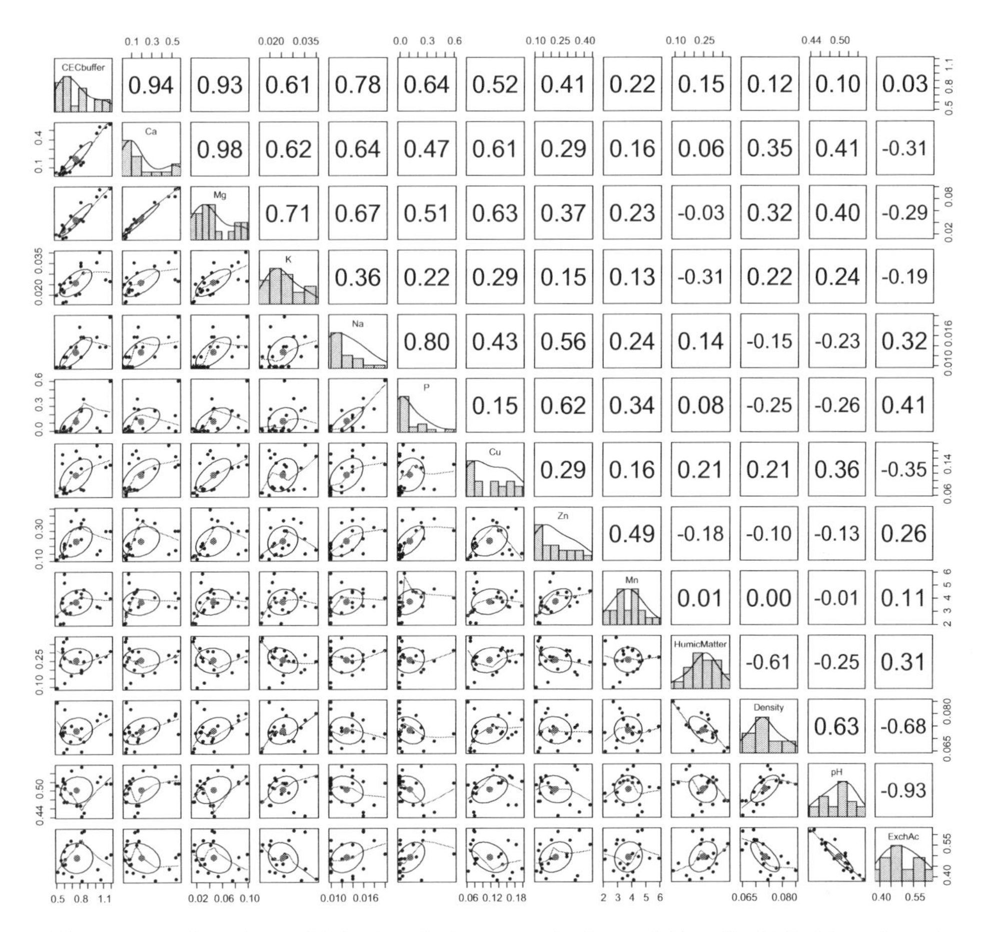

Abb. 15.8: Analyse der multiple Korrelationen von Bodenvariablen für 20 Waldstandorte in den Appalachen (Daten aus Bondell & Reich 2007). Zahlenwerte im *oberen Dreieck* geben Werte von Pearsons Korrelationkoeffizienten an. Histogramme der Variablen sind auf der Diagonalen dargestellt, und paarweise *scatterplots* im *unteren Dreieck*

extrem ähnliche Lage haben (bzw. genau entgegengesetzt sind), dann sind diese Variablen hoch korreliert. Dabei dürfen wir nicht vergessen, dass die eigentliche Punktewolke nicht zwei Dimensionen hat, wie hier abgebildet, sondern in diesem Fall 13 (= Anzahl Variablen in der PCA). Die Pfeile sind also Projektionen aus dem 13-dimensionalen Raum in zwei Dimensionen. Was hier wie eine hohe Korrelation aussieht, kann in zwei anderen Dimensionen vollkommen unkorreliert sein.

Das führt uns zu der Frage, wieso wir gerade zwei Dimensionen betrachten, und wieviel Information wir dabei übersehen. Die Hauptkomponenten erfassen ja abnehmend viel Varianz: die erste am meisten, die k-te am wenigsten. Wieviel Varianz das ist, erkennen wir an den sogenannten Eigenwerten der Hauptkomponenten. In unserem Appalachenbeispiel sind dies folgende Werte: 5.147, 3.377,

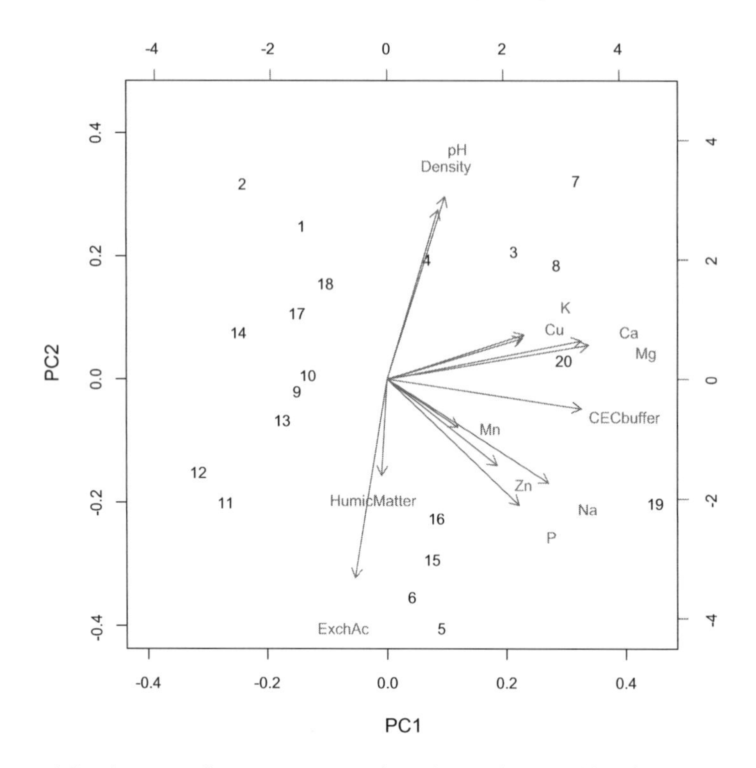

Abb. 15.9: *Biplot* der Hauptkomponentenanalyse der Bodenvariablen für 20 Waldstandorte in den Appalachen. Abgebildet sind die ersten beiden Hauptkomponenten (PC1 und PC2). Die *Pfeile* zeigen an, auf welche Hauptkomponente eine Variable wie stark „lädt". HumicMatter (Anteil organischer Substanz), z. B., trägt nur zur PC2 bei, während P und Na ziemlich gleichwertig auf PC1 und PC2 laden. CECbuffer (Kationenaustauschkapazität) hingegen lädt vornehmlich auf PC1

1.449, 1.056, 0.648, 0.498, 0.411, 0.219, 0.112, 0.047, 0.032, 0.003 und 0.000. Eine Visualisierung mittels eines sog. *screeplot*[14] (Abbildung 15.10) zeigt, dass die ersten beiden Hauptkomponenten viel wichtiger sind als die übrigen. Sie umfassen in der Tat 66 % der Varianz:

```
Importance of components:
                          PC1    PC2    PC3     PC4     PC5     PC6    PC7 ...
Standard deviation     2.2687 1.8377 1.2036 1.02749 0.80509 0.70591 0.6410 ...
Proportion of Variance 0.3959 0.2598 0.1114 0.08121 0.04986 0.03833 0.0316 ...
Cumulative Proportion  0.3959 0.6557 0.7671 0.84835 0.89821 0.93654 0.9681 ...
```

(Die Standardabweichung ist die Wurzel aus der Varianz, deren Werte im Text angegeben wurden.)

[14]Als *scree* bezeichnet man im Englischen den Schuttkegel am Fuße eines Berges. Der *screeplot* stellt also dar, wie „abschüssig" die Eigenwerte über die Hauptkomponenten sind.

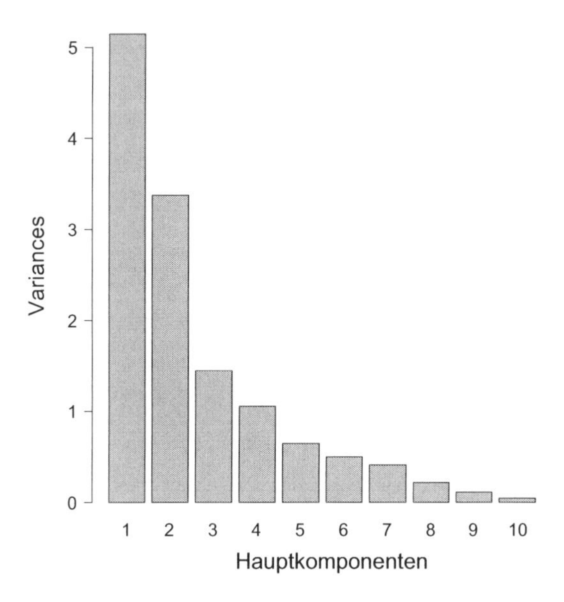

Abb. 15.10: *Screeplot* der Hauptkomponentenanalyse der Bodenvariablen für 20 Waldstandorte in den Appalachen. Für jede Hauptkomponente ist der (reale Teil des) Eigenwert aufgetragen. Je größer dieser ist, desto mehr Varianz wird durch diese Hauptkomponente repräsentiert

Bleibt nur noch zu erklären, was denn diese Hauptkomponenten eigentlich mit den Rohdaten ($\mathbf{X}$) zu tun haben. Mathematisch stellt die PCA eine Rotation des Koordinatensystems dar. Die neuen, rotierten Werte $\mathbf{X}_{\mathrm{PCA}}$ werden mittels einer Transformationsmatrix $\mathbf{\Lambda}$ (auch Rotationsmatrix genannt) aus $\mathbf{X}$ berechnet:

$$\mathbf{X}_{\mathrm{PCA}} = \mathbf{\Lambda}^{\mathrm{T}}\mathbf{X}. \tag{15.1}$$

$\mathbf{\Lambda}$ ist die Matrix der Eigenwerte der Korrelationsmatrix zu $\mathbf{X}$. Diese algebraische Schreibweise können wir als ein Gleichungssystem ausschreiben:

$$\begin{aligned} \mathbf{x}_1' &= \lambda_{11}\mathbf{x}_1 + \lambda_{21}\mathbf{x}_2 + \ldots + \lambda_{j1}\mathbf{x}_i \\ \mathbf{x}_2' &= \lambda_{12}\mathbf{x}_1 + \lambda_{21}\mathbf{x}_2 + \ldots + \lambda_{j2}\mathbf{x}_i \\ &\vdots \\ \mathbf{x}_i' &= \lambda_{1i}\mathbf{x}_1 + \lambda_{2i}\mathbf{x}_2 + \ldots + \lambda_{ji}\mathbf{x}_i \end{aligned} \tag{15.2}$$

Es gibt also i Variablen ($\mathbf{X}_1$ bis $\mathbf{X}_i$) mit jeweils j Werten. In dieser Schreibweise erkennen wir, dass die neuen Hauptkomponenten $\mathbf{x}_i'$ als Linearkombination der Rohdaten entstehen. Und die Transformationsmatrix $\mathbf{\Lambda}$ mit ihren Einträgen λ_{ij} enthält die Koeffizienten für diese Linearkombination. Je größer also ein Wert von λ_{ij} im Betrag ist, desto mehr trägt eine Variable zu einer Hauptkomponente bei. Wir sagen dann, dass „eine Variable auf eine Komponente lädt“.

In unserem Beispiel sieht Λ so aus:

	PC1	PC2	PC3	PC4	PC5	PC6	PC7	PC8	PC9	PC10	PC11	PC12	PC13
CECbuffer	0.41	-0.08	-0.13	0.16	0.06	-0.16	0.15	-0.31	-0.04	0.01	-0.21	-0.24	0.73
Ca	0.41	0.10	-0.17	0.08	0.01	-0.20	0.06	-0.25	0.03	-0.22	-0.13	-0.46	-0.63
Mg	0.43	0.09	-0.08	0.08	0.06	-0.05	-0.04	-0.09	0.01	-0.13	-0.28	0.82	-0.12
K	0.29	0.11	0.11	0.43	0.56	0.43	-0.16	0.08	-0.08	0.12	0.40	-0.06	-0.02
Na	0.34	-0.26	-0.01	0.10	-0.25	-0.02	0.13	0.45	0.69	0.17	0.13	-0.03	0.00
P	0.28	-0.32	0.16	0.04	-0.19	-0.40	-0.31	0.39	-0.56	-0.03	0.18	-0.02	0.00
Cu	0.29	0.10	-0.30	-0.37	-0.24	0.59	0.22	0.27	-0.34	0.07	-0.14	-0.09	0.01
Zn	0.23	-0.22	0.42	-0.31	-0.31	0.29	-0.28	-0.53	0.11	-0.05	0.27	0.02	-0.01
Mn	0.15	-0.12	0.34	-0.61	0.60	-0.15	0.22	0.16	0.07	-0.04	-0.11	-0.04	0.00
HumicMatter	-0.01	-0.24	-0.68	-0.28	0.18	-0.16	0.00	-0.19	0.01	0.07	0.53	0.14	-0.01
Density	0.11	0.43	0.25	0.02	-0.21	-0.24	0.60	-0.08	-0.14	0.16	0.45	0.12	-0.01
pH	0.12	0.47	-0.06	-0.23	0.00	-0.20	-0.46	-0.01	0.09	0.66	-0.11	-0.07	0.01
ExchAc	-0.07	-0.51	0.07	0.18	0.05	0.06	0.28	-0.22	-0.19	0.65	-0.23	0.06	-0.25

Auf der ersten Hauptkomponente laden also vor allem Mg, CECbuffer und Ca. In Abbildung 15.9 haben diese Variablen den längsten Pfeil in Richtung der PC1 (also noch rechts oder links; die Richtung spielt keine Rolle). Analog laden ExchAc, pH und Density stark auf der zweiten Achse und haben lange Pfeile nach oben/unten, aber nur kurze Ausdehnung nach rechts/links. Ohne das in der Abbildung zu sehen ist PC3 durch HumicMatter und Zn geprägt. Diese Achse geht sozusagen „nach hinten weg"; sie geht in der 2-dimensionalen Darstellung verloren.

Zusammenfassend können wir also folgenden Ablauf für die PCA im Dienste der Kollinearitätsbehebung skizzieren:

1. Erklärende Variablen so transformieren, dass sie etwa normalverteilt sind.
2. PCA mit diesen Variablen durchführen (inkl. Standardisierung, siehe Fußnote S. 275).
3. Am *screeplot* ablesen, wieviele Komponenten meinen Datensatz vertreten sollen. Eine übliche Daumenregel ist hier 90 % der erklärten Varianz (zur Berechnung siehe auch Abschnitt 16.2.1 auf Seite 316).
4. Aus der PCA die Hauptkomponenten als neue Prädiktoren in einem multiplen Regressionsmodell verwenden.

Eine nicht ganz so saubere Lösung (weil sie die Kollinearität nicht ganz behebt) ist es, von jeder Hauptkomponente einen Vertreter auszuwählen (z. B. die am stärksten ladende Variable) und diese als Prädiktoren zu benutzen. In unserem Beispiel könnten wir also CECbuffer (für PC1), ExchAc (austauschbare Azidität; für PC2) und HumicMatter (für PC3) auswählen und hoffen, dass sie die anderen Variablen mit repräsentieren.

15.3.2 *Cluster*-Analyse

Die PCA ist schon eine sehr nützliche und sehr weit verbreitete Methode, Variablen, die etwas ähnliches aussagen, zusammenzufassen. Der *biplot* ist die Visualisierung dazu, die uns zeigt, welche Variablen zusammenhängen. Doch was tun, wenn die Daten nicht multivariate normalverteilt sind, wenn gar kategoriale Prädiktoren im Datensatz sind?

Eine sehr gute Alternative zur Hauptkomponentenanalyse ist die *Cluster*-Analyse.[15] Sie hat sehr viele Variationen und ist das Thema mehrerer Bücher (siehe etwa Fraley & Raftery 1998; Evritt et al. 2001; Kaufman & Rousseeuw 2005). Die grundsätzliche Idee ist folgende: Wie bei der PCA wird zunächst die Ähnlichkeit der Variablen berechnet. Bei der *Cluster*-Analyse kann das eine beliebige Ähnlichkeitsmatrix sein, in unserem Beispiel Spearmans ρ^2. Im zweiten Schritt werden jeweils zwei Variablen zusammen gruppiert („geclustert"), die einander ähnlich sind. Die gemeinsame Ähnlichkeit mit den anderen Variablen wir dann benutzt, um eine weiter Variablen hinzuzufügen, und so fort.[16] Ergebnis ist ein dichtomer (= immer zwei Variablen zusammenfassender) Verzweigungsbaum.[17]

An einem Beispiel können wir sehen, dass die *Cluster*-Analyse die Annahmen der PCA nicht teilt und sowohl kategoriale als auch kontinuierliche Variablen miteinander verrechnen kann. Abbildung 15.11 zeigt das Ergebnis für einen Datensatz, in dem verschiedene Landnutzungsvariablen zur Beschreibung der Vegetation erhoben wurden.

Ein *Cluster*-Diagramm stellt die Ähnlichkeit der Variablen als auf dem Kopf stehenden Baum dar. Die Ähnlichkeit wird durch den waagerechten Strich dargestellt, der die jeweiligen Äste verbindet. So sind in unserem Fall ManagementNM und Manure sehr hoch korreliert ($\rho^2 > 0.6$), während dieser *Cluster* mit dem *Cluster* ManagementSF/UseHayPastu nur sehr wenig zu tun hat ($\rho^2 \approx 0.1$).

Für unseren Umgang mit korrelierten Variablen bedeutet dies, dass wir aus einem hoch-korrelierten Variablenpaar (oder Variablengruppe) nur eine Variable für unsere Analyse auswählen. Ab welchem Schwellenwert wir Variablen als korreliert bezeichnen, hängt vom Distanzmaß ab. Für Spearmans ρ^2 ist 0.5 ein guter Wert. Im vorliegenden Fall ist also nur ein *Cluster* hochkorrelierter Variablen vorhanden (ManagementNM/Manure), die anderen Variablen können alle eingesetzt werden.

Logischerweise können wir aus der Variablen Management den Level NM nicht herauslösen. Also wäre es eine Möglichkeit, auf die Verwendung der Variablen Manure (organische Dünung) zu verzichten. Das bedeutet wohlgemerkt nicht, dass Düngung keinen Einfluss hat, sondern nur, dass wir bei diesem Datensatz Düngung

---

[15]Wieder einer der vielen statistischen Ausdrücke, für die sich das deutsche Wort (in diesem Fall „Ballungsanalyse") nicht durchgesetzt hat.

[16]Diesen Ansatz nennt man „agglomerativ", also zusammenfassend. Alternativ kann man im „divisiven" clustern die Gesamtvariablen sukzessive in verschiedene *Cluster* aufspalten.

[17]Eigentlich arbeitet die *Cluster*-Analyse mit Distanzen, also „Unähnlichkeiten". Im Falle der Korrelation ist das einfach $1 - \rho^2$, es kann aber auch eine von Dutzenden anderer Distanzmaße sein: Gower, Jaccard, Euclid, Manhattan, Bray-Curtis, Mahalanobis, Hoeffding, usw. Aus der Kombination von über 50 Distanzmaßen und weiterer Dutzende Verknüpfungsverfahren ergibt sich eine unüberschaubare Fülle an Variation. Aus der oben zitierten Literatur schält sich m. E. die Kombination Spearmans ρ + *complete linkage* als eine sehr gute Methode heraus, sowie, alternativ, Hoeffding-Distanz + Ward-*linkage*. Grundeinstellungen und Vorlieben variieren enorm zwischen verschiedenen *Cluster*-Analyse-Implementierungen.

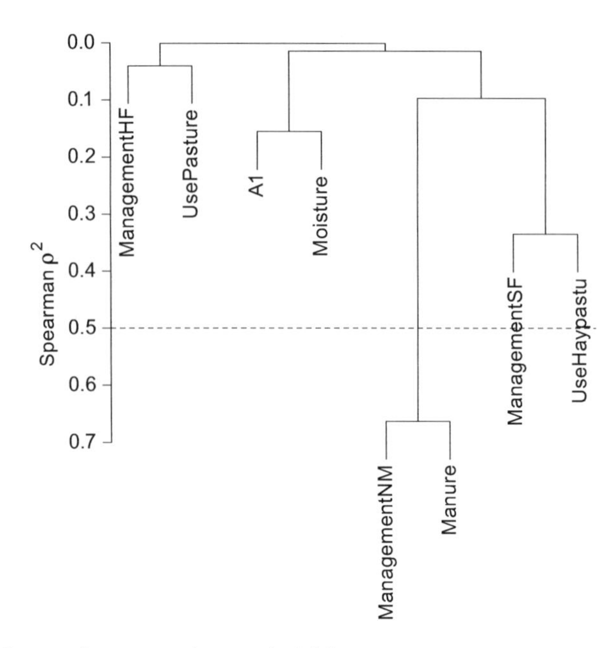

Abb. 15.11: *Cluster*-Diagramm eines Beispieldatensatzes aus Jongman et al. (1987). Die Variablen sind A1 (kontinuierlich: Mächtigkeit des A1-Horizonts in cm), Management (kategorial: BH: *biological farming*, HF: *hobby farming*, NM: *nature conservation management*, SF: *standard farming*), Use (kategorial: *Hayfield, Haypastu(re), Pasture*) und Manure (kategorial, hier aber zur Illustration in eine kontinuierliche Variable umgewandelt). Offensichtlich können kategoriale und kontinuierliche Variablen in dieser *Cluster*-Analyse gemischt werden. Die *horizontale Linie* bei $\rho^2 = 0.5$ gibt den kritische Korrelationswert für dieses Abstandsmaß an

und *nature conservation management* nicht trennen können. Bei der anschließenden Interpretation müssen wir aber bedenken, dass ein signifikanter Effekt von *nature conservation management* womöglich auf ein niedriges Düngen zurückzuführen ist.

Zum Vergleich zeigt Abbildung 15.12 noch kurz das entsprechende *Cluster*-Diagramm für den Appalachen-Datensatz. Aus dieser Analyse würden wir aus dem *Cluster* pH/ExchAc nur eine Variable auswählen (vielleicht pH wegen seiner höheren Bekanntheit), ebenso eine aus dem *Cluster* P/Zn und aus dem *Cluster* Na/CECbuffer/Ca/Mg ebenfalls nur eine (vielleicht Ca, weil das im Boden das häufigste dieser Kationen ist).

15.4 Modellselektion

Wenn wir viele Prädiktoren haben, von denen wir glauben, dass sie für die Varianz in unserer Antwortvariablen verantwortlich sind, dann haben wir ein Problem: Je

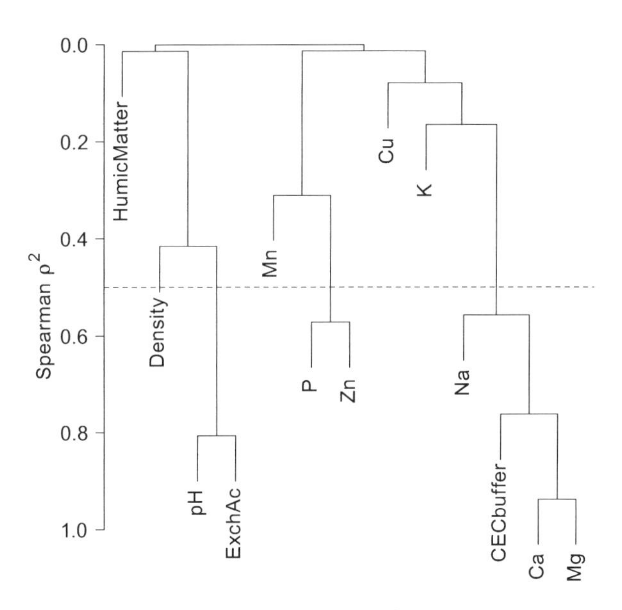

Abb. 15.12: *Cluster*-Diagramm der Bodenvariablen für 20 Waldstandorte in den Appalachen. Im Vergleich mit Abbildung 15.9 enthält dieser Baum mehr Informationen über die Stärke der Korrelation und gruppiert die Variablen klarer. Die eindimensionale Darstellungsweise (alle Variablen liegen hier ja nebeneinander) täuscht aber gleichzeitig über existierende Korrelationen z. B. zwischen Ca und Cu hinweg. Die beiden Hauptkomponenten sind hier zu erkennen als die erste Auftrennung am oberen Rand des *Cluster*-Diagramms. Die *horizontale Linie* bei $\rho^2 = 0.5$ gibt den kritische Korrelationswert für dieses Abstandsmaß an

mehr Variablen wir fitten, desto besser wird der Fit. Aber was wir tatsächlich machen, ist unseren konkreten Datensatz nachzuzeichnen, während wir eigentlich an einer übertragbaren, generalisierbaren Aussage interessiert sind.

Dieses Problem bezeichnet man als *variance-bias-trade-off* (Hastie et al. 2009). *Variance* steht für den Anteil erklärter Varianz, also wie gut unser Modell die Daten beschreibt; *bias* bezeichnet (in diesem Fall) die Abweichung der Modellvorhersagen für einen neuen, unabhängigen Datensatz, also den Fehler in der Generalisierbarkeit; und mit *trade-off* bezeichnet man die Abwägung zwischen zwei sich ausschließenden Zielen. Wir können also, so sagt der *variance-bias-trade-off*, entweder unsere Daten super anfitten und damit die Varianz minimieren, liegen dann aber bei Vorhersagen daneben. Oder wir nehmen ein mäßigen Modellfit in Kauf, liegen dafür im Mittel aber auf den neuen Daten nicht daneben. Ziel ist natürlich, die Daten so gut wie möglich zu fitten, ohne sich damit einen systematischen Fehler (das bedeutet *bias* eigentlich) einzukaufen.

Modellselektion ist das Thema, dass sich genau mit diesem Problem befasst: aus allen möglichen Kombinationen der Variablen wollen wir die „beste" heraussuchen.[18] Der wichtigste Ansatz, das „beste" Modell (oder die besten Modelle) zu finden, beruht auf informations-theoretischen Überlegungen (Burnham & Anderson 2002; Link & Barker 2006): Der Fit wird mittels des log-*likelihood*-Wertes bestimmt, die Modellkomplexität durch die Anzahl gefitteter Parameter, und das Gütekriterium ist dann z. B. der AIC-Wert des Modells (für Definition und Auffrischung siehe S. 63).

Wir gehen die Thematik mit dem Titanic-Datensatz an. In einem ersten Schritt vergleichen wir erst einmal zwei Modelle und lernen die dazugehörige Sichtweise. Im anschließenden zweiten Schritt gehen wir den typischen Weg vom komplexen zum minimal adäquaten Modell.

Um das Überleben der Passagiere der Titanic zu erklären stehen uns drei erklärende Variablen zur Verfügung: Alter (`age`), Geschlecht (`sex`) und Buchungsklasse (`passengerClass`, Werte 1st, 2nd und 3rd). Wir machen jetzt folgende Schritte:

1. Training/Test Aufteilung. Da wir uns für den *variance-bias-trade-off* interessieren, müssen wir einen Datensatz haben, auf den wir vorhersagen, um die Robustheit des Modells zu prüfen. Dazu wählen wir einfach zufällig 20 % des Datensatzes als „Test" aus und benutzen fürs Fitten nur die 80 % „Trainingsdaten".

2. Alternative Modelle formulieren. Wir formulieren nicht nur ein Regressionsmodell, sondern in diesem Fall zwei, die wir dann gegeneinander antreten lassen. Diese Konkurrenten nennt man auch *candidate models*.

3. Modelle fitten und ihre AIC/BIC-Werte vergleichen. Das Fitten erfolgt mittels eines GLM, dessen log-*likelihood* wir dann in einen AIC/BIC-Wert umrechnen können. Das Modell mit dem niedrigeren AIC/BIC fittet die Daten besser an.

4. Modelle mittels *likelihood-ratio*-Test vergleichen. An Stelle des AIC/BIC-Vergleichs kann man die Veränderung in der *likelihood* auch mittels eines statistischen Tests vergleichen, dem *likelihood-ratio*-Test (LRT). Da der Logarithmus des Quotient der *likelihoods* gleich der Differenz der log-*likelihoods* ist, handelt es sich eigentlich um einen log-*likelihood-difference* Test. Diese Differenz (genauer die Differenz von $-2 \cdot \text{LL}$) ist χ^2-verteilt, mit so vielen Freiheitsgraden, wie sich die Modelle in der Anzahl Parameter unterscheiden.

5. Vorhersagen auf die Testdaten mittels R^2 vergleichen.[19]

[18] Wieso steht „beste" in Anführungszeichen? Weil es verschiedene Kriterien für „gut" gibt. Entsprechend kann es vorkommen, dass wir ein Modell nach Kriterium 1 für das beste halten, aber ein andere nach Kriterium 2. Typische Kriterien sind AIC, BIC, R^2 oder log-*likelihood* (siehe Ward 2008, für einen Vergleich verschiedener Kriterien). Der Glaube an *das* beste Modell ist spätestens seit Hilborn & Mangel (1997) für die Ökologie fundamental in Frage gestellt, im Grunde aber bereits etwas länger, seit der legendären Veröffentlichung des Geologen Chamberlin (1890).

[19] Oder in diesem Fall, mit binären Daten, mittels der sog. AUC-Werte. AUC steht für *area under curve*, und mit *curve* ist eine sog. *receiver-operator characteristic* gemeint. Was AUC genau ist, und wie man ihn berechnet, ist z. B. in Harrell (2001) oder Hastie et al. (2009) beschrieben. AUC-Werte liegen zwischen

ab. 15.1: Vergleich der beiden statistischen Modelle zur Erklärung der Überlebenswahr-heinlichkeit der Titanic-Passagiere. Neben den Freiheitsgraden (df), der log-*likelihood*, IC/BIC des Fits auf den Trainingsdaten sind auch Pearsons R^2, biserielles R^2 und AUC uf den Testdaten angegeben. Der *likelihood-ratio*-Test prüft auf signifikante Unterschiede er gefitteten Modelle und findet sie hier auch

Modell	df	log lik	AIC/BIC	R^2	biserielles R^2	AUC	$\Delta(-2 \cdot LL)$	$P(\chi^2)$
Modell 1	3	−457.1	920/935	0.421	0.670	0.830		
Modell 2	4	−448.7	905/924	0.418	0.664	0.836	16.92	3.91e-05

Hier sind unsere beiden Kandidatenmodelle:

$$\textbf{Modell 1: survived} \sim \text{Binom}(p = \text{logit}^{-1}(a + b \cdot \textbf{sex} + c \cdot \textbf{age}))$$

$$\textbf{Modell 2: survived} \sim \text{Binom}(p = \text{logit}^{-1}(a + b \cdot \textbf{sex} + c \cdot \textbf{age} + d \cdot \textbf{sex} \cdot \textbf{age}))$$

Dabei ist `sex` eine *dummy*-Variable mit dem Wert 0 für *female* und 1 für *male* (in alphanumerischer Reihenfolge).

Tabelle 15.1 gibt uns das Ergebnis dieses Modellvergleichs. Wie wir sehen, hängt die Interpretation von der Wahl des Kriteriums ab. Modell 2 (mit der Interaktion zwischen Alter und Geschlecht) fittet die Daten besser an und hat einen besseren AUC-Wert auf den Trainingsdaten. Modell 1 hingegen ist eine Nasenlänge voraus bei beiden R^2-Werten. Bei der Modellselektion ist der AIC-Wert (bei manchen Statistikern eher der BIC-Wert) gegenwärtig das wichtigste Kriterium, und dessen Votum wie auch der *likelihood-ratio*-Test sprechen ja eindeutig für das etwas kompliziertere Modell 2.

Jetzt also zu Schritt 2, dem typischen Vereinfachen vom komplexen zum minimal adäquaten Modell. Dafür formulieren wir das Modell so kompliziert wie möglich, also unter Zuhilfenahme aller sinnvollen Prädiktoren:

$$\textbf{Modell 3: survived} \sim \text{Binom}(p = \text{logit}^{-1}(a + b \cdot \textbf{sex} + c \cdot \textbf{age} + d \cdot \textbf{pClass} \\ + e \cdot \textbf{sex} \cdot \textbf{age} + f \cdot \textbf{sex} \cdot \textbf{pClass} + g \cdot \textbf{age} \cdot \textbf{pClass} + h \cdot \textbf{sex} \cdot \textbf{age} \cdot \textbf{pClass}))$$

Dieses Modell hat acht Parameter (a bis h), die drei Haupteffekte, drei Zwei-Wege-Interaktionen sowie eine Drei-Wege-Interaktion. Wenn wir diese Modell fitten erhalten wir, analog zu den Einträgen in Tabelle 15.1:

Modell	df	log lik	AIC/BIC	R^2	biserielles R^2	AUC	$\Delta(-2 \cdot LL)$	$P(X^2)$
Modell 3	8	−369.0	762/819	0.421	0.669	0.861	159.4	0.0000

Dieses Modell ist also noch viel besser als Modell 2!

0.5 (sehr schlecht) und 1 (perfekt). Wir benutzen ihn einfach als Vergleichszahl: je größer, desto besser die Vorhersage auf den Testdatensatz.

Hier die zum Modell gehörige „ANOVA"-Tabelle:

```
                        Df Deviance Resid. Df Resid. Dev P(>|Chi|)
NULL                                      844    1142.08
sex                      1  227.166       843     914.91 < 2.2e-16 ***
age                      1    0.587       842     914.32   0.44346
passengerClass           2  110.787       840     803.54 < 2.2e-16 ***
sex:age                  1   19.048       839     784.49 1.275e-05 ***
sex:passengerClass       2   33.978       837     750.51 4.186e-08 ***
age:passengerClass       2    5.805       835     744.71   0.05489 .
sex:age:passengerClass   2    6.736       833     737.97   0.03447 *
---
Signif. codes:  0 '***' 0.001 '**' 0.01 '*' 0.05 '.' 0.1 ' ' 1
```

Können wir dieses Modell noch vereinfachen? Nun ja, anscheinend ist ja age nicht signifikant, und die Interaktion zwischen age und passengerClass auch nicht. Dann können wir die vielleicht herausnehmen?

Nein, können wir nicht! Beide nicht-signifikanten Terme sind weiterhin Teil von höheren Interaktionen. *Solange ein Term Teil einer Interaktion ist,* ***muss*** *er im Modell bleiben.* Wir dürfen weder age noch die Interaktion herausnehmen, da beide z. B. in der drei-Wege-Interaktion enthalten sind. Diese Regel nennt man das „Marginalitätsprinzip" (*marginality theorem*, siehe etwa Nelder 1977; Venables 2000).

In diesem Fall ist also das volle Modell tatsächlich das beste und unvereinfachbar minimal adäquate! Im nächsten Kapitel setzen wir uns dann mit einem Modell auseinander, dass wir auch vereinfachen können.

Eine abschließende Bemerkung: Wenn wir so viele Prädiktoren, bzw. so wenig Datenpunkte haben, dass das Modell mehr Freiheitsgrade verbraucht, als wir Datenpunkte haben, dann kann es nicht gefittet werden. Häufig liegt das daran, dass wir nicht auf Kollinearität geprüft haben. Manchmal können wir korrelierte Variablen durch eine PCA zusammenlegen. Wenn trotzdem noch zu viele Variablen vorhanden sind, würden wir die höheren Interaktionen herauslassen und u. U. nur mit den Haupteffekten plus Interaktionen erster Ordnung rechnen.

15.4.1 Zwei-Wege ANOVA zu Fuß

In einer Varianzanalyse verläuft der Test auf Signifikanz beteiligter Variablen ja etwas anders ab, als in der Regression dargelegt. Vielmehr ist es eine Erweiterung der Ideen, die in Abschnitt 11.2 auf Seite 191 für nur einen Faktor ausgeführt wurde.[20]

Wenn wir jetzt die zwei-Wege ANOVA (die so heißt, weil sie zwei erklärende Faktoren hat) zu Fuß durchrechnen, so tun wir dies, um zu sehen, dass die Kombination von Prädiktoren in einem Modell zu einer höheren Testempfindlichkeit

[20]Man kann argumentieren, dass die ANOVA nur eine andere Formulierung des LM ist, und ihr deshalb keinen besonderen Raum einräumen. Andererseits hat kein anderes modernes statistisches Verfahren so schnell und fundamental Einzug in die biologische Statistik gehalten wie die ANOVA.

führt, als einfach zwei verschiedene Modelle zur rechnen, eines für jeden Faktor. Wir benutzen als Beispiel die Kormorandaten von Seite 267.

Die Berechnungen der ANOVA erfordern die Berechnung verschiedener Mittelwerte und der Abweichungen der Datenpunkte von diesen Mittelwerten.

Berechnen wir zunächst für das Nullmodell (nur ein Mittelwert für alle Datenpunkte) den Mittelwert und seine Abweichungsquadrate (mit dem Taschenrechner oder R). Im Beispiel beträgt der Gesamtmittelwert über alle Datenpunkte $\bar{y} = 17.4$ (`mean(Tauchzeit)`), und die Summe der Abweichungsquadrate $SS_{total} = 959.1$ (`sum((Tauchzeit-mean(Tauchzeit))^2)`).

Jetzt berechnen wir für die beiden Unterarten einen eigenen Mittelwert (Gruppenmittel) ($\bar{y}_C = 19.03$, $\bar{y}_S = 15.77$), und die $SS_{residuals}$ um die jeweiligen Gruppenmittel:

```
> sum((Tauchzeit[Unterart == "C"] - mean(Tauchzeit[Unterart == "C"]))^2)

[1] 532.1055
```

und

```
> sum((Tauchzeit[Unterart == "S"] - mean(Tauchzeit[Unterart == "S"]))^2)

[1] 320.0655
```

Es ist also $SS_C = 532.11$ und $SS_S = 320.07$, so dass die $SS_{residual}$ unter Berücksichtigung des Faktors Unterart = 532.11 + 320.07 = 852.18. Der Effekt von Unterart ist also $SS_{Unterart} = 959.1 - 852.18 = 106.92$.

Treiben wir dieses Spiel für den Faktor `Jahreszeit` (mit entsprechend vier Mittelwerten und SS), so erhalten wir $\bar{y}_F = 11.86$, $\bar{y}_S = 15.09$, $\bar{y}_H = 19.23$, $\bar{y}_W = 23.42$, $SS_F = 29.22$, $SS_S = 33.87$, $SS_H = 45.36$ und $SS_W = 94.48$. Aufsummiert sind dies 202.93 unerklärte SS für die Residuen des Jahreszeiteneffekts. Entsprechend erklärte der Faktor `Jahreszeit` $SS_{Jahreszeit} = 959 - 203 = 756$ von 959 Einheiten.

Zusammen erklären also Unterart (106.9) und Jahreszeit (756) 862.9 Einheiten. Somit bleiben für die unerklärte Varianz $SS_{residual} = SS_{total} - SS_{Unterart} - SS_{Jahreszeit} = 959.1 - 862.9 = 96.2$.

Damit haben wir den Großteil der ANOVA gerechnet. Es bleibt noch die Berechnung der Freiheitsgrade und dann der mittleren Abweichungsquadrate (MS), woraus wir die F-Werte und die entsprechenden P-Werte berechnen können. Die F-Statistik für `Unterart` alleine berechnet sich wie entsprechend als:

$$F_{Unterart} = \frac{SS_{Unterart}/df_{Unterart}}{SS_{Residuen}/df_{Residuen}} = \frac{107/1}{(959-107)/(40-1-1)} = \frac{107}{22.42} = 4.77$$

Der assoziiert P-Wert ist 0.035.

Entsprechende Berechnungen für (vier!) `Jahreszeit` alleine sehen so aus:

$$F = \frac{SS_{Jahreszeit}/df_{Jahreszeit}}{SS_{Residuen}/df_{Residuen}} = \frac{756/3}{(959-756)/(40-3-1)} = \frac{252}{5.34} = 47.17$$

Der assoziiert P-Wert ist viel kleiner als 0.001:

```
> pf(47.17, 1, 38, lower.tail = F)

[1] 3.711755e-08
```

Was wir hier berechnet haben sind die Einzeleffekte der Faktoren `Unterart` und `Jahreszeit`. Unser Experiment war aber so angelegt, dass beide manipuliert wurden, und wir deshalb eine kombinierte Analyse vornehmen können. Dies hat zur Folge, dass sich die Werte für die Residuen stark reduzieren:

Zusammen addieren sich die SS_{Faktor} unserer beiden Faktoren `Unterart` und `Jahreszeit` also zu $107 + 756 = 863$. Somit bleiben für die Residuen nur noch $959 - 863 = 96$ übrig. Da wir jetzt die F-Statistik neu berechnen, nämlich auf Grundlage dieses viel kleineren Wertes für SS_{res}, werden unsere Faktoren noch stärker signifikant. Zu berücksichtigen ist dabei allerdings, dass sich die Freiheitsgrade für die Residuen jetzt auf das Gesamtmodell beziehen, nicht alleine auf einen Faktor. Statt $40 - 1 - 1 = 38$ für die Residuen von `Unterart` haben wir jetzt $40 - 1 - 3 - 1 = 35$ für beide Faktoren:

$$F = \frac{SS_{\text{Unterart}}/df_{\text{Unterart}}}{SS_{\text{res}}/df_{\text{res}}} = \frac{107/1}{96/(40-4-1)} = \frac{107}{2.74} = 39.0$$

Der assoziiert P-Wert ist viel kleiner als 0.001.

Dito für `Jahreszeit`:

$$F = \frac{SS_{\text{Jahreszeit}}/df_{\text{Jahreszeit}}}{SS_{\text{res}}/df_{\text{res}}} = \frac{756/3}{96/(40-4-1)} = \frac{252}{2.74} = 92.0$$

Der assoziiert P-Wert ist ebenfalls viel kleiner als 0.001.

Wir sehen also, dass aufgrund der Kombination beider Faktoren in einer Analyse die Erklärungskraft unseres statistischen Modells dramatisch zunimmt, und beide Faktoren jetzt hochsignifikant sind.

Für das additive ANOVA-Modell (also mit `Unterart` und `Jahreszeit`, aber ohne Interaktionen) können wir jetzt eine ANOVA-Tabelle konstruieren.[21]

Effekt	df	SS	MS	F	P
Unterart	1	107	107	39.0	<0.0001
Jahreszeit	3	756	252	92.0	<0.0001
Residuen	35	96	2.7		
Gesamt	49	959			

Schließlich können wir auch die Interaktion auf diese Weise berechnen, indem wir Gruppen bilden, in der sowohl `Unterart` als auch `Jahreszeit` spezifiziert sind ($2 \cdot 4 = 8$ Gruppen). Dies bringt nur eine geringe (nicht signifikante) Reduzierung der SS_{res} gegenüber dem additiven Modell: 175 gegenüber 185.

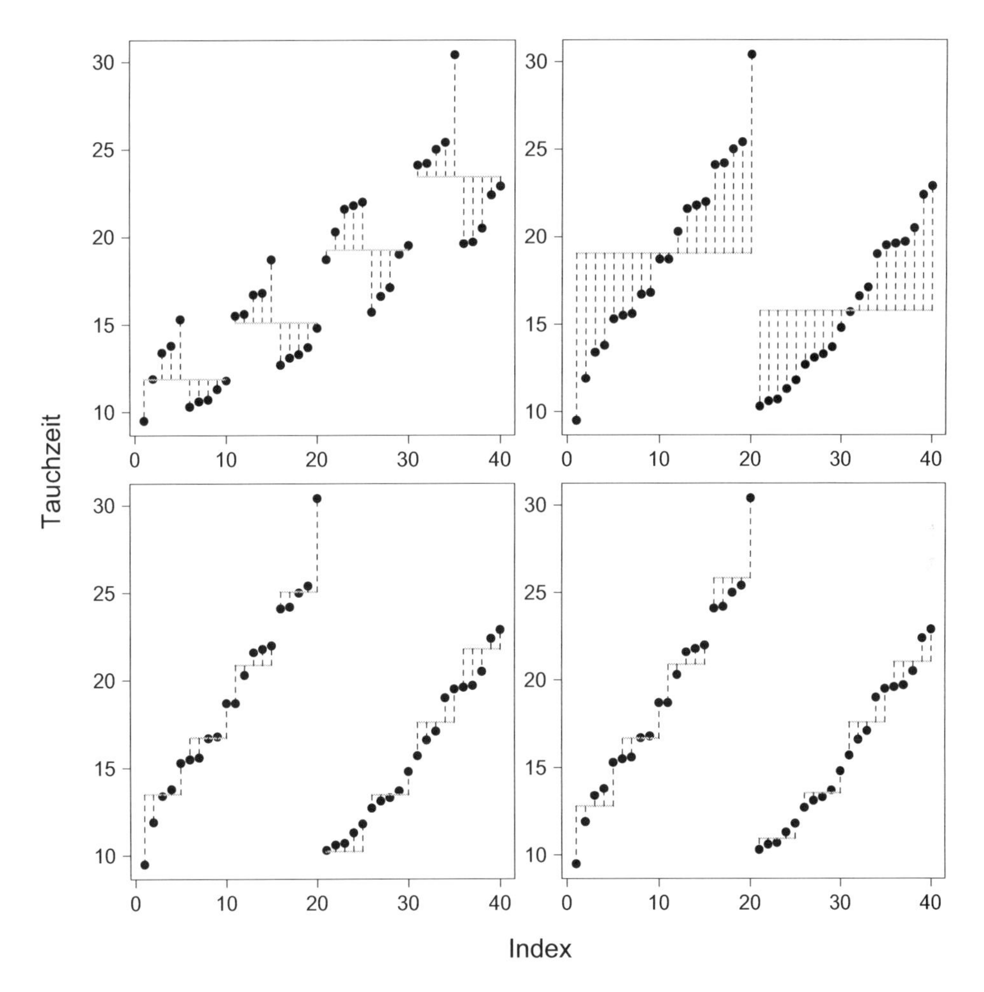

Abb. 15.13: Abweichung der Datenpunkte vom Mittelwert je Jahreszeit (*oben links*), vom Mittelwert je Unterart (*oben rechts*), vom Mittelwert je Jahreszeit und Unterart (entspricht Modell `fm`, Seite 296; *unten links*) und vom Mittelwert mit interagierender Jahreszeit und Unterart (`fm2`, Seite 298; *unten links*). Der geringe Unterschied zwischen den unteren beiden Teilabbildungen ist der Grund, weshalb die Interaktion nicht signifikant ist. Die *grauen Linien* entsprechen den Vorhersagen der entsprechenden Modelle

Abbildung 15.13 macht deutlich, um wieviel besser die Mittelwerte für Jahreszeit und Unterart kombiniert die Datenpunkte annähern als der jeweilige Effekt einzeln.

Diese Berechnungsweise können wir auf weit mehr Faktoren ausweiten. Spätestens wenn signifikante Interaktionen dazukommen wird jedoch die Interpretierbarkeit gefährdet. Dieses Beispiel soll illustrieren, dass hinter der ANOVA auch keine

[21]Vergleiche diese mit dem Ergebnis aus R, Modell `fm2`, Seite 298.

Magie steckt, sondern dass sich diese Berechnungen auch mit dem Taschenrechner durchführen lassen.

15.5 Exkurs für Mathematikinteressierte: Die Mathematik hinter dem linearen Modell

Die Berechnungen des linearen Modells erfolgen mittels algebraischer Methoden, in diesem Fall Matrixoperationen. Stellen wir uns ein lineares Modell (unabhängig davon, ob die erklärenden Variablen kategorisch oder kontinuierlich sind) vor, das aus drei Teilen besteht: (1) ein Vektor **Y**, der die n gemessenen Werte der abhängigen Variablen darstellt:

$$\mathbf{Y} = \begin{pmatrix} y_1 \\ y_2 \\ \vdots \\ y_n \end{pmatrix};$$

(2) mehreren (p) Vektoren erklärender Variablen $\mathbf{X}_1 \cdots \mathbf{X}_p$, jeder mit ebenfalls n Werten, arrangiert als Matrix **X** (diese hat $p + 1$ Spalten, die erste ($x_{\cdot 0}$) für den Achsenabschnitt):

$$\mathbf{X} = \begin{pmatrix} x_{10} & x_{11} & x_{12} & \cdots & x_{1p} \\ x_{20} & x_{21} & x_{22} & \cdots & x_{2p} \\ \vdots & & & \ddots & \vdots \\ x_{n0} & x_{n1} & x_{n2} & \cdots & x_{np} \end{pmatrix};$$

und (3) einem Vektor $\boldsymbol{\beta}$ mit den Koeffizienten des Modells, das **Y** und **X** verbindet:

$$\boldsymbol{\beta} = \begin{pmatrix} \beta_0 & \beta_1 & \beta_2 & \ldots & \beta_p \end{pmatrix}^T .$$

Somit stellt sich das lineare Modell dar als: $\mathbf{Y} = \mathbf{X}\boldsymbol{\beta} + \boldsymbol{\epsilon}$, wobei $\boldsymbol{\epsilon}$ ein Fehlervektor ist, mit der gleichen Struktur wie **Y**.

Aus dieser Gleichung lassen sich die Koeffizienten (β_i) des Modells berechnen, durch Lösen der sogenannten Normalgleichung:[22]

$$\mathbf{X}^T\mathbf{X}\mathbf{b} = \mathbf{X}^T\mathbf{Y} ,$$

wobei **b** der *ordinary least square*-Schätzer für $\boldsymbol{\beta}$ und Vektor der partiellen Regressionskoeffizienten ist. $\mathbf{X}^T$ ist die transponierte (an der Diagonale gespiegelte) Matrix von **X**.

Es folgt (mit einigen algebraischen Mühen), dass

$$\mathbf{b} = (\mathbf{X}^T\mathbf{X})^{-1}(\mathbf{X}^T\mathbf{Y}) ,$$

[22] An dieser Stelle wird eine Wiederholung der linearen Algebra aus der frühen Oberstufe empfohlen, speziell die Matrixmultiplikation. Im Notfall hilft vielleicht erst einmal http://de.wikipedia.org/wiki/Matrix_(Mathematik).

wobei $\mathbf{X}^{-1}$ die inverse Matrix von $\mathbf{X}$ ist. Dabei gilt (und definiert) $\mathbf{X}\mathbf{X}^{-1} = \mathbf{I}$, und $\mathbf{I}$, die Einheitsmatrix, hat die Werte 1 entlang der Diagonalen, und 0 sonst.

Die Varianz der partiellen Regressionskoeffizienten, sowie die Kovarianz zwischen den erklärenden Variablen lässt sich ebenfalls berechnen als:

$$s^2 = MS_{\text{Residuen}}(\mathbf{X}^T\mathbf{X})^{-1} .$$

Eine weitere nützliche Berechnung greift auf die sogenannte *hat*-Matrix $\mathbf{H}$ zurück (leider gibt es keine deutsche Übersetzung; „Dach-Matrix" wäre angemessen, ist aber ungebräuchlich). $\mathbf{H}$ ist eine $n \times n$-Matrix. Es ist

$$\mathbf{H} = \mathbf{X}(\mathbf{X}^T\mathbf{X})^{-1}\mathbf{X}^T .$$

$\mathbf{H}$ enthält als Diagonale die Einflusswerte der einzelnen Datenpunkte auf die Regression. Zudem, und das ist ihre Hauptfunktion, können wir mit ihr aus den Datenpunkten $\mathbf{Y}$ die vorhergesagten Werte $\widehat{\mathbf{Y}}$[23] berechnen:

$$\widehat{\mathbf{Y}} = \mathbf{H}\mathbf{Y} .$$

Und schließlich lassen sich auch die Effektquadrate der ANOVA aus diesen Matrizen berechnen. Dafür brauchen wir noch einen Korrekturfaktor $K = \mathbf{Y}^T\mathbf{1}\mathbf{1}^T\mathbf{Y}/n$. Dabei ist $\mathbf{1}$ ein Vektor von Länge n, bei dem alle Einträge 1 sind.

Die Gesamtquadrate berechnen sich als:

$$SS_{\text{gesamt}} = \mathbf{Y}^T\mathbf{Y} - \mathbf{K} .$$

Die Quadrate der Residuen sind:

$$SS_{\text{resid}} = \mathbf{b}^T\mathbf{Y}^T\mathbf{Y} - K .$$

Die Quadrate für die Effekte sind die Differenz:

$$SS_{\text{Effekt}} = \mathbf{Y}^T\mathbf{Y} - \mathbf{b}^T\mathbf{Y}^T\mathbf{Y} .$$

Wahrscheinlich werden wir dies selten auf diese Art selbst berechnen müssen. Trotzdem sei kurz ein Beispiel aus Crawley (2002) hier wiedergegeben. Es ist eine Regression von Holzvolumen gegen Umfang und Höhe der Bäume.

```
> Holz <- read.table("Holz.txt", header = T, dec = ",")
> attach(Holz)
```

Jetzt konstruieren wir $\mathbf{X}$, indem wir den Achsenabschnitten durch den Wert 1 und die anderen erklärenden Variablenwerte zu einer Matrix zusammenfügen:

```
> X <- cbind(1, Umfang, Hoehe)
```

[23] Gesprochen: „Ypsilon Dach", engl. *wai-hätt*.

Dann berechnen wir die Transponierte von **X**: `Xt`.

```
> Xt <- t(X)
```

Zunächst haben wir dann die Matrix $\mathbf{X}^\top\mathbf{X}$ (Matrixmultiplikationen müssen in Prozentzeichen gesetzt werden):

```
> Xt %*% X

                      Umfang      Hoehe
        31.0000  32.77230   706.8000
Umfang  32.7723  36.52706   754.6654
Hoehe  706.8000 754.66542 16224.6600
```

In der Diagonalen finden wir zunächst den Stichprobenumfang $n = 31$, dann die SS für Umfang und dann die SS für Höhe. Der zweite und dritte Wert in Spalte 1 ist jeweils die Summe der Werte für Umfang bzw. Höhe. Der noch fehlende Wert (unten Mitte bzw. rechts Mitte) ist die Summe der Produkte von Umfänge und Höhen. Wir rechnen kurz nach:

```
> sum(Umfang)

[1] 32.7723

> sum(Hoehe)

[1] 706.8

> sum(Umfang^2)

[1] 36.52706

> sum(Hoehe^2)

[1] 16224.66

> sum(Hoehe * Umfang)

[1] 754.6654
```

Als nächstes interessieren uns die Koeffizienten **b**. Die Funktion `solve` invertiert eine Matrix:

```
> b <- solve(Xt %*% X) %*% Xt %*% Volumen
> b

              [,1]
       -4.19899732
Umfang  4.27251096
Hoehe   0.08188343
```

Wir vergleichen dies mit den Koeffizienten aus dem linearen Modell:

```
> lm(Volumen ~ Umfang + Hoehe)

Call:
lm(formula = Volumen ~ Umfang + Hoehe)

Coefficients:
(Intercept)       Umfang        Hoehe
   -4.19900      4.27251      0.08188
```

Nur der Vollständigkeit halber berechnen wir jetzt noch die SS_{Residuen} des linearen Modells:[24]

```
> t(Volumen) %*% Volumen - t(b) %*% Xt %*% Volumen

         [,1]
[1,] 2.212518

> detach(Holz)
```

[24]Ob dies stimmt, kann man dann mittels `summary(aov(Volumen~Umfang+Hoehe))` nachprüfen.

Kapitel 16
Multiple Regression in R

I wish to perform brain surgery this afternoon at 4pm and don't know where to start. My background is the history of great statistician sports legends but I am willing to learn. I know there are courses and numerous books on brain surgery but I don't have the time for those. Please direct me to the appropriate HowTos, and be on standby for solving any problem I may encounter while in the operating room. Some of you might ask for specifics of the case, but that would require my following the posting guide and spending even more time than I am already taking to write this note.

I. Ben Fooled (aka Frank Harrell)

Am Ende dieses Kapitels ...

... kannst Du Regressionsmodelle mit zwei Prädiktoren fitten und visualisieren.

... hast Du zwei Ideen für den Umgang mit korrelierten Prädiktoren: Hauptkomponenten- und *Cluster*-Analyse.

... kannst Du eine 2-Wege-ANOVA notfalls auch per Hand rechnen.

... kannst Du eine schrittweise Vereinfachung eines Modells durchführen, sowohl per Hand, als auch automatisiert.

... endet auch das Buch.

In diesem Kapitel werden uns drei Themen beschäftigen. Zunächst folgt aus dem vorigen Kapitel die Umsetzung einer multiplen Regression in R. Damit verbunden ist die Darstellung und Interpretation von statistischen Interaktionen. Das zweite Thema ist der Umgang mit korrelierten Prädiktoren, dem wir uns mittels der Hauptkomponentenanalyse (PCA) nähern. Zudem schauen wir uns hier kurz eine Alternative, die *Cluster*-Analyse, an. Schießlich, im dritten Thema, beschäftigen wir uns mit der systematischen Vereinfachung von Modellen durch die Auswahl von erklärenden Variablen.

C.F. Dormann, *Parametrische Statistik*, Statistik und ihre Anwendungen,
DOI 10.1007/978-3-642-34786-3_16, © Springer-Verlag Berlin Heidelberg 2013

16.1 Interaktionen visualisieren und fitten

16.1.1 Zwei kategoriale Prädiktoren: Regression und ANOVA

Diesen in gewisser Hinsicht einfachsten Fall eines Modells mit zwei Prädiktoren werden wir uns am Beispiel der Kormorantauchdaten anschauen. Zunächst führen wir eine multiple Regression durch und versuchen, diese zu verstehen. Dann betrachten wir den gleichen Datensatz unter dem Blickwinkel der ANOVA.

Schauen wir uns erst noch einmal die Kormorandaten an (Abbildung 16.1):[1]

```
> kormoran <- read.table("kormoran.txt")
> kormoran$Jahreszeit <- factor(kormoran$Jahreszeit,
+        levels=c("F", "S", "H", "W"))
> attach(kormoran)
> library(lattice)
> xyplot(Tauchzeit ~ Jahreszeit | Unterart, data=kormoran, cex=1.5, pch=16,
+        scales=list(cex=1.5, alternating=F), xlab=list(cex=2),
+        ylab=list(cex=2), par.strip.text=list(cex=2))
```

Wir sehen einen klaren jahreszeitlichen Effekt und die größere Unterart (C) scheint tatsächlich etwas länger zu tauchen als die kleinere (S).

Führen wir jetzt zunächst eine multiple Regression *ohne Interaktion* durch, die uns die Effekte für Jahreszeit und Unterart berechnet. Konkret fitten wir folgendes Modell:

$$\begin{aligned}\mathbf{Tauchzeit} \sim \mathrm{N}(\mu = a + b\mathbf{JahreszeitS} + c\mathbf{JahrezeitH} + d\mathbf{JahreszeitW}\\ + e\mathbf{UnterartS}, \sigma = f)\end{aligned}$$

Dabei repräsentiert a den Schätzer für JahreszeitF und UnterartC, alle anderen Parameter sind die Abweichungen davon. Alle diese Variablen sind *dummies*, die aus den Faktoren Jahreszeit bzw. Unterart hervorgegangen sind. In R sieht das dann so aus:

```
> fm <- glm(Tauchzeit ~ Jahreszeit+Unterart, family=gaussian)
> summary(fm)

Call:
glm(formula = Tauchzeit ~ Jahreszeit + Unterart, family = gaussian)

Deviance Residuals:
    Min       1Q   Median       3Q      Max
-3.995   -0.965    0.025    0.970    5.345
```

[1]Der `xyplot` lässt sich zwar hervorragend anpassen, aber die Syntax ist gewöhnungsbedürftig. Im konkreten Fall bestimmt der Effekt vor dem senkrechten Strich („|") die x-Achse, für jedes Level des dahinterstehenden Faktors gibt es ein eigenes Panel. Argumente werden auf die Symbole angewandt, außer wenn sie spezifisch addressiert sind: Mit `cex=1.5` vergrößern wir also die Punkte, mit `scales=list(cex=1.5)` hingegen die Größe der Strich-Beschriftungen (F, S, H, W). Entsprechend wirken sich Argumente hinter `xlab` auf die x-Achsenbeschriftung aus und `par.strip.text` auf die Beschriftung im oberen Balken (dem sog. *strip*).

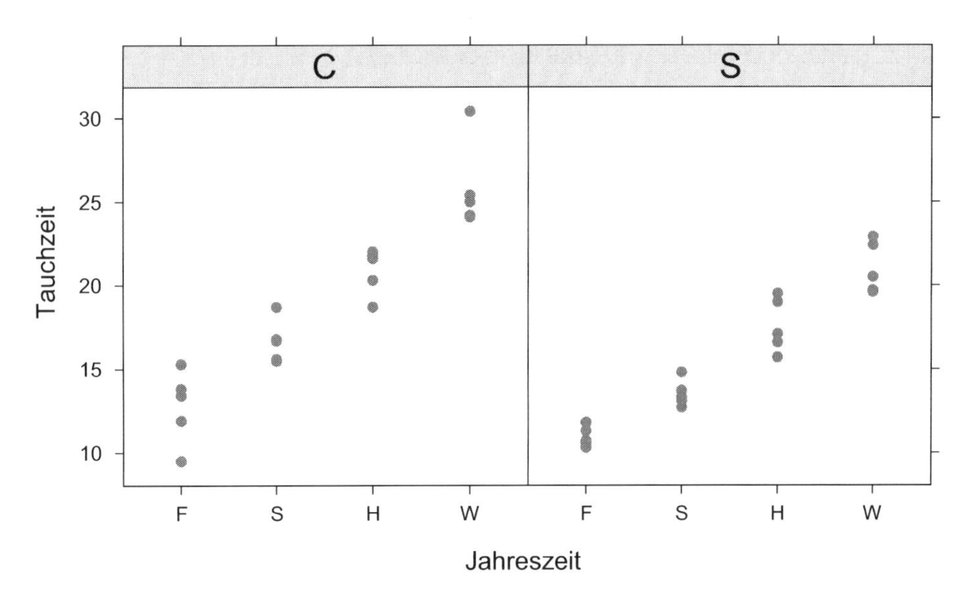

Abb. 16.1: Tauchzeit [in Minuten] der beiden europäischen Kormoranunterarten *Phalacrocorax carbo carbo* (C) und *sinensis* (S) in den vier Jahreszeiten in jeweils fünf Messungen

```
Coefficients:
            Estimate Std. Error t value Pr(>|t|)
(Intercept)  13.4950     0.5855  23.047  < 2e-16 ***
JahreszeitS   3.2300     0.7407   4.361 0.000109 ***
JahreszeitH   7.3700     0.7407   9.951 9.65e-12 ***
JahreszeitW  11.5600     0.7407  15.608  < 2e-16 ***
UnterartS    -3.2700     0.5237  -6.244 3.69e-07 ***
---
Signif. codes:  0 '***' 0.001 '**' 0.01 '*' 0.05 '.' 0.1 ' ' 1

(Dispersion parameter for gaussian family taken to be 2.742886)

    Null deviance: 959.100  on 39  degrees of freedom
Residual deviance:  96.001  on 35  degrees of freedom
AIC: 160.53

Number of Fisher Scoring iterations: 2
```

Versuchen wir, diese Ausgabe zu interpretieren: Zunächst haben wir da einen Achsenabschnitt, der den Mittelwert des alphanumerisch ersten Levels darstellt (also Jahreszeit F für Unterart C), mit einem Wert von 13.5. Für die Jahreszeiten gibt es jetzt drei „Geradensteigungen": jeweils von F nach S, von F nach H und von F nach W mit Werten von 3.23, 7.37 und 11.56. Die Unterart S wird auch relativ zur Unterart C im Frühjahr angegeben und liegt um 3.27 Einheiten niedriger (siehe Abbildung 16.1, links unten).

Die gerade berechneten Regressionskoeffizienten berücksichtigen nicht mögliche Wechselwirkungen von Unterart und Jahreszeit. Sie repräsentieren nur die gleichzeitig durchgeführten bivariaten Regressionen. Da Unterart und Jahreszeit miteinander interagieren können, also die Unterarten etwa im Sommer gleiche, aber im Winter unterschiedliche Tauchzeiten haben, müssen wir drei weitere Koeffizienten bestimmen: `JahreszeitS:UnterartS`, `JahreszeitH:UnterartS` und `JahreszeitW:UnterartS`. Diese drei Koeffizienten geben also die Abweichung für die drei Jahreszeiten von dem Wert an, der sich aus `JahreszeitF` und `UnterartC` errechnen lässt:

$$\begin{aligned}\textbf{Tauchzeit} \sim \mathrm{N}(\mu = a + b\textbf{JahreszeitS} + c\textbf{JahrezeitH} + d\textbf{JahreszeitW} \\ + e\textbf{UnterartS} + f\textbf{JahrezeitS} \cdot \textbf{UnterartS} \\ + g\textbf{JahrezeitH} \cdot \textbf{UnterartS} \\ + h\textbf{JahrezeitW} \cdot \textbf{UnterartS}, \sigma = i)\end{aligned}$$

```
> summary(fm2 <- glm(Tauchzeit ~ Unterart * Jahreszeit, family=gaussian))

Call:
glm(formula = Tauchzeit ~ Unterart * Jahreszeit, family = gaussian)

Deviance Residuals:
   Min       1Q   Median       3Q      Max
-3.280  -0.905  -0.290   0.945    4.580

Coefficients:
                      Estimate Std. Error t value Pr(>|t|)
(Intercept)            12.7800     0.7288  17.535  < 2e-16 ***
UnterartS              -1.8400     1.0307  -1.785 0.083720 .
JahreszeitS             3.8800     1.0307   3.764 0.000676 ***
JahreszeitH             8.1000     1.0307   7.859 5.76e-09 ***
JahreszeitW            13.0400     1.0307  12.651 5.38e-14 ***
UnterartS:JahreszeitS  -1.3000     1.4577  -0.892 0.379139
UnterartS:JahreszeitH  -1.4600     1.4577  -1.002 0.324051
UnterartS:JahreszeitW  -2.9600     1.4577  -2.031 0.050671 .
---
Signif. codes:  0 '***' 0.001 '**' 0.01 '*' 0.05 '.' 0.1 ' ' 1

(Dispersion parameter for gaussian family taken to be 2.656)

    Null deviance: 959.100  on 39  degrees of freedom
Residual deviance:  84.992  on 32  degrees of freedom
AIC: 161.66

Number of Fisher Scoring iterations: 2
```

Keiner der Interaktionskoeffizienten ist signifikant von 0 unterschiedlich, was darauf hindeutet, dass es tatsächlich keine Interaktion zwischen Jahreszeit und Unterart gibt. Um dies herauszubekommen, lassen wir uns die ANOVA-Tabelle ausgeben. Darin wird auf die Signifikanz der Effekte über alle Level hinweg getestet.

```
> anova(fm2, test="F")

Analysis of Deviance Table

Model: gaussian, link: identity

Response: Tauchzeit

Terms added sequentially (first to last)


                     Df Deviance Resid. Df Resid. Dev       F    Pr(>F)
NULL                                    39     959.10
Unterart              1   106.93        38     852.17 40.2594 4.013e-07 ***
Jahreszeit            3   756.17        35      96.00 94.9009 5.185e-16 ***
Unterart:Jahreszeit   3    11.01        32      84.99  1.3817    0.2661
---
Signif. codes:  0 '***' 0.001 '**' 0.01 '*' 0.05 '.' 0.1 ' ' 1
```

Und tatsächlich ist die Interaktion laut ANOVA-Tabelle nicht signifikant. In diesem Fall würden wir das Modell vereinfachen, also die Interaktion eliminieren, und erhielten wieder unser früheres Modell `fm`. Hier dessen ANOVA-Tabelle:[2]

```
> anova(fm, test="F")

Analysis of Deviance Table

Model: gaussian, link: identity

Response: Tauchzeit

Terms added sequentially (first to last)


           Df Deviance Resid. Df Resid. Dev      F    Pr(>F)
NULL                          39     959.10
Jahreszeit  3   756.17        36     202.93 91.895 < 2.2e-16 ***
Unterart    1   106.93        35      96.00 38.984 3.691e-07 ***
---
Signif. codes:  0 '***' 0.001 '**' 0.01 '*' 0.05 '.' 0.1 ' ' 1
```

[2]Offensichtlich hätten wir hier statt `glm` auch `lm` benutzen können. Aus einem `lm`-Objekt könnten wir sowohl mittels anova als auch mittels `summary(aov(.))` die ANOVA-Tabelle konstruieren lassen. Der hier gewählte Weg ist konsistenter mit der Denkweise des Buches, dass alles ein GLM ist.

Wenn wir alle diese Koeffizienten berechnet haben, können wir den vorhergesagten Wert einer Beobachtung daraus rekonstruieren. Dies ist praktisch eine dreidimensionale Rekonstruktion der Daten. Dimensionen 1 und 2 sind Unterart und Jahreszeit, während die Tauchzeit die dritte Dimension darstellt. Wenn wir den vorhergesagten Mittelwert für die Unterart `S` im Herbst wissen wollen, so addieren wir folgende Koeffizienten des obigen Modells: `(Intercept)+UnterartS+JahreszeitH +UnterartS:JahreszeitH` $= 12.78 - 1.84 + 8.10 - 1.46 = 17.58$. In R geht das natürlich auch direkt mittels der Funktion `predict`:

```
> predict(fm, newdata=data.frame(Unterart="S", Jahreszeit="H"))

     1
17.595
```

Wir interpretieren diese Analyse zusammenfassend wie folgt: Die beiden Unterarten unterscheiden sich signifikant in ihrer Tauchdauer, wobei *sinensis* etwa 3.3 Minuten kürzer taucht als *carbo* (13.5 ± 0.59 min). Ebenso ist ein deutlicher Effekt der Jahreszeit nachzuweisen: Im Frühjahr ist die Tauchzeit am kürzesten (13.5 min) und wird über Sommer (16.7 min), Herbst (20.8 min) in den Winter (25.1 min) immer länger. Insgesamt können wir $R^2 = 89\,\%$ der Varianz erklären, wobei der Jahreszeiteneffekt (partieller $R^2 = 79\,\%$) stärker ist als der der Unterart (partieller $R^2 = 11\,\%$).[3]

16.1.2 Ein kontinuierlicher und ein kategorialer Prädiktor

Im nächst-komplizierteren Schritt schauen wir uns eine multiple Regression mit einem kontinuierlichen und einem kategorialen Prädiktor an. Für normalverteilte Daten benutzt man dafür häufig den Begriff ANCOVA, *analysis of co-variance* (die kontinuierliche Variable ist dann die Kovariate zur kategorialen). Dies liegt daran, dass ANOVA in den 80er Jahren vor allem für die Analyse manipulativer Experimente benutzt wurde. Die manipulierten Faktoren waren nahezu ausschließlich kategorial (mit und ohne Dünger, Herbivoren oder Konkurrenz). Variablen, die etwa die Versuchseinheiten näher beschrieben, ohne Teil der Manipulation zu sein (etwa Alter, pH) wurden dann in die Analyse als möglicherweise erklärende, aber eigentlich nicht im zentralen Interesse stehende Ko-Variablen mit untersucht. Inzwischen sind die Experimente bisweilen komplexer (10 Düngestufen, Untersuchung von Alterseffekten) und die Ko-Variablen sind ebenfalls zum Gegenstand der Forschung geworden. Nur aus nostalgischen Gründen hängen wir noch immer an der Bezeichnung ANCOVA.

Nehmen wir als Beispiel zwei erklärende Variablen, eine kategorial, die andere kontinuierlich. Dann können wir die im vorigen Abschnitt durchgeführten Berechnungen sowohl für die eine, als auch für die andere Variable durchführen.

[3] Beide wurden aus den *deviances* $= SS$ berechnet: Jahreszeit: $756.17/(756.17 + 106.93 + 96)$ und Unterart: $106.93/(756.17 + 106.93 + 96)$.

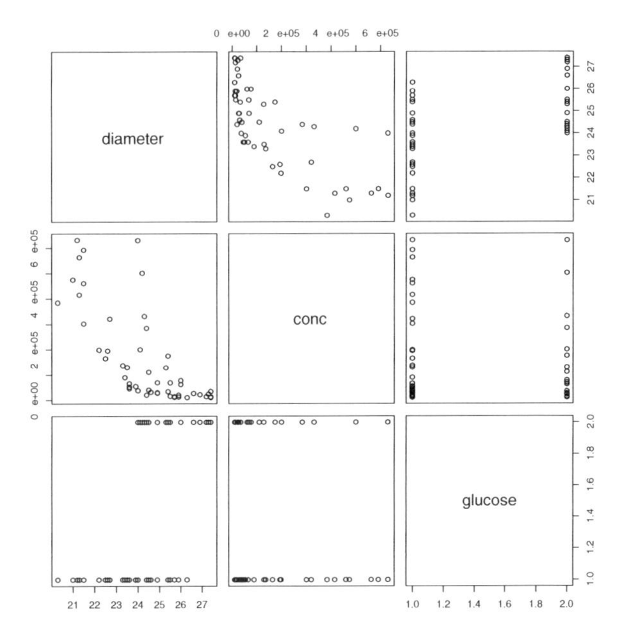

Abb. 16.2: *Scatterplot* der Variablen Zelldurchmesser, Zellendichte und Glukosezusatz. Wir sehen einen deutlichen nicht-lineare Zusammenhang zwischen Zelldurchmesser und Zellendichte. Der Effekt von Glukose ist ebenfalls erahnbar

Dabei unterscheiden sich nur die Art und Weise, wie wir die vorhergesagten Werte berechnen. Bei der kontinuierlichen geschieht dies identisch zur Regression (also über die Regressionsgeradengleichung), und bei der kategorialen (wie oben vorgeführt) über den Mittelwert der Gruppen. Auf eine explizite mathematische Formulierung sei hier verzichtet, da sie sich nicht wirklich von der im Abschnitt 15.4.1 auf Seite 286 vorgestellten unterscheidet. Wer gerne die Herleitung jedes einzelnen *SS*-Wertes vorgerechnet bekommen möchte, sei auf Underwood (1997) verwiesen.

In den vorigen Beispielen waren die Interaktionen nicht signifikant. Um Interaktionen zwischen Variablen verstehen zu können, sollten wir uns erst einmal ein entsprechendes Beispiel anschauen.[4] In einem Versuch wurde der Durchmesser von *Tetrahymena*-Zellen (ein Süßwasserziliat) in Kulturen unterschiedlicher Zellendichte und mit/ohne Glukosezusatz gemessen. Zunächst laden wir die Daten ein und plotten alle Variablen gegeneinander.

```
> ancova <- read.table("ancova.data.txt", header = T)
> attach(ancova)
> plot(ancova)
```

Wir sehen (Abbildung 16.2), dass der Zusammenhang zwischen `diameter` und `conc` nicht-linear ist, und untersuchen deshalb im Weiteren logarithmierte Konzentrationsdaten. Den Faktor mit oder ohne Glukose benennen wir entsprechend.

[4]Dieses Beispiel kommt, etwas modifiziert, aus Dalgaard (2002).

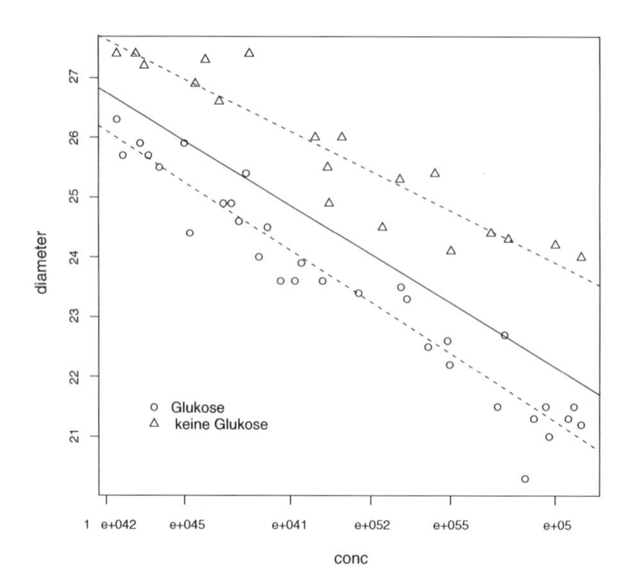

Abb. 16.3: Zelldurchmesser von *Tetrahymena* in Abhängigkeit von der logarithmierten Zelldichte, für Kulturen mit und ohne Glukose. Die *durchgezogene Linie* stellt die Regression für alle Datenpunkte dar, die *gestrichelten* für die beiden Glukose-Behandlungen separat

Dann schauen wir uns die Daten für beide erklärenden Variablen zusammen in einer Grafik an (Abbildung 16.3).

```
> glucose <- factor(glucose, labels = c("Ja", "Nein"))
> plot(diameter ~ log10(conc), pch = as.numeric(glucose))
> legend(4.2, 22, legend = c("Glukose", "keine Glukose"), pch = 2:1,
+         bty = "n")
> abline(lm(diameter ~ log10(conc)))
```

Jetzt benutzen wir den Befehl `lm`, um für beide Glukosekonzentrationen unterschiedliche Regressionen fitten und in die Abbildung einzuzeichnen.

```
> tethym.gluc <- ancova[glucose == "Ja", ]
> tethym.nogluc <- ancova[glucose == "Nein", ]
> lm.nogluc <- lm(diameter ~ log10(conc), data = tethym.nogluc)
> lm.gluc <- lm(diameter ~ log10(conc), data = tethym.gluc)
> abline(lm.nogluc, lty = 2)
> abline(lm.gluc, lty = 2)
```

Aber unterscheiden sich diese Regressionen denn? Zur Beantwortung dieser Frage betrachten wir die Interaktion zwischen `log10(conc)` und `glucose`. Damit implizieren wir folgendes Modell:

$$\mathbf{diameter} \sim N(\mu = a + b\log_{10}(\mathbf{conc}) + c\mathbf{glucoseNein} + d\log_{10}(\mathbf{conc}) \cdot \mathbf{glucoseNein}, \sigma = e)$$

```
> fm3 <- aov(diameter ~ log10(conc) * glucose)
> summary(fm3)

                    Df  Sum Sq Mean Sq  F value   Pr(>F)
log10(conc)          1 115.217 115.217 530.7983 < 2e-16 ***
glucose              1  53.086  53.086 244.5652 < 2e-16 ***
log10(conc):glucose  1   1.548   1.548   7.1296 0.01038 *
Residuals           47  10.202   0.217
---
Signif. codes:  0 '***' 0.001 '**' 0.01 '*' 0.05 '.' 0.1 ' ' 1
```

In der Tat liegt hier eine signifikante Interaktion zwischen Zellenkonzentration und Glukosebehandlung vor. Lassen wir uns, um die Koeffizienten zu erhalten, auch noch das lineare Modell anzeigen:

```
> summary(lm(fm3))

Call:
lm(formula = fm3)

Residuals:
    Min      1Q  Median      3Q     Max
-1.2794 -0.1912  0.0118  0.2656  0.9552

Coefficients:
                        Estimate Std. Error t value Pr(>|t|)
(Intercept)              37.5594     0.7138  52.618   <2e-16 ***
log10(conc)              -2.8610     0.1444 -19.820   <2e-16 ***
glucoseNein              -1.1224     1.2187  -0.921   0.3617
log10(conc):glucoseNein   0.6621     0.2479   2.670   0.0104 *
---
Signif. codes:  0 '***' 0.001 '**' 0.01 '*'0.05 '.' 0.1 ' ' 1

Residual standard error: 0.4659 on 47 degrees of freedom
Multiple R-Squared: 0.9433,     Adjusted R-squared: 0.9397
Signif. codes:  0 '***' 0.001 '**' 0.01 '*' 0.05 '.' 0.1 ' ' 1
```

Was bedeutet eine signifikante Interaktion zwischen einer kategorischen und einer kontinuierlichen erklärenden Variablen? Sie bedeutet schlicht, dass die Steigung der Ko-Variablen (d. h. der kontinuierlichen Variablen) für die Level der kategorischen Variablen signifikant unterschiedlich ist.

Schauen wir uns obige `lm`-Tabelle an: Zunächst haben wir einen signifikanten Achsenabschnitt (`(Intercept)`), der dadurch zustandekommt, dass die Werte für den Zelldurchmesser nicht um 0 zentriert sind (Abbildung 16.4a). Dies entspricht einer Regression in der lediglich ein Achsenabschnitt gefittet wird:[5]

[5]Der `par(mfrow(...))`-Befehl lässt uns vier Graphiken in eine Abbildung bringen; mit dem `mtext`-Befehl erzeugen wir die Beschriftung der x- und y-Achsen.

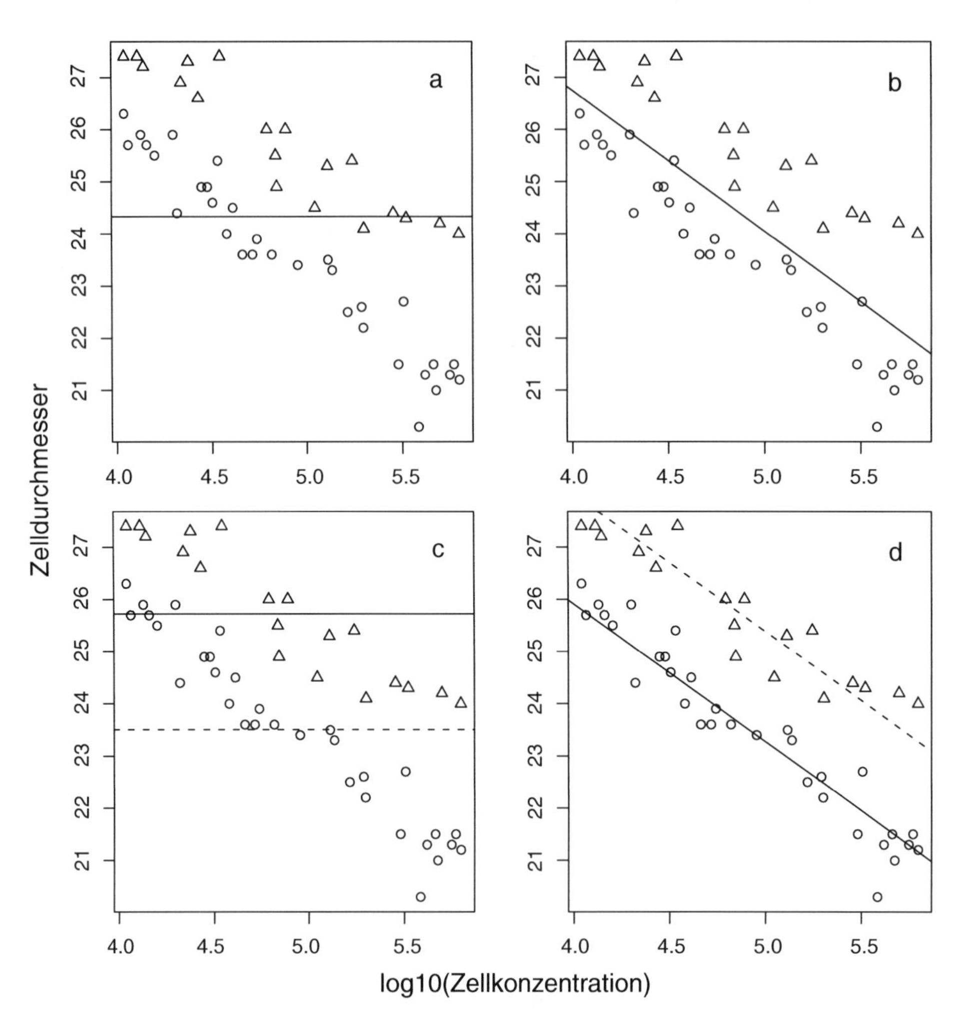

Abb. 16.4: Zelldurchmesser von *Tetrahymena* in Abhängigkeit von der logarithmierten Zellendichte, für Kulturen mit und ohne Glukose. Die *Linien* stellen die Regressionen für das jeweilige Modell dar: a) nur Achsenabschnitt, b) nur $\log_{10}$(Zellendichte), c) nur Glukoseeffekt, d) $\log_{10}$(Zellendichte) plus Glukoseeffekt. Die Interaktion von Zellendichte und Glukose ist in Abbildung 16.5 dargestellt. *Gestrichelte Linien* stellen Modelle ohne, *fein durchgezogene* solche mit Glukose dar

```
> par(mfrow = c(2, 2))
> bsp1 <- lm(diameter ~ 1)
> plot(diameter ~ log10(conc), pch = as.numeric(glucose), ylab = "")
> abline(h = coef(bsp1))
> text(5.7, 27, "a", cex = 2)
> mtext("Zelldurchmesser", side = 2, line = 0, outer = T)
> mtext("log10(Zellkonzentration)", side = 1, line = 0, outer = T)
```

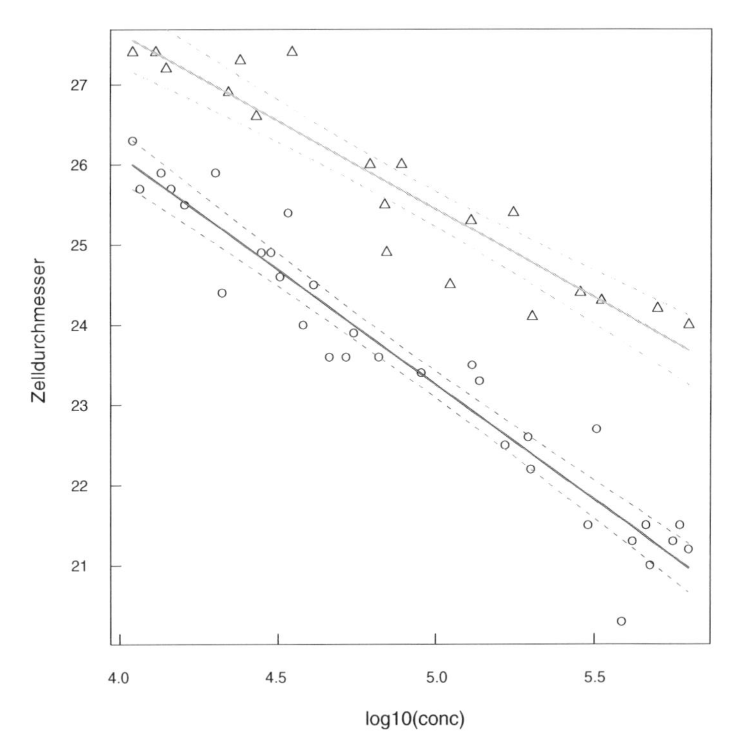

Abb. 16.5: Zelldurchmesser von *Tetrahymena* in Abhängigkeit von der logarithmierten Zellendichte, für Kulturen mit (*Dreiecke*) und ohne Glukose (*Punkte*). Die *Linien* stellen die Regressionen für das jeweilige Modell dar, jeweils mit 95 %-Konfidenzintervall

Als nächstes sehen wir, dass der Effekt der Zellkonzentration signifikant ist (`log10 (conc)`, Abbildung 16.4b). Also ist der Zelldurchmesser abhängig von der Zellkonzentration. Dies entspricht einem Modell mit Achsenabschnitt und Zellkonzentration:

```
> bsp2 <- lm(diameter ~ log10(conc))
> plot(diameter ~ log10(conc), pch = as.numeric(glucose), ylab = "")
> abline(bsp2)
> text(5.7, 27, "b", cex = 2)
```

Der Effekt der Glukose ist ebenfalls signifikant (`glucoseNein`, Abbildung 16.4c). Dies bedeutet, dass Zellen in glukosehaltigen Kulturen signifikant größer werden. Unser Modell enthält nun neben dem Achsenabschnitt noch den Glukoseeffekt:

```
> bsp3 <- lm(diameter ~ glucose)
> plot(diameter ~ log10(conc), pch = as.numeric(glucose), ylab = "")
> abline(h = coef(bsp3)[1] + coef(bsp3)[2])
> abline(h = coef(bsp3)[1], lty = 2)
> text(5.7, 27, "c", cex = 2)
```

Im nächsten Schritt fügen wir sowohl den Zellendichte-Term als auch den Glukoseeffekt ein, und zwar additiv:

```
> bsp4 <- lm(diameter ~ log10(conc) + glucose)
> plot(diameter ~ log10(conc), pch = as.numeric(glucose), ylab = "")
> abline(a = bsp4$coef[1], b = bsp4$coef[2], lty = 1)
> abline(a = (bsp4$coef[1] + bsp4$coef[3]), b = bsp4$coef[2], lty = 2)
> text(5.7, 27, "d", cex = 2)
> par(mfrow = c(1, 1))
```

Und schlussendlich ist die Interaktion signifikant, d. h. der Effekt der Zellendichte ist unterschiedlich in Kulturen mit und ohne Glukose (Abbildung 16.3). Somit hat Glukose dann doch einen Effekt, aber dieser ist nur dann bemerkbar, wenn wir die Zellendichte berücksichtigen.

Anders formuliert stellt der Test der Glukosebehandlung einen Test auf unterschiedliche Achsenabschnitte der Zellendichte-Regressionsgeraden dar. Ist er signifikant, so sind die Regressionsgeraden parallel, aber nicht identisch (Abbildung 16.4d). Der Interaktionseffekt hingegen stellt einen Test auf Unterschiedlichkeit der Steigung der Regressiongeraden dar. Ist er signifikant, so haben zwar beide den gleichen Achsenabschnitt, aber unterschiedliche Steigungen. Sind sowohl die kategoriale Variable als auch die Interaktion signifikant, so liegen sowohl unterschiedliche Achsenabschnitte und Steigungen vor (Abbildung 16.3).

Schlussendlich wollen wir aber auch noch die Geradengleichungen für diese Regressionen aus der Tabelle ablesen können. Wie geht das? Zunächst erinnern wir uns, dass die Geradengleichung aus einem y-Achsenabschnitt und der Steigung besteht. Desweiteren vergegenwärtigen wir uns nochmal, dass der Effekt `glucoseNein` und `log10(conc):glucoseNein` in der oberen `summary` den *Unterschied* zum Level `glucoseJa` bzw. `log10(conc)` darstellen. Dann ergibt sich die Geradengleichung für die `glucoseJa`-Regression als:[6]

$$\text{Intercept} + est_{\log_{10}(\text{conc})} \cdot \log_{10}(\text{conc}) = 37.6 - 2.9 \cdot \log_{10}(\text{conc})$$

Für die `glucoseJa`-Regression werden Achsenabschnitt und Steigung um den Schätzwert `glucoseNein` bzw. `log10(conc):glucoseNein` verändert:

$$(\text{Intercept} + est_{\text{glucoseNein}}) + (est_{\log_{10}(\text{conc})} + est_{\log_{10}(\text{conc}):\text{glucoseNein} \cdot \log_{10}(\text{conc})}$$
$$= (37.6 - 1.1) + (-2.9 + 0.7) \cdot \log_{10}(\text{conc})$$

Mit Hilfe dieser Logik haben wir ja auch gerade die Geradengleichung in die Abbildung eingezeichnet.

Während Abbildung 16.3 nützlich ist, um zu verstehen, was die unterschiedlichen Modelle bedeuten, und was eine Interaktion ist, widerspricht es doch der guten Praxis, Regressionslinien über den Wertebereich der Datenpunkte hinaus zu

[6] „`est`" steht für *estimate*, also den Schätzer des Effekts, sprich den Wert, den wir in der Regressionszusammenfassung ausgegeben erhalten.

verlängern. Außerdem wäre sinnvoll, auch die Konfidenzintervalle für diese Regression abbilden zu können. Da die Mathematik hinter der Berechnung der Konfidenzintervalle hier zu weit führen würde, beschränken wir uns auf den R-code für das Einfügen einer Linie über den Wertebereich sowie deren Konfidenzintervalle.[7]

Wir beginnen mit dem Plot der Datenpunkte, benutzen dann das Modell mit der Interaktion (`fm3`), um die Regressionsgeraden und ihre Konfidenzintervalle zu plotten. Dazu berechnen wir für neue Datenpunkte im Wertebereich den Vorhersagewert nebst Konfidenzinterval. Mit der Funktion `matlines` können wir dann mehrere Linien auf einmal in die Abbildung legen. Diese Prozedur machen wir einmal für die eine Gerade, dann nochmals für die andere. Die (rein optische) Wirkung der Optionen `las` und `tcl` kann man unter `?par` nachlesen.

```
> plot(diameter ~ log10(conc), pch = as.numeric(glucose),
+         ylab="Zelldurchmesser", las=1, tcl=0.5)
> newconc <- seq(min(conc), max(conc), len=50)
> # Ja-Gerade:
> newdat.Ja <- data.frame("conc"=newconc, glucose=c("Ja"))
> pred.Ja <- predict(fm3, newdata=newdat.Ja, interval="confidence")
> matlines(log10(newdat.Ja$conc), pred.Ja, lty=c(1,2,2), lwd=c(2,1,1),
+         col="grey30")
> # Nein-Gerade:
> newdat.Nein <- data.frame("conc"=newconc, glucose=c("Nein"))
> pred.Nein <- predict(fm3, newdata=newdat.Nein, interval="confidence")
> matlines(log10(newdat.Nein$conc), pred.Nein, lty=c(1,2,2), lwd=c(2,1,1),
+         col="grey70")
```

16.1.3 Multiple Regression mit zwei kontinuierlichen Variablen

Nähern wir uns dem Problem wieder mittels eines Beispiels. Paruelo & Lauenroth (1996) haben in Nordamerika an 73 Orten eine Vegetationsaufnahme durchgeführt. Hier untersuchen wir die Wurzel des Anteil C3-Arten in der Aufnahme.[8] Zur Vorhersage stehen uns Jahresdurchschnittstemperatur (*mean annual temperature*, MAT), Jahresniederschlag (*mean annual precipitation*, MAP), Anteil des Sommerniederschlags (JJAMAP) bzw. des Winterniederschlag (DJFMAP) zur Verfügung, sowie die Längen- und Breitengrade der Aufnahme (LONG, LAT).

Als ersten Schritt schauen wir uns erst einmal an, ob die Umweltvariablen untereinander korreliert sind (Abbildung 16.6):

---

[7]Es gibt unterschiedliche Konfidenzintervalle! Wir beschränken uns hier auf den Konfidenzbereich, mit dem die Daten die Schätzung der Regressionsgerade zulassen (Option `interval='confidence'`). Sie gibt an, wo bei einem neuen Datensatz des gleichen Umfangs die Gerade liegen würde. Darüberhinaus gibt es ein (größeres) Vorhersageintervall, dass den Bereich angibt, in den mit 95 %-iger Wahrscheinlichkeit *ein neuer* Wert fallen würden (Option `interval='prediction'`) (Abbildung 16.5).

[8]Das Beispiel ist dem exzellenten Buch Quinn & Keough (2002) entnommen, und wie diese werden wir ohne weitere Kommentare den Anteil C3-Arten einfach transformieren und dann analysieren. Quinn & Keough (2002) benutzen ein logarithmische Transformation, die Wurzel ist aber m. E. etwas geeigneter (sprich die Daten danach etwas „normaler“ als beim Logarithmus.)

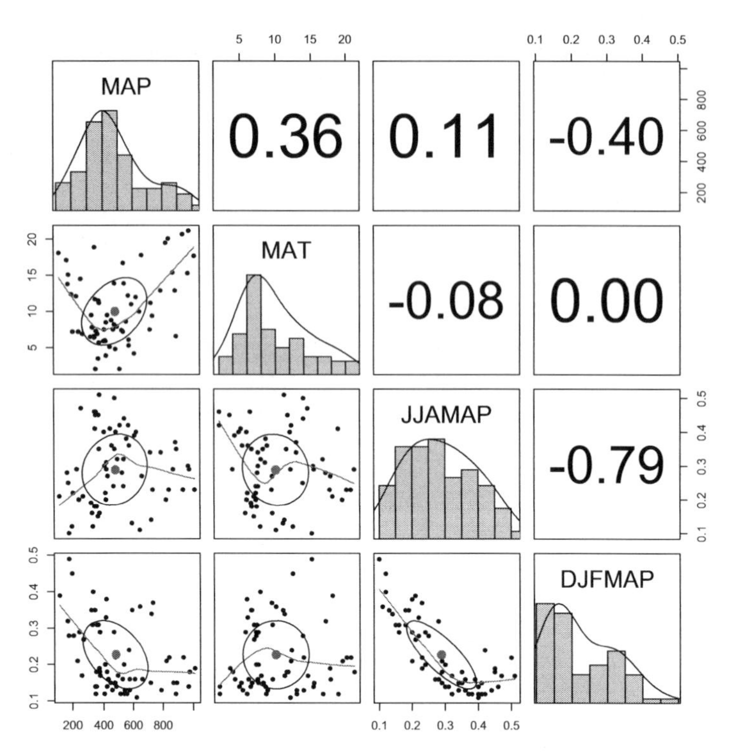

Abb. 16.6: Paarweiser *scatterplot* (*unteres Dreieck*) bzw. Pearson Korrelationen (*oberes Dreieck*) zusammen mit den Histogrammen der Prädiktoren (*Diagonale*). Der stark negative Zusammenhang zwischen JJAMAP und DJFMAP ist deutlich zu sehen

```
> paruelo <- read.delim("paruelo.txt")
> paruelo$wc3 <- sqrt(paruelo$C3)
> attach(paruelo)
> library(psych)
> pairs.panels(paruelo[,2:5])
```

Sommer- und Winterniederschlag sind eindeutig stark negativ korreliert. Wir nehmen also nur einen davon in unser Modell. Ausgehend von der Logik, dass im Winter weniger wächst als im Sommer und dann der Niederschlag also nicht so wichtig sein sollte, wählen wir den Sommerniederschlag (JJAMAP).

Jetzt führen wir alle Prädiktoren in einem maximal komplexen Modell zusammen: alle drei Prädiktoren, alle drei 2-Wege- und die 3-Wege-Interaktionen.[9]

$$\mathbf{wc3} \sim \mathrm{N}(\mu = a + b\mathbf{MAP} + c\mathbf{MAT} + d\mathbf{JJAMAP} + e\mathbf{MAP} \cdot \mathbf{MAT} + f\mathbf{MAP} \cdot \mathbf{JJAMAP} \\ + g\mathbf{MAT} \cdot \mathbf{JJAMAP} + h\mathbf{MAP} \cdot \mathbf{MAT} \cdot \mathbf{JJAMAP}, \sigma = i)$$

[9] Quinn & Keough (2002) benutzen Breiten- und Längengrad ebenfalls als Prädiktoren. Ich halte das für logisch falsch, da sich Längen- und Breitengrade nicht auf Pflanzen auswirken können. Außerdem sind sie stark mit dem Klima korreliert, was zu Kollinearitätsproblemen führt (siehe Abschnitt 15.3 auf Seite 274). Erweitere den `pairs.panels`-Plot (Abbildung 16.6) um diese beiden Variablen und bestätige dies.

Der R-Syntax nimmt uns aber die Arbeit ab, alle diese Interaktionen per Hand niederschreiben zu müssen:

```
> fm <- lm(wc3 ~ MAP*MAT*JJAMAP)
> anova(fm)
```

```
Analysis of Variance Table

Response: wc3
              Df Sum Sq Mean Sq F value    Pr(>F)
MAP            1 0.0000 0.00002  0.0003   0.98594
MAT            1 1.9615 1.96153 35.7762 1.043e-07 ***
JJAMAP         1 0.1003 0.10034  1.8301   0.18080
MAP:MAT        1 0.0297 0.02966  0.5409   0.46470
MAP:JJAMAP     1 0.0158 0.01584  0.2888   0.59281
MAT:JJAMAP     1 0.2818 0.28176  5.1389   0.02673 *
MAP:MAT:JJAMAP 1 0.0002 0.00017  0.0032   0.95536
Residuals     65 3.5638 0.05483
---
Signif. codes:  0 '***' 0.001 '**' 0.01 '*' 0.05 '.' 0.1 ' ' 1
```

Offensichtlich ist die 3-Wege-Interaktion nicht signifikant, wir können sie also aus dem Modell herausnehmen. Es gibt mehrere Arten, dies zu tun, hier die einfachste:

```
> fm2 <- update(fm, .~.-MAP:MAT:JJAMAP)
> anova(fm2)
```

`update` verändert das angegebene Modell (`fm`) entsprechend den dann folgenden Anweisungen. Der Ausdruck `.~.` bedeutet, dass die linke Seite der Formel (vor der Tilde) und die rechte Seite der Formel (hinter der Tilde) zunächst unverändert übernommen werden sollen. Mit -/+ werden Effekte heraus- bzw. hinzugenommen. Hier schmeißen wir also die 3-Wege-Interaktion gezielt raus. Wir erhalten:

```
Analysis of Variance Table

Response: wc3
          Df Sum Sq Mean Sq F value    Pr(>F)
MAP        1 0.0000 0.00002  0.0003   0.98583
MAT        1 1.9615 1.96153 36.3248 8.319e-08 ***
JJAMAP     1 0.1003 0.10034  1.8582   0.17747
MAP:MAT    1 0.0297 0.02966  0.5492   0.46127
MAP:JJAMAP 1 0.0158 0.01584  0.2933   0.58996
MAT:JJAMAP 1 0.2818 0.28176  5.2177   0.02558 *
Residuals 66 3.5640 0.05400
---
Signif. codes:  0 '***' 0.001 '**' 0.01 '*' 0.05 '.' 0.1 ' ' 1
```

Jetzt sind zwei der 2-Wege-Interaktionen weiterhin nicht signifikant. Dürfen wir diese (eine nach der anderen) herausnehmen, oder verletzt das das Marginalitätsprinzip? Wir dürfen! `MAP:JJAMAP` ist nicht Teil von irgendeiner anderen Interaktion. *Nicht* herausnehmen dürfen wir hier `JJAMAP`, da die noch in zwei Interaktionen steckt. Wir löschen als nächstes diejenige Interaktion, die am wenigsten Varianz erklärt, `MAP:JJAMAP`:

```
> fm3 <- update(fm2, .~.-MAP:JJAMAP)
> anova(fm3)

Analysis of Variance Table

Response: wc3
           Df Sum Sq Mean Sq F value    Pr(>F)
MAP         1 0.0000 0.00002  0.0003   0.98574
MAT         1 1.9615 1.96153 36.7812 6.843e-08 ***
JJAMAP      1 0.1003 0.10034  1.8815   0.17474
MAP:MAT     1 0.0297 0.02966  0.5561   0.45844
MAT:JJAMAP  1 0.2885 0.28849  5.4095   0.02306 *
Residuals  67 3.5731 0.05333
---
Signif. codes:  0 '***' 0.001 '**' 0.01 '*' 0.05 '.' 0.1 ' ' 1
```

Und ähnlich verfahren wir jetzt mit `MAP:MAT`:

```
> fm4 <- update(fm3, .~.-MAP:MAT)
> anova(fm4)

Analysis of Variance Table

Response: wc3
           Df Sum Sq Mean Sq F value    Pr(>F)
MAP         1 0.0000 0.00002  0.0003   0.98567
MAT         1 1.9615 1.96153 37.1705 5.756e-08 ***
JJAMAP      1 0.1003 0.10034  1.9014   0.17244
MAT:JJAMAP  1 0.3028 0.30279  5.7379   0.01936 *
Residuals  68 3.5884 0.05277
---
Signif. codes:  0 '***' 0.001 '**' 0.01 '*' 0.05 '.' 0.1 ' ' 1
```

Weiter können wir das Modell nicht vereinfachen: `JJAMAP` ist Teil einer signifikanten Interaktion. Wie gut ist denn jetzt unser Modell, und wie sehen die Effekte aus?

```
> summary(fm4)

Call:
lm(formula = wc3 ~ MAP + MAT + JJAMAP + MAT:JJAMAP)

Residuals:
     Min       1Q   Median       3Q      Max
-0.53269 -0.16411 -0.00075  0.15794  0.42541
```

```
Coefficients:
              Estimate Std. Error t value Pr(>|t|)
(Intercept)  0.3444225  0.2081817   1.654   0.1026
MAP          0.0002565  0.0001380   1.859   0.0674 .
MAT          0.0070555  0.0201479   0.350   0.7273
JJAMAP       1.1290855  0.6740891   1.675   0.0985 .
MAT:JJAMAP  -0.1506714  0.0629007  -2.395   0.0194 *
---
Signif. codes:  0 '***' 0.001 '**' 0.01 '*' 0.05 '.' 0.1 ' ' 1

Residual standard error: 0.2297 on 68 degrees of freedom
Multiple R-squared: 0.3972,       Adjusted R-squared: 0.3618
F-statistic:  11.2 on 4 and 68 DF,  p-value: 4.864e-07
```

Wir können also 36 % der Varianz erklären, was für einen ökologischen Datensatz gar nicht so schlecht ist. Nur MAP können wir direkt interpretieren (weil MAT und JJAMAP in einer Interaktion vorliegen ist das nicht so einfach): Je mehr es im Jahr regnet, desto größer ist der Anteil Pflanzenarten mit C3-Photosynthese.

Um die Interaktion interpretieren zu können, müssen wir sie erst visualisieren. Bei zwei kontinuierlichen Variablen ist das nicht ganz einfach. Abbildung 16.7 stellt eine 2-D-Variante vor. Mittels sogenannte Effektplots werden die Variablen so einfach wie möglich dargestellt. In unserem Fall können wir ja den Effekt von `MAP` darstellen, ohne auf `MAT` und `JJAMAP` eingehen zu müssen, weil diese Effekte nicht interagieren. Das ist in Abbildung 16.7 links dargestellt. Der R-Code für diesen Ansatz sieht so aus:[10]

```
> library(effects)
> MAP.fm4 <- effect("MAP", fm4)
> plot(MAP.fm4, main="")
> int.fm4 <- effect("MAT:JJAMAP", fm4)
> plot(int.fm4, main="")
```

`effect` mittelt die nicht abgebildeten Modellterme, so dass der Wertebereich auf der y-Achse nicht direkt interpretierbar ist, wohl aber die Werte zwischen den Plots. In diesem Fall bedeutet das, dass `MAP` über den Wertebereich eine Zunahme der Wurzel-C3-Arten um etwa 0.2 Einheiten (von 0.35 auf 0.55). Diese 0.2 Einheiten sind vergleichbar mit der rechten Abbildung, in der der Wertebereich ein ganz anderer ist (von -0.5 bis 1). Der `MAP`-Effekt in Abbildung 16.7 links ist also in seiner Stärke vergleichbar mit dem `MAT`-Effekt in Paneln in der untersten Zeile von Abbildung 16.7 rechts.

Die Interaktion von MAT und JJAMAP ist rechts in Abbildung 16.7 dargestellt. Um eine 3-D-Abbildung zu vermeiden, teilt die Funktion `effects` eine Variable in

[10]Noch einfacher ginge es mit dem Befehl `plot(allEffects(fm4))`. Wir würden dann interaktiv aufgefordert auszusuchen, welchen Term wir denn dargestellt haben wollen. `effects` (und `allEffects`) ist übrigens schlau genug, Haupteffekte nicht darzustellen, wenn sie Teil einer Interaktion sind. Wenn wir das erzwingen gibt es immerhin eine Warnung.

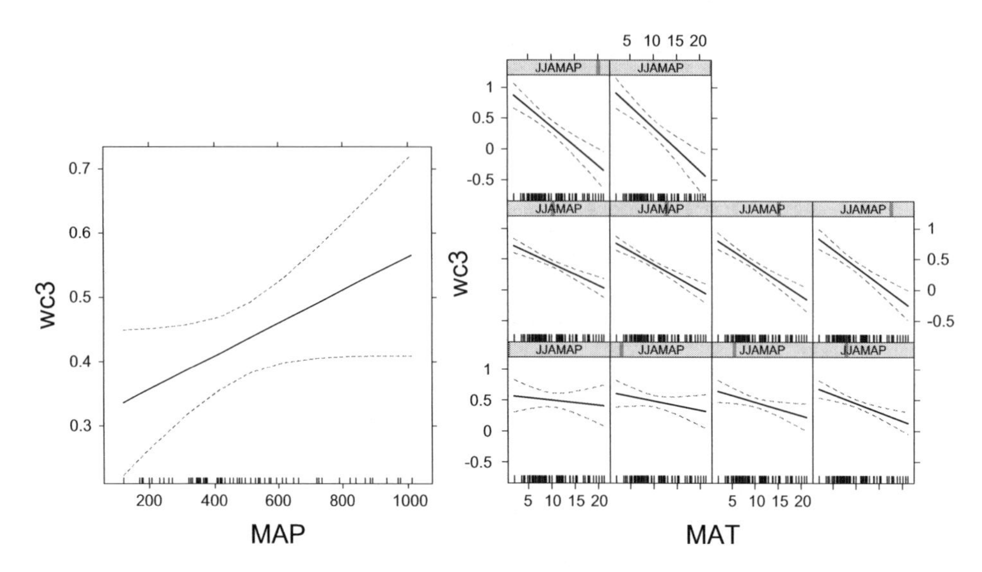

Abb. 16.7: Der Einfluss von Jahresniederschlag (MAP, *links*) bzw. der Interaktion von Jahresdurchschnittstemperatur (MAT) und dem Anteil Sommerniederschlag (JJAMAP) auf den Anteil C3-Arten (Wurzel-transformiert: `wc3`) als *panel plot* (*rechts*). Bei dieser Art der Darstellung wird der Gesamtbereich von JJAMAP in 10 Teile aufgeteilt, und für jeden dieser Teile der Effekt von MAT geplottet. Welchen Bereich von JJAMAP wir gerade betrachten ist in der orangen Kopfzeile durch einen dunkel-orangen Balken gekennzeichnet

mehrere Bereiche auf (Grundeinstellung ist `default.levels=10`, weshalb es hier 10 *panels* sind) und zeigt dann den Effekt der anderen Variablen für diesen Bereich. Während die Steigung von `MAT` mit zunehmenden `JJAMAP`-Werten kontinuierlich ansteigt, wird das hier in einzelne linear Stücke aufgebrochen. Welche Werte JJAMAP in dem jeweiligen *panel* hat kann man an dem dunkel-orangen Balken in der jeweiligen *panel*-Überschrift sehen. Dieser wandert von ganz links (*panel* unten links) nach ganz rechts (*panel* oben rechts). Diese Art der Abbildung ist ziemlich gewöhnungsbedürftig! Sie hat aber den Vorteil, dass wir auch mehr als drei Dimensionen abbilden könnten, in entsprechend vielen immer kleineren *panels*.

Eine Alternative zeigt Abbildung 16.8, basierend auf dem folgenden, zunächst unübersichtlich wirkenden R-Code:

```
> # Einen Vektor je Variablenbereich:
> temperature <- seq(min(MAT), max(MAT), length=50)
> summerrain <- seq(min(JJAMAP), max(JJAMAP), length=50)
> # Eine Vorhersage für alle Kombinationen mittels outer:
> z <- outer(X=temperature, Y=summerrain,
+         FUN=function(X,Y) predict(fm4, newdata=data.frame("MAP"=mean(MAP),
+         "MAT"=X, "JJAMAP"=Y)))
> # Jetzt die Abbildungen selbst:
> par(mfrow=c(1,3))
```

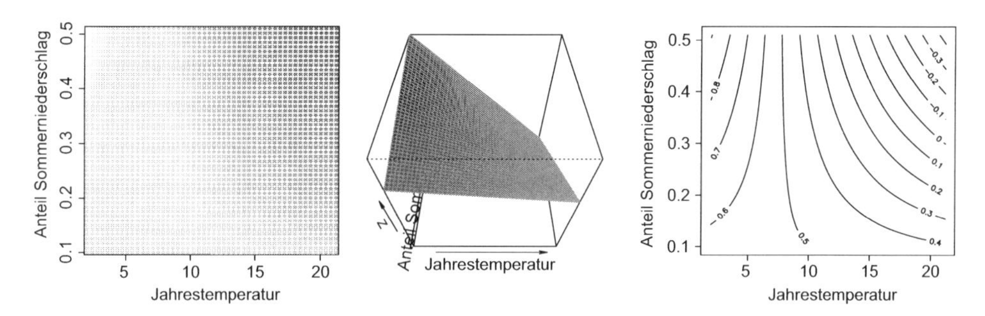

Abb. 16.8: Die Interaktion von Jahresdurchschnittstemperatur (MAT) und dem Anteil Sommerniederschlag (JJAMAP) in ihrem Effekt auf den Anteil C3-Arten (Wurzel-transformiert: `wc3`). *Links* repräsentieren hellere Farben höhere Werte („*heat map*"), *in der Mitte* ein echter 3-D-Plot mit Perspektive, und *rechts* ein Konturlinienplot. Alle drei sollen zeigen, dass der Effekt der Jahresdurchschnittstemperatur bei hohem Sommerniederschlag am stärksten ist. Im Gegensatz zu Abbildung 16.7 sehen wir hier, dass die Veränderung der Steigung kontinuierlich stattfindet

```
> image(temperature,summerrain,z, cex.lab=1.5,
+         ylab="Anteil Sommerniederschlag",
+         xlab="Jahrestemperatur", col=heat.colors(50))
> persp(temperature,summerrain,z, theta=0, phi=50, cex.lab=1.5,
+         ylab="Anteil Sommerniederschlag", xlab="Jahrestemperatur",
+         shade=0.9, border="grey60")
> contour(temperature, summerrain, z, cex.lab=1.5,
+         ylab="Anteil Sommerniederschlag",
+         xlab="Jahrestemperatur", las=1)
```

Die Details können in der Hilfe zur jeweiligen Funktion nachgelesen werden, und die persönlichen Präferenzen sind sehr unterschiedlich. Eine Kombination von `image` und `contour` ist häufig sehr gut interpretierbar, während der `persp`-Plot manuelle Einstellung der Betrachtungswinkel, der Gitterfarben u.s.w. benötigt.[11]

Alle diese Abbildungen verheimlichen eine sehr wichtige Information: Wo liegen die Datenpunkte denn auf dieser Fläche? Gibt es wirklich alle Kombinationen von Jahrestemperatur und Anteil Sommerniederschlag? Oder fehlt z. B. die gesamte rechte obere Ecke, weil es einfach in Nordamerika keine heißen Gebiete mit hohem Sommerniederschlag gibt? Wenn wir Aussagen über real nicht existierende Bedingungen vermeiden wollen, dann sollten wir die erhobenen Punkte einzeichnen und das von ihnen abgesteckte Gebiet ausweisen:[12]

[11]Außerdem ist eine Darstellung der Lage der Datenpunkte im 3-D-Raum extrem schwer aufzulösen, auch wenn mit dem Paket **rgl** (z. B. Funktion `plot3d`) eine hervorragende interaktive Variante zur Verfügung steht.

[12]Es geht hier, wohlgemerkt, *nicht* um geografische Gebiete, sondern um „Gegenden" im Parameter- oder Umweltraum.

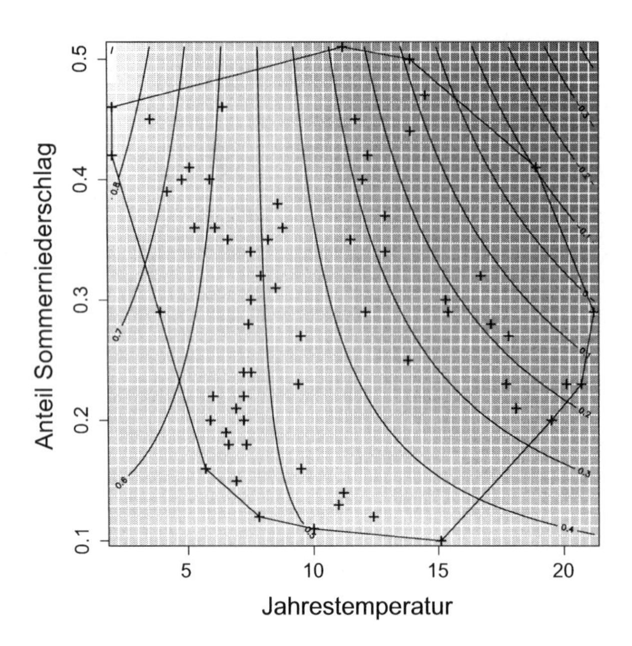

Abb. 16.9: Kombinierter `image-contour`-Plot für die Interaktion von Jahresdurchschnittstemperatur (MAT) und dem Anteil Sommerniederschlag (JJAMAP) in ihrem Effekt auf den Anteil C3-Arten (Wurzel-transformiert: `wc3`). Die gemessenen Wertekombinationen sind durch „+" dargestellt und mit dem minimalen konvexen Polygon (*convex hull*) eingefasst

```
> image(temperature, summerrain,z, cex.lab=1.5,
+        ylab="Anteil Sommerniederschlag",
+        xlab="Jahrestemperatur", col=heat.colors(50))
> contour(temperature, summerrain, z, add=T)
> points(MAT, JJAMAP, pch="+", cex=1.5)
> ch <- chull(cbind(MAT, JJAMAP))
> polygon(cbind(MAT, JJAMAP)[ch,])
```

In Abbildung 16.9 sehen wir, dass der Umweltraum tatsächlich ziemlich gut abgedeckt ist und nur die extremen Ecken oben rechts und unten links in dem Datensatz nicht vorkommen. Modellvorhersagen für diese Bereiche sollten wir vermeiden und ihnen nicht trauen, da sie keine Datenbasis haben können.[13]

[13]Das Problem wird mit jeder weiteren Dimension dramatischer. In diesem Beispiel haben wir für jede einzelne Dimension > 90 % Abdeckung (vom kleinsten bis zum größten Wert), aber in 2-D nur noch weniger als 80 % (d. i. die Fläche im Polygon an der Gesamtbildfläche). Bei 5 interagierenden Prädiktoren hätten wir also selbst in so einem ziemlich gut ausgefüllten Raum nur noch $0.9^5 = 0.59$ also 60 % des Raumes mit Datenpunkten ausgefüllt. Fast die Hälfte unserer Vorhersagen wäre also in Bereiche, für die es in unserm Datensatz keine Daten gibt! Dieses Problem heißt auch der Fluch der Dimensionalität (*curse of dimensionality*: Bellman 1957).

16.2 Kollinearität

Vor der Therapie kommt die Diagnose. Bevor wir uns damit auseinandersetzen, wie wir mittels Hauptkomponentenanalyse bzw. *Cluster*-Analyse Kollinearität behandeln, müssen wir erst einmal feststellen, ob die Prädiktoren überhaupt in einem problematischen Maße miteinander korreliert sind.

Als Daumenregel eignet sich eine Korrelation von 0.7. Für die Bodendaten aus den Appalachen (Abschnitt 15.3.1 auf Seite 274) berechnen wir diese so (wie schon mehrfach durchgeführt):

```
> apa <- read.csv("soil.csv")
> round(cor(apa[,-c(1,2,16)]), 2)
```

```
             CECbuffer    Ca    Mg     K    Na     P    Cu    Zn    Mn ...
CECbuffer         1.00  0.94  0.93  0.61  0.78  0.64  0.52  0.41  0.22
Ca                0.94  1.00  0.98  0.62  0.64  0.47  0.61  0.29  0.16
Mg                0.93  0.98  1.00  0.71  0.67  0.51  0.63  0.37  0.23
K                 0.61  0.62  0.71  1.00  0.36  0.22  0.29  0.15  0.13
Na                0.78  0.64  0.67  0.36  1.00  0.80  0.43  0.56  0.24
P                 0.64  0.47  0.51  0.22  0.80  1.00  0.15  0.62  0.34
Cu                0.52  0.61  0.63  0.29  0.43  0.15  1.00  0.29  0.16
Zn                0.41  0.29  0.37  0.15  0.56  0.62  0.29  1.00  0.49
Mn                0.22  0.16  0.23  0.13  0.24  0.34  0.16  0.49  1.00
HumicMatter       0.15  0.06 -0.03 -0.31  0.14  0.08  0.21 -0.18  0.01
Density           0.12  0.35  0.32  0.22 -0.15 -0.25  0.21 -0.10  0.00
pH                0.10  0.41  0.40  0.24 -0.23 -0.26  0.36 -0.13 -0.01
ExchAc            0.03 -0.31 -0.29 -0.19  0.32  0.41 -0.35  0.26  0.11
```

Wir schließen die Spalten 1 (`BaseSat`), 2 (`SumCation`) und 16 (`Diversity`) von der Korrelationsmatrix aus. `BaseSat` und `SumCation` ergeben sich als Linearkombination (z. B. Summe im Fall von `SumCation`) der Kationenkonzentration, so dass diese Variablen keine neue Informationen bieten. `Diversity` ist unsere Antwortvariable und deshalb hier uninteressant. Aus Platzgründen runden wir die Korrelationskoeffizienten auf zwei Nachkommastellen.

Mehrere Variablenpaare sind hier sehr hoch korreliert (etwa Ca und Mg). Wenn wir jetzt ein einfaches Modell mit all diesen Prädiktoren rechnen würden, dann sollten die Parameterschätzer sehr instabil und in ihrem Wert überschätzt („inflatiert“) sein. Diese Varianzinflation berechnen wir mittel des *variance inflation factors* (VIF):

```
> fm <- glm(Diversity ~ ., data=apa[,-c(1,2)])
> library(car)
> vif(fm)
```

```
 CECbuffer         Ca          Mg          K        Na         P        Cu
65655.6319 49093.1419   2096.2032   78.3152    7.0172    5.4517   10.0659
        Zn         Mn HumicMatter   Density        pH    ExchAc
    8.8790     3.1326     31.7383   23.3705   22.2211 7609.6002
```

Die Schreibweise `Diversity ~ .` ist eine Kurzform, um alle Variablen im Datensatz zu benutzen. Dafür muss dieser dann angegeben werden: `data=apa[,-c(1,2)]`.

In der Tat liegen manche dieser VIF-Werte weit jenseits des akzeptierbaren Schwellenwerts von 10 (Fox 2002). Der VIF identifiziert nicht, welche Paare problematisch sind, sondern bei welchen Parameterschätzern es zu einer Inflation kam. Wir sehen jetzt also, dass z. B. für CECbuffer und ExchAc Probleme auftauchen, aber nicht wodurch. Diese Information ist hingegen in der Korrelationsmatrix enthalten: CECbuffer korreliert „pathologisch" ($r > 0.7$) stark mit Ca, Mg, Na und noch ziemlich stark ($r > 0.5$) mit P und K.

Mit der Diagnose „kollinear" und dem Wissen, dass mehrere Variablenpaare hoch korreliert sind, gehen wir jetzt in die Hauptkomponentenanalyse.

16.2.1 Hauptkomponentenanalyse in R

Die Hauptkomponentenanalyse (PCA) ist in R mehrfach implementiert. Hier benutzen wir die Funktion `prcomp`, die am häufigsten verwendet wird.[14] Bei der PCA gibt es vor allem ein wichtiges Detail zu beachten: soll die Korrelationsmatrix der Variablen zerlegt werden, oder ihre Kovarianzmatrix? Bei der Kovarianzmatrix schlagen die absoluten Werte der Variablen durch, d. h. eine Variable mit Werten zwischen 2 und 5 dominiert gegenüber einer mit Werten zwischen 0.2 und 0.5. In der Korrelationsmatrix wurden alle Werte praktisch vorher normiert (auf einen Mittelwert von 0 zentriert und auf eine Standardabweichung von 1 skaliert). Ich kenne keinen Fall, in dem die Kovarianzmatrix sinnvoll gewesen wäre. Nichtsdestotrotz ist die Grundeinstellung bei `prcomp scale.=FALSE`, trotz ausdrücklicher Empfehlung in der Hilfe, diesen Wert auf `TRUE` zu setzen.

Schauen wir uns also an, wie die bodenchemischen Daten in einer PCA von R bearbeitet werden.

```
> apa <- read.csv("soil.csv")
> pca <- prcomp(apa[,-c(1,2,16)], scale=T)
> str(pca)

List of 5
 $ sdev     : Named num [1:13] 2.269 1.838 1.204 1.027 0.805 ...
  ..- attr(*, "names")= chr [1:13] "1" "2" "3" "4" ...
 $ rotation: num [1:13, 1:13] 0.414 0.413 0.429 0.291 0.344 ...
  ..- attr(*, "dimnames")=List of 2
  .. ..$ : chr [1:13] "CECbuffer" "Ca" "Mg" "K" ...
  .. ..$ : chr [1:13] "PC1" "PC2" "PC3" "PC4" ...
 $ center   : Named num [1:13] 0.7621 0.1934 0.0469 0.0257 0.0129 ...
  ..- attr(*, "names")= chr [1:13] "CECbuffer" "Ca" "Mg" "K" ...
```

[14] Für alternative Implementierungen siehe auch `princomp` (benutzt Eigenwertzerlegung durch Funktion `eigen` anstelle der angeblich verlässlicheren Singulärwertzerlegung mittels `svd` in `prcomp`), `FactoMineR::PCA` (kein Tippfehler!) oder `vegan::rda`, während `labdsv::pca` oder `rrcov::PcaClassic` wie viele andere Pakete intern auch `prcomp` benutzt.

```
 $ scale    : Named num [1:13] 0.20528 0.18461 0.02716 0.00649 0.00308 ...
  ..- attr(*, "names")= chr [1:13] "CECbuffer" "Ca" "Mg" "K" ...
 $ x        : num [1:20, 1:13] -1.439 -2.433 2.165 0.685 0.924 ...
  ..- attr(*, "dimnames")=List of 2
  .. ..$ : NULL
  .. ..$ : chr [1:13] "PC1" "PC2" "PC3" "PC4" ...
 - attr(*, "class")= chr "prcomp"
```

Mit dem Argument `scale=T` stellen wir sicher, dass die PCA auf der Korrelationsmatrix durchgeführt wird und so nicht durch unterschiedliche Wertebereiche der Variablen beeinflusst ist.[15] Die Funktion `str` zeigt uns die Struktur des Objekts an. Diese müssen wir nicht kennen, aber in diesem Fall erleichtert es uns, die nächsten Schritte zu verstehen.

Bei `pca` handelt es sich um eine Liste der Klasse `prcomp` mit fünf Einträgen: zunächst die Standardabweichungen der Hauptkomponenten (`$sdev`), dann die Rotationsmatrix, in der die Ladungen der einzelnen Variablen auf die Hauptkomponenten enthalten sind (`$rotation`), dann die Mittelwerte (`$center`) und Standardabweichungen (`$scale`) der ursprünglichen Daten (diese wurden durch das Argument `scale=T` ja standardisiert) und schließlich die neuen Werte im neuen, orthogonalen PCA-Raum (`$x`).

Wir benutzen die `summary`-Funktion, um uns zunächst ein paar wichtige Informationen über „`pca`“ geben zu lassen.

```
> summary(pca)

Importance of components:
                          PC1    PC2    PC3     PC4     PC5     PC6    PC7     PC8
Standard deviation     2.2687 1.8377 1.2036 1.02749 0.80509 0.70591 0.6410 0.46839
Proportion of Variance 0.3959 0.2598 0.1114 0.08121 0.04986 0.03833 0.0316 0.01688
Cumulative Proportion  0.3959 0.6557 0.7671 0.84835 0.89821 0.93654 0.9681 0.98502
                           PC9    PC10   PC11    PC12     PC13
Standard deviation     0.33506 0.21766 0.1802 0.05158 0.002838
Proportion of Variance 0.00864 0.00364 0.0025 0.00020 0.000000
Cumulative Proportion  0.99365 0.99730 0.9998 1.00000 1.000000
```

Die Zusammenfassung der PCA gibt an, wieviel Varianz von jeder Achse (auch Hauptkomponente, *principal component*: PC) erfasst wird. Genauer stellt die erste Zeile die Wurzel aus der Varianz = die Standardabweichung dar, die zweite Zeile den Anteil an der Gesamtvarianz und die dritte Zeile die von allen Achsen inklusive dieser erklärte Varianz (kumulativ) dar. In diesem Fall erklärt die erste Achse 40 % und wir brauchen sechs Achsen, um über 90 % der Varianz abzugreifen.

Diese Information wird typischerwiese in einem *screeplot* dargestellt (Abbildung 16.10).

```
> names(pca$sdev) <- as.character(1:13) # Trick!
> par(mar=c(5,5,1,1))
> screeplot(pca, las=1, main="", cex.lab=1.5, xlab="Hauptkomponenten")
```

[15] Laut Syntax in der Hilfe fordert `prcomp` das Argument „`scale.`“ (mit einem Punkt hinter `scale`!). Es funktioniert aber genauso ohne den Punkt.

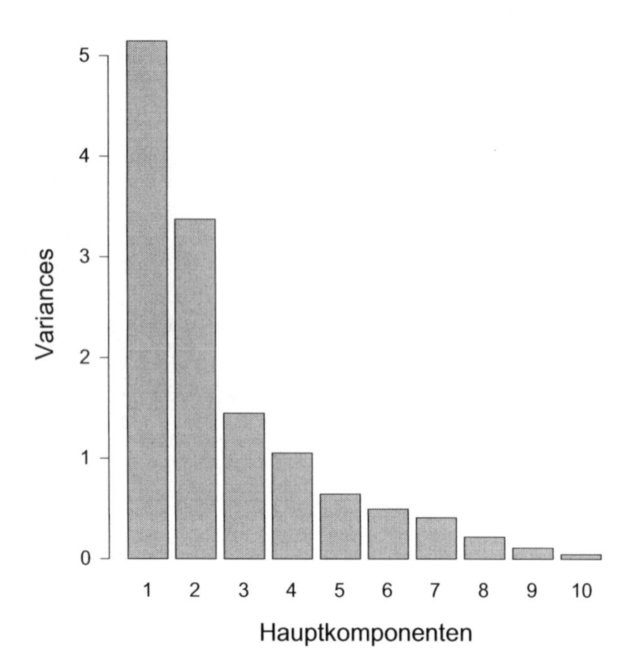

Abb. 16.10: *Screeplot* der erklärten Varianz je Hauptkomponente, am Beispiel der Appalachendaten. Dargestellt sind nur die ersten 10 Hauptkomponenten

Die Zeile kommentiert mit „Trick" ist nötig, wenn wir den Hauptkomponenten in der Abbildung Namen geben wollen.[16]

Jetzt schauen wir uns die Rotationsmatrix an:

```
> round(pca$rotation,2)

              PC1   PC2   PC3   PC4   PC5   PC6   PC7   PC8   PC9  PC10  PC11  PC12  PC13
CECbuffer    0.41 -0.08 -0.13  0.16  0.06 -0.16  0.15 -0.31 -0.04  0.01 -0.21 -0.24  0.73
Ca           0.41  0.10 -0.17  0.08  0.01 -0.20  0.06 -0.25  0.03 -0.22 -0.13 -0.46 -0.63
Mg           0.43  0.09 -0.08  0.08  0.06 -0.05 -0.04 -0.09  0.01 -0.13 -0.28  0.82 -0.12
K            0.29  0.11  0.11  0.43  0.56  0.43 -0.16  0.08 -0.08  0.12  0.40 -0.06 -0.02
Na           0.34 -0.26 -0.01  0.10 -0.25 -0.02  0.13  0.45  0.69  0.17  0.13 -0.03  0.00
P            0.28 -0.32  0.16  0.04 -0.19 -0.40 -0.31  0.39 -0.56 -0.03  0.18 -0.02  0.00
Cu           0.29  0.10 -0.30 -0.37 -0.24  0.59  0.22  0.27 -0.34  0.07 -0.14 -0.09  0.01
Zn           0.23 -0.22  0.42 -0.31 -0.31  0.29 -0.28 -0.53  0.11 -0.05  0.27  0.02 -0.01
Mn           0.15 -0.12  0.34 -0.61  0.60 -0.15  0.22  0.16  0.07 -0.04 -0.11 -0.04  0.00
HumicMatter -0.01 -0.24 -0.68 -0.28  0.18 -0.16  0.00 -0.19  0.01  0.07  0.53  0.14 -0.01
Density      0.11  0.43  0.25  0.02 -0.21 -0.24  0.60 -0.08 -0.14  0.16  0.45  0.12 -0.01
pH           0.12  0.47 -0.06 -0.23  0.00 -0.20 -0.46 -0.01  0.09  0.66 -0.11 -0.07  0.01
ExchAc      -0.07 -0.51  0.07  0.18  0.05  0.06  0.28 -0.22 -0.19  0.65 -0.23  0.06 -0.25
```

Diese Rotationsmatrix (auch Landungsmatrix genannt) rechnet die ursprünglichen Werte in die neuen Werte im PCA-Raum um.[17] An den Werten können wir sehen,

[16] Da wir diese nicht in Form eines Arguments angeben können, können wir uns den R-Code dieser Funktion ansehen (mittels `getAnywhere("screeplot.default")`) und dort herausfinden, dass die Namen der `$sdev`-Komponentedes `prcomp`-Objekts zur Beschriftung benutzt wird. Also versehen wir diese mit den von uns gewünschten Namen und erhalten die Beschriftung.

[17] Dies ist eine einfache Matrixmultiplikation der (standardisierten) Datenmatrix mit der Rotationsmatrix: `as.matrix(scale(apa[,-c(1,2,16)])) %*% pca$rotation`

wie wichtig eine ursprüngliche Variable für die neue Position ist. Wenn z. B. Mg einen Wert von 0.43 auf PC1 hat (wir sagen „mit 0.43 auf PC1 lädt"), dann ist Mg für diese PC1 viel wichtiger als Zn mit einer Ladung von nur 0.23. Wichtig ist der Absolutwert, denn die Richtung der Achse hat keinen Informationsgehalt und kann von einer Funktion zur anderen wechseln (sogar zwischen verschiedenen Versionen von R!).

Die letzte wichtige Information sind die neuen Werte. Diese sog. *scores* sind im Listeneintrag x gespeichert:

```
> round(pca$x,2)
```

```
        PC1   PC2   PC3   PC4   PC5   PC6   PC7   PC8   PC9  PC10  PC11  PC12  PC13
 [1,] -1.44  2.06  1.53  0.83 -0.41 -0.21  0.41 -0.06 -0.18  0.20 -0.01  0.03  0.00
 [2,] -2.43  2.62  1.56  1.02 -1.13 -0.86  0.73  0.46 -0.08 -0.13 -0.04  0.00  0.00
 [3,]  2.16  1.71  1.00 -0.42  0.15  0.18 -1.68 -0.10 -0.31 -0.17  0.08  0.04  0.00
 [4,]  0.69  1.60  1.14 -0.64 -0.83  0.48 -0.99 -0.21  0.92  0.10 -0.05 -0.04  0.00
 [5,]  0.92 -3.31  1.59  0.48  0.46 -0.01 -0.05 -0.09 -0.16  0.02  0.46 -0.02  0.00
 [6,]  0.42 -2.90  1.19  1.54  1.24  0.66 -0.02  0.65  0.09 -0.17 -0.33 -0.03  0.00
 [7,]  3.22  2.65 -1.03  1.11  0.80  0.50  0.39 -0.26  0.17 -0.25  0.18  0.07  0.00
 [8,]  2.89  1.53 -1.62  0.61  0.35  0.67  0.79  0.38  0.21  0.10  0.01 -0.04  0.00
 [9,] -1.38 -0.05  0.49 -1.27  0.94 -0.59  0.28  0.24  0.54  0.05 -0.04 -0.04  0.00
[10,] -1.32  0.06  1.02 -1.67  1.42 -0.77  0.40  0.01 -0.01 -0.10  0.07  0.07  0.00
[11,] -2.72 -1.64 -1.75  0.16 -0.01 -0.53 -0.01 -0.34  0.44  0.00  0.06  0.02  0.00
[12,] -3.18 -1.23 -1.92  0.53 -0.37 -0.39 -0.57 -0.42 -0.02 -0.40 -0.06  0.00  0.00
[13,] -1.75 -0.54  0.03  1.05  0.53  0.49 -0.40 -0.70 -0.21  0.57 -0.22  0.06  0.00
[14,] -2.50  0.63 -0.30  1.26 -0.39  0.32 -0.32  0.08 -0.18 -0.13  0.14 -0.07 -0.01
[15,]  0.78 -2.40 -0.52 -0.31 -1.46  0.50  0.49  0.41  0.21  0.17  0.14  0.09  0.00
[16,]  0.57 -1.69  0.91 -1.62 -1.14  1.27  0.71 -0.47 -0.28 -0.25 -0.13 -0.02  0.00
[17,] -1.51  0.89 -1.20 -1.05  0.24  0.29 -0.09  0.33 -0.38  0.30  0.23 -0.09  0.00
[18,] -1.03  1.28 -1.28 -1.50  0.29  0.46 -0.24  0.64 -0.39 -0.05 -0.22  0.03  0.00
[19,]  4.58 -1.65 -0.70  0.14 -0.78 -1.63 -0.58  0.54 -0.18  0.12 -0.13  0.00  0.00
[20,]  3.03  0.37 -0.16 -0.28  0.11 -0.85  0.74 -1.10 -0.19  0.01 -0.15 -0.07  0.00
```

Hier stehen jetzt für jeden der originalen 20 Datenpunkte seine neuen Koordinaten. Punkt 1 wird also im neuen Raum der ersten zwei Hauptkomponenten die Koordinaten $(-1.44, 2.06)$ erhalten.

Wir plotten diesen neuen Raum als sog. *biplot*, der standardmäßig die ersten beiden Achsen abbildet, weil dort die größte Varianz liegt (Abbildung 16.11).

```
> biplot(pca)
```

16.2.2 *Cluster*-Analyse in R

Die PCA ist durch ihre Annahmen (multivariat normalverteilte Daten) sehr eingeschränkt in ihrer Anwendbarkeit. Zwar gibt es neuere Entwicklungen, die sowohl die Normalverteilungsannahme als auch die Beschränkung auf kontinuierliche Variablen aufheben,[18] aber hier wollen wir uns einen strukturell anderen Ansatz anschauen, die *Cluster*-Analyse.

[18] Wie etwa die Multidimensionale Skalierung (MDS); siehe Funktion `metaMDS` im Paket **vegan** als einen Ausgangspunkt oder auch Leyer & Wesche (2007) und Zuur et al. (2007).

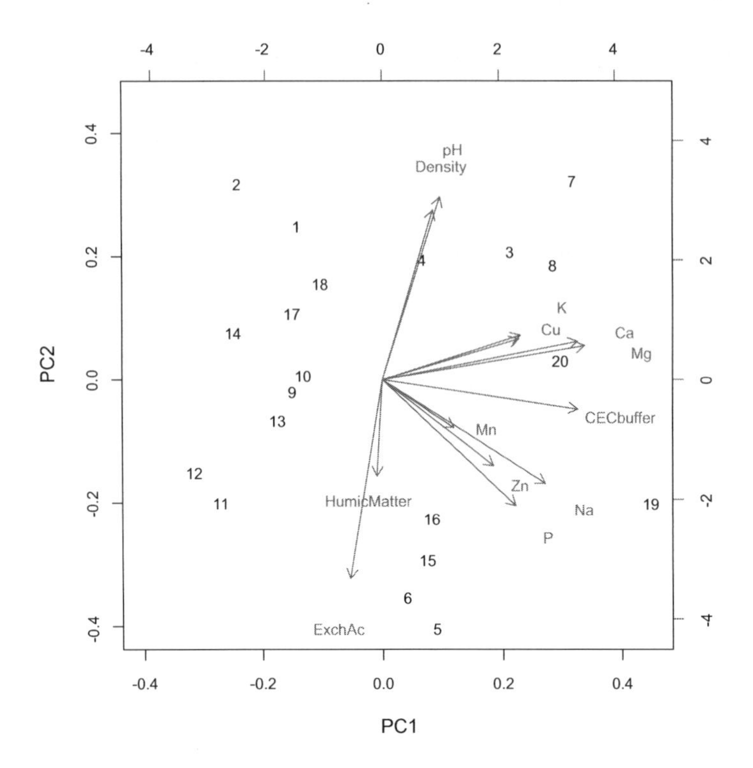

Abb. 16.11: *Biplot* der PCA der Appalachendaten (Wiederholung der Abbildung 15.9). Beachte, dass es zwei unterschiedliche Skalierungen gibt. Die *obere* und *rechte Achse* entspricht den Werten in `pca$x`, während die *untere* und *linke Achse* den Ladungen der einzelnen Variablen (*Pfeile*) also `pca$rotation` entspricht

Unter den vielen Funktion, die in R eine *Cluster*-Analyse implementieren,[19] ist die Funktion `varclus` (Paket **Hmisc**) eine der einfachsten.[20] Die *Cluster*-Analyse für den Appalachen-Datensatz führen wir wie folgt durch, das Ergebnis ist in Abbildung 15.12 auf Seite 283 zu sehen.

```
> plot(varclus(~., data=apa[,-c(1,2,16)]), las=1, cex.lab=1.5)
```

Die Funktion `varclus` produziert ein Objekt, das wir gleich plotten. Wie in der PCA lassen wir die Spalten 1, 2 und 16 weg. Der Syntax „`~.`“ ist etwas gewöhnungbedürftig. Der Punkt (.) steht für „nimm alle Spalten der Daten“, durch die Tilde (~) wird daraus eine „Formel“. Nur in der Formelschreibweise akzeptiert diese Funktion auch kategoriale Variablen, die intern in *dummy*-Variablen umgebaut werden. Wenn wir nur kontinuierliche Variablen haben, wie in dem Appalachen-

[19] Siehe http://cran.r-project.org/web/views/Cluster.html für eine umfangreiche Darstellung der verfügbaren Funktionen.

[20] Sie greift auf die Funktion `hclust` zurück, die verschiedene *linkage*-Algorithmen implementiert und als Eingabe eine Distanzmatrix braucht.

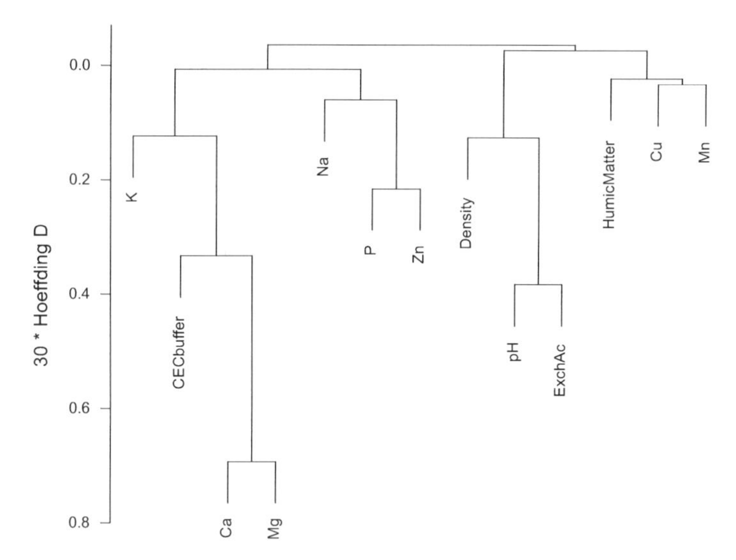

Abb. 16.12: *Cluster*-Diagramm der Bodenvariablen für 20 Waldstandorte in den Appalachen mittels Hoeffding-Distanz. Der typische Schwellenwert ist hier 0.1 (*gestrichelte Linie*). (Für weitere Beschreibung siehe Abbildung 15.12 auf Seite 283)

Datensatz, dann können wir auch direkt die Matrix dort übergeben. Wir benutzen jetzt Hoeffdings-Distanz, um den Einfluss auf das Ergebnis zu betrachten:

```
> par(mar=c(1,5,1,1), las=1, cex.lab=1.5)
> plot(varclus(as.matrix(apa[,-c(1,2,16)]), similarity="hoeffding"))
```

In der Spearman-basierten Analyse (Abbildung 15.12 auf Seite 283) hatten wir die *Cluster* pH/ExchAc, P/Zn und Na/CECbuffer/Ca/Mg identifiziert. Hier hingegen ist K statt Na im dritten *Cluster*, und das Erscheinungsbild des *Cluster*-Diagramms ist ganz anders. Das ist typisch für die Variabilität zwischen verschiedenen *Cluster*-Analysen.

16.3 Modellselektion

Im Abschnitt 16.1.3 haben wir schon Modellvereinfachung betrieben, indem wir nicht-signifikante Effekte herausgenommen haben. Jetzt verfolgen wir das gleiche Ziel mit den Daten, die wir gerade in der PCA verwendet haben.

16.3.1 Modellselektion per Hand

Da wir nur 20 Datenpunkte haben, können wir auch nicht alle möglichen Kombinationen der 13 Hauptkomponenten fitten. Wir nehmen tatsächlich nur die ersten vier, die ja immerhin über 85 % der Varianz erfassen. Die Arbeitsschritte im einzelnen sind: Daten einlesen, PCA durchführen, Hauptkomponenten extrahieren und an Datensatz anhängen, multiple Regression durchführen, ANOVA-Tabelle erstellen:

```
> apa <- read.csv("soil.csv")
> pca <- prcomp(apa[,-c(1,2,16)], scale=T)
> apa2 <- cbind(apa, pca$x)
> attach(apa2)
> fm <- glm(Diversity ~ PC1*PC2*PC3*PC4, family=gaussian)
> anova(fm, test="F")
```

```
...
                 Df  Deviance Resid. Df Resid. Dev       F  Pr(>F)
NULL                                19  0.0205629
PC1               1 0.0015481       18  0.0190148  2.5346 0.18659
PC2               1 0.0011942       17  0.0178206  1.9552 0.23458
PC3               1 0.0074263       16  0.0103943 12.1586 0.02519 *
PC4               1 0.0026012       15  0.0077931  4.2588 0.10800
PC1:PC2           1 0.0016358       14  0.0061573  2.6781 0.17708
PC1:PC3           1 0.0002563       13  0.0059010  0.4197 0.55239
PC2:PC3           1 0.0001433       12  0.0057577  0.2346 0.65344
PC1:PC4           1 0.0001282       11  0.0056295  0.2099 0.67064
PC2:PC4           1 0.0011175       10  0.0045120  1.8296 0.24759
PC3:PC4           1 0.0002301        9  0.0042819  0.3768 0.57251
PC1:PC2:PC3       1 0.0014475        8  0.0028344  2.3698 0.19854
PC1:PC2:PC4       1 0.0000309        7  0.0028035  0.0506 0.83303
PC1:PC3:PC4       1 0.0000040        6  0.0027995  0.0066 0.93930
PC2:PC3:PC4       1 0.0000002        5  0.0027993  0.0003 0.98773
PC1:PC2:PC3:PC4   1 0.0003561        4  0.0024432  0.5831 0.48766
---
Signif. codes:  0 '***' 0.001 '**' 0.01 '*' 0.05 '.' 0.1 ' ' 1
```

In diesem Modell sind also die ersten vier Hauptkomponenten in allen Interaktionen enthalten: als paarweise Interaktionen, Dreifach- und die eine Vierfach- Interaktion. Vereinfachen wir jetzt also dieses Modell manuell. Zunächst müssen wir uns die Vierfach-Interaktion anschauen, denn nur wenn wir diese entfernen dürfen, können wir auf eine Vereinfachung hoffen. Zur Erinnerung: wir dürfen keinen Term entfernen, der Teil einer Interaktion ist. Da aber alle Dreifach-Interaktionen Teil der Vierfach-Interaktion sind, hängt alles an dieser.

In unserem Fall ist dies Vierfach-Interaktion weit von jeder Signifikanz entfernt. Wir „updaten" dieses Modell durch die Entfernung dieser Interaktion:

```
> anova(fm2 <- update(fm, .~. -PC1:PC2:PC3:PC4), test="F")
```

```
...
             Df  Deviance Resid. Df Resid. Dev      F  Pr(>F)
NULL                            19  0.0205629
PC1           1 0.0015481       18  0.0190148 2.7651 0.15723
PC2           1 0.0011942       17  0.0178206 2.1330 0.20399
```

```
PC3          1 0.0074263         16  0.0103943 13.2646 0.01487 *
PC4          1 0.0026012         15  0.0077931  4.6462 0.08366 .
PC1:PC2      1 0.0016358         14  0.0061573  2.9218 0.14809
PC1:PC3      1 0.0002563         13  0.0059010  0.4579 0.52865
PC2:PC3      1 0.0001433         12  0.0057577  0.2560 0.63441
PC1:PC4      1 0.0001282         11  0.0056295  0.2290 0.65247
PC2:PC4      1 0.0011175         10  0.0045120  1.9960 0.21683
PC3:PC4      1 0.0002301          9  0.0042819  0.4111 0.54965
PC1:PC2:PC3  1 0.0014475          8  0.0028344  2.5854 0.16876
PC1:PC2:PC4  1 0.0000309          7  0.0028035  0.0552 0.82355
PC1:PC3:PC4  1 0.0000040          6  0.0027995  0.0072 0.93583
PC2:PC3:PC4  1 0.0000002          5  0.0027993  0.0003 0.98702
---
Signif. codes:  0 ‘***’ 0.001 ‘**’ 0.01 ‘*’ 0.05 ‘.’ 0.1 ‘ ’ 1
```

Die nächste zu entfernende Interaktion ist PC2:PC3:PC4, denn dort ist die *deviance* am geringsten:

```
> anova(fm3 <- update(fm2, .~. -PC2:PC3:PC4), test="F")
```

```
...
            Df  Deviance Resid. Df Resid. Dev       F   Pr(>F)
NULL                            19  0.0205629
PC1          1 0.0015481        18  0.0190148  3.3180 0.118369
PC2          1 0.0011942        17  0.0178206  2.5595 0.160751
PC3          1 0.0074263        16  0.0103943 15.9166 0.007204 **
PC4          1 0.0026012        15  0.0077931  5.5751 0.056195 .
PC1:PC2      1 0.0016358        14  0.0061573  3.5059 0.110310
PC1:PC3      1 0.0002563        13  0.0059010  0.5494 0.486540
PC2:PC3      1 0.0001433        12  0.0057577  0.3072 0.599464
PC1:PC4      1 0.0001282        11  0.0056295  0.2748 0.618947
PC2:PC4      1 0.0011175        10  0.0045120  2.3950 0.172686
PC3:PC4      1 0.0002301         9  0.0042819  0.4933 0.508790
PC1:PC2:PC3  1 0.0014475         8  0.0028344  3.1023 0.128656
PC1:PC2:PC4  1 0.0000309         7  0.0028035  0.0662 0.805478
PC1:PC3:PC4  1 0.0000040         6  0.0027995  0.0086 0.929141
---
Signif. codes:  0 ‘***’ 0.001 ‘**’ 0.01 ‘*’ 0.05 ‘.’ 0.1 ‘ ’ 1
```

Es folgt PC1:PC3:PC4:

```
> anova(fm4 <- update(fm3, .~. -PC1:PC3:PC4), test="F")
```

```
...
            Df  Deviance Resid. Df Resid. Dev       F  Pr(>F)
NULL                            19  0.0205629
PC1          1 0.0015481        18  0.0190148  3.8654 0.09001 .
PC2          1 0.0011942        17  0.0178206  2.9818 0.12785
```

```
PC3           1 0.0074263         16  0.0103943 18.5428 0.00354 **
PC4           1 0.0026012         15  0.0077931  6.4950 0.03819 *
PC1:PC2       1 0.0016358         14  0.0061573  4.0844 0.08301 .
PC1:PC3       1 0.0002563         13  0.0059010  0.6401 0.44998
PC2:PC3       1 0.0001433         12  0.0057577  0.3578 0.56855
PC1:PC4       1 0.0001282         11  0.0056295  0.3201 0.58922
PC2:PC4       1 0.0011175         10  0.0045120  2.7902 0.13877
PC3:PC4       1 0.0002301          9  0.0042819  0.5747 0.47316
PC1:PC2:PC3   1 0.0014475          8  0.0028344  3.6142 0.09904 .
PC1:PC2:PC4   1 0.0000309          7  0.0028035  0.0772 0.78918
---
Signif. codes:  0 '***' 0.001 '**' 0.01 '*' 0.05 '.' 0.1 ' ' 1
```

Und so weiter durch folgende Schritte (deren Ausgabe nicht mehr abgebildet ist), bis zu `fm8`:

```
> anova(fm4 <- update(fm3, .~. -PC1:PC3:PC4), test="F")
> anova(fm5 <- update(fm4, .~. -PC1:PC2:PC4), test="F")
> anova(fm6 <- update(fm5, .~. -PC1:PC4), test="F")
> anova(fm7 <- update(fm6, .~. -PC3:PC4), test="F")
> anova(fm8 <- update(fm7, .~. -PC2:PC4), test="F")

            Df  Deviance Resid. Df Resid. Dev       F    Pr(>F)
NULL                            19  0.0205629
PC1          1 0.0015481        18  0.0190148  4.7153 0.0526426 .
PC2          1 0.0011942        17  0.0178206  3.6374 0.0829347 .
PC3          1 0.0074263        16  0.0103943 22.6195 0.0005939 ***
PC4          1 0.0026012        15  0.0077931  7.9229 0.0168243 *
PC1:PC2      1 0.0016358        14  0.0061573  4.9823 0.0473505 *
PC1:PC3      1 0.0002563        13  0.0059010  0.7808 0.3957984
PC2:PC3      1 0.0001433        12  0.0057577  0.4365 0.5224103
PC1:PC2:PC3  1 0.0021462        11  0.0036115  6.5371 0.0266716 *
---
Signif. codes:  0 '***' 0.001 '**' 0.01 '*' 0.05 '.' 0.1 ' ' 1
```

Hier ist jetzt keine weitere Vereinfachung möglich: alle Terme sind entweder signifikant oder Teil einer signifikanten Interaktion.

Wir müssen diese schrittweise Vereinfachung (*backward stepwise selection*[21]) nicht händisch machen, dafür gibt es entsprechende Funktionen in R. Bevor wir das

[21]Es gibt auch die *forward stepwise selection*, bei der man die Variablen eine nach der anderen ins Modell hineinnimmt. Dabei ist aber die Signifikanz einer Variablen davon abhängig, welche Variable schon im Modell enthalten ist. Außerdem haben Variablen, die nur in Interaktion vorliegen (im Beispiel etwa PC1 und PC2) keine Chance ins Modell zu kommen. Die *forward stepwise selection* wurde mehrfach als schlechtes Verfahren bewertet (Wilkinson & Dallal 1981) und sollte *nicht* benutzt werden (auch wenn leider mancher Wissenschaftler dies heutzutage noch tut). Kritik wurde auch gegen die *stepwise backward* vorgebracht (Steyerberg et al. 1999; Whittingham et al. 2006), aber Vergleiche zwischen *best-subsets* und *backward selection* zeigten keinen nennenswerten Unterschied (siehe etwa Dormann et al. 2008a).

an diesem Beispiel betrachten jedoch noch eine Bemerkung: Unser ausgewähltes Modell enthält eine signifikante 3-fach-Interaktion sowie eine signifikante 2-fach-Interaktion. Wenn wir nur die Haupteffekte benutzt hätten, wäre das Modell dann so viel schlechter gewesen?

Wir können zwei (oder mehr) spezifische Modelle leicht anhand ihres AIC-Werts vergleichen. Zudem erlaubt die `anova`-Funktion auch einen direkten Modellvergleich, wenn die Modelle genested sind (d. h. eines ist in dem anderen enthalten, quasi als Vereinfachung). Das ist für diese Fragestellung der Fall. Spezifizieren wir also zunächst das reine Haupteffektemodell:

```
> fmhaupt <- glm(Diversity ~ PC1+PC2+PC3+PC4, family=gaussian)
> anova(fmhaupt, test="F")
```

```
...
     Df  Deviance Resid. Df Resid. Dev       F   Pr(>F)
NULL                     19  0.0205629
PC1   1 0.0015481        18  0.0190148  2.9797 0.104846
PC2   1 0.0011942        17  0.0178206  2.2986 0.150282
PC3   1 0.0074263        16  0.0103943 14.2940 0.001813 **
PC4   1 0.0026012        15  0.0077931  5.0068 0.040851 *
---
Signif. codes:  0 '***' 0.001 '**' 0.01 '*' 0.05 '.' 0.1 ' ' 1
```

Bemerkenswert ist hier, dass die beiden wichtigsten Achsen (Hauptkomponente 1 und 2) keine Erklärungskraft für die Diversität zu haben scheinen. Das ist im Modell `fm8` deutlich anders, wo ihre Interaktion und die Dreifach-Interaktion mit PC3 signifikant ist. Vergleichen wir die AIC-Werte:

```
> AIC(fm8)

[1] -95.62999

> AIC(fmhaupt)

[1] -88.24743
```

Das Ergebnis ist eindeutig: `fm8` ist besser (niedrigerer AIC-Wert). Aber halt! Hatten wir nicht festgestellt, dass der AIC für kleine Datensätze inkonsistent ist (Abschnitt 4.2 auf Seite 77)? Berechnen wir also lieber auch noch den *small sample adjusted* AICc-Wert:

```
> library(AICcmodavg)
> AICc(fm8)

[1] -71.18554

> AICc(fmhaupt)

[1] -81.78589
```

Jetzt ist das Ergebnis wieder eindeutig – nur genau umgekehrt! Vergleichen wir die beiden Modelle doch einmal direkt mit einem F-Test:

```
> anova(fmhaupt, fm8, test="F")

Analysis of Deviance Table

Model 1: Diversity ~ PC1 + PC2 + PC3 + PC4
Model 2: Diversity ~ PC1 + PC2 + PC3 + PC4 + PC1:PC2 + PC1:PC3 + PC2:PC3 +
    PC1:PC2:PC3
  Resid. Df Resid. Dev Df  Deviance      F  Pr(>F)
1        15  0.0077931
2        11  0.0036115  4 0.0041816 3.1842 0.05749 .
---
Signif. codes:  0 '***' 0.001 '**' 0.01 '*' 0.05 '.' 0.1 ' ' 1
```

Dieser Vergleich findet keinen signifikanten Unterschied zwischen den Modellfits ($P > 0.05$). D. h., es gibt keinen Hinweis darauf, dass es sich lohnt, die vier Freiheitsgrade in die Interaktionen zu investieren.

Die hier auftretenden Zweifelsfälle sind leider typisch für die Modellselektion. Je nach verwendetem Kriterium variiert das „beste" Modell. Ich halte das für lehr- und heilsam: wir merken am eigenen Datensatz, dass wir die Daten nur beschreiben, und das es verschiedene Beschreibungsmöglichkeiten gibt, die Alternativen sind. Die Wahrheit finden wir deshalb nicht notwendigerweise.

16.3.2 Automatische Modellselektion

Automatisierte Modellselektion ist kein Allheilmittel (siehe etwa Austin & Tu 2004). Durch die schrittweise Anwendung kann immer ein Selektionseffekt entstehen, der zu inkonsistenten Modellen führt. Die gute Nachricht ist, dass bei *backward stepwise selection* dieser Effekt umso kleiner wird, je mehr Datenpunkte wir haben (Steyerberg et al. 1999).[22]

Schrittweise Vereinfachung setzt ein Kriterium voraus, um das alte und das neue Modell zu vergleichen. Dafür benutzen wir den AIC der Modelle; nimmt er im Zuge einer vorgeschlagenen Vereinfachung zu, so lehnen wir diese ab.

Schauen wir uns an, wie die schrittweise Vereinfachung in R implementiert ist und wenden sie auf unsere Appalachen-PCA-Daten an. Die relevante Funktion heißt `step`[23] und wird einfach auf das Modellobjekt angewandt; wir erhalten die einzelnen Selektionsschritte aufgeführt:

```
> fmstep <- step(fm)
```

[22]Genauer: wieviel Datenpunkte wir *pro Variable* haben. Dieses Verhältnis bezeichnet man als EPV (*events per variable*), und es sollte im finalen Modell nicht unter 10 liegen (Harrell 2001). Konsistente Modelle fanden Steyerberg et al. (1999) ab EPV 40.

[23]Im Paket **MASS** wird die Funktion `stepAIC` angeboten, die auch auf andere Modelltypen als `(g)lm` anwendbar ist.

```
Start:  AIC=-89.45
Diversity ~ PC1 * PC2 * PC3 * PC4

                   Df  Deviance     AIC
<none>                0.0024431 -89.446
- PC1:PC2:PC3:PC4  1 0.0027993 -88.725

> anova(fmstep, test="F")

...
                 Df  Deviance Resid. Df Resid. Dev       F  Pr(>F)
NULL                                19  0.0205629
PC1               1 0.0015481       18  0.0190148  2.5346 0.18659
PC2               1 0.0011942       17  0.0178206  1.9552 0.23458
PC3               1 0.0074263       16  0.0103943 12.1586 0.02519 *
PC4               1 0.0026012       15  0.0077931  4.2588 0.10800
PC1:PC2           1 0.0016358       14  0.0061573  2.6781 0.17708
PC1:PC3           1 0.0002563       13  0.0059010  0.4197 0.55239
PC2:PC3           1 0.0001433       12  0.0057577  0.2346 0.65344
PC1:PC4           1 0.0001282       11  0.0056295  0.2099 0.67064
PC2:PC4           1 0.0011175       10  0.0045120  1.8296 0.24759
PC3:PC4           1 0.0002301        9  0.0042819  0.3768 0.57251
PC1:PC2:PC3       1 0.0014475        8  0.0028344  2.3698 0.19854
PC1:PC2:PC4       1 0.0000309        7  0.0028035  0.0506 0.83303
PC1:PC3:PC4       1 0.0000040        6  0.0027995  0.0066 0.93930
PC2:PC3:PC4       1 0.0000002        5  0.0027993  0.0003 0.98773
PC1:PC2:PC3:PC4   1 0.0003561        4  0.0024432  0.5831 0.48766
---
Signif. codes:  0 '***' 0.001 '**' 0.01 '*' 0.05 '.' 0.1 ' ' 1
```

Die `step`-Funktion vereinfacht unser Modell gar nicht! Wie in der Ausgabe zu sehen, testet `step` das Eliminieren der 4-fach-Interaktion, findet eine Zunahme des AIC und belässt darob den Term im Modell. Entsprechend kann keine weitere Vereinfachung erfolgen. Kurzum: Das volle Modell hat den geringsten AIC und kann deshalb nicht vereinfacht werden.

Bei unserer händischen Vereinfachung hatten wir ein anderes Kriterium. Dort hatten wir nicht-signifikante Terme eliminiert, nicht den AIC minimiert. Wir können aber mit einem Trick die `step`-Funktion zu einer Modellauswahl motivieren. Zum einen könnten wir statt des AIC den BIC nehmen, der im Allgemeinen kleinere Modelle bevorzugt (z. B. Ward 2008). Zum anderen könnten wir die Stichprobenumfang-korrigierte Fassung des AIC benutzen, den AICc. Beginnen wir mit dem BIC. Laut Definition (Gleichung 3.15 auf Seite 65) ist der Bestrafungsterm beim

BIC k = ln(n)·Anzahl Datenpunkte.[24] In `step` können wir diesen Bestrafungsterm als Argument `k` eingeben.

```
> fmstep2 <- step(fm, k=log(20))

Start:  AIC=-73.51
Diversity ~ PC1 * PC2 * PC3 * PC4

                   Df  Deviance     AIC
- PC1:PC2:PC3:PC4  1 0.0027993 -73.789
<none>               0.0024431 -73.515

Step:  AIC=-73.79
Diversity ~ PC1 + PC2 + PC3 + PC4 + PC1:PC2 + PC1:PC3 + PC2:PC3 +
    PC1:PC4 + PC2:PC4 + PC3:PC4 + PC1:PC2:PC3 + PC1:PC2:PC4 +
    PC1:PC3:PC4 + PC2:PC3:PC4

              Df  Deviance     AIC
- PC2:PC3:PC4  1 0.0027995 -76.783
- PC1:PC3:PC4  1 0.0028034 -76.756
- PC1:PC2:PC4  1 0.0028276 -76.584
<none>           0.0027993 -73.789
- PC1:PC2:PC3  1 0.0036349 -71.560

Step:  AIC=-76.78
Diversity ~ PC1 + PC2 + PC3 + PC4 + PC1:PC2 + PC1:PC3 + PC2:PC3 +
    PC1:PC4 + PC2:PC4 + PC3:PC4 + PC1:PC2:PC3 + PC1:PC2:PC4 +
    PC1:PC3:PC4

              Df  Deviance     AIC
- PC1:PC3:PC4  1 0.0028035 -79.751
- PC1:PC2:PC4  1 0.0028313 -79.553
<none>           0.0027995 -76.783
- PC1:PC2:PC3  1 0.0040748 -72.271

Step:  AIC=-79.75
Diversity ~ PC1 + PC2 + PC3 + PC4 + PC1:PC2 + PC1:PC3 + PC2:PC3 +
    PC1:PC4 + PC2:PC4 + PC3:PC4 + PC1:PC2:PC3 + PC1:PC2:PC4

              Df  Deviance     AIC
- PC1:PC2:PC4  1 0.0028344 -82.527
<none>           0.0028035 -79.751
- PC3:PC4      1 0.0034595 -78.541
- PC1:PC2:PC3  1 0.0040808 -75.237
```

[24]Genauer: Anzahl effektiver Datenpunkte. Für normal- und Poisson-verteilte Daten ist das n, für binäre Daten aber Minimum(Anzahl 0er, Anzahl 1er), bzw. in R: `min(table(y))`. D. h., wenn in unseren 1300 Titanic-Überlebensdaten nur 100 Überlebende enthalten wären, dann wäre die Anzahl effektiver Datenpunkte auch nur 100.

```
Step:  AIC=-82.53
Diversity ~ PC1 + PC2 + PC3 + PC4 + PC1:PC2 + PC1:PC3 + PC2:PC3 +
    PC1:PC4 + PC2:PC4 + PC3:PC4 + PC1:PC2:PC3

              Df  Deviance     AIC
- PC2:PC4      1 0.0028347 -85.520
- PC1:PC4      1 0.0030139 -84.294
<none>           0.0028344 -82.527
- PC3:PC4      1 0.0034681 -81.487
- PC1:PC2:PC3  1 0.0042819 -77.271

Step:  AIC=-85.52
Diversity ~ PC1 + PC2 + PC3 + PC4 + PC1:PC2 + PC1:PC3 + PC2:PC3 +
    PC1:PC4 + PC3:PC4 + PC1:PC2:PC3

              Df  Deviance     AIC
- PC1:PC4      1 0.0030657 -86.950
<none>           0.0028347 -85.520
- PC3:PC4      1 0.0035876 -83.805
- PC1:PC2:PC3  1 0.0049907 -77.203

Step:  AIC=-86.95
Diversity ~ PC1 + PC2 + PC3 + PC4 + PC1:PC2 + PC1:PC3 + PC2:PC3 +
    PC3:PC4 + PC1:PC2:PC3

              Df  Deviance     AIC
<none>           0.0030657 -86.950
- PC3:PC4      1 0.0036115 -86.668
- PC1:PC2:PC3  1 0.0054088 -78.590
```

Ah, jetzt erhalten wir also tatsächlich eine Modellvereinfachung. Was wir hier sehen, ist nicht ein einfache schrittweise Vereinfachung, sondern eine Mischung aus *backwards* und *forwards*. In jedem Schritt werden ein bis mehrere Prädiktoren separat aus dem Modell entfernt und mit dem aktuellen Modell verglichen. In der Ausgabe steht diese aktuelle Modell als `<none>` immer eingereiht nach „AIC" (wegen unserer Wahl von `k` tatsächlich BIC) bei den Kandidatenterm zur Elimination. Terme oberhalb von `<none>` führen nach Löschung zu einem besseren Modell (niedrigerer AIC), Terme darunter zu einem schlechteren. Gelöscht wird dann der oberste Term und der nächste Schritt beginnt. Erst wenn kein Term oberhalb von `<none>` mehr steht, ist die Vereinfachung beendet.

Das finale Modell sieht jetzt so aus:

```
> anova(fmstep2, test="F")

...
            Df  Deviance Resid. Df Resid. Dev        F    Pr(>F)
NULL                            19  0.0205629
```

```
PC1          1 0.0015481        18  0.0190148  5.0498 0.0484117 *
PC2          1 0.0011942        17  0.0178206  3.8954 0.0766742 .
PC3          1 0.0074263        16  0.0103943 24.2242 0.0006032 ***
PC4          1 0.0026012        15  0.0077931  8.4850 0.0154876 *
PC1:PC2      1 0.0016358        14  0.0061573  5.3358 0.0435122 *
PC1:PC3      1 0.0002563        13  0.0059010  0.8362 0.3820082
PC2:PC3      1 0.0001433        12  0.0057577  0.4675 0.5096852
PC3:PC4      1 0.0003489        11  0.0054088  1.1380 0.3111505
PC1:PC2:PC3  1 0.0023431        10  0.0030657  7.6432 0.0199705 *
---
Signif. codes:  0 '***' 0.001 '**' 0.01 '*' 0.05 '.' 0.1 ' ' 1
```

Es ist unserem händischen Modell sehr ähnlich, enthält aber noch die PC3:PC4-Interaktion. Im letzten Schritt der step-Funktion sehen wir, dass ein Löschen dieses Termes zu einem höheren „AIC", also schlechteren Modell führt. Oder, wie Venables & Ripley (2002) es ausdrücken: step irrt zu Gunsten großer Modelle. Wir können jetzt diesen letzten Effekt noch per Hand (und update) aus dem Modell nehmen und erhalten unser obiges Modell fm8.

Jetzt zu dem anderen Punkt, nämlich der Anwendung der *small sample correction* für den AIC (und analog den BIC) in der step-Funktion. Diese steht nicht standardmäßig in R zur Verfügung, aber Christoph Scherber hat die stepAIC-Funktion aus **MASS** umgeschrieben, so dass hier der AICc benutzt wird.[25] Wir laden also dieses R-Skript (mit der Funktion source) und führen eine Modellvereinfachung damit durch.[26] Aus Platzgründen unterdrücken wir die Ausgabe der Vereinfachungsschritte (trace=F) und schauen uns gleich das Endmodell an:

```
> source("stepAICc.r") ## Christoph Scherbers R-Skript
> fmstep3 <- stepAICc(fm, trace=F)
> anova(fmstep3, test="F")

...
            Df  Deviance Resid. Df Resid. Dev       F    Pr(>F)
NULL                            19  0.0205629
PC1          1 0.0015481        18  0.0190148  4.4048 0.0576715 .
PC2          1 0.0011942        17  0.0178206  3.3979 0.0901051 .
PC3          1 0.0074263        16  0.0103943 21.1302 0.0006144 ***
PC1:PC2      1 0.0018695        15  0.0085248  5.3194 0.0397359 *
PC1:PC3      1 0.0000017        14  0.0085231  0.0048 0.9459541
PC2:PC3      1 0.0000647        13  0.0084584  0.1841 0.6754855
PC1:PC2:PC3  1 0.0042410        12  0.0042174 12.0669 0.0045991 **
---
Signif. codes:  0 '***' 0.001 '**' 0.01 '*' 0.05 '.' 0.1 ' ' 1
```

[25] http://wwwuser.gwdg.de/~cscherb1/statistics.html unter „R scripts"

[26] Wenn wir in dieser Funktion k=log(20) setzen erhalten wir eine Vereinfachung mit BICc, vollkommen analog zum vorigen Beispiel. Das Ergebnis wäre übrigens in diesem Fall das Gleiche wie beim AICc.

`stepAICc` eliminiert also die ungeliebte Interaktion `PC3:PC4`, wirft aber auch gleich noch den Haupteffekt PC4 hinaus. Wenn PC4 zum Design des Experiments gehörte, dann würden wir ihn im Modell lassen. Dafür könnten wir ihn jetzt aber auch mit `update(fmstep3, .~. + PC4)` wieder hinzufügen, werden wir in unserem Fall aber nicht wollen.

Automatisierte Modellvereinfachung ist also zu einem gewissen Grad auch Erfahrungssache und wird uns nach einigen Dutzend Analysen leichter von der Hand gehen.

16.4 Übungen

1. Im Datensatz `barley` (Paket **lattice**) wird der Ertrag von Gerste für zwei Jahre (1931 und 1932) und für 10 Sorten angegeben. Fitte ein GLM mit einer Interaktion zwischen Sorte und Jahr. Vereinfache das Modell wenn möglich. Berechne nun den erwarteten Ertrag für die Sorte „Trebi" im Jahr 1932. Stimmt dieser mit dem Mittelwert der gemessenen Werte überein? Wieso nicht?

2. Im Datensatz `logistic.txt` werden die Anzahl toter Daphnien (`dead`) und die eingesetzten Daphnien (`n`) für verschiedene Substanzen und deren Konzentrationen angegeben. Berechne ein binomiales Modell (das mit der zweispaltigen Antwortvariablen) mit `product` und `logdose` als interagierende Prädiktoren. Versuche danach, diese Interaktion grafisch darzustellen, vielleicht mit der *supersmoother*-Linie durch die Daten.

Kapitel 17
Ausblick

The covers of this book are too far apart.
Ambrose G. Bierce

Dieses Buch hat den Grundstock gelegt für die am weitesten verbreitete Form der Statistik, die parametrische Statistik. Sie baut auf Verteilungsannahmen über die Antwortvariable auf, und das sich daraus ergebende Rahmenwerk der *maximum likelihood*. Es gibt aber noch andere Bereiche der Statistik, und hier will ich nur ganz kurz ein paar davon darstellen.

Von der *maximum likelihood* ist es nur ein kleiner Schritt in die **Bayesische Statistik** (siehe etwa das letzte Kapitel von Hilborn & Mangel 1997), die die parametrischen Statistik um zwei Aspekte erweitert: Zum Einen werden Vor-Informationen berücksichtigt (sog. „prior"), zum anderen wird „die richtige Frage" beantwortet. Während die parametrische Statistik eine Aussage dazu macht, wie wahrscheinlich ein Datensatz ist, unter den angenommenen Verteilungsannahmen: P(Daten| Modell), zielt die Bayesische Statistik auf eine Aussage dazu, wie wahrscheinlich ein Erklärungsansatz ist, bei gegebenen Daten: P(Modell|Daten). Der Weg dahin wird allerdings nicht durch die dafür übliche Software[1] versüßt, obwohl diese von R aus bedienbar ist. Eine exzellente Einführung (in Bayesische Statistik und WinBUGS), die ziemlich genau an das vorliegende Buch anschließt, ist Kéry (2010).

Ein andere wichtiges Feld ist das ***machine learning***. Wie der Oxforder Statistikprofessor Brian Ripley einmal (scherzhaft) meinte: „*Machine learning is statistics minus any checking of models and assumptions*" (useR! Konferenz 2004 in Wien (May 2004).[2]) *Machine learning* ist verbunden mit Begriffen wie neuronalen Netzwerken (*artificial neural networks*), *boosting* und *bagging* und, ganz zentral, Kreuzvalidierung. Ein anspruchsvolle aber sehr umfassende Einführung dazu bieten Hastie et al. (2009).

Nicht-parametrische Statistik, als offensichtliches Gegenstück zur hier vorgestellten parametrischen Statistik, beruht in erheblichen Maße auf Randomisierungs-

[1] Die Umsonstsoftware WinBUGS (http://www.mrc-bsu.cam.ac.uk/bugs/winbugs), bzw. ihre *open source*-Version OpenBUGS (www.openbugs.info). Beide laufen vernünftig nur auf Windows Systemen. Eine betriebssystemunabhängige und semantisch sehr verwandte *open source*-Software ist JAGS (http:// mcmc-jags.sourceforge.net).

[2] Auffindbar mittels `fortune("machine learning")` im Paket **fortunes**.

C.F. Dormann, *Parametrische Statistik*, Statistik und ihre Anwendungen,
DOI 10.1007/978-3-642-34786-3_17, © Springer-Verlag Berlin Heidelberg 2013

und Permutationstests. Ein gutes Buch dazu ist Manly (1997) oder auf Deutsch Duller (2008, ab Seite 297). Wer sich mehr für die progammierende Seite interessiert, der sei auf Jones et al. (2009) verwiesen.

Ab hier wird es unübersichtlich: Es gibt viele spezifische Bereiche der Statistik, die ihre eigene Terminologie und Tradition haben. Typische Beispiele sind **Zeitreihenanalysen** (Cowpertwait & Metcalfe 2009; Cryer & Chan 2010; Shumway & Stoffer 2010), **räumliche Statistik und Geostatistik** (Cressie 1993; Fortin & Dale 2009; Haining 2009) sowie **multivariate Statistik** (Legendre & Legendre 1998; Leyer & Wesche 2007; Borcard et al. 2011). All diese Bereiche sind umfangreich genug, um jeweils eine separate Abhandlung zu rechtfertigen. Ich hoffe, dass dieses Buch den Leser und die Leserin gut darauf vorbereitet hat.

Literaturverzeichnis

Adam, T., Agafonova, N., Aleksandrov, A., Altinok, O., Sanchez, P. A., Anokhina, A. et al. (2011). Measurement of the neutrino velocity with the OPERA detector in the CNGS beam. *arXiv*, 1109.4897.

Akaike, H. (1973). Information theory as an extension of the maximum likelihood principle. In B. Petrov & F. Csaki (Eds.), *Second International Symposium on Information Theory* (pp. 267–281). Budapest: Akademiai Kiado.

Anderson, T. W. & Darling, D. A. (1952). Asymptotic theory of certain "goodness-of-fit" criteria based on stochastic processes. *Annals of Mathematical Statistics*, 23, 193–212.

Anscombe, F. J. (1973). Graphs in statistical analysis. *American Statistician*, 27, 17–21.

Antonello, M., Aprili, P., Baibussinov, B., Ceolin, M. B., Benetti, P., Calligarich, E. et al. (2012). Measurement of the neutrino velocity with the ICARUS detector at the CNGS beam. *arXiv*, 1203.3433v.

Austin, P. C. & Tu, J. V. (2004). Automated variable selection methods for logistic regression produced unstable models for predicting acute myocardial infarction mortality. *Journal of Clinical Epidemiology*, 57, 1138–1146.

Bellman, R. E. (1957). *Dynamic Programming*. Princeton, NJ: Princeton University Press.

Billeter, R., Liira, J., Bailey, D., Bugter, R., Arens, P., Augenstein, I. et al. (2008). Indicators for biodiversity in agricultural landscapes: a pan-european study. *Journal of Applied Ecology*, 45, 141–150.

Bolger, D. T., Alberts, A. C., Sauvajot, R. M., Potenza, P., McCalvin, C., Tran, D., Mazzoni, S., & Soulé, M. E. (1997). Response of rodents to habitat fragmentation on coastal southern California. *Ecological Applications*, 7, 552–563.

Bolker, B. M. (2008). *Ecological Models and Data in R*. Princeton, NJ: Princeton University Press.

Bolker, B. M., Brooks, M. E., Clark, C. J., Geange, S. W., Poulsen, J. R., Stevens, M. H. H., & White, J.-S. S. (2009). Generalized linear mixed models: a practical guide for ecology and evolution. *Trends in Ecology and Evolution*, 24, 127–35.

Bollen, K. A. & Jackman, R. (1990). Regression diagnostics: An expository treatment of outliers and influential cases. In J. Fox & J. S. Long (Eds.), *Modern Methods of Data Analysis* (pp. 257–291). Newbury Park: Sage.

C.F. Dormann, *Parametrische Statistik*, Statistik und ihre Anwendungen,
DOI 10.1007/978-3-642-34786-3, © Springer-Verlag Berlin Heidelberg 2013

Bondell, H. D. & Reich, B. J. (2007). Simultaneous regression shrinkage, variable selection, and supervised clustering of predictors with OSCAR. *Biometrics*, 64, 115–121.

Borcard, D., Gillet, F., & Legendre, P. (2011). *Numerical Ecology with R*. Berlin: Springer.

Buckland, S., Anderson, D., Burnham, K., & Laake, J. (1993). *Distance Sampling: Estimating Abundance of Biological Populations*. London: Chapman & Hall.

Burnham, K. P. & Anderson, D. R. (2002). *Model Selection and Multi-Model Inference: a Practical Information-Theoretical Approach*. Berlin: Springer, 2nd edition.

Casella, G. & Berger, R. L. (2002). *Statistical Inference*. Pacific Grove, CA: Duxbury Press/Thomson Learning.

Chamberlin, T. C. (1890). The method of multiple working hypotheses. *Science*, 15, 92–96.

Chambers, J. M., Cleveland, W. S., Kleiner, B., & Tukey, P. A. (1983). *Graphical Methods for Data Analysis*. New Plymouth, NZ: Wadsworth & Brooks/Cole.

Clark, J. S. (2007). *Models for Ecological Data: An Introduction*. Princeton, N.J, USA: Princeton Univ. Press.

Cohen, J. (1969). *Statistical Power Analysis for the Behavioral Sciences*. New York: Academic Press.

Cohen, J. (1994). The earth is round (p < 0.05). *American Psychologist*, 49, 997–1003.

Cook, R. D. & Weisberg, S. (1982). *Residuals and Influence in Regression*. New York: Chapman & Hall.

Cowpertwait, P. S. & Metcalfe, A. V. (2009). *Introductory Time Series with R*. Berlin: Springer.

Crawley, M. (1993). *GLIM for Ecologists*. Methods in Ecology. Oxford, UK: Blackwell.

Crawley, M. J. (2002). *Statistical Computing. An Introduction to Data Analysis using S-Plus*. Chichester: John Wiley & Sons Ltd.

Crawley, M. J. (2007). *The R Book*. Chichester, UK: John Wiley & Sons.

Cressie, N. A. C. (1993). *Statistics for Spatial Data*. New York: Wiley.

Cryer, J. D. & Chan, K.-S. (2010). *Time Series Analysis: With Applications in R*. Berlin: Springer.

Dalgaard, P. (2002). *Introductory Statistics with R*. Berlin: Spinger.

Day, R. W. & Quinn, G. P. (1989). Comparisons of treatments after an analysis of variance in ecology. *Ecological Monographs*, 59, 433–4636.

Dormann, C. F., Elith, J., Bacher, S., Buchmann, C. M., Carl, G., Carré, G., García Marquéz, J. R., Gruber, B., Lafourcade, B., Leitão, P. J., Münkemüller, T., McClean, C., Osborne, P. E., Reineking, B., Schröder, B., Skidmore, A. K., Zurell, D., & Lautenbach, S. (2012). Collinearity: a review of methods to deal with it and a simulation study evaluating their performance. *Ecography*, in press.

Dormann, C. F., Gruber, B., Winter, M., & Herrmann, D. (2010). Evolution of climate niches in european mammals? *Biology Letters*, 6, 229–232.

Dormann, C. F., Purschke, O., García Márquez, J. R., Lautenbach, S., & Schröder, B. (2008a). Components of uncertainty in species distribution analysis: a case study of the great grey shrike. *Ecology*, 89, 3371–86.

Dormann, C. F., Schweiger, O., Arens, P., Augenstein, I., Aviron, S., Bailey, D. et al. (2008b). Prediction uncertainty of environmental change effects on temperate european biodiversity. *Ecology Letters*, 11, 235–244.

Dormann, C. F. & Skarpe, C. (2002). Flowering, growth and defence in the two sexes: consequences of herbivore exclusion for *Salix polaris*. *Functional Ecology*, 16, 649–656.

Duller, C. (2008). *Einführung in die nichtparametrische Statistik mit SAS und R: Ein anwendungsorientiertes Lehr- und Arbeitsbuch*. Heidelberg: Physika-Verlag.

Edwards, P. (2010). *A Vast Machine: Computer Models, Climate Data, and the Politics of Global Warming*. Cambridge, MA: MIT Press.

Elzinga, C. L., Salzer, D. W., & Willoughby, J. W. (1998). *Measuring and Monitoring Plant Populations*. Denver, Colorado: Bureau of Land Management.

Evans, M., Hastings, N., & Peacock, B. (2000). *Statistical Distributions*. Hoboken, N.J.: John Wiley, 3rd edition.

Evritt, B. S., Landau, S., & Morven, L. (2001). *Cluster Analysis*. London: Hodder Arnold, 4th edition.

Fahrmeir, L., Künstler, R., Pigeot, I., & Tutz, G. (2009). *Statistik*. Berlin: Springer.

Faraway, J. J. (2006). *Extending the Linear Model with R*. Boca Raton: Chapman & Hall/CRC.

Fisher, R. (1925). *Statistical Methods for Research Workers*. Edinburgh: Oliver & Boyd.

Fisher, R. A. (1918). The correlation between relatives on the supposition of mendelian inheritance. *Philosophical Transactions of the Royal Society of Edinburgh*, 52, 399–433.

Fisher, R. A. (1956). *Statistical Methods and Scientific Inference*. Edinburgh: Oliver & Boyd.

Ford, E. D. (2000). *Scientific Method for Ecological Research*. Cambridge, UK: Cambridge University Press.

Fortin, M.-J. & Dale, M. R. T. (2009). Spatial autocorrelation in ecological studies: A legacy of solutions and myths. *Geographical Analysis*, 41, 392–397.

Fox, J. (2002). *An R and S-Plus Companion to Applied Regression*. Thousand Oaks: Sage.

Fraley, C. & Raftery, A. E. (1998). How many clusters? Which clustering method? Answers via model-based cluster analysis. *The Computer Journal*, 41, 578–588.

Gelman, A. & Hill, J. (2007). *Data Analysis Using Regression and Multilevel/Hierarchical Models*. Cambridge, UK: Cambridge University Press.

Gibbons, J. M., Crout, N. M. J., & Healey, J. R. (2007). What role should null-hypothesis significance tests have in statistical education and hypothesis falsification? *Trends in Ecology and Evolution*, 22, 445–446.

Gill, J. (1999). The insignificance of null hypothesis significance testing. *Political Research Quarterly*, 52, 647–674.

Gliner, J., Leech, N. L., & Morgan, G. A. (2002). Problems with Null Hypothesis Significance Testing (NHST): What do the textbooks say? *The Journal of Experimental Education*, 71, 83–92.

Gregoire, T. G. & Valentine, H. T. (2008). *Sampling Strategies for Natural Resources and the Environment*. New York: Chapman and Hall/CRC.

Haining, R. P. (2009). Spatial autocorrelation and the quantitative revolution. *Geographical Review*, 41, 364–374.

Härdtle, W. K., Müller, M., Sperlich, S., & Werwatz, A. (2004). *Nonparametric and Semiparametric Models*. Berlin: Springer.

Harrell, F. E. (2001). *Regression Modeling Strategies - with Applications to Linear Models, Logistic Regression, and Survival Analysis*. New York: Springer.

Hastie, T., Tibshirani, R. J., & Friedman, J. H. (2009). *The Elements of Statistical Learning: Data Mining, Inference, and Prediction*. Berlin: Springer, 2nd edition.

Helbig, M., Theus, M., & Urbanek, S. (2005). JGR: Java GUI for R. *Statistical Computing and Graphics Newletter*, 16, 9–12.

Hilborn, R. & Mangel, M. (1997). *The Ecological Detective: Confronting Models with Data*. Princeton, NJ: Princeton University Press.

Hobbs, N. T. & Hilborn, R. (2006). Alternatives to statistical hypothesis testing in ecology: a guide to self teaching. *Ecological Applications*, 16, 5–19.

Huber, P. J. (1981). *Robust Statistics*. New York: Wiley.

Hurlbert, S. H. (1984). Pseudoreplication and the design of ecological field experiments. *Ecological Monographs*, 54, 187–211.

Ibrekk, H. & Morgan, M. G. (1987). Graphical communication of uncertain quantities to nontechnical people. *Risk Analysis*, 7, 519–529.

Joanes, D. N. & Gill, C. A. (1998). Comparing measures of sample skewness and kurtosis. *The Statistician*, 47, 183–189.

Johnson, D. H. (1999). The insignificance of statistical significance testing. *Journal of Wildlife Management*, 63, 763–772.

Johnson, N. L. & Kotz, S. (1970). *Distributions in Statistics (4 Volumes)*. New York: Wiley.

Joliffe, I. T. (2002). *Principal Component Analysis*. Berlin: Springer.

Jones, O., Maillardet, R., & Robinson, A. (2009). *Introduction to Scientific Programming and Simulation Using R*. New York: Chapman & Hall/CRC.

Jongman, R., ter Braak, C., & van Tongeren, O. (1987). *Data Analysis in Community and Landscape Ecology*. Wageningen, NL: Pudoc.

Kass, R. E. (2011). Statistical inference: The big picture. *Statistical Science*, 26, 1–9.

Kaufman, L. & Rousseeuw, P. J. (2005). *Finding Groups in Data: An Introduction to Cluster Analysis*. Oxford: WileyBlackwell, 2nd edition.

Kéry, M. (2010). *Introduction to WinBUGS for Ecologists: Bayesian Approach to Regression, ANOVA, Mixed Models and Related Analyses*. Salt Lake City, USA: Academic Press.

Krebs, J. R. & Davies, N. B. (1993). *An Introduction to Behavioural Ecology*. Oxford, UK: Blackwell Scientific Publications, 3rd edition.

Legendre, P. & Legendre, L. (1998). *Numerical Ecology*. New York: Elsevier, 2nd edition.

Leyer, I. & Wesche, K. (2007). *Multivariate Statistik in der Ökologie: Eine Einführung*. Berlin: Springer.

Lilliefors, H. (1967). On the Kolmogorov–Smirnov test for normality with mean and variance unknown. *Journal of the American Statistical Association*, 62, 399–402.

Link, W. A. & Barker, R. J. (2006). Model weights and the foundations of multimodel inference. *Ecology*, 87, 2626–2635.

Lohr, S. L. (2009). *Sampling: Design and Analysis*. North Scituate, Mass.: Duxbury Press, 2nd edition.

Lumley, T. (2010). *Complex Surveys: A Guide to Analysis Using R*. Hoboken, NJ: Wiley.

Manly, B. F. (1997). *Randomization, Bootstrap and Monte Carlo Methods in Biology*. New York: Chapman & Hall/CRC, 2nd edition.

Mann, H. B. (1949). *Analysis and Design of Experiments: Analysis of Variance and Analysis of Variance Designs*. New York: Dover Publications.

McCullough, B. D. & Heiser, D. A. (2008). On the accuracy of statistical procedures in Microsoft Excel 2007. *Computational Statistics & Data Analysis*, 52, 4570–4578.

McCullough, P. & Nelder, J. A. (1989). *Generalized Linear Models*. London: Chapman & Hall, 2nd edition.

Mead, R. (1990). *The Design of Experiments: Statistical Principles for Practical Applications*. Cambridge, UK: Cambridge University Press.

Mosteller, C. F. & Hoaglin, D. C. (1995). Statistics. In R. McHenry & Y. C. Hori (Eds.), *Encyclopaedia Britannica - Macropedia* (pp. 28:217–226). Chicago: Encyclopaedia Britannica, 15th edition.

Nelder, J. A. (1977). A reformulation of linear models. *Journal of the Royal Statistical Society*, 140, 48–77.

Oakes, M. (1986). *Statistical Inference: A Commentary for the Social and Behavioral Sciences*. New York: Wiley.

Paruelo, J. M. & Lauenroth, W. K. (1996). Relative abundance of plant functional types in grassland and shrubland of north america. *Ecological Applications*, 6, 1212–1224.

Pearson, K. (1901). On lines and planes of closest fit to systems of points in space. *Philosophical Magazine*, 2, 559–572.

Pinheiro, J. C. & Bates, D. M. (2000). *Mixed-Effects Models in S and S-Plus*. Berlin: Springer. ISBN 0-387-98957-0.

Popper, K. R. (1993). *Objektive Erkenntnis. Ein evolutionärer Entwurf.* Hamburg: Hoffmann & Campe.

Potvin, C. (2001). ANOVA: Experiments layout and analysis. In S. Scheiner & J. Gurevitch (Eds.), *Design and Analysis of Ecological Experiments* (pp. 63–76). Oxford, UK: Oxford University Press.

Quinn, G. P. & Keough, M. J. (2002). *Experimental Design and Data Analysis for Biologists*. Cambridge, UK: Cambridge University Press.

R Development Core Team (2012). *R: A Language and Environment for Statistical Computing*. R Foundation for Statistical Computing, Vienna, Austria.

Robinson, A. P. & Hamann, J. D. (2011). *Forest Analytics with R*. Berlin: Springer.

Sachs, L. & Hedderich, J. (2009). *Angewandte Statistik: Methodensammlung mit R*. Berlin: Springer, 13th edition.

Selwyn, M. J. (1995). Michaelis-Menten data: misleading examples. *Biochemical Education*, 23, 138–141.

Shapiro, S. S. & Wilk, M. B. (1965). An analysis of variance test for normality (complete samples). *Biometrika*, 52, 591–611.

Shaver, J. (1993). What statistical significance testing is, and what it is not. *Journal of Experimental Education*, 61, 293–316.

Shumway, R. H. & Stoffer, D. S. (2010). *Time Series Analysis and Its Applications: With R Examples*. Berlin: Springer.

Simberloff, D. (1983). Competition theory, hypothesis-testing, and other community ecological buzzwords. *The American Naturalist*, 122, 626–635.

Sokal, A. (2008). *Beyond the Hoax: Science, Philosophy and Culture*. Oxford, UK: Oxford University Press.

Sokal, R. R. & Rohlf, F. J. (1995). *Biometry*. New York: Freeman, 3rd edition.

Stephens, M. A. (1974). EDF statistics for goodness of fit and some comparisons. *Journal of the American Statistical Association*, 69, 730–737.

Stephens, P. A., Buskirk, S. W., & del Rio, C. M. (2007). Inference in ecology and evolution. *Trends in Ecology and Evolution*, 22, 192–197.

Steyerberg, E. W., Eijkemans, M. J. C., & Habbema, J. D. F. (1999). Stepwise selection in small data sets: a simulation study of bias in logistic regression analysis. *Journal of Clinical Epidemiology*, 52, 935–942.

Stunken, R. & Logen, R. (2012). Pretend-analysis of hyaena reproductive successes to demonstrate modelling of variance. *Collection of Didactical Examples in Ecology and Evolution*, 1, 111–113.

Toms, J. D. & Lesperance, M. L. (2003). Piecewise regression: a tool for identifying ecological thresholds. *Ecology*, 84, 2034–2041.

Tufte, E. R. (1983). *The Visual Display of Quantitative Information*. Cheshire, CN: Graphics Press.

Tukey, J. W. (1977). *Exploratory Data Analysis*. Reading: Addison-Wesley.

Underwood, A. J. (1997). *Experiments in Ecology: Their Logical Design and Interpretation using Analysis of Variance*. Cambridge, UK: Cambridge University Press.

Venables, W. N. (2000). Exegeses on linear models. *S-PLUS User's Conference, Washington D.C.*, 1998.

Venables, W. N. & Ripley, B. D. (2002). *Modern Applied Statistics with S-Plus*. New York: Springer, 4th edition.

Ver Hoef, J. M. & Boveng, P. L. (2007). Quasi-poisson vs. negative binomial regression: How should we model overdispersed count data? *Ecology*, 88, 2766–2772.

Verzani, J. (2011). *Getting Started with RStudio*. Sebastopol, CA: O'Reilly Media.

Ward, E. J. (2008). A review and comparison of four commonly used Bayesian and maximum likelihood model selection tools. *Ecological Modelling*, 211, 1–10.

Warton, D. I. & Hui, F. K. C. (2011). The arcsine is asinine: the analysis of proportions in ecology. *Ecology*, 92, 3–10.

Whittingham, M., Stephens, P., Bradbury, R., & Freckleton, R. (2006). Why do we still use stepwise modelling in ecology and behaviour? *Journal of Animal Ecology*, 75, 1182–1189.

Wilkinson, L. & Dallal, G. (1981). Tests of significance in forward selection regression with an F-to enter stopping rule. *Technometrics*, 23, 377–380.

Yee, T. W. (2008). The VGAM package. *R News*, 8, 28–39.

Yee, T. W. & Wild, C. J. (1996). Vector Generalized Additive Models. *Journal of Royal Statistical Society, Series B*, 58, 481–493.

Zar, J. H. (1984). *Biostatistical Analysis*. New Jersey, USA: Prentice-Hall, 3rd edition.

Zuur, A. F., Ieno, E. N., & Smith, G. M. (2007). *Analysing Ecological Data*. Berlin: Springer.

Zuur, A. F., Ieno, E. N., Walker, N. J., Saveliev, A. A., & Smith, G. M. (2009). *Mixed Effects Models and Extensions in Ecology with R*. New York: Springer.

Index

Druck: KN Digital Printforce GmbH · Schockenriedstraße 37 · 70565 Stuttgart